课堂实录

张冬旭　马春兴 / 编著

C# 开发
课堂实录

清华大学出版社

北京

内 容 简 介

本书结合教学的特点编写，将 C#软件开发的技术以课程的形式讲解。全书共分为 15 课，主要内容包括 C# 4.0 特点、创建控制台程序、常量与变量、运算符与表达式、条件语句、一维和多维数组的使用、定义类、接口、字符串操作、遍历集合、线程、设计单窗体和 MDI 窗体、菜单栏和工具栏、访问文件和目录、操作数据库、数据显示控件以及使用 GDI+进行绘图，最后通过一个仓库管理系统综合本书所学的 C#知识。

本书可以作为在校大学生学习和使用 C#进行课程设计的参考资料，也可以作为非计算机专业学生学习 C# 语言的参考书。

图书在版编目（CIP）数据

C#开发课堂实录/张冬旭，马春兴编著. —北京：清华大学出版社，2016
（课堂实录）
ISBN 978-7-302-40539-9

Ⅰ. ①C… Ⅱ. ①张… ②马… Ⅲ. ①C 语言-程序设计 Ⅳ. ①TP312

中国版本图书馆 CIP 数据核字（2015）第 137413 号

责任编辑：夏兆彦
封面设计：张　阳
责任校对：徐俊伟
责任印制：王静怡

出版发行：清华大学出版社
　　　　　网　　　址：http://www.tup.com.cn, http://www.wqbook.com
　　　　　地　　　址：北京清华大学学研大厦 A 座　　　邮　　编：100084
　　　　　社 总 机：010-62770175　　　　　　　　　邮　　购：010-62786544
　　　　　投稿与读者服务：010-62776969, c-service@tup.tsinghua.edu.cn
　　　　　质量反馈：010-62772015, zhiliang@tup.tsinghua.edu.cn
印 装 者：北京鑫海金澳胶印有限公司
经　　销：全国新华书店
开　　本：190mm×260mm　　印　张：29　　　　字　数：818 千字
版　　次：2016 年 2 月第 1 版　　　　　　　　印　次：2016 年 2 月第 1 次印刷
印　　数：1～3000
定　　价：69.00 元

产品编号：051600-01

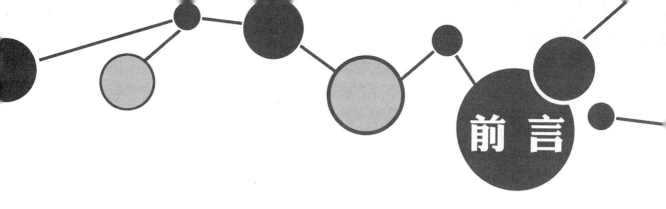

前　言

　　C#是微软公司为 Visual Studio 开发平台推出的一种简洁、类型安全的面向对象的编程语言，开发人员通过它可以编写在.NET Framework 上运行的各种安全可靠的应用程序。C#面世以来，以其易学易用、功能强大的优势被广泛应用，而 Visual Studio 开发平台则凭借其强大的可视化用户界面设计，让程序员从复杂的界面设计中解脱出来，使编程成为一种享受。C#不但可以开发数据库管理系统，而且也可以开发集声音、动画、视频为一体的多媒体应用程序和网络应用程序，这使它正在成为程序开发人员使用的主流编程语言。

　　本书内容

　　本书以目前主流的 C# 4.0 及 Visual Studio 2010 为例进行介绍。全书共分为 15 课，主要内容如下：

　　第 1 课　C#基础入门。本课将详细介绍 C#的基础入门知识，包括 C#的概念、优势和特点等，也包含.NET Framework 和程序集的相关内容，另外还将详细介绍如何安装 Visual Studio 2010。

　　第 2 课　C#基础语法入门。本课将详细介绍 C#的基础语法，包括变量、常量、数据类型、运算符和表达式、数据类型转换以及装箱和拆箱等相关内容，最后通过一个综合实例总结本课的内容。

　　第 3 课　控制语句。本课主要介绍 C#提供的流程控制语句，包括空语句、语句块、if 语句、switch 语句、do 语句、for 语句、break 语句以及异常处理语句等。

　　第 4 课　数组。本课主要介绍 C#中一维数组的定义、遍历、排序、插入和删除，同时介绍了二维数组、多维数组、交错数组、静态数组以及动态数组的应用。

　　第 5 课　类。本课首先介绍类的概念，然后在 C#中定义类及其成员，包括字段、属性、方法、构造函数和析构函数等。

　　第 6 课　类的高级应用。本课主要介绍面向对象编程时类高级特性的实现方式，像类的封装、密封类、继承和抽象，以及重写等。

　　第 7 课　枚举、结构和接口。本课主要介绍 C#中两种值类型的使用：枚举和结构，同时还将学习有关接口的知识，像接口的声明和实现，以及 C#内置比较接口的实现等。

　　第 8 课　C#内置类编程。本课将针对 C#常用的内置类进行讲解，包括 String 类、StringBuilder 类、日期和时间处理、Regex 类和 Thread 类。

　　第 9 课　集合。本课主要介绍 C#中常用集合类的使用，像 ArrayList、Stack、SortedList 和 Hashtable，以及泛型的应用。

　　第 10 课　Windows 窗体控件。本课主要介绍 C#中常用的窗体控件，包括 Label、LinkLabel、TextBox、Button、CheckBox、ImageList、ListView 以及 TabControl 等。

　　第 11 课　Windows 控件的高级应用。本课详细介绍构建 MDI 应用程序的方法，包括 MDI 子窗体、ToolStrip 控件、StatusStrip 控件、MenuStrip 控件，以及常用的对话框等。

　　第 12 课　文件和目录处理。本课详细介绍文件和目录的操作，包括 Sytem.IO 命名空间类层次结构、流的分类、内存流和文件流、操作文件和目录，以及读取和写入文件等。

第 13 课　数据库访问技术。本课详细介绍 ADO.NET 与数据库相关的访问技术，包括 ADO.NET 结构、使用 ADO.NET 系统对象对数据进行操作，以及数据显示控件 DataGridView 和 TreeView 等。

第 14 课　使用 GDI+ 进行绘图。本课详细介绍在 C# 中使用 GDI+ 技术绘制图形和图像的方法，例如直线、圆弧和多边形等，另外还将介绍与绘图相关的对象，如创建画布对象 Graphics。

第 15 课　仓库管理系统。本课主要介绍使用 C# 结合 SQL Server 数据库实现仓库管理系统的过程，主要功能包括管理员登录、添加仓库设备、设备的入库和出库，以及查询等。

本书特色

本书是针对 C# 初、中级用户量身订做，以课堂课程学习的方式，由浅入深地讲解 C# 语言的应用，并根据语法特性，突出了开发时重要的知识点，知识点并配以案例讲解。

1. 结构独特

全书以课程为学习单元，每课安排基础知识讲解、实例应用、拓展训练和课后练习四个部分讲解 C# 的编程知识。

2. 知识点全

本书紧紧围绕 C# 的窗体程序开发展开讲解，具有很强的逻辑性和系统性。

3. 实例丰富

本书中的各实例均经过作者精心设计和挑选，它们都是根据作者在实际开发中的经验总结而来的，涵盖了在实际开发中所遇到的各种场景。

4. 应用广泛

对于精选案例，给了详细步骤、结构清晰简明，分析深入浅出，而且有些程序能够直接在项目中使用，避免读者进行二次开发。

5. 基于理论，注重实践

在讲述过程中，不仅只介绍理论知识，而且在合适位置安排综合应用实例，或者小型应用程序，将理论应用到实践当中，来加强读者实际应用能力，巩固开发基础和知识。

6. 视频教学

本书为实例配备了视频教学文件，读者可以通过视频文件更加直观地学习 C# 的使用知识。所有视频教学文件均已上传到 www.ztydata.com.cn，读者可自行下载。

7. 网站技术支持

读者在学习或者工作的过程中，如果遇到实际问题，可以直接登录 www.itzcn.com 与我们取得联系，作者会在第一时间给予帮助。

读者对象

本书适合作为软件开发入门者的自学用书，也适合作为高等院校相关专业的教学参考书，还可供开发人员查阅、参考。

❑ 软件开发入门者。

❑ C#初学者以及在校学生。

❑ 各大中专院校的在校学生和相关授课老师。

❑ 准备从事软件开发的人员。

除了封面署名人员之外，参与本书编写的人员还有李海庆、王咏梅、康显丽、王黎、汤莉、倪宝童、赵俊昌、方宁、郭晓俊、杨宁宁、王健、连彩霞、丁国庆、牛红惠、石磊、王慧、李卫平、张丽莉、王丹花、王超英、王新伟等。在编写过程中难免会有疏漏，欢迎读者通过清华大学出版社网站 www.tup.tsinghua.edu.cn 与我们联系，帮助我们改正提高。

编者

目录

第 3 课　控制语句

第 4 课　数组

第 5 课　类

第 6 课　类的高级应用

第 7 课　枚举、结构和接口

第 11 课　Windows 控件的高级应用

第 12 课　文件和目录处理

第 13 课　数据库访问技术——ADO.NET

第 14 课　使用 GDI+进行绘图

第 15 课　仓库管理系统

习题答案

第 1 课
C#基础入门

　　.NET Framework 是 Microsoft 推出的一套类库，它被称为.NET框架，最大的优点是支持 C#语言。C#是微软公司在 2000 年 6 月发布的一种新的编程语言，也是微软为.NET Framework 量身订做的程序语言，它是目前最流行、应用最广泛的开发语言之一。本课将详细介绍 C#的基础入门知识，包括 C#的概念、优势和特点等，也包含.NET Framework 和程序集的相关内容，另外还将详细介绍如何安装 Visual Studio 2010。

　　通过对本课的学习，读者可以了解 C#和.NET Framework 的关系，也可以了解程序集的相关内容，还可以熟练安装开发环境 Visual Studio 2010，以及使用 Visual Studio 2010 熟练创建控制台应用程序和窗体应用程序。

本课学习目标：

- ❑ 了解 C#的概念和发展历史
- ❑ 熟悉 C#与其他语言比较时的重要差异
- ❑ 掌握 C#的特点和新特性
- ❑ 了解.NET Framework 与 C#的关系
- ❑ 掌握公共语言运行时和.NET Framework 类库
- ❑ 了解程序集的概念和优点
- ❑ 掌握程序集的内容和清单
- ❑ 熟悉全局程序集缓存、安全注意事项以及版本控制
- ❑ 掌握如何安装 Visual Studio 2010
- ❑ 熟悉安装 Visual Studio 2010 后的其他操作
- ❑ 掌握如何创建控制台应用程序
- ❑ 掌握如何创建窗体应用程序

1.1 C#语言

C#（C Sharp）是一种安全的、稳定的、简单的、优雅的强类型编程语言，它以强大的操作能力、优雅的语法风格、创新的语言特性和便捷的面向对象编程的支持成为.NET开发的首选语言。

1.1.1 C#的概念

C#是微软公司在 2000 年 6 月发布的一种新的编程语言，主要由安德斯·海尔斯伯格（Anders Hejlsberg）主持开发，它是第一个面向组件的编程语言，其源码会编译成 msil 再运行。它借鉴了 Delphi 的一个特点，与 COM（组件对象模型）是直接集成的，并且新增了许多功能及语法，而且它是微软公司.NET Windows 网络框架的主角。

作为一种面向对象语言，C#支持封装、继承和多态以及所有的变量和方法，如包括应用程序入口点的 Main()方法。另外，C#还通过几种创新的语言结构加快了软件组件的开发。

- ❑ **委托** 即封装的方法签名，它实现了类型安全的事件通知。
- ❑ **属性（Property）** 充当私有成员变量的访问器。
- ❑ **属性（Attribute）** 提供关于运行时类型的声明性元数据。
- ❑ **内联** XML 的文档注释。

1.1.2 C#的发展历史

C#是兼顾系统开发和应用开发的最佳实用语言，并且有可能成为编程语言历史上的第一个"全能"型语言。

1998 年底，微软正在忙于新一代 COM 的设计工作，COM 一直是组件化开发中非常成功的一种技术，但由于它仅提供了二进制层面上的统一，因此无法将类型信息和用于支持基础平台和开发工具的信息放到组件中。Java 逐步走向成熟，微软开始学习 Java 的做法，将虚拟机的概念引入到了 COM 领域，同时提出了"元数据"的概念，用于描述组件的类型信息和工具支持信息，并决定将其放入到组件中。

1998 年 12 月，微软启动了一个全新的语言项目——COOL，这是一款专门为 CLR 设计的纯面向对象的语言，也正是本文的主角——C#的前身。

1999 年 7 月份，微软完成了 COOL 语言的一个内部版本。

2000 年 2 月份，微软才正式将 COOL 语言更名为 C#。据说更名是因为 C#开发小组的人员很讨厌搜索引擎，因此把大部分搜索引擎无法识别的"#"字符作为该语言名字的一部分；还有一种说法是在音乐当中"#"是升调记号，表达了微软希望它在 C 的基础上更上一层楼的美好愿望——当然这些都只是传说无从考证。历经了一系列的修改，微软终于在 2000 年 7 月发布了 C#语言的第一个预览版。

1.1.3 C#与其他语言的比较

C#是一种新式的面向组件的语言，具有许多其他.NET Framework 编程语言所共有的功能。C#语言约有 80 个关键字，其中大多数关键字对于任何使用过 C、C++、Java 或 Visual Basic 的用户来说都很熟悉。不同语言的关键字之间存在语法差别，但通常差别很小。

C#语言被称为是 C++语言与 VB 语言的完美结合，它既具备 C++语言的强大功能，又具备了VB 语言的快速开发特性。同时 C#也与其他的开发语言存在着不同，如下分别列出了 C#与其他语言的重要差异。

1. C♯与 C 语言和 C++相比较

（1）在 C#程序中，类定义中右大括号后不必使用分号。

（2）Main()方法的首字母大写，而且是静态类的成员，该方法的返回类型为 int 或 void。

（3）每个程序中都必须包含 Main()方法，否则该程序不能编译。

（4）内存直接使用垃圾收集系统来管理。

（5）条件必须为 Boolean。

（6）switch 语句和 break 语句不是可选的。

（7）默认值由编译器分配（引用类型为 null，值类型为 0）。

2. C♯与 Visual Basic 相比较

（1）使用分号而不是分行符。

（2）C#区分大小写，例如 Main()方法的首字母大写。

（3）条件必须为 Boolean。

3. C♯与 Java 相比较

（1）Main()方法的首字母要大写。

（2）在值类型和引用类型之间进行装箱和拆箱操作，无须创建包装类型。

（3）Java 中的最终类在 C#中是密封的。

（4）在默认情况下，C#中的方法是非虚拟方法。

（5）为了包括编辑器的其他信息，C#支持属性操作。

1.1.4　C#的特点

C#的发展非常迅速，在短短两年的时间内就已经成为全世界最流行的开发语言。这不仅依靠于微软的大力推广，也离不开其自身的特点。C#的特点有多个，下面从细节方面列出了一些特点。

（1）Visual Studio 2010 支持拖放式添加控件，开发人员可以轻松完成桌面的布局，因此 C#提高了 C#的开发效率。

（2）C#通过内置的服务使组件可以转化为 XML 网络服务，这样可以被其他程序或网络上其他机器的其他程序所调用，实现了重复利用的高效开发模式。

（3）C#提供了对 XML 的强大支持，可以轻松创建 XML，也可以将 XML 数据应用到程序中。

（4）自动资源回收功能，不用像 C++一样为程序运行中的内存管理伤脑筋。

（5）C#可以和其他语言自由转换。

（6）语言集成查询（LINQ），提供了跨各种数据源的内置查询功能。

1.1.5　C# 4.0 新特性

C#伴随着.NET Framework 或 Visual Studio 工具的产生，迄今为止，C#已经经历了四个版本：C# 1.0、C# 2.0、C# 3.0 以及 C# 4.0。C# 4.0 与之前的版本相比有了很大的进步，即新增加了许多特性，其主要特性如下所示：

1. 支持动态查找

动态查找主要使用 dynamic 关键字，实现对某个对象的操作与对象类型的绑定，从该功能可以看到很多 JavaScript 和 Python 等动态语言的影子。它允许在编写方法、运算符和索引器调用属性、字段和对象访问时，绕过 C#静态类型检查，而在运行时进行解析。

2. 命名参数、可选参数和 COM 互操作

命名参数和可选参数是两个截然不同的功能，但通常一起使用。在进行成员调用时，可以忽略可选参数；而命名参数的方式可以通过名称来提供一个参数，而不需要依赖它在参数列表中出现的位置。动态查找、命名参数和可选参数都有助于 COM 的编程，进一步改善了互操作体验。

3．协变性和逆变性

C# 4.0 中的协变和逆变主要是两种运行时的隐式泛型类型参数转换。协变是指把小类型转换为大类型（如子类到父类）；而逆变则是从大类型转变为小类型。它们各有各的条件和用途。

> **提示**
>
> C# 4.0 中的协变和逆变使泛型编程时的类型转换更加自然，但是协变和逆变只作用于引用类型之间，而且目前只能对泛型接口和委托使用。

1.2 .NET Framework 简介

.NET Framework 也叫.NET 框架，它是由 Microsoft 开发致力于敏捷软件开发、快速应用开发、平台无关性和网络透明化的软件开发平台。.NET Framework 是 Microsoft 为下一个十年对服务器和桌面型软件工程迈出的第一步，也是 Microsoft 公司继 Windows DNA 之后的新开发平台。

1.2.1 .NET Framework 与 C#的关系

.NET Framework 有许多类库供各种应用程序调用，如 VB 和 C#。.NET Framework 是 Windows 的一个必要组件，它主要包括两部分：公共语言运行时（CLR）和.NET Framework 类库。用 C#编写的源代码会被编译为一种符合 CLI 规范的中间语言（IL），IL 代码与资源（如位图和字符串）一起作为一种称为程序集的可执行文件存储在磁盘上，通常具有的扩展名为.exe 或.dll（程序集）。

执行 C#程序时，程序集将加载 CLR 中根据清单的信息执行不同的操作，如果符合要求，CLR 执行实时 JIT 编辑将 IL 代码转换为本机机器指令。如图 1-1 所示为 C#资源文件、类库、程序集和 CLR 的编译时与运行时的关系。

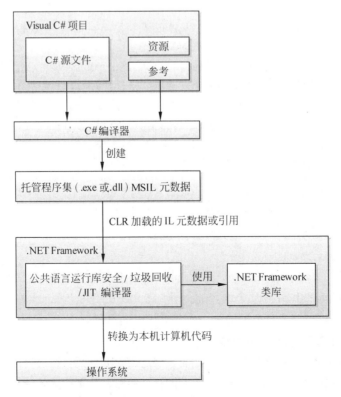

图 1-1　.NET Framework 与 C#的关系图

▌1.2.2　.NET Framework 4.0 概述

.NET Framework 是支持生成和运行下一代应用程序和 Web 服务的内部 Windows 组件，它提供了托管执行环境、简化开发和部署以及各种编程语言的集成。目前.NET Framework 的最新版本为 4.0，如果要下载.NET Framework 4.0 版本，可以使用安装.NET Framework 中提供的链接。

.NET Framework 4.0 引进了改进的安全模式，也对之前版本的功能进行了改进，另外也添加了许多其他功能。如下主要介绍公共语言运行时和基类库提供的新增功能和改进。

（1）诊断和性能

由于操作系统 API 和工具（如 Windows 任务管理器）仅精确到进程级别，所以.NET Framework 的早期版本中并没有提供用于确定特定应用程序域是否影响其他应用程序域的方法，但是从.NET Framework 4.0 开始，程序开发者可以获取每个应用程序域处理器使用的情况和内存使用情况估计值。

（2）全球化

.NET Framework 4.0 提供了新的非特定和特定区域性、更新的属性值、字符串处理的改进以及其他一些改进。

（3）垃圾回收

.NET Framework 4.0 提供了垃圾回收，此功能替代了之前版本的并发垃圾回收并提高了性能。

（4）动态语言运行时

动态语言运行时（DLR）是一种新运行时的环境，它将一组适用于动态语言的服务添加到 CLR。借助于 DLR 可以更轻松地开发要在.NET Framework 上运行的动态语言，而且向静态类型化语言添加动态功能也会更容易。为了支持 DLR，.NET Framework 4.0 中添加了 System.Dynamic 命名空间。

（5）BigInteger 和复数

新的 System.Numerics.BigInteger 结构是一个任意精度 Integer 数据类型，它支持所有标准整数运算（包括位操作），可以通过任何.NET Framework 语言使用该结构。此外，一些新.NET Framework 语言（例如 F#和 IronPython）对此结构具有内置支持。

▌1.2.3　公共语言运行时

.NET Framework 提供了一个称为公共语言运行时的运行时环境，它运行代码并提供使开发过程更轻松的服务。

公共语言运行时（Command Language Runtime，CLR）是 Microsoft 的公共语言基础结构（CLI）的一个商业实现，CLI 是一种国际标准，用于创建语言和库在其中无缝协同工作的执行和开发环境基础。

有了公共语言运行时可以很容易地设计对象能够跨语言交互的组件和应用程序，也就是说，用不同语言编写的对象可以互相通信，并且它们的行为可以紧密集成。如下所示为公共语言运行时的一些优点。

- ❏ 使性能得到改进。
- ❏ 能够轻松使用其他语言开发的组件。
- ❏ 类库提供的可扩展类型。
- ❏ 新的语言功能，如面向对象编程的继承、接口和重载。
- ❏ 允许创建多线程的可缩放应用程序的显式自由线程处理支持。
- ❏ 结构化异常处理和自定义属性支持。

❑ 垃圾回收。

❑ 使用委托取代函数指针，从而增强了类型安全和安全性。

1．托管执行过程

公共语言运行时的功能通过编译器和工具公开，它提供了内存管理、线程管理和过程处理等核心服务，并且还强制实施严格的类型安全检查操作，从而提供代码的安全性、可靠性和准确性。

CLR 还提供了与自动垃圾回收、异常处理和资源管理有关的其他服务，由 CLR 执行的代码称为托管代码，它与编辑为面向特定系统的本机机器语言非托管代码相对应。托管代码的作用之一是防止一个应用程序干扰另外一个应用程序的执行，这个过程称为类型安全性。它具有许多优点，例如跨语言集成、跨语言异常处理、增强的安全性、版本控制和部署支持、简化的组件交互模型、调试和分析服务等。

执行托管代码的过程可以称为托管执行过程，它主要包括以下四点。

（1）选择编译器

为了获取公共语言运行时提供的优点，必须使用一个或多个针对运行库的语言编译器。

（2）将代码编译为 MSIL

编译器将源代码编译为 Microsoft 中间语言（MSIL）并生成所需要的元数据。

（3）将 MSIL 编译为本机代码

执行程序时实时编译器（JIT）将 MSIL 翻译为本机代码，在此编译过程中，代码必须通过验证过程，该过程检查 MSIL 和元数据以查看是否可以将代码确定为类型安全。

（4）运行代码

公共语言运行时提供了使执行能够发生以及可以在执行期间使用的各种服务的基础结构。

2．公共语言规范

公共语言规范（Command Language Specification，CLS）是许多应用程序所需要的一套基本语言规范，它通过定义一组开发人员可以确信在多种语言中都可用的功能来增强和确保语言互用性。CLS 还建立了 CLS 遵从性要求，帮助确定托管代码是否符合 CLS 以及一个给定的工具对托管代码开发的支持程序。CLS 的规则定义了通过类型系统的子集，即所有适用于公共类型系统的规则都适用于 CLS，除非在 CLS 中定义了更加严格的规则。

CLS 遵从性通常是指有关遵循 CLS 规则和限制性的声明，但是它还有一个更加具体的含义，它具体取决于描述的是符合 CLS 的代码还是符合 CLS 的开发工具，符合 CLS 的工具可以帮助开发人员编写符合 CLS 的代码。

如果开发人员需要代码符合 CLS，则必须在以下内容中以符合 CLS 的方式公开功能。

❑ 公共类的定义。

❑ 公共类中公共成员的定义，以及派生类（family 访问）可以访问的成员的定义。

❑ 公共类中公共方法的参数和返回类型，及派生类可以访问的方法的参数和返回类型。

> **注意**
>
> 在私有类的定义、公共类私有方法的定义及在局部变量中使用的功能不必遵循 CLS 规则。开发人员可以在实现类的代码中使用任何想要的语言功能并让它仍是一个符合的 CLS 组件，交错数组符合 CLS，但是在.NET Framework 4.0 版本中，C#编译器错误地将其报告为不符合。

CLS 是一种最低的语言的标准，它制定了一种以.NET 平台为目标的语言所必须支持的最小特征以及该语言与其他语言之间实现互相操作性所需要的完备特征。例如，在 C#中命名是区分大小写的，而在 VB 中不区分大小写。CLS 规定编译后的中间代码必须除了大小写之外还有其他不同之处。

3．通用类型系统

通用类型系统（Common Type System，CTS）定义了如何在 CLR 中声明、使用和管理类型，同时也是 CLR 跨语言集成支持的一个重要组成部分。CTS 主要执行的功能如下所示。

❑ 建立一个支持跨语言集成、类型安全和高性能代码执行的框架。

❑ 提供一个支持完整实现多种编程语言的面向对象模型。

❑ 定义各语言必须遵守的规则，有助于确保用不同语言编写的对象能够交互作用。

❑ 提供包含应用程序开发中使用的基元数据类型（如 Boolean、Byte、Char、Int32 和 UInt64）的库。

.NET Framework 中提供了两种类型：值类型和引用类型。如图 1-2 所示为 CTS 的基本结构图。

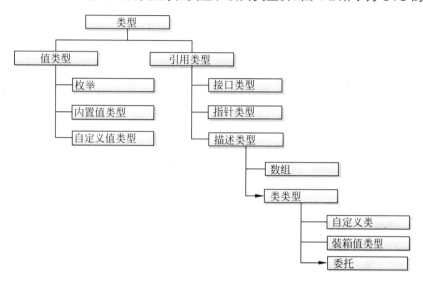

图 1-2　CTS 的基本结构图

1.2.4　.NET Framework 类库

.NET Framework 类库是一个由类、接口和值类型组成的库，通过该库中的内容可以访问系统的功能，它是一个综合性面向对象的可重用类型集合。.NET Framework 类库是生成.NET Framework 应用程序、组件和控件的基础，使用它可以开发包括传统命令行或者 Windows 应用程序列到基于 ASP.NET 所提供的最新应用程序。

.NET Framework 类库提供了大量实用的类，也是开发程序时的重要资源。.NET Framework 类库的核心部分如下所示。

❑ **基础数据类库**　例如 String 类、StringBuilder 类、集合和泛型等。

❑ **安全控制**　它为.NET 安全机制提供一系列的功能。

❑ **数据访问**　它利用 ADO.NET 开发数据库的应用程序。

❑ **I/O 访问**　主要用于文件操作。

❑ **XML**　它是用于描述数据的一种文件格式。

.NET Framework 类库由命名空间组成，每个命名空间都包含可以在程序中使用的类型，如类、结构、枚举、委托和接口。命名空间提供了一个范围，即两个同名的类只要位于不同的命名空间并且其名称符合命名空间的要求，就可以在程序中使用。

命名空间名称是类型的完全限定名（namespace.typename）的一部分，所有 Microsoft 提供的命名空间都是以 System 或 Microsoft 开头。如表 1-1 列出了.NET Framework 中提供的常见命名空间。

表 1-1　.NET Framework 中提供的常见命名空间

命 名 空 间	说　　明
Microsoft.JScript	Microsoft.JScript 命名空间包含具有以下功能的类：支持用 JScript 语言生成代码和进行编译
Microsoft.Win32	Microsoft.Win32 命名空间提供具有以下功能的类型：处理操作系统引发的事件、操纵系统注册表、代表文件和操作系统句柄
System	包含允许将 URI 与 URI 模板和 URI 模板组进行匹配的类
System.Collections	该命名空间包含具有定义各种标准的、专门的和通用的集合对象等功能的类
System.Data	该命名空间包含访问和管理多种不同来源的数据源的数据
System.Dynamic	该命名空间提供支持动态语言运行时的类和接口
System.Drawing	包含了提供与 Windows 图形设备接口的接口类
System.IO	该命名空间包含支持输入和输出的类，包括以同步或异步方式在流中读取和写入数据、压缩流中的数据、创建和使用独立存储区以及处理出入串行端口的数据流等
System.Windows.Forms	定义包含工具箱中的控件及窗体自身的类
System.Net	包含了用于网络通信的类或命名空间
System.Linq	该命名空间下的类支持使用语言集成查询（LINQ）的查询
System.Text	System.Text 命名空间包含用于字符编码和字符串操作的类型
System.XML	该命名空间包含用于处理 XML 类型的数据

1.3　程序集

　　程序集是 .NET Framework 应用程序的构造块，它构成了部署、版本控制、重复使用、激活范围控制和安全权限的基本单元。本节将详细介绍程序集的相关内容，如程序集的内容、可执行功能以及程序集清单等。

1.3.1　程序集概述

　　程序集是为协同工作而生成的类型和资源的集合，这些类型和资源构成了一个逻辑功能单元。它向 CLR 提供了解类型实现所需要的信息，对于 CLR 来说，类型不存在于程序集上下文之外。

　　程序集是扩展名为 .dll 或 .exe 的文件，它是 .NET Framework 编程的基本组成部分，每个程序集只能有一个入口点（即 DllMain、WinMain 或 Main）。使用程序集可以执行以下功能。

　　（1）包含 CLR 执行的代码。如果可移植可执行（PE）文件没有相关联的程序集清单，则将不执行该文件中的 Microsoft 中间语言（MSIL）代码。

　　（2）程序集形成安全边界。程序集就是在其中请求和授予权限的单元。

　　（3）程序集形成类型边界。每一类型的标识均包括该类型所驻留的程序集名称，在一个程序集范围内加载的 MyType 类型不同于在其他程序集范围内加载的 MyType 类型。

　　（4）程序集形成引用范围边界。程序集的清单包含用于解析类型和满足资源请求的程序集元数据，它指定在该程序集之外公开的类型和资源。

　　（5）程序集形成版本边界。程序集是公共语言运行时最小的可版本化单元，同一程序集中的所有类型和资源均会被版本化为一个单元。

　　（6）程序集形成部署单元。当一个应用程序启动时，只有该应用程序最初调用的程序集必须存在。

　　（7）程序集是支持并行执行的单元。

程序集可以是静态的，也可以是动态的。静态程序集存储在磁盘上的可移植可执行（PE）文件中，它可以包括.NET Framework 类型（接口和类）以及该程序集的资源（如位图、JPEG 文件和资源文件等）。动态程序集直接从内存运行并且在执行前不存储到磁盘上，但是在执行动态程序集后可以将它们保存到磁盘上，开发人员可以使用.NET Framework 来创建动态程序集。

程序集创建时有多种方法，常用方法有三种。

（1）使用用来创建.dll 或.exe 文件的开发工具，例如 Visual Studio 2010。

（2）使用在.NET Framework SDK 中提供的工具来创建带有在其他开发环境中创建的模块的程序集。

（3）使用 CLR API（例如 Reflection.Emit）来创建动态程序集。

1.3.2　程序集优点

程序集是旨在简化应用程序部署，并解决在基于组件的应用程序中可能出现的版本控制问题。目前 Win32 应用程序存在两类版本控制问题。

（1）版本控制规则不能在应用程序的各段之间表达，并且不能由操作系统强制实施。目前的办法依赖于向后兼容，通常很难保证。

（2）没有办法在创建到一起的多套组件集与运行时提供的那套组件之间保持一致。

上述两类版本控制问题结合在一起产生了 DLL 冲突，在这些冲突中安装一个应用程序可能会无意间破坏现有的应用程序，因为所安装的某个软件组件或 DLL 与以前的版本不完全向后兼容。

为了解决版本控制问题以及导致的 DLL 冲突的其余问题，运行时使用程序集来执行以下功能。

❑ 使开发人员能够指定不同软件组件之间的版本规则。

❑ 提供强制实施版本控制规则的结构。

❑ 提供允许同时运行多个版本的软件组件（称做并行执行）的基本结构。

通过在.NET Framework 中使用程序集，可以使许多开发问题得到解决，因为程序集不依赖注册表项的自述文件，所以程序集使没有相互影响的应用程序安装成为可能，程序集还使应用程序的卸载和复制得以简化。

1.3.3　程序集内容

一般情况下，静态程序集由四个元素组成：程序集清单、类型元数据、实现这些类型的 Microsoft 中间语言（MSIL）代码和资源集。在四种元素中，程序集清单是必需的，但是它也需要类型或资源来向程序集提供任何有意义的功能。

程序中的元素分组有几种方法，开发人员可以将所有元素分组到单个物理文件中，或者可以将一个程序集的元素包含在几个文件中，这些文件可能是编译代码的模块或应用程序所需的其他文件。如图 1-3 和图 1-4 分别显示了单文件程序集结构图和多文件程序集结构图。

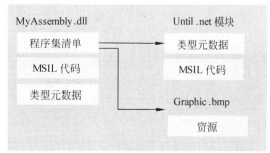

图 1-3　单文件程序集的结构图　　　　　图 1-4　多文件程序集的结构图

在图 1-4 中的 3 个文件属于一个程序集，对于文件系统而言，它们是独立的文件，但是 Until.net 被编译为一个模块，它不包含任何程序集信息。当创建了程序集后，该程序集清单被添加到 MyAssembly.dll，指示程序集与 Until.net 模块和 Graphic.hmp 的关系。

1.3.4 程序集清单

每一个程序集，无论是静态的还是动态的都包含描述该程序集中各个元素彼此如何关联的数据集合，程序集清单就包含这些程序集元数据。程序集清单包含指定该程序集的版本要求和安全标识所需的所有元数据，以及定义该程序集的范围和解析对资源和类的引用所需的全部元数据。

程序集清单可以存储在具有 Microsoft 中间语言（MSIL）代码的 PE 文件（.exe 或.dll）中，也可以存储在只包含程序集清单信息的独立 PE 文件中。如图 1-5 和图 1-6 根据程序集的类型分别显示了清单的不同存储方法。

单文件程序集

多文件程序集

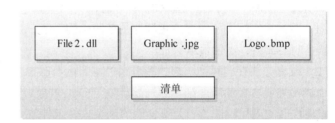

图 1-5　单文件程序集的存储方法　　　　　图 1-6　多文件程序集的存储方法

从图 1-6 中可以看出，对于一个关联文件的程序集，该清单将被合并到 PE 文件中以构成单文件程序集。相关人员可以创建独立的清单文件，或清单被合并到同一个多文件程序集中某一 PE 文件的多文件程序集。

每一个程序集的清单都执行以下功能。

- ❑ 枚举构成该程序集文件。
- ❑ 控制对该程序集的类型和资源的引用如何映射到包含其声明和实现的文件。
- ❑ 枚举该程序集所依赖的其他程序集。
- ❑ 在程序集的使用者和程序集的实现详细信息的使用者之间提供一定程序的间接性。
- ❑ 呈现程序集自述。

程序集清单包含了多项内容，如表 1-2 列出了清单中所包含的信息，其中前四项（程序集名称、版本号、区域性和强名称信息）内容构成了程序集的标识。

表 1-2　程序集清单信息

信　息	说　明
程序集名称	指定程序集名称的文本字符串
版本号	主版本号和次版本号，以及修订号和内部版本号
区域性	有关该程序集支持的区域性或语言的信息。此信息只应用于将一个程序集指定为包含特定区域性或特定语言信息的附属程序集（具有区域性信息的程序集被自动假定为附属程序集。）
强名称信息	如果已经为程序集提供了一个强名称，则为来自发行者的公钥
程序集中所有文件的列表	在程序集中包含的每一文件的散列及文件名。请注意，构成程序集的所有文件所在的目录必须是包含该程序集清单的
类型引用信息	运行库用来将类型引用映射到包含其声明和实现的文件的信息。该信息用于从程序集导出的类型
有关被引用程序集的信息	该程序集静态引用的其他程序集的列表。如果依赖的程序集具有强名称，则每一个引用均包括该依赖程序集的名称、程序集元数据（版本、区域性、操作系统等）和公钥

1.3.5　全局程序集缓存

全局程序集缓存中存储了专门指定给由计算机中若干应用程序共享的程序集，安装有 CLR 的每台计算机都具有称为全局程序集缓存的计算机范围内的代码缓存。应该在需要时才将程序集安装到全局程序集缓存中以进行共享。一般原则程序集依赖项保持专用，并在应用程序目录中定位程序集，除非明确要求共享程序集。另外，不必为了使 COM 互操作或非托管代码可以访问程序集而将程序集安装到全局程序集缓存。

将程序集部署到全局程序集缓存中的方法有两种，如下所示：

（1）使用专用于全局程序集缓存的安装程序，这种方法是将程序集安装到全局程序集缓存的首选方法。

（2）使用 Windows 软件开发包（SKD）提供的名为全局程序集缓存工具的开发工具。

> **提示**
>
> 在部署方案中，应该使用 Windows Installer 2.0 将程序集安装到全局程序缓存中，相关人员一般只在开发方案中使用全局程序集缓存工具，这是因为它不提供使用 Windows Installer 时可以提供的程序集引用计数功能和其他功能。

管理员通常使用访问控制列表（ACL）来保护 systemroot 目录，以控制写入和执行访问。因为全局程序集缓存安装在 systemroot 目录的子目录中，它继承了该目录的 ACL，建议只允许具有管理员权限的用户从全局程序集缓存中删除文件。

在全局程序集缓存中部署的程序集必须具有强名称，将一个程序集添加到全局程序集缓存时必须对构成该程序集的所有文件执行完整性检查，缓存执行这些完整性检查以确保程序集未被篡改。

强名称是由程序集的标识加上公钥和数字签名组成的，通过签发具有强名称的程序集可以确保名称的全局惟一性。强名称还需要特别满足以下要求。

❑ 强名称依赖于惟一的密钥对来确保名称的惟一性。

❑ 强名称保护程序集的版本沿袭。

❑ 强名称提供可靠的完整性检查。

1.3.6　程序集安全注意事项

生成程序集时可以指定该程序集运行所需的一组权限，是否将特定的权限授予程序集是基于证据的。使用证据有两种不同的方式，第一种是将输入证据与加载程序所收集的证据合并，以创建用于策略决策的最终证据集，这种方式的方法包括 Assembly.load、Assembly.LoadFrom 和 Activator.CreateInstance。第二种方式是原封不动地使用输入证据作为用于策略决策的最终证据集，使用这种语义的方法包括 Assembly.Load(byte[]) 和 AppDomain.DefineDynamicAssembly()。

通过在将运行程序集的计算机上设置安全策略，相关人员可以授予一些可选的权限。如果希望代码可以处理所有潜在的安全异常，可以执行以下两种操作。

（1）为代码必须具有的所有权限插入权限请求，并预先处理在未授予权限时发生的加载时错误。

（2）不要使用权限请求来获取代码可能需要的权限，但一定要准备处理在未授予权限时发生的安全异常。

可以使用两种不同但是相互补充的方式对程序集进行签名，使用强名称或使用 .NET Framework 1.0 和 1.1 版本中的 Signcode.exe 或 .NET Framework 更高版本中的 SignTool.exe。

使用强名称对程序集进行签名将向包含程序集清单的文件添加公钥加密。强名称签名帮助验证名称的惟一性，避免名称欺骗，并且在解析引用时向调用方法提供某标识。但是，任何新人级别都不会与一个强名称关联，这样 Signcode.exe 和 SignTool.exe 就变得十分重要。这两个签名工具要求发行者向第三方证书办法机构证实其标识并获取证书，然后此证书将嵌入到文件中，并且管理员能够使用该证书来决定是否相信这些代码的真实性。

相关人员可以将强名称和使用 Signcode.exe 或 SignTool.exe 创建的数字签名一起提供给程序集，或者可以单独使用其中之一，这两个签名工具一次只能对一个文件进行签名，对于多文件程序集，可以对包含程序集清单的文件进行签名。强名称存储在包含程序集清单的文件中，但使用 Signcode.exe 或 SignTool.exe 创建的签名存储在该程序集清单所在的可迁移可执行（PE）文件中保留的槽中。

强名称和使用 Signcode.exe 或 SignTool.exe 进行签名确保了完整性，它们和其他相关技术共同作用可以确保程序集没有做过任何方式的改动，因此相关人员可以将代码访问安全策略建立在这两种形式的程序集证据基础上。

1.3.7　程序集版本控制

本节所介绍的程序集版本控制，是仅对具有强名称的程序集进行版本控制。每一个程序集都使用两种截然不同的方法来表示版本信息。

1．程序集的版本号

程序集的版本号与程序集名称及区域性信息都是程序集标识的组成部分。每一个程序集都有一个版本号作为其标识的一部分。因此，如果两个程序集具有不同的版本号，运行时就会将它们视为不同的程序集。此版本号实际表示为具有以下格式的四部分号码。

<主版本>.<次版本>.<生成号>.<修订号>

例如在版本 1.5.1254.0 中，1 表示主版本，5 表示次版本，1254 表示生成号，而 0 表示修订号。

2．信息性版本

信息性版本是一个字符串，表示仅为提醒的目的而包括的附加版本信息。

使用 CLR 程序集的所有版本控制都在程序集级别上进行，一个程序集的特定版本和依赖程序集的版本在该程序集的清单中记录下来，除非被配置文件中的显式版本策略重写，否则运行时的默认版本策略是应用程序只与它们生成和测试时所用的程序集版本一起运行。CLR 主要通过四步解析程序集的绑定请求。

（1）检查原程序集引用，以确定该程序集的版本是否被绑定。

（2）检查所有适用的配置文件（应用程序配置文件、发行者策略文件和计算机的管理员配置文件）以应用版本策略。

（3）通过原程序集引用和配置文件中指定的任何重定向来确定正确的程序集，并且确定绑定到调用程序集的版本。

（4）检查全局程序集缓存和在配置文件中指定的基本代码，然后使用在运行时如何定位程序集中解释的探测规则来检查该应用程序的目录和子目录。

1.4　配置 .NET Framework 环境

.NET Framework 的运行离不开开发环境，下面将详细介绍如何配置 .NET Framework 的环境 Visual Studio 2010。

1.4.1 Visual Studio 与.NET Framework 的关系

Visual Studio 是一套完整的开发工具，它用来生成 ASP.NET Web 应用程序、XML Web Services、桌面应用程序和移动应用程序等。Visual Basic、Visual C#和 Visual C++都使用相同的集成开发环境（IDE），这样可以进行工具共享，并且能够轻松地创建混合语言解决方案。另外，这些语言使用.NET Framework 的功能，它提供了可简化的 ASP Web 应用程序和 XML Web Services 开发的关键技术。

Visual Studio 可以调用.NET Framework 所提供的服务，这些服务包括 Microsoft 公司或者第三方提供的语言编译器，开发人员在安装 Visual Studio 时会自动安装.NET Framework。如图 1-7 所示为 Visual Studio 与.NET Framework 的关系。

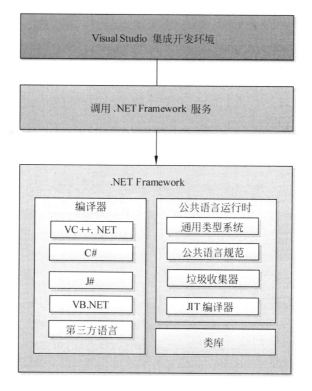

图 1-7　Visual Studio 与.NET Framework 的关系

1.4.2 安装 Visual Studio 2010

Visual Studio 2010 是 Microsoft 工具 Visual Studio 的最新版本，安装 Visual Studio 2010 的具体步骤如下。

（1）通过访问 MSDN 官方网站上的 Visual Studio 2010 版本，然后选择需要的版本进行下载。

（2）打开已经下载完成的 Visual Studio 2010 的安装包，然后找到 setup.exe 文件。双击该文件打开【Microsoft Visual Studio 2010 安装程序】对话框，其效果如图 1-8 所示。

（3）图 1-8 中有两个链接，可以安装 Visual Studio2010 和检查更新补丁。单击第一个链接打开【Microsoft Visual Studio 2010 旗舰版】对话框，如图 1-9 所示。

（4）单击图 1-9 中的【下一步】按钮打开【Microsoft Visual Studio 2010 旗舰版 安装程序-起始页】对话框，其效果如图 1-10 所示。在图 1-10 中界面左侧上部分显示了程序所检测到的已经安装的组件，而下部分则显示了即将要安装的组件，右侧默认选中同意协议条款内容。

图 1-8 【安装程序】的对话框

图 1-9 安装 Visual Studio 界面

（5）单击图 1-10 中的【下一步】按钮，弹出【Microsoft Visual Studio 2010 旗舰版 安装程序-选项页】对话框，其效果如图 1-11 所示。

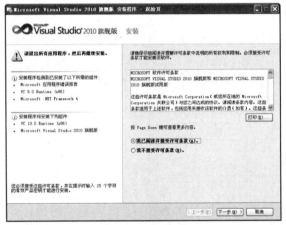

图 1-10 接受许可协议中的条款内容

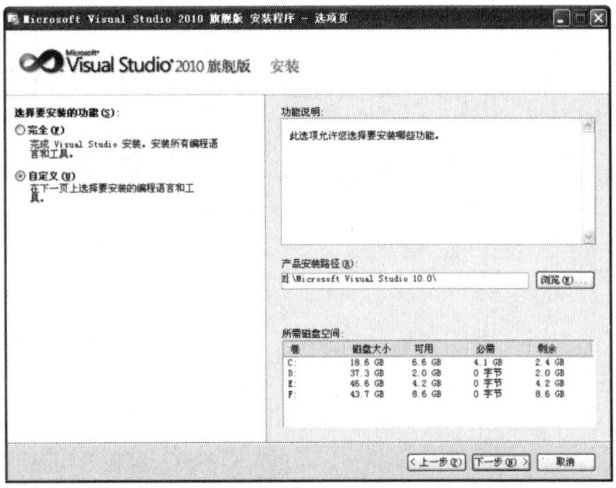

图 1-11 选择安装方式以及安装路径

在图 1-11 中，左侧内容提供了 Visual Studio 2010 的两种安装配置：完全和自定义。右侧为安装路径，开发人员可以使用默认的安装路径，也可以单击后面的【浏览】按钮自定义安装路径。

（6）单击图 1-11 中的【下一步】按钮进入组件安装界面，相关人员可以根据自己的需要选择要安装的组件，其效果如图 1-12 所示。

（7）单击图 1-12 中的【安装】按钮，开始复制文件进行组件安装。复制文件和安装组件的时间长短与计算机的配置成正比，其效果如图 1-13 所示。在图 1-13 中组件的安装过程中，界面上方表示要安装的组件，下方表示当前组件的安装进度。

（8）所有组件安装完成后的效果如图 1-14 所示，该图包含成功提示、安全建议以及一些超链接信息。

（9）单击图 1-14 中的【完成】按钮结束整个安装过程，然后弹出【Microsoft Visual Studio 2010 安装程序】对话框，该对话框中包含两个链接，且这两个链接都可用，效果如图 1-15 所示。

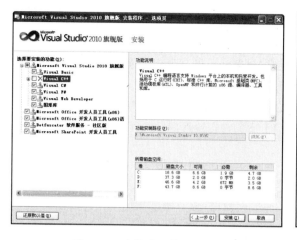

图 1-12　选择要安装的组件

图 1-13　相关组件安装过程

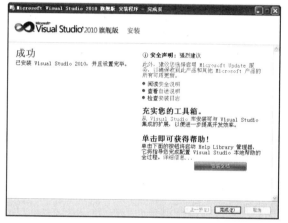

图 1-14　Visual Studio 2010 安装成功时的效果

图 1-15　Visual Studio 2010 安装完成的效果

1.4.3　Visual Studio 2010 的其他操作

在某些情况下，安装 Visual Studio 完成后还需要进行其他的操作，如注册和修复 Visual Studio，以及卸载等。

1. 注册 Visual Studio 2010

打开 Visual Studio 2010 后单击【帮助】|【注册产品】选项会弹出 Microsoft Visual Studio 对话框，如果已经注册会弹出相关提示，如果没有注册，则注册时需要 Microsoft Passport Network 凭据（Microsoft Passport Network 上的电子邮件地址和密码）和产品标识号（PID），PID 会显示在【帮助】|【关于】选项的对话框中。另外，相关人员也可以使用产品包装盒中的注册卡。

2. 修复 Visual Studio 2010

根据电脑系统的不同修复 Visual Studio 2010 的方法也略有不同，如果需要修复 Windows XP 或早期版本上的 Visual Studio 2010。主要步骤如下。

（1）单击电脑【开始】|【设置】|【控制面板】|【添加或删除程序】选项，选择要修复的产品版本，然后单击【更改/删除】按钮。

（2）在安装向导中单击【下一步】按钮。

（3）单击【修复或重新安装】按钮。

3. 卸载 Visual Studio 2010

如果要卸载 Visual Studio 2010 请下载并运行 Microsoft Visual Studio 2010 卸载实用工具，默认情况下会删除 Visual Studio 和支持组件，但不会删除计算机上的其他应用程序共享的组件。

如果相关人员不能通过使用卸载实用程序卸载 Visual Studio，则可以通过删除 Visual Studio 执行手动卸载，然后删除相关文件。手动卸载 Visual Studio 2010 的主要步骤如下：

（1）单击电脑【开始】|【设置】|【控制面板】|【添加或删除程序】选项，在弹出的对话框中找到要删除的程序，选中后单击【卸载】按钮。

（2）单击【卸载】按钮后会删除 Visual Studio 2010 产品的所有实例。

（3）在某些情况下，还需要相关人员在注册中删除与 Visual Studio 2010 相关的内容，这一步不是必须的。

1.5 实例应用：使用 VS 2010 创建控制台应用程序

1.5.1 实例目标

在上一节中已经详细介绍如何安装 Visual Studio 2010。安装完成后本节以及下一小节将介绍如何使用 Visual Studio 2010 创建简单的程序。本节向读者介绍如何使用 Visual Studio 2010 创建第一个控制台应用程序，主要目的是通过创建最简单的 C#程序熟悉 Visual C#的版本开发环境。

由于控制台应用程序是在命令行执行其所有的输入和输出，因此对于快速测试语言功能和编写命令行实现工具，它们是理想的选择。本节主要实现的目标如下所示：

❑ 如何创建新的控制台应用程序。

❑ 如何在代码编辑器中使用书签。

❑ 如何查看解决方案资源管理器。

❑ 如何使用 IntelliSense 更快更准确地输入代码。

❑ 如何使用代码保持良好的格式。

❑ 如何生成并运行控制台应用程序。

1.5.2 技术分析

实现本次实例应用的目标，首先需要通过 Visual Studio 2010 工具创建控制台应用程序，然后需要在 Program.cs 类的 Main()添加代码，最后需要进行编译和运行进行输出。在 Main()方法中使用的主要技术如下所示：

❑ 使用 Console.Write()提示用户输入内容。

❑ 使用 Console.ReadLine()接收用户输入的内容。

❑ 使用 System.Net.NetworkInformation 命名空间下的 Ping 类测试 IP 地址。

❑ Try Catch 语句抛出程序中的异常信息。

1.5.3 具体步骤

（1）打开 Visual Studio 2010 开发工具，然后单击【文件】|【新建项目】选项弹出【新建项目】对话框，该对话框列出了 Visual C#能够创建的程序类型，效果如图 1-16 所示。

图 1-16　新建项目的对话框

（2）在图 1-16 的对话框中选择【控制台应用程序】作为项目类型，然后更改名称、位置和解决方案等内容，输入完成后单击【确定】按钮，添加完成后的效果如图 1-17 所示。

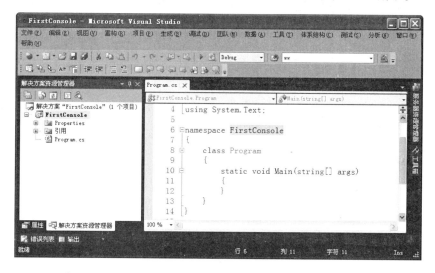

图 1-17　添加控制台应用程序完成后效果

在图 1-17 中，窗口顶部的工具栏包含各种图标，它们用于创建、加载和保存项目，编辑源代码，生成应用程序以及隐藏和显示构成 Visual C#环境的其他窗口。图中左侧和右侧的图标用来打开重要的窗口，如解决资源管理器、服务器资源管理器和工具箱等，将鼠标指针放在任意一个图标上可以获得弹出工具提示帮助。

提示

书签可以使开发人员从一个位置快速跳转到另一个位置，因此它对编写大型程序很有用，如果要创建书签，可以单击菜单栏中【编辑】|【书签】选项下的子项实现如何查看书签、创建书签和切换书签等。

（3）【解决方案资源管理器】窗口用来显示构成项目的各种文件，其中最重要的文件是 Program.cs，它包含应用程序的源代码。默认情况下该窗口是可见的，如果需要隐藏则可以单击隐藏图标，如果需要重新显示则需要单击图 1-17 左侧的相关选项卡，也可以单击工具栏中与其相对应的图标，还可以单击菜单栏中的【视图】|【解决方案资源管理器】选项，或者直接使用快捷键 Ctrl+Alt+L。

（4）在代码编辑器中输入内容时，如果输入的是 C#类名或关键字则可以实现自行键入完整的单词，或者通过 IntelliSense 工具帮助开发人员完成，该工具的优点是可以保证大小写和拼写是正确的，其效果如图 1-18 所示。

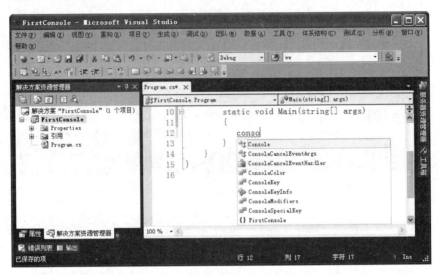

图 1-18　通过提供完整的输入代码

在图 1-18 中开发人员输入"c"时会显示一个由单词组成的列表项，由于 IntelliSense 工具会尝试预测用户输入的单词，所以可以向下滚动列表或继续键入单词"console"，当"console"在列表中突出显示时直接按 Enter 键或 Tab 键或双击，将其添加到代码。

（5）输入完整的代码测试，具体代码如下。

```
static void Main(string[] args)
{
    Console.Write("请输入您的 IP 地址测试: ");
    string ipaddress = Console.ReadLine();
    Ping testping = new Ping();                    //创建 Ping 类的实例对象
    try
    {
        PingReply reply = testping.Send(ipaddress);    //调用 Send()方法
        if (reply.Status == IPStatus.Success)          //判断 IP 地址是否合法
            Console.WriteLine(string.Format("地址: {0}连接测试成功!", ipaddress));
        else
            Console.WriteLine(string.Format("地址: {0}连接测试失败!", ipaddress));
    }
    catch (Exception ex)
    {
        Console.WriteLine(ex.Message);
    }
    Console.WriteLine();
}
```

在上述代码中首先提示用户输入当前机器的 IP 地址，接着通过 System.Net.NetworkInformation 命名空间下 Ping 类的相关属性和方法测试输入的 IP 地址是否正确，然后通过 Console 类下的 WriteLine()方法向控制台输出结果。程序最后一行 Console.ReadLine()

使用程序按 Enter 键之前暂停，如果省略该行命令窗口将立即消失，相关人员将看不到程序在控制台的输出内容。

> **注意**
>
> Console.WriteLine()方法有多种方法显示，最常用的一种方法是用户首先输入 "cw" 然后直接按 Tab 键两次就可以直接显示 Console.WriteLine()方法。

（6）代码编辑器将代码格式保持为最标准的、易于阅读的布局，如果代码开始显得杂乱，开发人员也可以重新设置整个文档的格式。其方法非常简单，单击菜单栏中的【编辑】|【设置文档的格式】选项即可，或者直接使用快捷键 Ctrl+K+D。

（7）到目前为止，第一个程序已经完成，开发人员可以编译和运行了。要执行此操作，相关人员可以直接按 F5 或 Shift+F5 键，也可以单击工具栏中的图标，还可以单击菜单栏中的【调试】|【启动调试】或【开始运行（不调试）】选项。

（8）程序运行后在控制台的最终效果如图 1-19 所示。

图 1-19　控制台最终输出效果

1.6 实例应用：使用 VS 2010 创建窗体应用程序

1.6.1 实例目标

Windows 窗体提供构成标准 Windows 应用程序用户界面（UI）的各个组件，如对话框、菜单、按钮以及其他控件，大部分的控件都是.NET Framework 类库中的类。使用 Visual C#中的【设计器】视图可以将组件拖动到应用程序的主窗体上并调整其大小和位置，在执行此操作前，开发环境会自动添加源代码以创建适当的类的实例并对其进行初始化。

下面将介绍如何创建 Windows 窗体应用程序，其主要目标如下所示：

❑ 创建 Windows 窗体应用程序。

❑ 完成在【代码】视图和【设计器】视图之间的切换。

❑ 添加 Button 控件、ComboBox 控件和 WebBrowser 控件。

❑ 更改 Windows 窗体和控件的相关属性。

❑ 为相关控件创建事件处理程序。

1.6.2 技术分析

完成创建窗体应用程序非常简单，其技术也非常简单，首先在 Visual Studio 2010 中创建 Windows 窗体应用程序，然后向窗体中添加相应的控件，接着设置窗体和控制的相关属性，最后添加相应的事件。其主要技术有两个，如下所示：

（1）在窗体和相关控件的【属性】窗口中设置主要属性。

（2）在 Button 控件的 Click 事件中添加跳转代码。

1.6.3 具体步骤

（1）打开 Visual Studio 2010 开发工具，然后单击【文件】|【新建项目】选项，弹出【新建项目】对话框，该对话框列出了 Visual C#能够创建的程序类型，效果如图 1-20 所示。

图 1-20　添加新建项目对话框

（2）在图 1-20 中输入名称、位置和解决方案名称等内容后单击【确定】按钮，添加完成后的效果如图 1-21 所示。

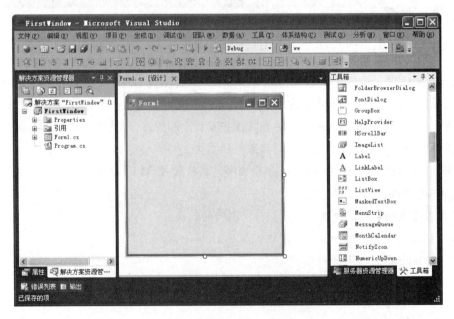

图 1-21　添加窗体应用程序完成后的效果

在图 1-21 中默认显示【设计器】视图中标题为 Form1 的 Windows 窗体，在该视图中可以将【工具箱】中的各个控件拖动到窗体上，这些控件可以很方便地在窗体上四处移动至精确位置。如果想要随时显示该视图与【代码】视图之间的切换，方法很简单，右击窗体界面或代码窗口，然后单击"查看代码"或"视图设计器"选项即可。

（3）在【设计器】窗口中单击窗体的右下角，当鼠标指针变为双向箭头时拖动窗体的两个角，更改 Windows 窗体的大小。

（4）直接对 Form1 的窗体重命名，然后选中窗体后单击【属性】窗格，找到 Text 属性并将内容设置为"Web 浏览器"，最后按 Enter 键或 Tab 键将焦点移除 Text 属性的输入框。如果【属性】窗口没有显示，可以单击菜单栏中的【视图】|【属性窗口】选项，也可以直接按快捷键 F4 显示。

（5）从【工具箱】中分别找到 ComboBox 控件、Button 控件和 WebBrowser 控件，并将它们拖动到窗体上。ComboBox 控件提供一个供用户选择的下拉列表，需要设置 Name 属性并且在 Items 属性添加不同的网址；Button 控件实现跳转到用户选择的网页，需要将 Button 控件的 Text 属性更改为"跳转"；WebBrowser 控件执行呈现网页，除了设置 Name 属性外，还需要将该控件的 Anchor 属性设置为"Top"、"Bottom"、"Left"和"Right"，Anchor 属性表示 webBrowser 控件会根据应用程序窗口的大小自动调整该控件的大小。该窗体的最终设计效果如图 1-22 所示。

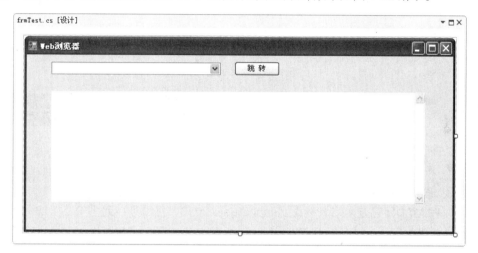

图 1-22　frmTest 窗体的设计效果

（6）窗体设计完成后开发人员需要编写自己的代码完成操作，首先双击该窗体添加 Load 事件，然后在该事件中添加代码使 WebBrowser 控件显示计算机的默认主页，另外还要设置 ComboBox 控件的初始值，具体代码如下。

```
private void frmTest_Load(object sender, EventArgs e)
{
    cboUrlList.SelectedIndex = 0;
    webBrowserShow.GoHome();
}
```

（7）双击 Button 控件为其添加事件处理程序，它是在用户与控件交互时执行的方法，在该事件代码中根据用户选择的网址跳转到相应的页面，具体代码如下。

```
private void btnShow_Click(object sender, EventArgs e)
{
    webBrowserShow.Navigate(cboUrlList.SelectedItem.ToString());
}
```

（8）生成并运行程序，在屏幕上显示 Windows 窗体且该窗体将显示计算机的默认主页。用户可以单击 ComboBox 控件中的列表项，然后单击【跳转】按钮导航到相应的网站，最终运行效果如图 1-23 所示。

图 1-23　窗体运行效果

1.7 拓展训练

1. 安装、修复或卸载 Visual Studio 2010 开发工具

读者可以在 MSDN 官方网站上下载 Visual Studio 2010，然后亲自动手安装以加深印象，如果安装完成后的效果如图 1-14 所示，则证明安装成功。安装完成后读者也可以对工具进行简单的修复和卸载操作。

2. 创建控制台应用程序

打开 Visual Studio 2010 并且创建一个控制台应用程序，在该程序中首先提示用户输入姓名，输入完成后获取内容，然后在控制台上输入"×××，你好！"，其最终效果不再显示。

3. 显示用户登录窗体

在 Visual Studio 2010 中添加新的 Windows 窗体应用程序，接着向该窗体分别添加两个 Label 控件、两个 TextBox

图 1-24　用户登录窗体

控件和一个 Button 控件，然后设置这些控件的相关属性，其最终运行效果如图 1-24 所示。

1.8 课后练习

一、填空题

1. _____语言已经成为.NET 开发的首选语言。

2. C#支持动态查找时需要使用到关键字_____。

3. _____是 Microsoft 的公共语言基础结构的一个商业实现。

4. .NET Framework 类库是由一系列的命名空间组成的，其中_____命名空间包含用于字符编码和字符串操作的类型。

5. 程序集一般包括_____、类型元数据、Microsoft 中间语言和资源集。

二、选择题

1. .NET Framework 的两个核心组件是_____。

　　A. 公共语言运行时和通用类型系统

　　B. 公共语言运行时和.NET Framework 类库

　　C. 通用类型系统和.NET Framework 类库

　　D. Microsoft 中间语言和通用类型系统

2. C#语言与其他语言相比有着明显的区别，下面说法不正确的是_____。

　　A. 与 Java 语言相比，C#中的 Main()方法要大写。

　　B. 与 C++和 C 语言相比，C#中的 switch 语句和 break 语句不是可选的

　　C. 与 Visual Basic 语言相比，C#不区分大小写

　　D. 与 Java 语言相比，C#中的方法是非虚拟方法

3. 关于公共语言运行时的说法，选项_____是正确的。

　　A. 公共语言运行时是一个综合性的面向对象的可重用类型集合

　　B. 公共语言规范的英文缩写是 CTS，它是许多应用程序所需的一套基本语言规范

　　C. 通用类型系统的英文缩写是 CLS，它是 CLR 跨语言集成支持的一个重要组成部分

　　D. 公共语言运行时的主要组件是通用类型系统和公共语言规范

4. 下面关于程序集的语法中，选项_____是不正确的。

　　A. 程序集可以是动态或静态的，静态程序集从内存运行并且在执行前不存储到磁盘上

　　B. 程序集构成了部署、版本控制、重复使用、激活范围控制和安全权限的基本单元

　　C. 程序集使应用程序的卸载和复制简单化

　　D. 程序集解决了基于组件的应用程序中可能出现的版本控制问题

三、简答题

1. 与 Java 语言和 C++语言相比，C#语言与它们的重要差异。

2. 请说出程序集的优点、内容以及程序集清单所执行的功能。

3. 请说明安装 Visual Studio 2010 的步骤。

4. 简述如何创建控制台应用程序。

5. 简述如何创建 Windows 窗体应用程序。

第 2 课
C#基础语法入门

所有的编程语言都有一套语法规则,通过使用这些规则能够让程序正确运行并且减少错误的发生。本课将详细介绍 C#的基础语法,包括变量、常量、数据类型、运算符和表达式、数据类型转换以及装箱和拆箱等相关内容,最后通过一个综合的实例总结本课的内容。

通过对本课的学习,读者可以掌握如何使用变量和常量,也可以掌握常用的数据类型,还可以了解常用的运算符与表达式。另外,本课对装箱和拆箱以及如何转换数据类型等都进行了介绍。

本课学习目标:

❑ 了解变量和常量的概念和命名规则

❑ 掌握如何声明和初始化变量与常量

❑ 熟悉变量的作用域和生命周期

❑ 掌握 const 的注意事项以及何时使用

❑ 掌握 C#中常用的值类型

❑ 掌握 C#中常用的引用类型

❑ 熟悉值类型和引用类型的不同点以及适用情况

❑ 掌握常用的运算符,如算术运算符、比较运算符或逻辑运算符

❑ 了解运算符的优先级别

❑ 掌握显式转换和隐式转换

❑ 掌握将字符串转换为其他数据类型时 Convert 类的常用方法

❑ 熟悉 C#中的几种标准注释

2.1 变量

程序需要对数据进行读、写和运算等操作，当需要保存特定的值或计算结果时，就要使用变量（variable）。在计算机中变量代表存储地址，变量的类型决定了存储在变量中的数值的类型。下面将详细介绍与变量相关的知识。

2.1.1 变量概述

变量是一段有名称的连续存储空间，在源代码中通过定义变量来申请并命名这样的存储空间，并且通过变量的名称来使用这段存储空间。

在 C#中，变量就是存取信息的基本单元，它有两个基本特征，即变量名（标识变量的名称）和变量值（变量存储的数据）。对于变量必须明确变量的命名、类型、声明以及作用域。另外变量的值可以通过赋值或"++"和"--"运算符运算后被改变。

2.1.2 声明和初始化变量

对于读者来说，变量是用来描述一条信息的名称，可以在程序代码中使用一个或多个变量，变量中可以存储各类型的信息，如用户姓名、文件的大小、某个英文单词以及飞机票价格等。

在 C#中用户可以通过指定数据类型和标识符来声明变量，其基本语法如下所示：

```
DataType identifier;
```

或者

```
DataType identifier=value;
```

上述语法代码中涉及到三个内容：DataType、identifier 和 value，其具体说明如下所示：

❑ **DataType** 变量类型，如 int、string、char 和 double 等。

❑ **identifier** 标识符，也叫变量名称。

❑ **value** 声明变量时的值。

如下代码分别声明了 string、bool 和 int 类型的变量。

```
string username;                    //string 类型的变量
bool isDeleted;                     //bool 类型的变量
int userage;                        //int 类型的变量
```

初始化变量是指为变量指定一个明确的初始值。初始化变量时有两种方式：声明时直接赋值和先声明、后赋值。如下代码分别使用两种方式对变量进行初始化。

```
char usersex = '男';                //直接赋值
```

或者

```
string username;                    //先声明
username = "陈洋洋";                 //后赋值
```

多个同类型的变量可以同时定义或者初始化，但是多个变量中间要使用逗号分隔，声明结束时用分号分隔。

```
string username, address, phone, tel;       //声明多个变量
int num1 = 12, num2 = 23, result = 35;       //声明并初始化多个变量
```

C#中初始化变量时需要注意以下事项。

（1）变量是类或者结构中的字段，如果没有显式的初始化，默认状态下创建这些初始值时为 0。

（2）方法中的变量必须显式的初始化，否则在使用该变量时就会出错。

2.1.3 变量的分类

C#中主要将变量分为七种：静态变量、实例变量、数组元素、值参数、引用参数、输出参数以及局部变量。它们的具体说明如下所示：

- ❑ **静态变量** 它是指使用 static 修饰符声明的变量。
- ❑ **实例变量** 与静态变量相对应，是指未使用 static 修饰符声明的变量。
- ❑ **数组元素** 它是指作为函数成员参数的数组，它总是在创建数组实例时开始存在，在没有对该数组实例的引用时停止存在。
- ❑ **值参数** 这是指在方法中未使用 ref 或 out 修饰符声明的参数。
- ❑ **引用参数** 它是指使用 ref 修饰符声明的参数。
- ❑ **输出参数** 它是指使用 out 修饰符声明的参数。
- ❑ **局部变量** 它在应用程序的某一段时间内存在，局部变量可以声明在块、for 语句、switch 语句和 using 语句中。

如下代码声明了不同的变量。

```
static object obj;                              //静态变量
int result=0;                                  //局部变量
public int AddNumber(ref int number1,ref int number2,out int result)
{
    int total = number1 + number2;             //局部变量
    result = total;
    return result;
}
```

2.1.4 变量的命名规则

当用户需要访问存储在变量中的信息时只需要调用变量的名称，所以在 C#中为变量命名时需要遵循一定的规则。

- ❑ 变量名称必须以字母开头。
- ❑ 变量名称只能由字母、数字和下划线组成，而不能包含空格、标点符号、运算符等其他符号。
- ❑ 起名要有实际意义的名称，容易辨别数据类型和存储数据的类型。
- ❑ 变量名称不能与库函数相同。
- ❑ 变量名称不能与 C#中的关键字名称相同，如 using、static、namespace 和 class 等。

如下代码给出了一些合法和不合法的变量名。

```
double goodPrice;                   //合法的变量名
int num1, num2, total;             //合法
int stu.Age;                        //不合法，包含非法字符
string @namespace;                  //合法，与关键字相同，加上前缀@
string namespace;                   //不合法，存在关键字
decimal gprice+sprice;              //不合法，包含非法字符
long $price;                        //不合法，包含非法字符
long username hobby;                //不合法，包含非法的字符空格
```

2.1.5 变量的作用域和生命周期

变量并不是在程序的整个运行过程中都有效，其具备作用域和生命周期。变量的作用域是指在某一范围内有效，一般情况下需要通过以下规则确定变量的作用域。

❑ 只要变量所属的类在某个作用域内，其字段（即成员变量）也在该作用域中。

❑ 局部变量存在于声明该变量的块语句或方法结束的大括号之前的作用域。

❑ 在 for 和 while 循环语句中声明的变量只存在于该循环体内。

【练习1】

例如下面代码演示了变量的作用域。

```csharp
using System;
namespace Homework
{
    class Program
    {
        int j=30;
        static void Main()
        {
            int j=20;
            int i=5;
            Console.WriteLine(i+j);
        }
    }
}
```

在上述代码中，第一个变量 j 的作用域是整个类，而第二个 j 是一个局部变量，它的声明会替代第一个 j，所以运行程序输出结果是 25。

变量的作用域只在某一个范围内有效，是相对于定义状态的；而变量的生命周期是相对于运行状态的，即程序运行某个方法时方法中的变量有效，当程序执行完某个方法后，方法中的变量也就消失了。

2.2 常量

变量可以理解为变化的数据，每一个变量都具有一个类型。而常量与变量不同，它主要用来存储程序运行过程中不改变的数据。

2.2.1 常量概述

常量是指在使用过程中不会发生变化的量，C++中可以含有常量指针、指向常量的变量指针、常量方法和常量参数，但是 C#中已经删除了某些细微的特性，只能把局部变量和字段声明为常量。

应用程序中使用常量的好处如下所示。

❑ 常量使程序更加容易修改。

❑ 常量能够避免程序中出现更多的错误。

❑ 常量使用易于理解的名称替代了含义不明确的数字或字符串，使程序更加方便阅读。

2.2.2 声明和初始化常量

常量也可以叫做常数，它是在编译时已知并且在程序运行过程中其值保持不变的值。C#中声明常量需要使用 const 关键字，并且常量必须在声明时初始化。如下代码声明并初始化了一个静态常量。

```
class Program
{
    public const string USERPHONE = "13213103456";
}
```

读者也可以使用一个 const 关键字同时声明多个常量，但是这些常量之间必须使用分号进行分隔，代码如下所示：

```
class Program
{
    public const int P = 12, S = 23, M = 45, N = 55;
}
```

提示

使用 const 关键字声明常量时，通常使用大写字母。如果没有使用 const，即使指定了固定的值，也不算是常量。

2.2.3 const 的注意事项

使用 const 关键字定义常量非常简单，但是同时需要注意以下几点。

（1）const 必须在字段声明时就进行初始化操作。

（2）const 只能定义字段和局部变量。

（3）const 默认是静态的，所以它不能和 static 同时使用。

（4）const 只能应用在值类型和 string 类型上，其他引用类型常量只能定义为 null，否则会引发错误提示"只能用 null 对引用类型(string 类型除外)的常量进行初始化"。

常量和变量经常会在程序开发中用到，但是什么情况下使用常量，什么情况下使用变量呢？很简单，使用常量的情况一般以下两种。

（1）用于在程序中一旦设定就不允许被修改的值，如圆周率 π。

（2）用于在程序中被经常引用的值，如银行系统中的人民币汇率。

2.3 数据类型

C#是一种安全类型语言，它的编译器存储在变量中的数值具有适当的数据类型。学习任何一种编程语言都要了解其数据类型，本节将详细介绍常用的两种数据类型：值类型和引用类型。

2.3.1 数据类型分类

数据类型的表面含义是指数据属于哪种类型，在实际操作中要根据数据特性以及估计范围选择一个适合的数据类型。在 C#中，数据类型主要分为三种：值类型、引用类型和指针类型。它们的具体说明如下所示：

- **值类型** 值类型的变量是直接包含数据的。
- **引用类型** 引用类型的变量直接存储在数据的访问地址上。
- **指针类型** 它只能作用在不安全的代码，与 C 语言、C++中的指针类似。但是 C#中很少用到，所以不做具体介绍。

2.3.2 值类型

值类型是一种由类型的实际值表示的数据类型，如果向一个变量分配值类型，则该变量将被赋以全新的值副本。值类型通常创建在方法的栈上，而不是垃圾回收的堆中。读者可以使用 Type.IsValueType 属性来判断一个类型是否属于值类型，代码如下所示：

```
TestType testType = new TestType();      //TestType 表示要测试的类型，如 int、char
if (testType.GetType().IsValueType)
{
    Console.WriteLine("{0} is value type.",testType.ToString());//输出测试结果
}
```

C#中的值类型继承自 System.ValueType，主要包括基本数据类型、结构类型和枚举类型。

1. 基本数据类型

基本数据类型也叫简单数据类型，它包括数据类型和布尔类型等。如表 2-1 列举了常用的基本数据类型。

表 2-1 基本数据类型

类别名称	类型	位数	取值范围/精度
有符号整型	sbyte	8	-128～127
	short	16	-32768～32767
	int	32	-2147483648～2147483647
	long	64	-2^{63}～2^{63}
无符号整型	byte	8	0～255
	ushort	16	0～65535
	uint	32	0～42994967295
	ulong	64	0～2^{64}
浮点型	float	32	$1.5*10^{-45}$～$3.4*10^{38}$
	double	64	$5.0*10^{-324}$～$1.7*10^{308}$
Decimal	decimal	128	$1.0*10^{-28}$～$7.9*10^{28}$
Unicode 字符	char	16	U+0000~U+ffff
布尔类型	bool		True/False

在表 2-1 中，浮点型的精度实数包含三种特殊的值：NaN、无穷大和正零和负零，其说明如下所示：

- **NaN** 也叫非数字值，是由无效的浮点运算（如零除零）产生。
- **无穷大** 包括正无穷大和负无穷大，由非零数字被零除这样的运算产生。
- **正零和负零** 一般情况下，它们与简单的零相同，但某些运算中会区分。

注意 使用 float 类型声明变量的值时，必须在数值后面添加后缀 f；使用 decimal 类型声明变量的值时，必须在数值后面添加后缀 m（不区分大小写），否则编译时会出错。

下面在应用程序中声明六种不同类型的变量，并且对变量进行初始化操作，具体代码如下所示：

```
int stuID = 1;                          //学生 ID
string stuname = "李致远";              //学生姓名
float stuscore = 98.5f;                 //学生成绩
long stuintro = 2008*100000000000;
char stusex ='男';                      //性别
bool isParty = true;                    //是否党员
```

2. 结构类型

结构是一种值类型不支持继承。结构中可以包含变量、常量、方法、字段、属性、索引器、运算符以及嵌套类型等。定义结构时需要使用关键字 struct，关于结构的详细内容会在后面进行详细介绍。

【练习 2】

例如在控制台应用程序中创建名称为 Doctor.cs 的结构，在该结构中添加常量、变量、属性和方法，具体代码如下所示：

```
struct Doctor
{
    const int DOCTORID = 1;
    string docName;                     //医生名称
    public string DocName               //属性
    {
        get { return docName; }
        set { docName = value; }
    }
    public DataTable GetDoctorByType()  //方法
    {
        return null;
    }
}
```

3. 枚举类型

枚举类型也是一种值类型，它用于声明一组命名的常数，当一个变量有几种可能的取值时可以使用。换句话说，枚举是指将变量的值一一列出来，变量的值只限于列举出来的值的范围内。定义枚举时需要使用 enum 关键字，其他内容会在后面进行详细介绍。

【练习 3】

例如在控制台应用程序中添加枚举类型，该枚举类型用来描述不同水果的颜色，具体代码如下所示：

```
enum Colors
{
    Black = 1, Blue = 2, Red = 3, Yellow = 4, Gray = 5
}
```

枚举成员是枚举类型的命名常数，如果不为枚举成员指定值时，其第一个成员的默认值为零。另外每个枚举成员的常数值必须在该枚举的基础类型的范围之内。

 注 意

System.ValueType 直接派生于 System.Object，即 System.ValueType 本身是一个类类型，而不是值类型。因为 ValueType 重写了 Equals()方法，从而对值类型按照实例的值来比较，而不是引用了值来比较。

2.3.3 引用类型

引用类型是由类型的实际值引用表示的数据类型，如果为某一个变量分配一个引用类型，则该变量将引用原始值，不会创建任何副本。引用类型的创建一般在方法的堆上，C#中的引用类型均继承自 System.Object 类，它主要包含类、接口、数组、字符串和委托。

1. 类

类是抽象的概念，确定对象拥有的特征（属性）和行为（方法）。它可以包含成字段、方法、索引器和构造函数等。

【练习 4】

声明类时需要使用 class 关键字，例如在应用程序中新创建一个类，然后在类中声明字段、属性和方法，主要代码如下所示：

```
class DoctorType
{
    public DoctorType() { }
    string typeName;
    public string TypeName
    {
        get { return typeName; }
        set { typeName = value; }
    }
    public int AddTypeName()
    {
        return 0;
    }
}
```

2. 接口

接口是一种约束形式，它只包括成员的定义，而不包含成员实现的内容。接口的主要目的是为不相关的类提供通用的处理服务，由于 C#中只允许树形结构中的单继承，即一个类只能继承一个父类，所以接口是让一个类具有两个以上基类的惟一方式。

【练习 5】

声明接口时需要使用 interface 关键字，例如在应用程序中添加新的接口，然后在接口中声明相关的内容。具体代码如下所示：

```
interface DocType
{
    int typeId { get; set; }                //定义属性
    void AddTypeName();                      //定义方法
    string this[int index] { get; set; }     //索引器
    event EventHandler E;                    //事件
}
```

3. 委托

委托是一个类，它定义了方法的类型，使得可以将方法当作另一个方法的参数来进行传递，将方法动态地赋给参数可以避免在程序中大量使用 if-else 语句，同时也使程序具有更好的扩展性。

委托是一个引用类型，所以它具有引用类型所有的通性。它保存的不是实际值，而是保存对存储在托管堆中对象的引用。

【练习 6】

声明委托时需要使用 delegate 关键字，主要使用方法如下所示：

```
private delegate void SayLove(string lovename);
public static void ChineseSayLove(string lovename, SayLove LoveSay)
{
    LoveSay(lovename);
}
public static void Say(string name)
{
    Console.WriteLine("爱的英文说法是:"+name);
}
public static void Main(string[] args)
{
    ChineseSayLove("Love", Say);
}
```

在上述代码中首先声明一个委托方法 SayLove()，接着将该方法作为参数传入另外一个参数 ChineseSayLove()方法中，然后在 Main()方法中调用该方法，并且将 Say()方法作为方法参数传入。

4．数组

数组元素是指将数组作为成员参数的元素，它在数组创建时开始存在，在没有对该数组实例的引用时停止存在。例如下面代码声明了一个一维数组。

```
int[] array = new int[];
```

根据引用类型的定义，数组属于引用类型，所以 int 类型的数组当然是引用类型（即 array.GetType().IsValueType 为 false），而 int 数组的元素都是 int，根据值类型的定义，int 是值类型，那么引用类型数组中的值类型元素是在栈上还是堆上？细心的用户一定会发现，如果使用调试去查看 array[i]在内存中的具体位置时会发现它们并不在栈上，而是在托管堆上。

实际上，对于数组"TestType[] testTypes = new TestType[20]"而言，如果 TestType 是值类型，则会在托管堆上一次为 20 个值类型的元素分配内存空间并自动初始化这些元素，将 20 个元素存储到内存中；如果 TestType 是引用类型，则会先在托管堆上为 testTypes 分配一次空间并且不会自动初始化任何元素（即 testTypes[i]均为 null），再用代码初始化某个元素时，这个引用类型的元素的存储空间才会被分配在托管堆上。

5．字符串

字符串类型表示零或者更多 Unicode 字符组成的序列，它是一种不可变特殊的引用类型，它的用法与值类型的方法相同。

```
static void StrChange(string str)          //表示值传递
static void StrChange(ref string str)      //表示引用传递
```

string 类型在方法体内对 str 进行修改之前，与方法外部的变量指向同一块内存，是引用传递，但在函数体内对参数 str 修改后，就会触发对该 str 重新分配一块内存。

【练习 7】

例如在控制台应用程序的相关类中添加 SayHello()方法，然后在 Main()方法中声明并初始化一个变量，并且将该变量传递到 SayHello()方法中，最后将运行结果输出。具体代码如下所示：

```
class Program
{
    public static void SayHello(string name)
    {
        name = "大家好，我是李斯";
    }
    static void Main(string[] args)
    {
        string name = "李斯";
        SayHello(name);
        Console.WriteLine(name);
    }
}
```

运行上述代码可以发现，输出的结果是：李斯。重新修改上述代码，修改方法中的参数为 ref name，重新运行上述代码可以发现输出的结果是：大家好，我是李斯。所以使用引用类型 string 时可以看作是在使用值类型。

 提示

尽管 string 是引用类型，但是使用比较运算符==或!=时，则表示比较 string 对象，而不是引用的值。

2.3.4 比较值类型与引用类型

虽然值类型和引用类型都可以用来存储数据，但是它们之间也存在许多不同点。如表 2-2 列出了它们的主要不同点。

表 2-2 值类型和引用类型的不同点

	值 类 型	引 用 类 型
内存分配不同	通常被分配在栈上，它的变量直接包含变量的实例，使用效率比较高	分配在堆上，它的变量通常会包含一个指向实例的指针，变量通过该指针来引用实例
默认值	默认情况下自动初始化为 0	默认情况下的值为 null
继承类	System.ValueType	System.Object
表现形式	装箱和拆箱	装箱
状态	装箱和未装箱，运行库提供了所有值类型的已装箱形式	装箱
回收方法	不由 GC 控制，作用域结束时会自行释放，从而减少托管堆的压力	内存回收由 GC 完成
继承性	值类型是密封的，因此不能作为基类	一般都有继承性
多态性	不支持多态	可以支持多态

一般来说，值类型（不支持多态）适合存储供 C#应用程序操作的数据，而引用类型（支持多态）应该用于定义应用程序的行为。

相关人员所创建的引用类型通常多于值类型，那么什么时候使用引用类型，什么时候使用值类型呢？如果以下问题都满足条件则可以使用值类型。

（1）该类型的主要职责是用于数据存储。

（2）该类型的公有接口完全由一些数据成员存取性定义。

（3）该类型永远不可能有子类。

（4）该类型永远不可能具有多态行为。

2.4 运算符与表达式

运算符指明了数据进行运算的类型,在表达式中用于描述涉及一个或多个操作符的运算。C#中包含多种运算符,本节将详细介绍与运算符和表达式的相关知识。

2.4.1　运算符的分类

C#中的运算符是对变量、常量或其他数据进行计算的符号,根据运算符的操作个数可以将它分为三类:一元运算符、二元运算符、三元运算符。根据运算符所执行的操作类型主要将它分为算术运算符、比较运算符、赋值运算符、逻辑运算符、条件运算符、递增、递减运算符、new 运算符、as 运算符。

2.4.2　算术运算符与算术表达式

算术运算符就是进行算术运算的操作符,如"+"、"-"和"/"等。使用算术操作符将数值连接在一起,符合 C#语法的表达式可以称为算术表达式。常见的算术运算符以及说明如表 2-3 所示。

表 2-3　常见的算术运算符

运　算　符	说　　　明	表达式（或示例）	值
+	加法运算符	2+5	7
-	减法运算符	4-2	2
*	乘法运算符	5*8	40
/	除法运算符	8/4	2
%	求余运算符（模运算符）	8%5	3

【练习8】

例如,在控制台应用程序的主入口 Main()方法中添加代码,首先提示用户分别输入两个数字,然后根据用户输入的数字计算这两个数字的不同结果。具体示例代码如下所示:

```
class Program
{
static void Main(string[] args)
    {
        Console.Write("请输入第一个数字: ");
        int num1 = Convert.ToInt32(Console.ReadLine());
        Console.Write("请输入第二个数字: ");
        int num2 = Convert.ToInt32(Console.ReadLine());
        int addresult = num1 + num2;
        int minresult = num1 - num2;
        int multiresult = num1 * num2;
        int divresult = num1 / num2;
        int remresult = num1 % num2;
        Console.WriteLine("相加结果: {0},相减结果: {1},相乘结果: {2},相除结果: {3},
        求余结果: {4}", addresult, minresult, multiresult, divresult, remresult);
        Console.ReadLine();
    }
```

}

在上述代码中首先声明两个变量分别保存输入的两个数字，然后分别调用算术运算符"+"、"-"、"*"、"/"和"%"对这两个数字进行计算，最后输出运算结果。其运行效果如图 2-1 所示。

图 2-1 算术运算符的使用

■2.4.3 比较运算符与比较表达式

比较运算符通过比较两个对象的大小，它返回一个真/假的布尔值，比较运算符又叫做关系运算符。使用比较运算符将数值连接在一起，符合 C#语法的表达式称为比较表达式。常见的比较运算符及说明如表 2-4 所示。

表 2-4 常见的比较运算符

运 算 符	说 明	表达式（或示例）	值
>	大于运算符	10>2	true
>=	大于等于运算符	10>=11	false
<	小于运算符	10<2	false
<=	小于等于运算符	10<=10	true
==	等于运算符	10==100	false
!=	不等运算符	10!=100	true

【练习 9】

例如，声明并初始化两个局部变量 oldprice 和 newprice，然后分别使用">"、"<"和"=="判断这两个值的大小。具体代码如下所示：

```csharp
static void Main(string[] args)
{
    double oldprice = 12.5;
    double newprice = 35;
    if(oldprice>newprice)
        Console.WriteLine("新品上市，还等什么赶快来看看吧！");
    else if(oldprice<newprice)
        Console.WriteLine("正在促销，请赶快购买吧！");
    else if(oldprice==newprice)
        Console.WriteLine("没有特价商品进行促销！");
}
```

■2.4.4 逻辑运算符与逻辑表达式

"&&"、"&"、"^"、"!"、"||"以及"|"都被称为逻辑运算符或逻辑操作符，使用逻辑运算符把运算对象连接起来并且符合 C#语法的表达式称为逻辑表达式。常见的逻辑运算符及说明如表 2-5 所示。

表 2-5 常见的比较运算符

运 算 符	说 明	表达式（或示例）
&或&&	与操作符	a&b 或 a&&b
^	异或操作符	a^b
!	非操作符	!a
|或||	或操作符	a|b 或 a||b

逻辑运算结果是一个用真/假值来表示的布尔类型，当操作数不同时，逻辑运算符的运算结果也可以不同。如表 2-6 演示了操作运算的真假值结果。

表 2-6 常见的逻辑运算符真值表

a	b	a&&b 或 a&b	a||b 或 a|b	!a	a^b
false	false	false	false	true	false
false	true	false	true	true	true
true	false	false	true	false	true
true	True	true	true	false	false

【练习 10】

例如，在控制台应用程序的主入口 Main()方法中添加代码模型实现用户登录的功能。具体示例代码如下所示：

```
static void Main(string[] args)
{
    Console.Write("请输入用户名: ");
    string username = Console.ReadLine();
    Console.Write("请输入密  码: ");
    string password = Console.ReadLine();
    if(username=="admin" && password=="admin")
        Console.WriteLine("恭喜您，登录成功! ");
    else
        Console.WriteLine("很抱歉，用户名或密码错误! ");
}
```

在上述代码中首先使用两个变量分别保存用户输入的用户名和密码,然后调用&&运算符判断用户名和密码是否满足登录成功的条件。其运行效果如图 2-2 所示。

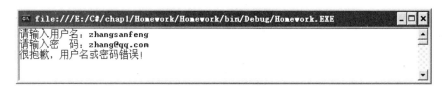

图 2-2 逻辑运算符的使用

2.4.5 赋值运算符与赋值表达式

赋值运算符用于变量、属性、事件或索引器元素赋新值，它可以把右边操作数的值赋予左边。C#中常见的赋值操作符包括 "="、"+="、"-="、"/="、"%="、"*="、"^="、"&="、"!="、"<<=" 和 ">>=" 等，它们的具体说明如表 2-7 所示。

表 2-7 常见的赋值运算符

运 算 符	说 明	表 达 式	表达式含义	操作数类型
=	等于赋值	c=a+b	将右边的值赋予左边	任意类型
+=	加法赋值	a+=b	a=a+b	
-=	减法赋值	a-=b	a=a-b	数值型（整型、实数型等）
*=	乘法赋值	a*=b	a=a*b	
/=	除法赋值	a/=b	a=a/b	
%=	求余赋值或模赋值	a%=b	a=a%b	整型
<<=	左移赋值	a<<=b	a=a<<b	
>>=	右移赋值	a>>=b	a=a>>b	整型或字符型
&=	位与赋值	a&=b	a = a&b	
|=	位或赋值	a|=b	a = a|b	
^=	异或赋值	a^=b	a = a^b	

表 2-7 已经列出了常见的赋值运算符，下面将对左移赋值、右移赋值和位与赋值进行介绍。

（1）<<=（左移赋值运算符）

左移是将"<<"左边的数的二进制位右移若干位，"<<"右边的数指定移动位数，高位丢弃，低位补 0，移几位就相当于乘以 2 的几次方。

（2）>>=（右移赋值运算符）

右移赋值运算符是用来将一个数的各个二进制位右移若干位，移动的位数由右操作数指定（右操作数必须是非负值），移到右端的低位被舍弃，对于无符号数，高位补 0。对于有符号数，某些机器将对左边空出的部分用符号位填补（即算术移位），而另一些机器则对左边空出的部分用 0 填补（即逻辑移位）。

（3）&=（位与赋值运算符）

位与赋值运算符是指参加运算的两个数据，按二进制位进行"与"运算。如果两个相应的二进制位都为 1，则该位的结果值为 1；否则为 0。这里的 1 可以理解为逻辑中的 true，而 0 可以理解为逻辑中的 false。

2.4.6 条件运算符与条件表达式

条件运算符是指"?:"运算符，它也通常被称为三元运算符或三目运算符，使用条件运算符将运算对象连接起来并且符合 C#语法的表达式称为逻辑表达式。如下代码所示为条件运算符的一般语法：

```
b = (a>b) ? a : b;
```

上述语法中"？"和"："都是关键符号，"？"前面通常是指一个比较表达式（即关系表达式），后面紧跟着两个变量 a 和 b。"？"用来判断前面的表达式，如果表达式的结果为 true 则返回值为 a；如果前面表达式的结果为 false 则返回值为 b。

例如声明一个变量 docname 表示医生的名称，接着通过 GetType()方法获取该变量的类型，并且通过 IsValueType 判断是否为值类型，如果是则返回"值类型"，否则返回"引用类型"。然后将返回的结果保存到变量 country 中，最后将结果在控制台输出。其具体代码如下所示：

```
string docname = "angel";
string country = docname.GetType().IsValueType ? "值类型" : "引用类型";
Console.WriteLine(country);
```

2.4.7　其他特殊运算符

C#中包含多种运算符，除了上面介绍的运算符外，还包括其他的一些特殊运算符。如表 2-8 对这些运算符进行了介绍。

表 2-8　其他特殊运算符

运　算　符	说　明	结　果
;	标点运算符	用于结束每条 C#语句
,		将多个命令放在一行
()		强制改变执行的顺序
{}		代码片段分组
sizeof	SizeOf 运算符	用于确定值的长度
typeof	类运算符	获取某个类型的 System.Type 对象
is		检测运行时对象的类型是否和某个给定的类型相同
as		用于在兼容的引用类型之间的转换
new	New 运算符	用于创建对象和调用构造函数
>>	移位运算符	移位向右移动
<<		移位向左移动
++	递增运算符	递增运算符出现在操作数之前或之后将操作数加 1，如 3++和++3
--	递减运算符	递减运算符出现在操作数之前或之后将操作数减 1，如 4--和--4

【练习 11】

例如，分别声明并初始化 4 个变量 a、b、c 和 d，然后使用递增和递减运算符进行加减，最后将这 4 个变量重新在控制台输出，具体代码如下所示：

```
int a = 1, b = 2, c = 3, d = 4;
a++; ++b; c--; --d;
Console.WriteLine(a + ":::" + b + ":::" + c + ":::" + d);
```

运行上述代码，在控制台输出的结果分别是：2:::3:::2:::3。

2.4.8　运算符的优先级别

当用户在表达式中包含多个运算符操作时，需要根据运算的优先级别进行计算。如表 2-9 中列出了 C#运算符的优先级别与结合性。

表 2-9　C#中运算符的优先级与结合性

优先级	类　型	运　算　符	结合性
1	初级运算符	.、()、[]、a++、a--、new、typeof、checked、unchecked	自右向左
2	一元运算符	+(如+a)、-(如-a)、!(如!a)、++a、--a 和强制类型转换	自左向右
3	乘除运算符	*、/、%	自左向右
4	加减运算符	+(如 a+b)、-(如 a-b)	自左向右
5	移位运算符	<<、>>	自左向右
6	比较和类型运算符	<、>、<=、>=、is(如 x is int)、as(如 x as int)	自左向右
7	等性比较运算符	==、!=	自左向右
8	位与运算符	&	自左向右
9	位异或运算符	^	自左向右
10	位或运算符	|	自左向右
11	逻辑运算符	&&	自左向右
12	逻辑运算符	||	自左向右
13	条件运算符	?:	自右向左
14	赋值运算符	=、+=、-=、*=、/=、%=、&=、|=、^=、<<=、>>=	自右向左

2.5 数据类型转换

编译器编译程序运行时需要确切的知道数据类型，所以需要进行数据类型转换明确的区分类型。例如，用户使用 double 类型存储学生的考试成绩，但是现在学生的成绩只要整数，因此需要进行数据类型转换。数值之间的数据类型转换包括显式转换和隐式转换，另外还可以将字符串转换为基本的数值类型。

2.5.1 隐式类型转换

不需要进行声明的转换就叫隐式类型转换。换句话说，就是将范围小的类型转换为范围大的类型。例如将 int 类型转换为 double、long、decimal 或 float 类型、将 long 类型转换为 float 或 double 类型等。如表 2-10 列出了隐式类型的转换表。

表 2-10　隐式类型转换表

源　类　型	目　标　类　型
sbyte	short、int、long、float、double 或 decimal
byte	short、ushort、int、uint、long、ulong、float、double 或 decimal
short	int、long、float、double 或 decimal
ushort	int、uint、long、ulong、float、double 或 decimal
int	long、float、double 或 decimal
uint	long、ulong、float、double 或 decimal
long	float、double 或 decimal
ulong	float、double 或 decimal
float	double
char	ushort、int、uint、long、ulong、flat、double 或 decimal

注意

在表 2-10 中，从 int、uint、long、ulong 到 float，以及从 long 或 ulong 到 double 的转换可能会导致精度损失，但是不会影响它的数量级，而其他的隐匿转换不会丢失任何信息。

【练习 12】

例如，首先声明 int 类型的变量 studentAge，然后将该类型分别隐式转换为 long 类型、double 类型、float 类型和 decimal 类型并分别保存到不同的变量中，最后将转换后的结果输出。具体代码如下所示：

```
int studentAge = 32;                    //声明 int 类型
long agelong = studentAge;              //转换为 long 类型
double agedouble = studentAge;          //转换为 double 类型
float agefloat = studentAge;            //转换为 float 类型
decimal agedecimal = studentAge;        //转换为 decimal 类型
Console.WriteLine("将 int 类型转换为不同类型:\nlong 类型: " + agelong + "\ndouble
类型: " + agedouble + "\nfloat 类型: " + agefloat + "\ndecimal 类型: " + agedecimal);
```

2.5.2 显式类型转换

显式类型转换也被称做强制类型转换，它与隐式类型转换完全相反，需要在代码中明确地声明要转换的类型。换句话说，显式类型转换是将取值范围大的类型转换为取值范围小的类型。如表 2-11 列出了需要进行显式类型转换的数据类型。

表 2-11　显式类型转换表

源 类 型	目 标 类 型
sbyte	byte、ushort、uint、ulong 或 char
byte	sbyte 或 char
short	sbyte、byte、ushort、uint、ulong 或 char
ushort	sbyte、byte、short 或 char
int	sbyte、byte、short、ushort、uint、ulong 或 char
uint	sbyte、byte、short、ushort、int 或 char
char	sbyte、byte 或 short
float	sbyte、byte、short、ushort、int、uint、long、ulong、char 或 decimal
ulong	sbyte、byte、short、ushort、int、uint、long 或 char
long	sbyte、byte、short、ushort、int、uint、ulong 或 char
double	sbyte、byte、short、ushort、int、uint、ulong、long、char、float 或 decimal
decimal	sbyte、byte、short、ushort、int、uint、ulong、long、char 或 double

C#中使用强制类型进行转换时有两种方法：一种是使用括号 "()"，在括号 "()" 中给出数据类型标识符（即强制转换的类型），在括号外要紧跟转换的表达式；另外一种是使用 Convert 关键字进行数据类型的强制转换。

【练习 13】

例如，首先声明 double 类型的变量 studentScore，然后将该类型显式转换为不同的类型并且将转换的结果分别保存到不同的变量中，最后将保存的变量输出。具体代码如下所示：

```
double studentScore = 89.5;                      //声明 double 类型的变量
int scoreint = (int)studentScore;                //转换为 int 类型
float scorefloat = (float)studentScore;          //转换为 float 类型
decimal scoredecimal = (decimal)studentScore;    //转换为 decimal 类型
long scorelong = (long)studentScore;             //转换为 long 类型
char scorechar = Convert.ToChar(scoreint);       //转换为 char 类型
Console.WriteLine("将 double 类型转换为不同类型:\nint 类型: " + scoreint + "\nfloat
类型: " + scorefloat + "\nlong 类型: " + scorelong + "\ndecimal 类型: " + scoredecimal+
"\nchar 类型: "+scorechar);
```

运行上面的代码，其最终效果如图 2-3 所示。

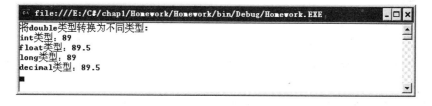

图 2-3　显式类型转换效果

2.5.3　字符串类型的转换

从 1.5.1 节和 1.5.2 节可以看出，显示类型转换和隐式类型转换主要是对数值之间的转换，如果用户想要将某个字符串 "320" 转换为 int 或 double 或 float 类型时怎么办？下面将简单介绍如何将字符串类型转换为其他类型。

字符串类型转换为其他类型时有两种方法：一种是使用 parse() 方法；另外一种是使用 Conver 类中的方法进行转换。如表 2-12 列出了 Convert 类的常用转换方法。

表 2-12　Convert 类的常用转换方法

方　　法	说　　明
ToBoolean()	转换为布尔类型
ToByte()	将指定基的数字的字符串表示形式转换为等效的 8 位无符号整数
ToDateTime()	转换为时间或日期
ToInt32()	转换为整型（int 类型）
ToSingle()	转换为单精度浮点型（float 类型）
ToDouble()	转换为双精度浮点型（double 类型）
ToDecimal()	转换为十进制实数（decimal 类型）
ToString()	转换为字符串类型（string 类型）

注意

将字符串转换为其他类型时该字符串必须是数字的有效表示形式。例如，用户可以把字符串"32"转换为 int 类型，却不能将字符串"name"转换为整数，因为它不是整数有效的形式。

【练习 14】

例如，首先声明 string 类型的变量 cardNo，然后分别将 Parse()方法或 Convert 类的相关方法字符串转换为 int、double 和 decimal 类型，具体代码如下所示：

```
string cardNo = "20121212";
int intNo = int.Parse(cardNo);
double doubleNo = Convert.ToDouble(cardNo);
decimal deciNo = Convert.ToDecimal(cardNo);
Console.WriteLine("将 string 类型转换为不同类型: \nint 类型: "+intNo+"\ndouble 类型:
"+doubleNo+"\ndecimal 类型: "+deciNo);
```

2.6 装箱和拆箱

装箱和拆箱是一个抽象的概念，通过装箱和拆箱的功能，可以允许值类型的任何值与 Object 类型的值相互转换，将值类型和引用类型链接起来。

2.6.1 装箱

装箱是值类型到 Object 类型或到此值类型所实现的任何接口类型的隐式转换,用于在垃圾回收堆中存储值类型。

装箱实际上是指将值类型转换为引用类型的过程，装箱的执行过程大致可以分为以下三个阶段。

（1）从托管堆中为新生成的引用对象分配内存。

（2）将值类型的实例字段复制到新分配的内存中。

（3）返回托管堆中新分配对象的地址，该地址就是一个指向对象的引用了。

如下代码演示了如果将 int 类型的变量 val 进行装箱操作，然后将装箱后的值进行输出。

```
int val = 100;
object obj = val;                        //装箱
Console.WriteLine ("对象的值 = {0}", obj);  //输出结果
```

装箱操作生成的是全新的引用对象，会损耗一部分的时间，因此会造成效率的降低，所以应该

尽量避免装箱操作。一般情况下，符合下面的情况时可以进行装箱操作。

（1）调用一个含有 Object 类型的参数方法时，该 Object 可以支持任意的类型以方便通用，当开发人员需要将一个值类型（如 Int32）传入时就需要装箱。

（2）使用一个非泛型的容器，其目的是为了保证能够通用。因此可以将元素类型定义为 Object，如果要将值类型数据加入容器时需要装箱。

2.6.2　拆箱

拆箱也叫取消装箱，它是与装箱相反的操作，它是从 Object 类型到值类型或从接口类型到实现该接口的值类型的显式转换。

拆箱实际上是指从引用类型到值类型的过程，拆箱的执行过程大致可以分为以下两个阶段。

（1）检查对象实例，确保它是给定值类型的一个装箱值。

（2）将该值从实例复制到值类型变量中。

如下示例代码演示了基本的拆箱操作：

```
int val = 100;
object obj = val;                    //装箱
int num = (int) obj;                 //拆箱
Console.WriteLine ("num: {0}", num); //输出结果
```

注意

当一个装箱操作把值类型转换成一个引用类型时，不需要显式地强制类型转换；而拆箱操作把引用类型转换到值类型时，由于它可以强制转换到任何可以相容的值类型，所以必须显式地强制类型转换。

2.7　C#的标准注释

程序人员开发出来的程序，在某个类方法中包含几十行甚至几百行的代码，如果当时肯定会记得每一部分每一行的好处，但是半个月甚至两个月后还能够记得这些代码的含义吗？而且，别人是不是也能理解这段代码的意思呢？这时就需要注释。

任何一种编程语言都不能缺少注释，注释是对代码的解释和说明，目的是为了让别人和自己更加容易地看懂代码。换句话说，添加注释就是为了让用户一看就知道这段代码是做什么用的。

正确的程序注释一般包括序言性注释和功能性注释。它们的具体说明如下。

❏ **序言性注释**　其主要内容包括模块的接口、数据的描述和模块的功能。

❏ **功能性注释**　其主要内容包括程序段的功能、语句的功能和数据的状态。

在 C#中程序的注释主要包括：单行注释、多行注释、块注释和折叠注释。它们的具体说明如下所示。

❏ **单行注释**　其表示方法是//说明文字，这种注释方法从//开始到行尾的内容都会被编辑器所忽略。

❏ **多行注释**　其表示方法是/* 说明文字 */，这种注释方法在/*和*/之间的所有内容都会被忽略。

❏ **块注释**　使用///表示块注释，块注释也可以看做是说明注释，这种注释可以自动生成相关的说明文档。

❏ **折叠注释**　它可以将代码折叠，折叠注释以#region 开始，所在行后面的文字是注释文字，

以#endregion 结束，而其他的#region 和#endregion 之内的行代码是非常有效的，折叠注释仅仅起到了折叠的作用。

如下代码使用块注释对某一个模块进行了简单的说明。

```
///<summary>
///模块编号：<模块编号，可以引用系统设计中的模块编号>
///作用：<对此类的描述，可以引用系统设计中的描述>
///作者：作者中文名
///编写日期<模块创建日期，格式：YYYY-MM-DD>
///</summary>
```

如果开发人员对某一个模块进行了修改，则每次修改时必须添加以下注释，这样可以知道这个程序文件经历过多少次迭代、经历了多少个程序员的开发和修改。主要代码如下所示：

```
///<summary>
///Log 编号：<Log 编号，从 1 开始一次增加>
///修改描述：<对此修改的描述>
///作者：修改者的中文名
//修改日期：<模块修改日期：格式：YYYY-MM-DD>
///</summary>
```

【练习 15】

例如，在控制台应用程序中添加名称为 Book.cs 的类，然后在该类中分别添加字段、属性和方法，并且使用不同的注释进行说明。该类的主要代码如下所示：

```
/*
 * 封装了图书的相关内容，如字段、属性和方法
 */
class Book
{
    private int bookID;              //图书 ID
    private string bookName;         //图书名称
    private int bookTypeID;          //图书类型 ID，外键，对应 bookType 表
    #region 图书属性
    /// <summary>
    /// 图书 ID
    /// </summary>
    public int BookID
    {
        get { return bookID; }
        set { bookID = value; }
    }
    /* 省略其他属性的封装 */
    #endregion
    #region 图书相关方法
    /// <summary>
    /// 根据图书 ID 获取图书详细信息
    /// </summary>
    /// <param name="bookID">图书 ID</param>
    /// <returns>返回图书相关信息 book，如果查询结果为空则返回 null</returns>
```

```
public static Book GetBookById(int bookID)
{
    Book book = null;                      //声明 Book 类型的变量
    return book;
}
#endregion
}
```

在上述代码中使用多行注释对某个类进行最基本的说明，使用单行注释主要对字段变量进行说明，使用块注释分别对属性和方法进行说明，另外还使用折叠注释#region 和#endregion 分别折叠属性操作和方法操作。

2.8 实例应用：圆的相关计算

2.8.1 实例目标

在本课中第 1 小节中已经详细介绍了 C#中的基础语法，如变量和常量的声明规则、如何初始化变量和常量、常用的运算符和数据类型、数值之间的显式转换和隐式转换以及标准注释等。本节将使用上一节中的相关内容实现对圆的相关计算操作，其主要功能主要有计算圆的直径（ d = 2r）、计算圆的周长（ C = 2πr 或 C = πd）、计算圆的面积（ S = πr^2）。

2.8.2 技术分析

计算圆的半径、周长和面积时需要不同的知识，其中与技术相关的最主要的知识点如下所示。

❑ 使用常量 PI 保存圆的圆周率。
❑ 通过声明不同的变量保存用户输入的圆的半径和计算结果。
❑ 使用运算符（例如比较运算符和算术运算符）计算不同的操作。
❑ 将字符串类型转换为其他类型（如 int 类型或 double 类型）。
❑ 对信息内容进行注释说明。

2.8.3 实现步骤

实现计算圆的直径、周长和面积的相关功能步骤如下所示：

（1）在 Program.cs 文件的程序主入口 Main()方法中声明常量 PI 并且进行初始化，具体代码如下所示：

```
const double PI = 3.14;                                        //常量
```

（2）提示用户输入圆的半径，然后通过 Convert 类的 ToDouble()方法将用户输入的内容转换为 double 类型，并且保存到变量 radius 中，具体代码如下所示：

```
Console.Write("请输入圆的半径: ");
double radius = Convert.ToDouble(Console.ReadLine());          //获取用户输入的半径
```

（3）声明 Choose 标签，在该标签内编写代码提示用户可以对圆进行的功能操作，并且将用户输入的操作编号保存到变量 oper 中，主要代码如下所示：

```
Choose:
{
    Console.WriteLine("请输入你想要查看的操作: 1.圆的直径\t2.圆的周长\t3.圆的面积");
    int oper = int.Parse(Console.ReadLine());
    /* 省略其他判断代码 */
}
```

（4）声明并初始化 double 类型的变量 result，该变量用来保存计算的操作结果。接着通过比较运算符判断 oper 变量不同的值，然后对 result 赋予不同的结果值，最后将操作进行输出。Choose 标签内的其他代码如下所示：

```
double result = 0;
/* 判断用户要查看的操作结果 */
if (oper == 1)
{
    result = 2 * radius;
    Console.WriteLine("圆的直径是: " + result);
    goto Choose;
}
else if (oper == 2)
{
    result = 2 * PI * radius;
    Console.WriteLine("圆的周长是: " + result);
    goto Choose;
}
else if (oper == 3)
{
    result = PI * radius * radius;
    Console.WriteLine("圆的面积是: " + result);
    goto Choose;
}
else
{
    Console.WriteLine("很抱歉，您输入的操作编号有错误! ");
}
```

上述代码中 if 语句判断用户查看的不同操作编号，如果输入的操作编码不在 1~3 之间则直接跳出操作系统；如果输入的操作编码在 1~3 之间则输出结果后使用 goto 重新跳转到 Choose 标签执行用户操作。

（5）运行本节的示例代码，在控制台中输入内容后进行测试，最终运行效果如图 2-4 所示。

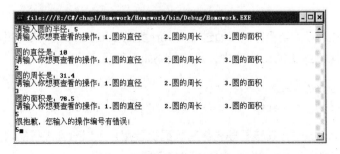

图 2-4　圆的相关计算效果图

2.9　拓展训练

实现一个简单的乘法计算器

算数运算符包括加 "+"、减 "-"、乘 "*"、除 "/" 和求余 "%"，而递增和递减运算符分别是指 "++" 或 "--"，本节扩展训练利用乘法和递增递减运算符实现一个简单的乘法计算器。

根据用户输入的数字计算这 3 个数字的乘积，然后选择根据选择的格式分别对这 3 个数字进行操作，选择完成后递增或递减后的结果。其最终运行效果如图 2-5 所示。

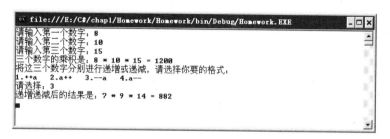

图 2-5　扩展训练效果图

2.10　课后练习

一、填空题

1. 下面这段代码中，变量 minresult 输出的结果应该是_____。

```
int goodprice = 23, newprice = 10;
++goodprice;
newprice--;
int minresult = goodprice - newprice;
```

2. 常量一般使用关键字_____来声明。

3. 常用数据类型一般分为值类型、_____和指针类型。

4. 下面空白处的横线应该填写的内容是_____。

```
string readcount = "100";
int count = _____.ToInt32(readcount);
```

5. 已知 3 个 int 类型的变量 a、b 和 c，其中 a=5，b=8，c=10。那么表达式((--a) * (a + b) - c * (++b)) * c 的结果是_____。

6. _____是指将引用类型转换为值类型。

7. Convert 类的_____方法可以将字符串 "342" 转换为 double 类型。

8. _____需要在代码中明确地声明要转换的类型。

二、选择题

1. 下列选项中，声明变量不正确的选项是_____。

   A. string goodName

   B. string $namespace

   C. string @namespace

D. int studentage

2. 程序编译过程中，第_____行的代码执行拆箱操作。

```
int values = 200;
object obj = values;
int number = (int)obj;
Console.WriteLine("number 的值是: " + number);
```

    A. 1

    B. 2

    C. 3

    D. 4

3. _____不属于值类型。

    A. 布尔类型

    B. 枚举

    C. 结构

    D. 接口

4. 关于值类型和引用类型的说法，选项_____是错误的。

    A. 值类型分配在栈上，而引用类型分配在堆上

    B. 值类型可以包含装箱和拆箱操作，而引用类型只包含拆箱操作

    C. 虽然值类型和引用类型的内存都由 GC 来完成，但是值类型不支持多态，而引用类型支持多态

    D. string 类型属于引用类型，它是一种特殊的引用类型

5. 静态类型的变量需要通过关键字_____来声明。

    A. static

    B. const

    C. float

    D. public

6. 下面示例代码中，Max 在控制台输出的结果是_____。

```
int a = 15, b = 20, c = 25, Max = 0;
Max = a>b?a:b;
Max=c<Max?c:Max;
```

    A. 15

    B. 20

    C. 25

    D. 0

7. 用户将 float 类型的变量转换成 double 类型，这个过程属于_____。

    A. 显示类型转换

    B. 隐式类型转换

    C. 装箱

    D. 拆箱

三、简答题

1. 简要概述声明变量和常量时的命名规则或注意事项。

2. 简单说明值类型和引用类型的区别。

3. 列举常用的运算符并举例。

4. 简述声明类、结构、枚举、接口以及常量时所需要的关键字。

第3课
控制语句

语句是程序完成一次操作的基本单元。在第 2 课学习了变量，变量的声明就是一条语句，这条语句通知计算机声明了一个变量，计算机内部得到运行。

语句是程序的基本组成，语句又分为多种，包括基本语句、空语句、声明语句、选择语句、循环语句和跳转语句等。本课主要讲述语句的相关知识，包括语句的含义、构成和语句的不同类型。

本课学习目标：
- ❏ 理解语句的含义
- ❏ 掌握基本语句格式
- ❏ 掌握选择语句的结构和用法
- ❏ 掌握选择语句的结构和用法
- ❏ 理解嵌套的用法
- ❏ 掌握跳转语句的用法
- ❏ 掌握异常处理语句的用法

3.1 语句概述

　　语句是日常生活中不可缺少的，人们通过语句相互交流，以达到目的。程序中的语句是人与计算机的交互，同样为了达到一定目的，实现某种功能。

　　计算机语句与人类语句不同，计算机语句命令性强，每一条语句都是一条命令，用来指示计算机运行。语句是程序的构成组件，计算机的所有操作都是根据语句命令执行的。

　　目前常用的高级编程语言，如 C#和 Java，语句分类和语法格式相差不大，有其他高级语言编程基础的读者在本课注意语法区别即可。

3.1.1　语句分类

　　程序由一条条的语句构成，默认情况下，这些语句是顺序进行的。但顺行执行的语句使用范围有限，满足不了程序需求，因此 C#将语句分为多种。

　　除了顺序执行的语句外，C#中的程序执行语句分为以下几种。

- ❑ 选择语句包括：if，else，switch，case。
- ❑ 循环（迭代）语句包括：do，for，foreach，in，while。
- ❑ 跳转语句包括：break，continue，default，goto，return，yield。
- ❑ 异常处理语句包括：throw，try catch，try finally，try catch finally。
- ❑ 检查和未检查语句包括：checked，unchecked。
- ❑ Fixed 语句包括：fixed。
- ❑ Lock 语句包括：lock。

　　选择语句可以根据不同条件选择需要执行的下一条语句；循环语句可以重复执行相同的语句；跳转语句常与选择语句和循环语句结合使用，用于中断目前执行顺序，并执行指定位置的语句。

　　异常处理语句用于异常的处理，程序运行中常会出现设想不到的错误或漏洞，为了防止这些异常影响系统，使用异常处理语句来处理。

　　检查和未检查语句用于指定 C#语句执行的上下文，C# 语句既可以在已经检查的上下文中执行，也可以在未检查的上下文中执行。

　　fixed 语句禁止垃圾回收器重定位可移动的变量；lock 关键字将语句块标记为临界区。

　　除了执行顺序上的分类，C#程序语句在功能上还有其他几种类型：空语句、声明语句、赋值语句和返回值语句等。

3.1.2　基本语句

　　没有特别说明的语句都按顺序执行，无论语句如何执行，语句结构和语法是确定的。

　　语句是程序指令，一条语句相当于一条命令。这个命令可大可小，长语句可以写在多个代码行上，两行之间不需要连接符，用分号结尾。

　　分号是语句不可缺少的结尾。语句与分号之间不能有空格，语句与语句之间用分号隔开，语句之间可以有空格和换行。

　　例如声明一个整型变量 num 的语句如下所示：

```
int num;
```

　　简单的两个单词、一个空格和一个分号就构成了一条声明语句。这条语句用来通知计算机准备一个位置给 int 型的变量 num。

最简单的语句是空语句，只有一个分号，不执行任何操作。

```
int num;
num=3;
;
```

执行一个空语句就是将控制转到该语句的结束点。如果空语句是可到达的，则空语句的结束点也是可到达的。

3.1.3 语句块

程序中的语句单独为命令，但一个功能常常需要多条语句顺序执行才能实现。C#中允许将多条语句放在一起，作为语句块存在。

语句块是语句的集合，将多条语句写在一个"{}"内，作为一个整体参与程序执行，如下所示。

定义一个变量 price 描述单价，定义一个变量 num 描述数量，则描述总价的变量 total 为 price 与 num 的乘积，语句如下所示：

```
{
    int price = 12;
    int num = 10;
    int total;
    total = price * num;
}
```

上述语句中的单条语句都是命令，但都是计算过程的一部分，分开没有意义。多条语句描述了总价的计算过程，因此将这些语句作为一个语句块存在。

语句块后不用加分号，常与选择语句关键字或循环语句关键字结合，用于表示参与选择或循环的语句。

3.2 选择语句

选择语句并不是顺序执行的，在前面的内容中已经提到。如同人们生活中的不同选择，程序中也存在着选择。如登录系统时的验证，当用户名密码正确时便可进入系统，但只要密码有误，就不能进入系统。

C#提供了多种选择语句类型，以满足不同的程序需求。

❑ **if** 当满足条件时执行。

❑ **if else** 当满足条件时执行 if 后的语句，否则执行 else 后的语句。

❑ **if else if else** if…当满足条件时执行 if 后的语句，否则满足第 2 个条件执行 else if 后的语句，否则满足第 3 个条件执行 else if 后的语句。

❑ **switch case** 不同条件下执行不同语句。

3.2.1 if 语句

if 语句是选择语句中最简单的一种，表示当指定条件满足时，执行 if 后的语句。执行流程如图 3-1 所示。

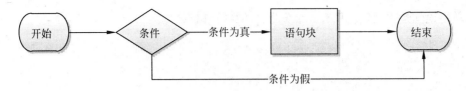

图 3-1　if 语句流程图

在程序执行到条件语句时，先判断条件表达式是否为真，条件为真执行 if 语句下的语句块，结束条件语句；条件为假直接结束条件语句块，执行"{}"后面的语句。语法如下：

```
if(条件表达式)
{条件成立时执行的语句}
```

上述语法的含义是当条件表达式成立时，执行"{}"内的语句，否则不执行。if 括号内和括号后不用使用分号；"{}"符号内的语句是基本语句，必须以分号结尾；"{}"符号后不需要使用分号。

【练习 1】

程序中定义变量 days 表示 1 个月的天数，定义变量 month 表示月份，当月份为 1 月，则一个月有 31 天，使用以下语句。

```
if (month == 1)
{
    days =31;
}
```

3.2.2　if else 语句

if else 语句在 if 语句的基础上，添加了当条件不满足时进行的操作。执行流程如图 3-2 所示。

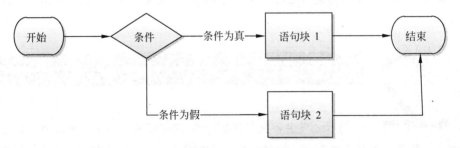

图 3-2　if else 语句流程图

条件的成立只有两种可能，即成立和不成立。if else 语句在条件表达式成立时与 if 语句一样执行 if 后的语句块 1，并结束条件语句；条件表达式不成立时执行 else 后的语句块 2，执行完成后结束条件语句。语法如下所示：

```
if(条件表达式)
{条件成立时执行的语句}
else
{条件表达式不成立时执行的语句}
```

else 后的"{}"内同样是基本语句，以分号结尾，"{}"符号后不需要使用分号。如练习 2 所示。

【练习 2】

程序中定义变量 score 表示学生成绩，定义变量 eligible_num 表示合格人数，定义变量

uneligible_num 表示不合格人数，当成绩小于 60 分，不合格人数增加 1，当成绩不小于 60 分，合格人数增加 1。使用语句如下所示：

```
if (score < 60)
{
    uneligible_num = uneligible_num + 1;
}
else
{
    eligible_num = eligible_num + 1;
}
```

3.2.3　if else if 语句

　　if else if 语句相对复杂，它提供了多个条件来筛选数据，将数据依次分类排除。程序流程如图 3-3 所示。

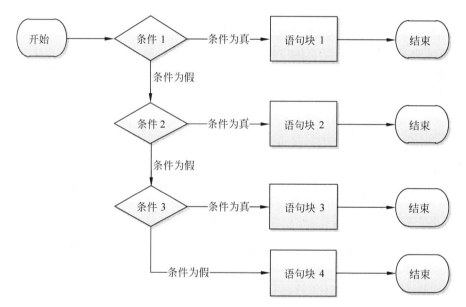

图 3-3　if else if 语句流程图

　　如图 3-3 所示，if else if 语句在程序进入语句时，首先判定第一个 if 下的条件 1。

　　（1）条件 1 成立，执行语句块 1 并结束条件语句。

　　（2）条件 1 不成立，判断条件 2，条件 2 成立，执行语句块 2 并结束条件语句。

　　（3）条件 2 不成立，判断条件 3，条件 3 成立，执行语句块 3 并结束条件语句。

　　（4）条件 3 不成立，执行语句块 4 并结束条件语句。

　　图中只有 3 个条件和一个 else 语句。在 if else if 语句中，条件可以是任意多个，但 else 语句小于等于 1 个。即 else 语句可以不要，也可以要，要的话只能有 1 个，因为条件只有成立和不成立两种结果。

　　if else if 语句基本语法如下所示：

```
if (条件表达式1)
{语句块1}
else if (条件表达式2)
{语句块2}
```

```
else if (条件表达式3)
{语句块3}
.
.
[else]
{}
```

表达式和语句块的语法同 if 语句和 if else 语句一样，有以下的实例。

【练习3】

程序中定义变量 age 表示年龄,定义变量 title 表示称呼,我国有根据不同年龄对一个人的称呼,如少年、青年、老年等,根据年龄判断称呼,语句如下所示:

```
if (age<6)
{
    title="童年";
}
else if (age < 17)
{
    title = "少年";
}
else if (age < 40)
{
    title = "青年";
}
else if (age < 65)
{
    title = "中年";
}
else
{
    title = "老年";
}
```

示例中第二个条件为 age<17,虽然年龄小于 17 的还有童年,但童年在第一个条件中已经排除。因此这里使用 age<17 与使用 age>=6 && age<17 效果是一样的,还有无法使用 else 的例子,如练习 4 所示。

【练习4】

中国古代对年龄有着称谓,如 40 岁不惑、50 岁知天命、60 耳顺等,这些按年龄点,而不是年龄段,使用练习 3 中的变量,语句如下所示:

```
if (age==1)
{
    title="牙牙";
}
else if (age ==2)
{
    title = "孩提";
}
else if (age ==8)
```

```
{
    title = "总角";
}
else if (age ==10)
{
    title = "幼学";
}
else if(age==13)
{
    title = "豆蔻";
}
```

因年龄条件太多，练习 4 选择了部分年龄举例，古代年龄称谓是根据具体的年龄称呼，因此无法使用 else 语句。

3.2.4　switch 语句

switch 语句的完成形式为 switch case default。switch 语句与 if　else if 语句用法相似，但 switch 语句中使用的条件只能是确定的值，即条件表达式等于某个常量，不能使用范围。switch case 语句流程如图 3-4 所示。

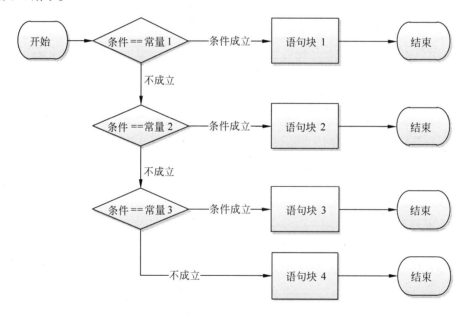

图 3-4　switch 语句流程图

如图 3-4 所示，switch 语句在程序进入语句时，首先判定第一个常量 1 是否与条件相等。常量可以是具体数值，也可以是表达式。条件与常量 1 相等，执行语句块 1 并结束条件语句。条件与常量 2 相等，执行语句块 2 并结束条件语句。条件与常量 3 相等，执行语句块 3 并结束条件语句。条件与三个常量都不相等，执行语句块 4 并结束条件语句。

图中只有 3 个条件表达式和一个 default 语句。default 语句表示剩余的情况下，与 else 类似。

与 if　else if 语句一样，条件常量可以是任意多个，　default 语句可以不要，也可以要，要的话只能有 1 个，因为条件只有成立和不成立两种结果。

switch 语句基本语法如下所示：

```
switch (条件表达式)
{
    case 常量1:
    语句块1
    break;
    case 常量2:
    语句块2
    break;
    case 常量3:
    语句块3
    break;
    .
    [default]
}
```

switch 语句只使用一个 "{}" 包含整个模块；break 语句属于跳转语句，用于跳出当前选择语句块。

switch 语句与 if 语句不同，当条件符合并执行完当前 case 语句后，不会默认跳出条件判断，将会接着执行下一条 case 语句，使用 break 语句后，程序将跳出 switch 语句块，执行后面的语句。

当表达式等于常量1，执行了第一个 case 语句。若不使用 break，将执行第二个 case 语句而无论表达式是否等于常量2；若使用了 break，接下来将执行 switch{}后的语句。

【练习5】

3.2.3 小节中的练习4，使用 switch 语句更合适，语句如下所示：

```
switch (age)
{
    case 1:
    title="牙牙";
    break ;
    case 2:
    title = "孩提";
    break ;
    case 8:
    title = "总角";
    break ;
    case 10:
    title = "幼学";
    break ;
    case 13:
    title = "豆蔻";
    break ;
}
```

 注意

任何两个 case 语句都不能具有相同的值。

3.3 循环语句

循环语句用于重复执行特定语句块,直到循环终止条件成立或遇到跳转语句。程序中经常需要将一些语句重复执行,使用基本语句顺序执行将使开发人员重复工作影响效率。如 1+2+3...+100,使用顺序语句需要将 100 个数相加;若加至 1000、10000 或更大的数,使得数据量加大,不易管理。

循环语句简化了这个过程,将指定语句或语句块根据条件重复执行。循环语句分为 4 种如下所示:

- ❑ **for** for 循环重复执行一个语句或语句块,但在每次重复前验证循环条件是否成立。
- ❑ **do while** 同样重复执行一个语句或语句块,但在每次重复结束时验证循环条件是否成立。
- ❑ **while** 指定在特定条件下重复执行一个语句或语句块。
- ❑ **foreach in** 为数组或对象集合中的每个元素重复一个嵌入语句组。

3.3.1 for 语句

for 循环在重复执行的语句块之前加入了循环执行条件,循环条件通常用来限制循环次数,执行流程图如图 3-5 所示。

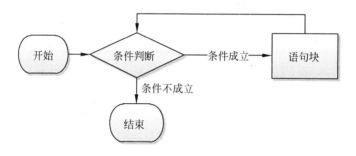

图 3-5 for 语句流程图

如图 3-5 所示,从开始进入判断循环条件是否成立,若成立,执行语句块,并重新判断循环条件是否成立;若不成立,结束这个循环。语法格式如下所示:

```
for(<初始化>; <条件表达式>; <增量>)
{语句块}
```

for 语句执行括号里面语句的顺序为首先是初始化语句,如 int num=0;若 for 循环之前已经初始化,可以省略初始化表达式,但不能省略分号。接着是条件表达式,如 num<5;表达式决定了该循环将在何时终止。表达式可以省略,但省略条件表达式,该循环将成为无限死循环。最后是增量,通常是针对循环中初始化变量的增量,如 num++;增量与初始值和表达式共同决定了循环执行的次数。增量可以省略,但省略的增量将导致循环无法达到条件表达式的终止,因此需要在循环的语句块中修改变量值。

增量表达式后不需要分号,因为 for 语句"( )"内的 3 个表达式均可以省略,表达式间的分号不能省略,因此有以下空循环语句。

```
for (;;)
{

}
```

循环条件中的变量也可以用于实际意义，如以下示例。

【练习6】

定义整型变量 num，计算 1+2+3+4..+100 的数值并赋值给 num，输出 num 的值。使用 for 循环语句如下所示：

```
int num = 0;
for (int x = 1; x <= 100; x++)
{
    num = num + x;
}
Console.WriteLine(num);
```

执行结果如图 3-6 所示。

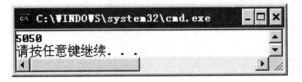

图 3-6　递加执行结果

代码中的 Console.WriteLine(num);表示输出 "()" 内的字符串并换行。练习 6 中将 1 递加至 100，相当于求等差数列的值，省略 for 循环中的初始值和增量，可以使用以下语句。

```
int num = 0;
int x = 1;
for (; x <= 100; )
{
    num = num + x;
    x++;
}
Console.WriteLine(num);
```

运行结果是一样的。除了数字，条件表达式同样用于字符，根据字符的 ASCII 值顺序进行。

【练习7】

定义字符串变量 num 和字符变量 x，将字符从 a 到 z 组合在一起赋值给字符串 num，并输出结果，使用语句如下所示：

```
string num="";
char x = 'a';
for (; x <= 'z'; )
{
    num = num + x;
    x++;
}
Console.WriteLine(num);
```

执行结果如下所示：

```
abcdefghijklmnopqrstuvwxyz
请按任意键继续. . .
```

条件表达式必须是布尔值，而且不能是常量表达式，否则循环将会因无法执行或无法结束，而出现漏洞或失去意义。

3.3.2 do while 语句

do while 循环在重复执行的语句块之后加入了循环执行条件，与 for 循环执行顺序相反。除了条件判断顺序的不同，do while 语句虽然同样使用 "( )" 放置条件表达式，但 "( )" 里面只能有一条语句，不需要分号结尾。执行流程图如图 3-7 所示。

图 3-7 do while 语句流程图

如图 3-7 所示，程序在开始时首先执行循环中的语句块，在语句块执行结束再进行循环条件的判断。条件成立，重新执行语句块；条件不成立，结束循环。语法结构如下所示：

```
do
{语句块}
while(条件表达式);
```

与 for 循环的区别如下所示。

❑ do 关键字与 while 关键字分别放在循环开始和结束。

❑ 条件表达式放在循环最后。

❑ 括号 "( )" 内的表达式只有一个。

❑ 表达式的括号 "( )" 后需要加分号。

与 for 循环相比，do while 循环将初始化放在了循环之前，将条件变量的变化放在了循环语句块内。同样是 1 到 100 递加，使用 do while 语句过程如下。

【练习 8】

定义整型变量 num，计算 1+2+3+4..+100 的数值并赋值给 num，输出 num 的值。使用 do while 语句如下。

```
int num = 0;
int x=1;
do
{
    num = num + x;
    x = x + 1;
}
while (x <=100);
Console.WriteLine(num);
```

执行结果与练习 6 相同。for 主要控制循环的次数，而对于不确定次数的循环，使用 do while 比较合适。

【练习 9】

定义整型变量 num，计算 143 除了 1 以外的最小约数，并赋值给 num，输出 num。求约数即相除余数为 0 的整数，只能从最小的数依次计算。1 除外的最小整数位，则程序使用语句如下所示：

```
int num=2;
do
{
    num=num+1;
}
while(143%num!=0);
Console.WriteLine(num);
```

程序开始，余数都不为 0，直到余数为 0，循环条件不成立，就找到了 143 的最小约数。若使用 for 循环，语句如下所示：

```
int num = 2;
for (; 143%num!=0; )
{
    num++;
}
Console.WriteLine(num);
```

执行结果如下所示：

```
11
请按任意键继续...
```

3.3.3　while 语句

while 语句在条件表达式判定之后执行循环，与 for 循环的执行顺序一样。不同的是语句格式和适用范围。

while 的使用比较灵活，甚至在某些情况下能替代条件语句和跳转语句。while 循环流程图如图 3-8 所示。

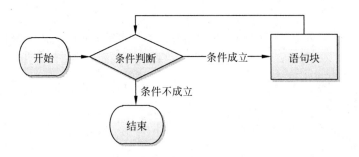

图 3-8　while 语句流程图

如图 3-8 所示，在执行至 while 语句时首先判断循环条件是否成立，若成立，执行语句块，并重新判断循环条件是否成立；若不成立，结束这个循环。语法格式如下所示：

```
while(条件表达式)
{语句块}
```

从 while 使用格式看出，while 的使用与 for 很接近，满足条件表达式即进行 while 语句块，否则结束循环。

while 后的"（ ）"只能使用一条条件表达语句，若在循环中不改变条件表达式中的变量值，循环将无限进行下去，因此循环语句块中包含改变变量值的语句。如练习 10 所示。

【练习 10】

商场促销活动在周日举行，定义整型变量 weekday 表示星期几，定义变量 price 表示价格，当 weekday 为 7 时，价格为 70，使用语句如下所示：

```
while (weekday == 7)
{
    price = 70;
    weekday = 1;
}
Console.WriteLine(price);
```

练习中的 weekday 变量在循环中改变了数值，否则循环将永远进行下去，Console.WriteLine(price);语句将无法执行。

3.3.4 foreach in 语句

foreach in 语句主要用于数据组或数据集合。单个变量的赋值是简单的，但 C#中有数据组不止一个变量的元素。数据组是一组数据，称为数组，是顺序排列的数值或变量。

数组中的数可多可少，如果逐个赋值会加大开发人员工作量，C#使用 foreach in 语句针对数组及对象集进行操作，例如赋值、读取等。

因数组中的变量数各不相同，foreach in 循环不需要指定循环次数或条件。如果针对有 n 个成员的数组，foreach in 循环流程图如图 3-9 所示。

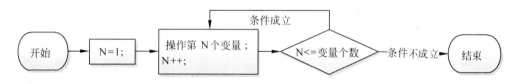

图 3-9　foreach in 语句流程图

图 3-9 是 foreach in 循环作用的形象图，并非标准流程图。foreach 语句为数组或对象集合中的每个元素重复一个嵌入语句组，循环访问集合以获取所需要的信息。

嵌入语句为数组或集合中的每个元素顺序执行。当为集合中的所有元素完成操作后，控制传递给 foreach 语句块之后的下一个语句。语法格式如下所示：

```
foreach (变量声明 in 数组名或集合类名)
{
    语句块    // 使用声明的变量替代数组和集合类成员完成操作
}
```

foreach 语句声明的变量替代了数组成员,由于格式过于模糊、不易理解,通过练习讲解 foreach 语句的使用，如练习 11。

【练习 11】

定义整型数组 num 并赋值，定义整型变量替代 num 成员，输出数组成员，使用语句如下所示：

```
int[] num = new int[] { 0, 1, 2, 3, 5, 8, 13 };
```

```
foreach (int i in num)
{
    Console.Write(i);
    Console.Write(" ");
}
```

执行结果为：

```
0 1 2 3 5 8 13 请按任意键继续．．．
```

代码中的 Console.Write();表示输出"()"中的字符串，不进行换行。Console.Write(" ");语句输出一个空格。

在 foreach 语句块内的任意位置都可以使用跳转语句跳出当前循环或整个 foreach 语句块。

 注意

> foreach 循环不能应用于更改集合内容，以避免产生不可预知的副作用。

3.4 嵌套语句

嵌套语句用于在选择或循环语句块中加入选择或循环语句，将内部加入的选择或循环语句作为一个整体，有以下几种形式。

❏ **选择语句嵌套** 在选择语句块中使用选择语句。
❏ **循环语句嵌套** 在循环语句块中使用循环语句。
❏ **多重混合语句嵌套** 在选择语句块或循环语句块中使用多个选择语句或循环语句。

3.4.1 选择语句嵌套

选择语句以 if else 语句为例，在语句块中使用条件语句，如获取 2 月份的天数，一般为 28 天，但在闰年为 29 天。

闰年的判断条件是年份是整百分数的，先除去 100 后，能被 4 整除的为闰年；年份不是整百分数的，能被 4 整除的为闰年，如练习 12 所示。

【练习 12】

定义整型变量 year 为年份，定义变量 days 为一个月的天数，语句如下所示：

```
if (year % 100 == 0)
{
    year = year / 100;
    if (year % 4 == 0)
    {       days = 29;        }
    else
    {       days = 28;        }
}
else
{
    if (year % 4 == 0)
    {       days = 29;        }
    else
```

```
{           days = 28;          }
}
```

在练习 12 中，首先判断年份是否能被 100 整除，能的话将年份除以 100 再与 4 取余数；若年份不能被 100 整除，直接将年份与 4 取余数，并根据余数判断年份是否是闰年。

3.4.2 循环语句嵌套

在循环语句块使用循环语句是常用的，以 for 循环为例，若想输出一行数据或者一列数据，直接使用 for 循环即可，但若想输出几行几列的数据，只能在循环内部使用循环。

例如 2012 年 4 月 1 日为周日，按一行一周输出 4 月份日期。则每一行是一个循环，在一行结束后换行，进行下一个循环，如练习 13。

【练习 13】

定义整型变量 day 表示日期，输出 4 月份日期使用嵌套语句如下所示：

```
int day;
for (day = 1; day < 31; )
{
    for (int i = 0; (i < 7)&&(day<31); i++)
    {
        Console.Write(day);
        Console.Write(" ");
        day++;
    }
    Console.Write("\n");
}
```

运行结果如图 3-10 所示。

在练习 13 中，由于 day 等于 30 时还会进行内部循环，在内部循环中 day 将大于 30 并进行下去，因此在内部循环中需要添加条件（day<31），否则执行结果如图 3-11 所示。

图 3-10 4 月份日期

图 3-11 无意义日期

3.4.3 混合语句嵌套

嵌套不止可以用于选择语句之间或循环语句之间，选择与循环之间的嵌套同样常用。复杂的功能尝试用多重的嵌套，一个循环内出现多个循环和选择语句。当程序使用多重嵌套时，执行时将循环和选择语句块由内到外作为整体进行。

例如商场在每月 15 号打折促销，将平时价格 222 的商品降价为 199，则商品价格取值需要在循环中使用条件，如练习 14。

【练习 14】

定义日期变量 day 和价格变量 price，商品一个月的价格显示，使用语句如下所示：

```
int day;
int price;
for (day = 1; day < 31; day++)
{
    price = 222;
    if (day == 15)
    {
        price = 199;
    }
    Console.Write(price);
    Console.Write(" ");
}
```

执行结果如图 3-12 所示。

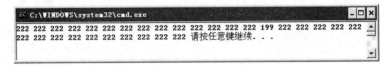

图 3-12　价格表

这样的价格显示看起来比较费劲，使用练习 14 的显示样式比较清晰，如练习 15，按周显示商品价格。

【练习 15】

定义日期变量 day 和价格变量 price，商品一个月的价格按周显示，使用语句如下所示：

```
int day;
int price;
for (day = 1; day < 31; )
{
    for (int i = 0; (i < 7)&&(day<31); i++)
    {
        price = 222;
        if (day == 15)
        {
            price = 199;
        }
        Console.Write(price);
        Console.Write(" ");
        day++;
    }
    Console.Write("\n");
}
```

执行结果如图 3-13 所示。

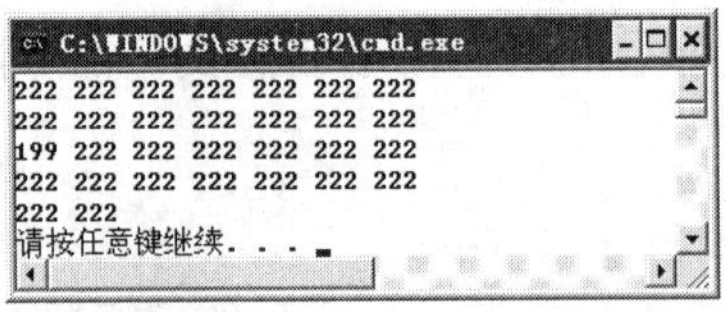

图 3-13　价格按周显示

练习 15 是多重嵌套的例子，在 for 循环内有 for 循环，内部的 for 循环内又有选择语句。最里面的 if 语句块是一个整体，接着内部的 for 循环为一个整体执行外部循环。

3.5 跳转语句

跳转语句用于中断当前执行顺序，从指定语句接着执行。在 switch 语句中曾使用跳转语句中的 break 语句，中断了当前的 switch 语句块，执行 switch 后的语句。

跳转语句同样分为多种，如下所示：

❑ **break 语句** break 语句用于终止它所在的循环或 switch 语句。

❑ **continue 语句** continue 语句将控制流传递给下一个循环。

❑ **return 语句** return 语句终止它所在的方法的执行并将控制返回给调用方法。

❑ **goto 语句** goto 语句将程序控制流传递给标记语句。

3.5.1 break 语句

本课 3.2.4 节曾将 break 语句用于 switch 语句块，对 break 语句有了简单了解。break 语句的两种用法如下所示：

❑ 用在 switch 语句的 case 标签之后，结束 switch 语句块，执行 switch{}后的语句。

❑ 用在循环体，结束循环，执行循环{}后的语句。

循环有多种，任意一种循环都可以使用 break 跳出。接下来通过实例讲述 break 语句与循环语句的结合。

【练习 16】

851 在 100 以内有两个约数，23 和 37。找出 100 以内，851 的最小约数，除了 1 以外，语句如下。

```
int num=0;
for (int i = 2; i < 101; i++)
{
    if (851 % i == 0)
    {
        num = i;
        break;
    }
}
Console.Write(num);
```

运行结果为 23。说明循环在 i=23 时就结束了，否则 i 应该为 37。break 语句直接跳出了 for 循环而不是 if 选择语句，也说明 if 选择语句中不需要使用 break 跳转。

3.5.2 continue 语句

continue 语句是跳转语句的一种，用在循环中可以加速循环，但不能结束循环。continue 语句与 break 的区别如下所示：

❑ continue 语句不能用于选择语句。

❑ continue 语句在循环中不是跳出循环块，而是结束当前循环，进入下一个循环，忽略当前循环的剩余语句。

同样是找出约数，将练习 15 改为找出 100 以内除了 1 以外的所有约数，如练习 17 所示。

【练习 17】

找出 100 以内，除了 1 以外，851 的所有约数，语句如下所示：

```
for (int i = 2; i < 101; i++)
{
    if (851% i == 0)
    {
        num = i;
        Console.WriteLine(num);
        continue;
    }
}
```

执行结果如下所示：

```
23
37
请按任意键继续 . . .
```

练习 17 的例子中省略 continue 效果是一样的，因为循环语句中 continue;语句后没有语句，因此有没有 continue 都将执行下一个循环。练习 18 显示了 continue 的效果。

【练习 18】

输出整型数 1~9，取消整数 5 的输出，在整数 5 时换行，使用语句如下所示：

```
for (int i = 1; i < 10; i++)
{
    if (i == 5)
    {
        Console.Write("\n");
        continue;
    }
    Console.Write(i);
}
```

执行结果如下所示：

```
1234
6789 请按任意键继续 . . .
```

从执行结果看得出，在执行至 continue 语句后，Console.Write(i);语句没有执行，数字 5 没有输出，而输出了 continue 语句前的换行。

3.5.3　return 语句

return 语句经常用于方法的结尾，表示方法的终止。方法是类的成员，将在第 5 课类中详细介绍。方法相当于其他编程语言中的函数，是描述某一功能的语句块。方法定义后并不是直接执行的，是在其他地方使用语句调用的。如同变量在声明后其他地方被使用。

方法可以有返回值，在调用时将返回值传递给调用语句，也可以没有返回值。返回值可以是常数、也可以是变量，由 return 定义返回值。

方法语句块中，在 return 语句后没有其他语句，但控制流并没有结束，而是找不到接下来要进行的语句。使用 return 语句将控制流传递给调用该方法的语句，同时将返回值传递给调用语句。

如方法 power()将整型数字 num 求 pow 次方，定义方法如下所示：

```
public int power(int num, int pow)
{
    int newnum=1;
    for (int i = 1; i <= pow; i++)
    {
        newnum = newnum * num;
    }
    return newnum;
}
```

程序中的语句表示将 num 相乘了 pow 次，并将结果赋给 newnum。方法总是在类中定义，power()方法在 po 类中定义，在方法定义之后，在其他地方进行调用，调用时如使用以下语句：

```
po pow=new po();
int lastnum=pow.power(2,3);
Console.WriteLine(lastnum);
```

则运行结果如下所示：

```
8
请按任意键继续. . .
```

 提示

return 的用法在第 5 课方法的讲解中将频繁使用，本课只做简单了解。

3.5.4　goto 语句

goto 语句是跳转语句中最灵活的，也是最不安全的。goto 语句可以跳转至程序的任意位置，但欠考虑的跳转将导致没有预测的漏洞。goto 语句也有限制：可以从循环中跳出，但不能跳转到循环语句块中，也不能跳出类的范围。

使用 goto 语句首先要在程序中定义标签，标签是一个标记符，命名同变量名一样。标签后是将要跳转的目标语句，一条以内不需要加"{}"，超过一条则必须放于"{}"内，"{}"后不用加分号。如下所示：

```
label: {}
```

接着将标签名放在 goto 语句后，即可跳转至目标语句，如下所示：

```
goto label;
```

练习 19 简单的显示了 goto 语句的用法和格式，将控制流从循环中跳出。

【练习 19】

输出从 1 到 10 的整数，在输出整数 5 时跳出，从整数 5 往后不再输出，使用语句如下所示：

```
for (int i = 1; i < 11; i++)
{
    Console.WriteLine(i);
```

```
        if (i == 5)
        {
            Console.Write("\n");
            goto comehere;
        }
    }
comehere:
    {
        Console.WriteLine("到 5 了，结束了");
    }
```

除了跳出循环语句，goto 语句另外一种用法是跳出 switch 语句并转移到另一个 case 标签，如练习 20。

【练习 20】

定义整型 num 表示第几个季节，定义字符串 title 表示季节名称，代码如下所示：

```
int num = 4;
string title="";
switch (num)
{
    case 1:
        title = "春天";
        break;
    case 2:
        title = "夏天";
        break;
    case 3:
        title = "秋天";
        break;
    case 4:
        title = "冬天";
        goto case 2;
}
Console.WriteLine(title);
```

执行结果如下所示：

```
夏天
请按任意键继续. . .
```

由结果可以看出，因为 num 变量使用的是常数 4，所以控制流将执行 case 4，但在 case 4 中使用 goto 语句将控制流转向了 case 2，导致显示结果为 case 2 中的夏天。case 在这里起到了标签的作用。

3.6 异常处理语句

程序中不可避免存在无法预知的反常情况，这种反常称为异常。C#为了处理在程序执行期间可能出现的异常提供了内置支持，由正常控制流之外的代码处理。

本节将介绍 C#内置的异常处理，包括使用 throw 抛出异常；使用 try 尝试执行代码；并在失败时使用 catch 处理异常。

3.6.1 Throw

throw 语句用于发出在程序执行期间出现异常的信号。通常与 try catch 语句或 try finally 语句结合使用。throw 语句将引发异常，当异常引发时，程序查找处理此异常的 catch 语句，也可以用 throw 语句重新引发已捕获的异常。

throw 只是用在程序中的一条语句，在实际应用中如练习 21 所示。

【练习 21】

定义变量 name 表示用户名，name 是不能为空的，在使用前必须赋值，为了确保 name 不为空，有以下语句。

```
string name = null;
if (name == null)
{
  throw (new System.Exception());
}
Console.Write("The name is null");
```

执行语句将引发异常。若将 if 语句中"{}"内的语句块注释，或直接将整个 if 语句注释，程序可以正常进行，输出 The name is null，但有了 throw 语句，程序将中断并提示异常。但这样的异常是放任的，没有处理的，需要使用 catch 语句处理异常，即下一节要讲解的 try catch 语句。

3.6.2 try catch

throw 语句只是抛出异常，异常的处理需要 try catch 语句。try catch 语句由一个 try 块后跟一个或多个 catch 子句构成，执行时首先尝试运行 try 语句块，若引发了异常则执行 catch 语句块并完成，若没有异常则正常完成。多个 catch 子句指定不同的异常处理程序。try catch 语句流程图如图 3-14 所示。

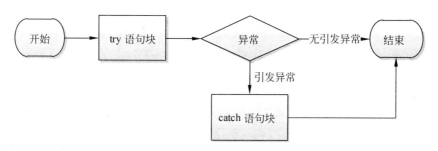

图 3-14　try catch 语句流程图

图 3-14 并不是标准流程图，而是形象描述的流程图。在 try catch 语句开始后首先执行 tru 语句块，若无异常则结束，有异常则执行 catch 语句块并结束。语法格式如下所示：

```
try
{语句块}
catch ()
{语句块}
catch ()
```

{语句块}

格式中 try 与 catch 后的"{}"不需要加分号，catch 子句使用时可以不带任何参数，这种情况下它捕获任何类型的异常，并被称为一般 catch 子句。若 try 后只有一个 catch 语句，则 catch 后的"( )"可以省略，如练习 22。

【练习 22】

将练习 19 改进，添加异常的获取和处理，使用 try catch 语句如下所示：

```
string name = null;
try
{
    if (name == null)
    {
        throw new Exception();
    }
}
catch
{
    Console.WriteLine("name is null");
}
```

运行结果如下所示：

```
name is null
```

catch 子句还可以接受从 System.Exception 派生的对象参数，这种情况下它处理特定的异常，如练习 23。

【练习 23】

定义变量 name 表示用户名，name 是不能为空的，在使用前必须赋值，若没有赋值则指出异常，使用语句如下所示：

```
string name = null;
try
{
    if (name == null)
    {
        throw new Exception();
    }
}
catch (Exception e)
{
    Console.WriteLine(e);
}
```

运行结果如图 3-15 所示。

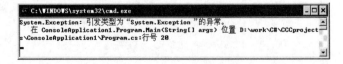

图 3-15　指出异常

在同一个 try-catch 语句中可以使用一个以上的特定 catch 子句。这种情况下 catch 子句的顺序很重要，因为会按顺序检查 catch 子句。先捕获优先级较高的异常，然后是优先级较低的异常，如练习24。

【练习24】

将练习23改变，添加一个优先级较高的 catch 子句，再使用捕获所有类型的 catch 子句，使用语句如下所示：

```
string name = null;
try
{
    if (name == null)
    {
        throw new ArgumentNullException();
    }
}
catch (ArgumentNullException e)
{
    Console.WriteLine("first {0}",e);
}
catch (Exception e)
{
    Console.WriteLine("second {0}", e);
}
```

执行结果如图 3-16 所示。

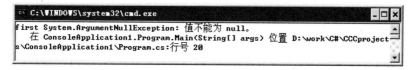

图 3-16　多个 catch 结果

除了 throw 语句和 try 语句块中抛出的异常，由 catch 语句可以再次引发异常，格式如下所示：

```
//参数可以省略。
catch(参数)
{
    throw(参数);
}
```

在 try 块内部时应该只初始化其中声明的变量，否则完成该块的执行前可能发生异常。例如以下的代码示例：

```
int i;
try
{
    i = 0;
}
catch
{
```

```
}
Console.Write(i);
```

变量 i 在 try 语句块外声明，而在语句块内初始化。在使用 Write(i)语句输出时产生编译器错误，使用了未赋值的变量。

3.6.3 try catch finally

finally 语句块用于清除 try 语句块中分配的所有资源，以及在 try 语句块结束时必须执行的代码，无论是否有异常发生。finally 语句块放在 catch 语句块后，控制总是传递给 finally 语句块，与 try 块的退出方式无关。try catch finally 语句流程图如图 3-17 所示。

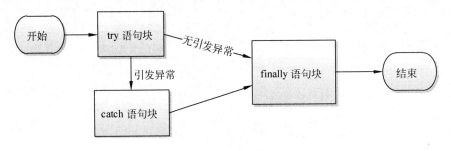

图 3-17　try catch finally 语句流程图

图 3-17 并不是标准流程图，而是形象化的流程图。程序从进入 try 语句后若没有引发异常，则进行 finally 语句块并结束；若引发了异常，则先进行 catch 语句块，接着执行 finally 语句块并结束，语法如下所示。

```
try { }
catch { }
finally { }
```

catch 和 finally 一起使用的常见方式是在 try 语句块中获取并使用资源；在 catch 语句中处理异常；在 finally 块中释放资源。catch 语句块可以省略，直接使用 try 和 finally 语句块。

【练习 25】

定义除数变量 dividenum 和被除数变量 num，两个变量都不能为 0，默认 num 为 6，dividenum 为 2，求两个数的商，有以下语句。

```
int num=0;
int dividenum = 0;
try
{
    if (num == 0 || dividenum == 0)
    { throw new Exception(); }
}
catch
{
    num = 6;
    dividenum = 2;
}
finally
{ num = num / dividenum; }
```

```
Console.Write(num);
```

执行结果如下所示：

```
3
```

从练习 25 可以看出，语句执行从 try 开始，在引发异常后由 catch 捕获并处理，之后交由 finally 语句。代码中的 catch 可以省略，如以下代码：

```
int num = 0;
int dividenum = 0;
try
{
    if (num == 0 || dividenum == 0)
    {
        num = 6;
        dividenum = 2;
    }
}
finally
{ num = num / dividenum; }
Console.Write(num);
```

执行结果与练习 25 一致。与直接使用 try catch 不同，在 finally 语句块中可以初始化 try 语句块以外的变量，如以下代码：

```
int i;
try
{

}
catch
{
}
finally
{i=123;}
Console.Write(i);
```

执行结果如下所示：

```
123
```

3.7 实例应用：输出等腰梯形

3.7.1 实例目标

使用一种符号，如"@"、"#"、"*"或"$"等，输出一个等腰梯形，在梯形的中间垂直轴线使用另一种符号，达到如下所示的效果。

```
*****$*****
******$******
*******$*******
********$********
*********$*********
```

3.7.2 技术分析

通过实现效果看得出，图形是有规律的循环输出，需要用到循环语句。而图像有两部分构成：一部分是符号，构成梯形的主体。一部分是空格，用来控制格式，输出为等腰梯形。

但两部分不能分开，每一行都要有符号和空格，因此两部分的关系是并列的，可以用两个变量表示两部分的字符串。

整体的效果：梯形由 5 行构成，每一行又分为对称的两部分。以对称轴左侧为例，符号每一行多一个，符号数目与空格数目的和为 10。两边的符号数目即为 10 减去空格数，乘以 2。中间轴的另一个符号需要使用条件语句，当进行到中间时改变符号，并接着进行下一个循环。

3.7.3 实现步骤

首先确定整体循环的次数，5 行的图形循环 5 次。接着是内部的循环，先看空格，空格每一行少一个，总数需要递减。循环数要跟整体循环关联，否则每次循环数一样，将输出矩形的空格。因此只需要将总循环数递减，即可使空格数目与总循环数相等。再看符号，符号与空格数的关系已经明确，及（10-空格数）*2，但因中间有其他符号，可以使用条件语句在循环至中间时改变符号，并接着执行下一个循环，需要使用跳转语句 continue。

每个循环都需要将变量字符串累加，但每次循环前，若字符串不为空字符，则输出结果与设想不同。因此在每一行结束时，变量字符串需要清空。

定义每一行的字符串变量 trapezoid；定义空格部分字符串变量 trapezoid1；定义字符部分字符串变量 trapezoid2，具体代码如下：

```
string trapezoid="";
string trapezoid1 = "";
string trapezoid2 = "";
for (int i = 5; i >0; i--)
{
    for (int j = i; j >0;j-- )
    {
        trapezoid1 = trapezoid1 + " ";
    }
    for (int k =( 10 - i)*2; k >= 0; k--)
    {

        if (k == 10 - i)
        {
            trapezoid2 = trapezoid2 + "$";
            continue;
        }
        trapezoid2 = trapezoid2 + "*";
    }
    trapezoid = trapezoid1 + trapezoid2;
```

```
    Console.WriteLine(trapezoid);
    trapezoid = "";
    trapezoid1 = "";
    trapezoid2 = "";
}
```

执行结果如图 3-18 所示。

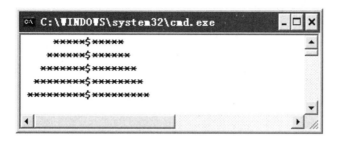

图 3-18　等腰梯形

3.8 拓展训练

实现一个简单的梯形输出

使用一种符号，如 "@"、"#"、"*"、"￥" 或 "$" 等，输出一个上宽下窄的等腰梯形，在梯形的中间垂直轴线使用另一种符号，达到以下所示的效果。

```
##########￥##########
 #########￥#########
  ########￥########
   #######￥#######
    ######￥######
```

3.9 课后练习

一、填空题

1. 选择语句有 if 语句、if else 语句、_____和 switch 语句。

2. 跳转语句有 break 语句、continue 语句、_____和 goto 语句。

3. throw 语句属于_____语句。

4. 两个人参加选举（李贺，林峰），分别用两个整型变量表示他们的票数，则应填入横线的内容是_____。

```
switch (name)
{
    case "李贺":
        numLH ++;
        break;
```

```
    case _____:
      numLF ++;
       break;
 }
```

5. do while 循环先执行语句块，后进行_____判断。

二、选择题

1. 下列选项中，不属于嵌套的是_____。

    A.

```
for()
{if(){}}
```

    B.

```
for()
{for()
{}
}
```

    C.

```
switch()
{
case
break;
}
```

    D.

```
if()
{if(){}}
```

2. 以下说法不正确的是_____。

    A. continue 语句不能用于选择语句

    B. 一个分号就能表示一条语句

    C. if 语句块{}后不需要分号

    D. if 条件语句的（）内有 3 个表达式，因此有 3 个分号

3. 以下_____不属于跳转语句。

    A. break 语句

    B. throw 语句

    C. continue 语句

    D. return 语句

4. 以下代码的输出结果中有_____个 4。

```
for (int a = 0; a <6; a++)
{
    for (int i = 0; i < a; i++)
    {
      Console.Write(a);
```

```
    }
    Console.WriteLine("");
}
```

A. 4个

B. 3个

C. 2个

D. 1个

5. 以下语句块中，不能对语句块外的变量赋值的是_____。

A. if 语句块

B. for 语句块

C. try 语句块

D. while 语句块

6. 以下代码的输出的结果是_____。

```
int i;
try
{   i = 0; }
catch
{   i = 1; }
finally
{   i = 2; }
Console.Write(i);
```

A. 0

B. 1

C. 2

D. 产生编译器错误：使用了未赋值的变量

三、简答题

1. 简要概述语句的分类。

2. 简单说明 if 和 switch 的区别。

3. 简单说明 for 和 do while 的区别。

4. 简述跳转语句的种类。

第 4 课
数组

　　C#中的元素除了变量、常量还有数组。数组是一组相同数据类型的数据，生活中的数据可能是一个值，也可能是多个值，如一周的7天，这是7个数据。C#使用数组来表示多个数据的集合。

　　数组有简单数据构成的一维数组和数组作为成员构成的多维数组。本课将主要介绍数组的性质、数组的创建、数据的遍历访问及数组作为参数该如何传递。

　　本课学习目标：

- ❏ 理解数组的含义
- ❏ 掌握数组的遍历
- ❏ 掌握至少一种排序方式
- ❏ 理解多维数组
- ❏ 了解交错数组
- ❏ 理解静态数组
- ❏ 掌握静态数组的使用
- ❏ 了解动态数组
- ❏ 了解动态数组的使用

4.1 数组概述

　　数组的出现简化了对多个数据的依次连续操作,并进一步进化了数组作为成员形成的多维数组。数组是一种数据结构,是一个有序的数据集合,包含同类型的多个数据。

　　数组元素的数据类型可以是值类型,也可以是引用类型,但数组的类型为引用类型。数组有以下特点。

　　(1)数组可以是一维、多维或交错的。

　　(2)数组元素值类型的默认值为零,而引用类型的默认值设置为 null。

　　(3)交错数组是数组的数组,因此它的元素是引用类型,初始值为 null。

　　(4)数组成员的编号从零开始。

　　(5)数组元素可以是任何类型,包括数组类型。

4.2 一维数组

　　一维数组是数组中最为简单和常用的,由数据成员构成的数组。如季节数组由春、夏、秋、冬四个数据成员。数组中的每一个元素都可以作为一个变量被访问。

4.2.1 一维数组简介

　　一维数组的声明同变量声明类似,在数据类型后编辑数组名,不同的是数组声明需要在数据类型后紧跟着一个中括号"[]",如下所示:

```
int[] 数组名;
```

　　中括号除了用于与其他变量或常量区分,还用于定义数组的长度,即数组中的元素数量。如果定义一个有 3 个整型元素的数组 num,格式如下所示:

```
int[] num=new int[3];
```

　　数组的赋值需要将数组成员放于"{}"内,每个元素之间用逗号隔开。如果将数组变量 num 直接赋值,格式如下所示:

```
int[] num={1,2,3}
```

　　数组元素也可以是变量,如分别定义整型变量a,b,c并赋给数组 num,格式如下所示:

```
int a, b, c;
a = 0; b = 0; c = 0;
int[] num = { a, b, c };
```

　　除了数组在声明时的直接赋值,数组在声明后不能直接赋值,而需要实例化后才能赋值。使用关键字 new,如练习 1 所示。

【练习 1】

　　声明整型数组 num,实例化数组的长度为 3,并赋值为{55,9,7},使用代码如下所示:

```
int[] num;
num=new int[3]{55,9,7};
```

而不能直接像变量赋值一样使用代码：num={55,9,7}；进行赋值。即使是使用 new 将对象实例化，也不能使用这样的语句，但是可以对实例化的数组成员单独赋值。

数组赋值只有三种形式如下所示：

❑ 在声明时直接赋值。

❑ 程序进行时使用 new 赋值。

❑ 在数组被实例化后，对数组成员单独赋值。

数组的元素访问不止可以依次访问，还可以对其中某个成员访问，需要对数组成员进行编号。C#数组中的成员编号从 0 开始，这点需要注意。

编号放在数组名后的中括号"[]"中，如对数组 num={2,6,1,5,4}中的 1 进行访问，则访问的是 num[2]。如需要对数组成员单独赋值，如练习 2 所示。

【练习 2】

声明整型数组 num，实例化数组的长度为 3，并将其成员依次赋值为 1，2，8，使用代码如下所示：

```
int[] num;
num = new int[3];
num[0] = 1;
num[1] = 2;
num[2] = 8;
```

数组实际是类的一个对象，是基类 Array 的派生，可以使用 Array 的成员，如 Length 属性。关于类、对象、基类和派生等内容将在第 5 课和第 6 课介绍，本节只需要学会如何使用 Length 属性获取数组长度。如获取数组 num 的长度并赋值给 longnun，格式如下所示：

```
int longnum = num.Length;
```

4.2.2 数组遍历

数组的遍历可以使用循环语句,包括 for 循环、while 循环以及专用于数组和数据集合的 foreach in 语句。使用循环语句遍历数组，如为数组赋值或使用数组中的数据为其他变量赋值，如练习 3 所示。

【练习 3】

声明整型数组 num，实例化数组的长度为 10，并将其成员依次赋值为 1~10，使用代码如下所示：

```
int[] num;
num = new int[10];
for (int i = 0; i < num.Length;i++ )
{
    num[i] = i + 1;
}
for (int i = 0; i < num.Length; i++)
{
    Console.Write("{0} ",num[i]);
}
```

执行结果如下所示：

```
1 2 3 4 5 6 7 8 9 10
```

练习 3 使用第 1 个 for 循环将数组赋值，又使用第 2 个 for 循环输出数组的值。使用循环语句遍历数组方便理解，C#提供了数组专用的遍历语句 foreach in 语句，在第 3 课简单提过，使用方法如练习 4 所示。

【练习 4】

将数组 num1 赋值为{5,2,6,8,4,1,3,9,7}，使用 foreach in 语句将数组成员输出，代码如下所示：

```
int[] num1 = { 5, 2, 6, 8, 4, 1, 3, 9, 7 };
foreach(int i in num1)
{
    Console.Write("{0} ",i);
}
```

执行结果如下所示：

```
5 2 6 8 4 1 3 9 7
```

foreach in 语句结构简单，在数组中的作用就是将数组成员顺序遍历。

4.2.3 数组排序

数组最常见的应用就是对数组成员的排序，这是生活中对数据的重要处理。例如将全班学生的成绩赋值给数组，并按成绩从大到小排序。

常见的排序方式有如下所示：

- ❑ **冒泡排序** 将数据按一定顺序一个一个传递到应有位置。
- ❑ **选择排序** 选出需要的数据与指定位置数据交换。
- ❑ **插入排序** 在顺序排列的数组中插入新数据。

冒泡排序是最稳定的，也是遍历次数最多的排序方式。例如将 n 个元素的数组数据从小到大排序。冒泡排序将按照序号将数组中的相邻数据进行比较，每一次比较后将较大的数据放在后面。所有数据执行一遍之后，最大的数据在最后面，接着再进行一遍，直到进行 n 次，确保数据顺序排列完成，如练习 5 所示。

【练习 5】

将数组 value 赋值为{15,4,1,2,8,33,22,26,30,19}，通过冒泡排序将数组成员按从小到大的顺序排序，代码如下所示：

```
int[] value = { 15, 4, 1, 2, 8, 33, 22, 26, 30, 19 };
int max=0;
for (int i = 9; i >= 0;i-- )
{
    for (int j = 0; j <i; j++)
    {
        if (value[j] > value[j + 1])
        {
            max = value[j];
            value[j]=value[j+1];
            value[j+1]=max;
        }
    }
}
```

```
foreach (int i in value)
{
    Console.Write("{0} ", i);
}
```

执行结果如下所示：

```
1 2 4 8 15 19 22 26 30 33
```

练习5通过内部循环将最大值一点一点的移动到数组最后的位置。冒泡排序每移动一个最大值，接下来可以减少一次比较移动。因此，内部循环每执行一遍，执行次数减少一次。

冒泡排序准确性高，但执行语句多，数组要进行的比较和移动次数多。冒泡排序不会破坏相同数值元素的先后顺序，被称做是稳定排序。

选择排序为数组每一个位置选择合适的数据，如将数组从小到大排序，选择排序给第一个位置选择最小的，在剩余元素里面给第二个元素选择第二小的，依次类推，直到第 n-1 个元素，第 n 个元素不用选择了。

将数组按从小到大排序，选择排序将第一个元素视为最小的，分别与其他元素比较；当其他元素小于第一个元素，则交换他们的位置，并继续跟剩余的元素比较，直到确定第一个元素是最小的，再从第二个元素比较。直到倒数第二个元素与最后一个元素比较。如练习 6 所示。

【练习6】

将数组 score 赋值为{75,69,89,72,99,86,93,88,84,77}，通过选择排序法将数组成员按从小到大的顺序排序，代码如下所示：

```
int[] score = { 75, 69, 89, 72, 99, 86, 93, 88, 84, 77 };
int max;
for (int i = 9; i >= 0; i--)
{
    for (int j = 0; j < i; j++)
    {
        if (score[j] > score[i])
        {
            max = score[j];
            score[j] = score[i];
            score[i] = max;
        }
    }
}
foreach (int i in score)
{
    Console.Write("{0} ", i);
}
```

执行结果如下所示：

```
69 72 75 77 84 86 88 89 93 99
```

在练习 6 中将数组序号从小到大依次与最后一个元素比较，将较大值与最后一个元素交换数值，得到最后位置上的数值，接着将元素依次与倒数第二个元素比较，以此类推，直到与第 2 个数比较。

选择排序改变了数值相同元素的先后顺序，属于不稳定的排序。选择排序同样进行了较多的比较和移动。

4.2.4 插入数组元素

数组新元素的插入，将导致插入位置之后的元素依次改变原有序号。在指定位置插入新的元素，为保证原有元素的稳定，首先要将原有元素移位，再将新的元素插入指定位置。

插入时元素的移位与排序时的移位不同，插入使得数组改变了原有长度，存储数组的空间如果不足将无法让新元素加入。

使用 new 关键字可以修改数组的长度，但这种修改相当于重新定义了数组，数组元素的值将会被认定默认值为 0，如练习 7 所示。

【练习 7】

将数组 int[] score = { 75, 69, 89, 72, 99, 86, 93, 88, 84, 77 }重新声明为 11 个值，并输出，代码如下所示：

```csharp
int[] score = { 75, 69, 89, 72, 99, 86, 93, 88, 84, 77 };
score = new int[11];
foreach (int j in score)
{
    Console.Write("{0} ", j);
}
```

输出结果如下所示：

```
0 0 0 0 0 0 0 0 0 0 0
```

数组的重新定义将失去原有元素值，只能通过新建数组来保存插入后的数组。如练习 8 所示。

【练习 8】

将数组 score 的第(n+1)个位置插入数据 73，使其成为新的数组 score1，即 score1[n]=73，实现代码如下所示：

```csharp
int[] score = { 75, 69, 89, 72, 99, 86, 93, 88, 84, 77 };
int[] score1 = new int[11];
int n = 5;                                  //在第 n+1 位置插入
int addnum = 73;                            //插入数值 73
for (int i = 9; i >=n; i--)
{
    score1[i + 1] = score[i];
    if (i == n)
    {
        score1[n] = addnum;
        for (int j = n - 1; j >= 0; j--)
        {
            score1[j] = score[j];
        }
        break;
    }
}
foreach (int j in score1)
{
```

```
    Console.Write("{0} ", j);
}
```

运行结果如下所示：

```
75 69 89 72 99 73 86 93 88 84 77
```

与原数组相比，第6个位置，原来86所在的位置插入了73。插入排序法在比较的基础上进行插入。

插入排序法是在一个有序的数组基础上，依次插入一个元素。如将数组从小到大排序，将新元素与有序数组的最大值比较，若新元素大插入到字段末尾；否则与倒数第二个元素比较，直到找到它的位置，此时需要将该位置及该位置之后的元素序号发生改变，需要重新调整。

插入排序没有改变相同元素的先后位置，属于稳定排序法，但插入排序的算法复杂度高，具体步骤如练习9所示。

【练习9】

将数组score赋值为{75,69,89,72,99,86,93,88,84,77}，通过插入排序法将数组成员按从小到大的顺序排序，代码如下所示：

```
int[] score = { 75, 69, 89, 72, 99, 86, 93, 88, 84, 77 };
int[] score0 = new int[10];
score0[0] = score[0];
int num = 0;
for (int i = 1; i < 10; i++)
{
    num = score[i];
    if(num>score0[i-1])
    { score0[i] = num;}
    for (int j = 0; j < i; j++)
    {
        if (score0[j] > num)
        {

            for (int k = (i - 1); k >= j; k--)
            {
                score0[k + 1] = score0[k];
            }
            score0[j] = num;
            break;
        }
    }


}
foreach (int sco in score0)
{
    Console.Write("{0} ", sco);
}
```

在练习9中先将原数组第一个元素赋给新数组，这样新数组可以视为只有一个元素的有序数组。将原数组的第二个元素与新数组中的第一个元素比较后插入，新数组将有两个元素，直到原数组最后一个元素的插入。

在插入时首先判断插入元素是否比有序数组最后一个元素大，若插入元素最大，则直接放在有序数组最后，否则将依次跟有序数组元素相比较，找到合适的位置，将原有元素移位后插入新元素。

4.2.5 删除数组元素

数组元素的删除相对容易，只需要找到需要删除元素的位置，并将该元素之后的元素移位即可。

数组元素的删除有两种方式，一种是根据元素编号删除，另一种是在不知道编号的情况下，删除有着某个值的元素。根据编号删除元素如练习 10 所示。

【练习 10】

有数组 score {75,69,89,72,99,86,93,88,84,77}，将数组中的第 3 个元素删除，使用代码如下所示：

```
int[] score = { 75, 69, 89, 72, 99, 86, 93, 88, 84, 77 };
int del=3;                              //删除第 del 个元素
for (int i = del; i < 10;i++ )
{
    score[i - 1] = score[i];
    if (i == 9)
    { score[i] = 0; }
}
foreach (int sco in score)
{
    Console.Write("{0} ", sco);
}
```

执行结果如下所示：

```
75 69 72 99 86 93 88 84 77 0
```

数组中的元素可以删除，但数组的长度不会改变，除非将数组重新定义。数组的重新定义将会使数组中的所有元素改为默认值，整型数组元素默认值为 0。

若要删除指定的元素值，首先需要找出指定元素的位置再进行删除，或直接将原有数组改为不含删除元素值的新数组。

对于没有重复元素的数组，可以找出要删除的元素位置再删除，如练习 11 所示。

【练习 11】

有数组 score {75,69,89,72,99,86,93,88,84,77}，将数组中的第 3 个元素删除，使用代码如下所示：

```
int[] score = { 75, 69, 89, 72, 99, 86, 93, 88, 84, 77 };
int delnum=88;                          //要删除的元素值
int del=0;
for (int i = 0; i < 10; i++)
{
    if (score[i] == delnum)
    {
        del = i;
        break;
    }
}
```

```
}
for (int i =( del+1) ; i < 10; i++)
{
    score[i-1] = score[i];
    if (i == 9)
    { score[i] = 0; }
}
foreach (int sco in score)
{
    Console.Write("{0} ", sco);
}
```

执行结果如下所示：

```
75 69 89 72 99 86 93 84 77 0
```

若有重复的元素值，即使找出了元素位置，也不容易删除。可以将原数组为新数组赋值，遇到要删除的元素取消赋值并跳出。但这样产生的结果是，需要被删除的元素位置的值被 0 取代，如练习 12 所示。

【练习 12】

有数组 score {75,69,89,72,99,86,72,88,84,77}，将数组中元素值为 72 的元素删除，使用代码如下所示：

```
int delnum = 72;
int[] score0 = new int[10];
for (int i = 0; i < 10; i++)
{

    if (score[i] == delnum)
    {
        continue;
    }
score0[i] = score[i];
}
foreach (int sco in score0)
{
    Console.Write("{0} ", sco);
}
```

执行结果如下所示：

```
75 69 89 0 99 86 0 88 84 77
```

4.3 二维数组

数学计算中有一维的直线和二维的平面，数组也可以有多维。一维数组是一组数据，而二维数组可以看作是一维数组的数组。如果将一维数组看作一条直线，那么二位数字就是一个平面。

4.3.1　二维数组简介

一维数组可以是简单的几个数，而二维数组就像有行和列的列表。如同显示一个月日期的日历，若是将所有日期写在同一行，显得不够直观，而分为多行形成列表的形式，会显得一目了然，如图 4-1 所示。

有行和列的二维数组又称做矩阵，如同一个矩形一样有长和宽。二维数组有行和列，它的声明与一维数组类似，不同点在于中括号内是 1 个逗号，用来将"[]"分为两部分，表示行和列。如声明整型二维数组 num 的格式如下所示：

图 4-1　日历

```
int[,] num={}
```

二维数组与一维数组一样可以直接赋值，每个元素同样使用逗号隔开，如定义一个二维数组 num 并赋值，格式如下所示：

```
int[,] num={
        {2,3,8,10},
        {1,4,6,11},
        {5,7,9,12},
    };
```

这是一个有 3 行 4 列的数组，它有 12 个元素，将数组 num 表现为列表的形式如下所示：

```
2 3 8 10
1 4 6 11
5 7 9 12
```

同一维数组一样，二维数组也可以使用标号来访问单个元素，并且从 0 开始。不同的是二维数组用行和列两种编号来确定一个元素，如访问数组 num 第一行第二个元素，即访问的是 num[0, 1]，规则是行号与列号之间用逗号隔开；行号与列号都从 0 开始编号；除了直接赋值的数组，数组需要使用 new 初始化才能使用，用法与一维数组一样。

4.3.2　二维数组遍历

二维数组的遍历同一维数组一样，使用循环语句。二维数组是有行和列的，需要在每输出一行后换行，即每输出一个一维数组后换行。

使用 for 循环语句和 foreach in 语句，为数组赋值和输出，如练习 13 和练习 14 所示。

【练习 13】

数组二维数组 num、有 3 行 3 列，使用 for 循环将数组中的元素从 1 到 9 赋值，并按 3 行 3 列输出，代码如下所示：

```csharp
int[,] num = new int[3, 3];
int numValue = 1;                      //定义变量为数组赋值
for (int i = 0; i < 3; i++)
{
    for (int j = 0; j < 3; j++)
    {
        num[i, j] = numValue;
        numValue++;                    //变量累加，数组元素累加
```

```
      }
   }
   for (int i = 0; i < 3; i++)
   {
      for (int j = 0; j < 3; j++)
      {
         Console.Write("{0} ", num[i, j]);
      }
      Console.WriteLine("");                    //一行结束，换行
   }
```

执行结果如下所示：

```
1 2 3
4 5 6
7 8 9
```

【练习14】

将练习13定义的结果，使用 foreach in 语句输出，使用代码如下所示：

```
foreach (int num0 in num)
{
   Console.Write(num0);
}
```

执行结果为：

```
123456789
```

4.4 多维数组

　　　　数组的维数可以是任意多个，如三维数组、四维数组等，多维数组的声明、初始化及遍历同二维数组一样。如声明一个整型三维数组 three，语法如下所示：

```
int[,,] three;
```

　　从格式可以看出，三维数组在声明时，中括号内有2个逗号，将中括号分割成3个维度。同二维数组原理一样。同理，四维数组方括号内有3个逗号。

　　数组的赋值格式不变，但由于数组维数的不同，写法也不同。如练习15，分别为整型三维数组和字符型四维数组赋值。

【练习15】

声明并初始化整型三维数组 three 和字符型的四维数组 four，使用代码如下所示：

```
int[ , ,] three;
three = new int[2, 2, 2] {
             {{1,2},{3,4}},
             {{5,6},{7,8}},
             };
foreach (int num in three)
```

```
{
    Console.Write("{0} ", num);
}
Console.WriteLine("");
char[, , ,] four;
four = new char[2, 2, 2, 2]
{
    {
        {{'a','b'},{'c','d'}},{{'e','f'},{'g','h'}}
    },
    {
        {{'i','j'},{'k','l'}},{{'m','n'},{'o','p'}}
    },
};
foreach (char charn in four)
{
    Console.Write("{0} ", charn);
}
```

执行结果如下所示：

```
1 2 3 4 5 6 7 8
a b c d e f g h i j k l m n o p
```

从练习 15 得出结论，三维数组元素个数为各个维度的元素个数乘积 8，而四维数组元素个数为各个维度的元素个数乘积 16。

4.5 交错数组

交错数组是一种不规则的特殊二维数组，交错数组与二维数组的不同在于，每一行的元素个数不同，因此无法用类似于 new int[2,3]的形式来初始化。由于交错数组元素参差不齐，因此又被称做锯齿数组、数组的数组或不规则数组，它的结构如图 4-2 所示。

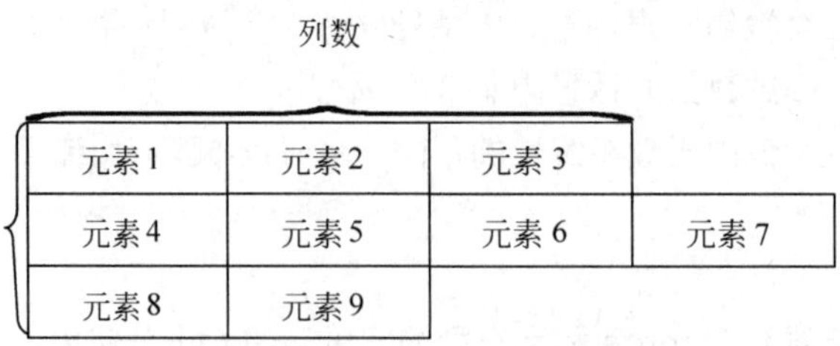

列数

元素1	元素2	元素3	
元素4	元素5	元素6	元素7
元素8	元素9		

图 4-2　交错数组结构图

交错数组声明的格式与其他数组不同，它使用两个中括号来区分不同的维度，语法格式如下所示：

```
type[][] arrayName;
```

交错数组的初始化，因每一行元素个数不同，所以只需要设置数组包含的行数，定义各行中元素个数的第二个括号设置为空，因为这类数组的每一行包含不同个数的元素。

交错数组的初始化需要按行分别赋值，每一行一个赋值或初始化，交错数组的初始化如练习 16 所示。

【练习 16】

定义整型交错数组 inter 含有 3 行，第一行 4 个元素、第二行 3 个元素、第三行 5 个元素，声明赋值语句如下所示：

```
int[][] inter=new int[3][];
inter[0] = new int[4] { 1, 2, 3, 4 };
inter[1] = new int[3] { 1,2,3};
inter[2] = new int[5] { 1, 2, 3, 4, 5 };
```

交错数组的每一个元素同样用编号指定，但与二维数组不同。交错数组使用两个中括号，分别表示行号和列号。如 inter 数组第一行第二列的元素如下所示。

```
inter[0][1]
```

由于交错数组每一行元素数目不同，因此在遍历时需要获取每一行的元素个数，如练习 17 所示。

【练习 17】

遍历练习 16 中定义的数组，使用 for 循环，按行和列显示，使用代码如下所示：

```
for (int i = 0; i < 3; i++)
{
    for (int j = 0; j < inter[i].Length; j++)
    {
        Console.Write("{0} ", inter[i][j]);
    }
    Console.WriteLine("");
}
```

执行结果如下所示：

```
1 2 3 4
1 2 3
1 2 3 4 5
```

4.6 静态数组

C#中的数组有动态和静态的区别，静态数组是维数和长度不能改变的，之前所讲的数组都是静态数组。C#提供了 System.Array 类来辅助实现静态数组的相关应用。本节主要讲述如何使用 System.Array 类来操作数组。

4.6.1 属性和方法

属性是类的成员，相当于类中的变量，但属性定义了变量的获取方式，可以直接使用。System.Array 类的属性如表 4-1 所示。

表 4-1 System.Array 类的属性

属　　性	描　　述
Length	数组的长度，即数组所有维度中元素的总数。该值为 32 位整数
LongLength	数组的长度，即数组所有维度中元素的总数。该值为 64 位整数
Rank	数组的秩，即数组的维度数
IsReadOnly	表示数组是否为只读
IsFixedSize	表示数组的大小是否固定
IsSynchronized	表示是否同步访问数组
SyncRoot	获取同步访问数组的对象

　　曾经使用 Length 属性获得数组的长度，使用属性是一种简单的操作。正如对于数组 num 来说，num.Length 即可表示为数组的长度。对于确定的数组不需要为属性赋值和定义可以直接使用。

　　类中除了属性，还有方法。方法是一种描述了特定功能的语句块，可以直接使用。System.Array 类中关于数组的方法，如表 4-2 所示。

表 4-2 System.Array 类的方法

方　　法	描　　述
GetValue()	获取指定元素的值
SetValue()	设置指定元素的值
Clear()	清除数组中的所有元素
IndexOf()	获取匹配的第一个元素的索引
LastIndexOf()	获取匹配的最后一个元素的索引
Sort()	对一维数组中的元素排序
Reverse()	反转一维数组中元素的顺序
GetLength()	获取指定维度数组的元素数量。该值为 32 位整数
GetLongLength()	获取指定维度数组的元素数量。该值为 64 位整数
FindIndex()	搜索指定元素，并获取第一个匹配元素的索引
FindLastIndex()	搜索指定元素，并获取最后一个匹配元素的索引
Copy()	将一个数组中的一部分元素复制到另一个数组
CopyTo()	将一维数组中的所有元素复制到另外一个一维数组
Clone()	复制数组
ConstrainedCopy()	指定开始位置，并复制一系列元素到另外一个数组中
BinarySearch()	二进制搜索算法在一维的排序数组中搜索指定元素
GetLowerBound()	获取数组中指定维度的下限
GetUpperBound()	获取数组中指定维度的上限

　　类中的方法是可以直接使用。例如我们使用数组名称和元素的编号来获取某个元素的值，但使用 GetValue()方法同样可以达到目的。

4.6.2 静态数组应用

　　类的方法和属性的使用在第 5 课将详细介绍，本节要学会使用简单的属性和方法，具体步骤如练习 18 所示。

【练习 18】

　　定义一维整型数组 arrays 并赋值，输出数组的长度、维度及各个元素的值；将 arrays 数组使用 Sort()方法排序，输出排序后的各元素值；将数组元素反转顺序、并输出翻转后的各元素值，使用代码如下所示：

```
int[] arrays = new int[10] { 5,8,2,10,6,4,1,9,7,3};
```

```
Console.WriteLine("数组个数: {0} 数组维数: {1} ",arrays.Length,arrays.Rank);
foreach (int i in arrays)
{
    Console.Write("{0} ", i);
}
Console.WriteLine("");
Array.Sort(arrays);
foreach (int i in arrays)
{
    Console.Write("{0} ", i);
}
Console.WriteLine("");
Array.Reverse(arrays,0,10);
foreach (int i in arrays)
{
    Console.Write("{0} ", i);
}
```

执行结果如下所示:

```
数组个数: 10 数组维数: 1
5 8 2 10 6 4 1 9 7 3
1 2 3 4 5 6 7 8 9 10
10 9 8 7 6 5 4 3 2 1
```

4.7 动态数组

动态数组能够在程序执行中改变数组的长度,可以增加、释放数组元素所占的空间。动态数组又称做可变数组,如果说数组是数据的集合,那么数据的动态集合有多种类型,本节将主要讲述由 System.ArrayList 类实现的动态数组。

动态数组与静态数组的声明和定义完全不同,静态数组可以直接由数据类型定义,而动态数组需要根据不同的类来实例化。本节介绍 System.ArrayList 类的实例化数组。

ArrayList 类位于 System.Collections 命名空间中,所以在使用时需要导入此命名空间,具体做法是在程序文档最上方添加下面的语句。

```
using System.Collections;
```

命名空间导入之后就可以创建使用 ArrayList 类的对象了,这个对象就是动态数组,如创建数组 list 语法如下所示:

```
ArrayList list = new ArrayList();
```

在上一小节中已经对 System.Array 类的属性和方法有过介绍,这里讲述 System.ArrayList 类的属性和方法及其使用。

4.7.1 属性和方法

System.ArrayList 类包含了 6 个属性,同样是可以直接使用的。System.ArrayList 类包含的属性如表 4-3 所示。

表 4-3 System.ArrayList 类的属性

属　　性	描　　述
Capacity	数组的容量
Count	数组元素的数量
IsFixedSize	表示数组的大小是否固定
IsReadOnly	表示数组是否为只读
IsSynchronized	表示是否同步访问数组
SyncRoot	获取同步访问数组的对象

　　属性的用法同静态数组的属性用法一样，System.ArrayList 类属性用法在 4.7.2 小节中介绍。

　　System.ArrayList 类型数组的元素添加、删除、修改、遍历等操作都是通过类中的方法来实现的。System.ArrayList 类可以直接使用的方法如表 4-4 所示。

表 4-4 System.ArrayList 类的方法

方　　法	描　　述
Adapter	为特定的 IList 创建 ArrayList 包装
Add	将对象添加到 ArrayList 的结尾处
AddRange	将 ICollection 的元素添加到 ArrayList 的末尾
BinarySearch	使用对分检索算法在已排序的 ArrayList 或它的一部分中查找特定元素
Clear	从 ArrayList 中移除所有元素
Clone	创建 ArrayList 的浅表副本
Contains	确定某元素是否在 ArrayList 中
CopyTo	将 ArrayList 或它的一部分复制到一维数组中
Equals	确定两个 Object 实例是否相等
FixedSize	返回具有固定大小的列表包装，其中的元素允许修改，但不允许添加或移除
GetEnumerator	返回循环访问 ArrayList 的枚举数
GetHashCode	用于特定类型的哈希函数。GetHashCode 适合在哈希算法和数据结构（如哈希表）中使用
GetRange	返回 ArrayList，它表示源 ArrayList 中元素的子集
GetType	获取当前实例的 Type
IndexOf	返回 ArrayList 或它的一部分中某个值的第一个匹配项的从零开始的索引
Insert	将元素插入 ArrayList 的指定索引处
InsertRange	将集合中的某个元素插入 ArrayList 的指定索引处
LastIndexOf	返回 ArrayList 或它的一部分中某个值的最后一个匹配项的从零开始的索引
ReadOnly	返回只读的列表包装
ReferenceEquals	确定指定的 Object 实例是否是相同的实例
Remove	从 ArrayList 中移除特定对象的第一个匹配项
RemoveAt	移除 ArrayList 的指定索引处的元素
RemoveRange	从 ArrayList 中移除一定范围的元素
Repeat	返回 ArrayList，它的元素是指定值的副本
Reverse	将 ArrayList 或它的一部分中元素的顺序反转
SetRange	将集合中的元素复制到 ArrayList 中一定范围的元素上
Sort	对 ArrayList 或它的一部分中的元素进行排序
Synchronized	返回同步的（线程安全）列表包装
ToArray	将 ArrayList 的元素复制到新数组中
ToString	返回表示当前 Object 的 String
TrimToSize	将容量设置为 ArrayList 中元素的实际数目

4.7.2 动态数组应用

System.ArrayList 类型数组的应用主要是 System.ArrayList 类属性和方法的应用，本节根据不同的功能实现，讲述 System.ArrayList 类型数组的应用，包括数组元素的添加、复制、插入和删除等。

1. 添加数组元素

System.ArrayList 类有两种方法添加数组元素：Add()方法和 Insert()方法。使用 Add()方法和 Insert()方法都可以向动态数组中添加元素，但 Add()方法是将新的元素添加到数组的末尾处，而 Insert()方法用于在指定的位置插入数组元素，如练习 19 所示。

【练习 19】

定义 ArrayList 类数组 list，分别使用 Add()方法和 Insert()方法添加数组元素，并输出所有元素值，及数组元素的个数，使用代码如下所示：

```
ArrayList list = new ArrayList();
list.Add(1);
list.Add(2);
list.Add(3);
list.Add(4);
list.Add(5);
list.Add(6);
list.Insert(3,0);
foreach (object listnum in list)
{
    Console.Write("{0} ",listnum);
}
Console.WriteLine("");
Console.WriteLine(list.Count);
```

执行结果为：

```
1 2 3 0 4 5 6
7
```

从执行结果可以看出以下内容。

（1）ArrayList 类型数组的元素是需要逐个添加的。

（2）插入的数据位置编号如同静态数组的编号一样从 0 开始，因此新的元素插入到编号 3，即第 4 个位置。

（3）ArrayList 类型数组的元素属于 object 类型，因此需要使用 foreach (object listnum in list)来遍历。

（4）数组元素个数可以使用 Count 属性直接获取。

ArrayList 类型数组的其他操作同样可以直接使用表 4-3 和表 4-4 中的属性和方法，以下实现数组成员的删除。

2. 删除数组元素

动态数组用来实现不定长度数组元素的添加和删除是最常用的，ArrayList 类有多种方法处理元素的删除：Remove()方法、RemoveAt()方法和 RemoveRange()方法。

Remove()方法表示从数组中移除指定的元素，RemoveAt()方法表示从数组中移除指定位置的元素，RemoveRange()方法表示从数组中移除指定位置数量的元素，通过练习20实现。

【练习20】

将练习19中的数组 list 添加元素 7，8，9，将元素 8 删除，输出剩余数组元素。删除数组 list 中的第 4 个元素，输出剩余数组元素。最后从第 6 个元素起，删除两个元素，输出剩余数组元素，使用代码如下所示：

```csharp
ArrayList list = new ArrayList();
list.Add(1);
list.Add(2);
list.Add(3);
list.Add(4);
list.Add(5);
list.Add(6);
list.Insert(3,0);
list.Add(7);
list.Add(8);
list.Add(9);
foreach (object listnum in list)
{
    Console.Write("{0} ", listnum);
}
Console.WriteLine("");
Console.WriteLine("删除元素 8");
list.Remove(8);
foreach (object listnum in list)
{
    Console.Write("{0} ", listnum);
}
Console.WriteLine("");
Console.WriteLine("删除第 4 个元素");
list.RemoveAt(3);
foreach (object listnum in list)
{
    Console.Write("{0} ", listnum);
}
Console.WriteLine("");
Console.WriteLine("从第 6 个元素起，删除两个元素");
list.RemoveRange(5,2);
foreach (object listnum in list)
{
    Console.Write("{0} ", listnum);
}
Console.WriteLine("");
```

执行结果如下所示：

```
1 2 3 0 4 5 6 7 8 9
删除元素 8:
1 2 3 0 4 5 6 7 9
```

删除第 4 个元素：
1 2 3 4 5 6 7 9
从第 6 个元素起，删除两个元素：
1 2 3 4 5 9

4.8 实例应用：求矩阵外环和

4.8.1 实例目标

定义 5 行 6 列二维数组 rect，第一行第一个元素为 12，后面的元素依次加 2，直到第 5 行第 6 个元素，效果如下所示：

```
12 14 16 18 20 22
24 26 28 30 32 34
36 38 40 42 44 46
48 50 52 54 56 58
60 62 64 66 68 70
```

4.8.2 技术分析

二维数组可以看作一个矩阵，求矩阵周长所在元素的和。即求第一行和最后一行所有元素和及其他行首尾元素和。首先是数组的声明和赋值，赋值时需要定义一个变量不断变化并为数组中每一个元素赋值。接着是矩阵外环求和，首行和末行每个元素都要加进去，其他行首尾元素加进去，因此可以分为两步。

（1）首行和末行每个元素相加。

（2）其他行首尾元素相加。

同样可以定义变量接收元素的和。

4.8.3 实现步骤

（1）数组的声明和赋值，在赋值过后输出矩阵，使用代码如下所示：

```
int[,] rect =new int[5,6];
int numValue = 12;
for (int i = 0; i < 5; i++)
{
    for (int j = 0; j < 6; j++)
    {
        rect[i, j] = numValue;
        numValue = numValue + 2;
    }
}
for (int i = 0; i < 5; i++)
{
    for (int j = 0; j < 6; j++)
    {
```

```
        Console.Write("{0} ", rect[i, j]);
    }
    Console.WriteLine("");
}
```

执行结果如图 4-3 所示。

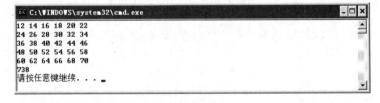

图 4-3　二维数组

（2）定义变量，接收数组首行末行元素和，使用代码如下所示：

```
int num=0;
for (int i = 0; i < 6; i++)
{
    num = num + rect[0, i];
}
for (int j = 0; j < 6; j++)
{
    num=num+rect[4, j];
}
```

（3）最后，将其他行的首尾元素相加，代码如下所示：

```
for (int h = 1; h < 4; h++)
{
    num = num + rect[h, 0] + rect[h, 5];
}
Console.WriteLine(num);
```

执行结果如图 4-4 所示。

图 4-4　矩形外环求和

4.9 拓展训练

求一个月中的周一日期号

假设 2012 年 12 月第一天为周六，按照一周一行输出一个月的日期，并找出所有周一的日期号并输出。

> **提示**
>
> 日历一周为一行，可以将一周定义为一个数组，而日历不止一周，则一个月是周数组的数组。

一周为 7 个元素，第一周和最后一周的元素可能不完整，会影响输出。不完整的元素将会赋值为 0，则循环输出时需要将 0 换成空格并继续下一个循环。

找出每周一的日期号，需要在每一个二维数组元素同一个位置的元素找出并输出。

4.10 课后练习

一、填空题

1. 二维数组的声明比一维数组的声明在中括号内多了一个_____。

2. 清除动态数组中所有元素的方法是_____。

3. 以下语句的输出结果为_____。

```
int[] arrays = new int[10] { 5,8,2,10,6,4,1,9,7,3};
Array.Reverse(arrays,0,10);
foreach (int i in arrays)
{
    Console.Write("{0} ", i);
}
```

4. 以下语句的输出结果为_____。

```
int[] score = { 75, 69, 89, 72, 99, 86, 93, 88, 84, 77 };
int del=5;
for (int i = del; i < 10;i++ )
{
    score[i - 1] = score[i];
    if (i == 9)
    { score[i] = 0; }
}
foreach (int sco in score)
{
    Console.Write("{0} ", sco);
}
```

5. 交错数组又称为_____。

二、选择题

1. 下列声明的数组的维数是_____。

```
int[,,] num;
```

    A. 1

    B. 2

    C. 3

    D. 4

2. 下列属性_____表示静态数组的长度。

    A. Rank

    B. LongLength

    C. Capacity

    D. Count

3. 以下_____语句能顺利运行。

    A.

```
char[, , ,] three;
three= new char[2, 2, 2]
{
    {
        {{'a','b'},{'c','d'}},{{'e','f'},{'g','h'}}
    },
    {
        {{'i','j'},{'k','l'}},{{'m','n'},{'o','p'}}
    },
};
```

    B.

```
int[,] num={
        {2,3,8,10},
        {1,4,6,11},
        {5,7,9,12},
    };
```

    C.

```
int[] num;
num= {55,9,7};
```

    D.

```
int[][] inter=new int[3][];
inter[0] = new int[3] { 1, 2, 3, 4 };
```

4. 以下语句中，主要用于数组遍历的是_____。

    A. for

    B. do while

    C. while

    D. foreach in

5. 以下不是静态数组方法的是_____。

    A. Insert()

    B. GetLength()

    C. GetLongLength()

    D. FindIndex()

6. 以下不是动态数组方法的是_____。

A. Clear()

B. Reverse()

C. Contains()

D. InsertRange()

三、简答题

1. 简要概述数组的含义。

2. 简单说明动态数组和静态数组的区别。

3. 简要概述冒泡排序的算法。

4. 简述一维数组元素的插入。

第 5 课 类

日常生活中有人类、爬行类、鸟类和建筑类等。这些类定义了所包含对象的共有性质，如鸟类有翅膀、两条腿。程序设计中的类也定义了一些共有的性质。

本课将主要介绍类的定义和构成，以及类和对象的应用。

本课学习目标：

❑ 理解类的组成结构

❑ 掌握类和对象的区别

❑ 理解可访问性

❑ 掌握字段和属性的用法

❑ 掌握方法的使用

❑ 理解构造函数

❑ 理解析构函数

5.1 类简介

C#是面向对象的编程语言,与面向过程语言最大的不同就是类和对象。C#引进类和对象,将一系列相关的方法和数据相结合,形成一个有机的整体,在程序的其他地方使用。如定义一个计算器类,包含累加方法、累乘方法、求立方根方法等,则在主函数中可以直接使用而不需要重写。

5.1.1 类概述

类是 C#中功能最为强大的数据类型,它定义了数据类型的数据和行为。在创建了类之后,类中的数据和方法可以直接或间接被使用。

类是使用 class 关键字定义或声明,语法格式如下所示:

```
public class 类名
{}
```

- ❏ class 前面的 public 关键字属于访问修饰符,用于指定类的受限制程度,还可以使用 private、protected 和 internal。
- ❏ 类的名称位于 class 关键字的后面,命名规则同变量一样,通常将类的首字母大写。
- ❏ 类的主体定义在 "{}" 内,包含类的各种成员。省略主体即为类的声明,同变量声明性质一样。

类有三大特性:封装、继承和多态。封装隐藏了类和对象的属性和实现细节,仅对外公开接口,控制在程序中属性的读和修改的访问级别。类提供了三种可选访问级别:public、protected 和 private。通过设定不同数据的访问级别,自定义数据的访问权限,达到保护数据和共享数据的统一。如同人类继承了哺乳类的共性,C#中的类也支持继承,被继承的类称做基类,继承基类的类称做派生类。派生类可以在使用基类数据、行为的基础上创建自己的数据和行为。

多态建立在继承的基础上,除了在基类的基础上增加数据和方法,还可以通过不同的方式,将基类中的方法重新定义。

5.1.2 类的成员

类中包含数据和行为,数据使用字段来表示,并通过属性来控制。行为定义为方法,在访问类时,首先默认执行类的构造函数,在类的访问结束后执行析构函数。类的主体成员有字段、属性、方法、构造函数和析构函数。

- ❏ 字段是被视为类的一部分的对象实例,通常保存类数据。
- ❏ 属性是一种特殊的方法,如同字段一样被访问。属性可以为类字段提供保护,避免字段在对象不知道的情况下被更改。
- ❏ 方法定义可以执行的操作。方法可以使用变量作为参数。接受提供输入数据的参数,并且可以通过参数返回输出数据。方法还可以不使用参数而直接返回值。
- ❏ 构造函数是在第一次创建对象时调用的方法。它们通常用于初始化对象的数据。
- ❏ 析构函数是当对象即将从内存中移除时由执行引擎调用的方法。它们通常用来确保需要释放的所有资源都得到了适当的处理。

例如练习1,定义一个计算器类 Class1,包含类的字段 num、方法 addnum()、构造函数 Class1()和析构函数 Class1()。

【练习 1】

定义计算器类，定义 addnum()方法，接收变量 addnum()表示每次累加的数，变量 count 表示累加的次数，计算变量累加结果，定义内部变量 num，表示 addnum()方法最终累加的数值，代码如下所示：

```
class Class1                                    //定义类
  {
      private int num;                          //字段：定义类的变量
      public Class1()                           //构造函数：初始化变量
      {
          num = 0;
      }
      public int addnum(int addnum,int count)   //方法：定义类的操作
      {
          for (int i = 0; i < count; i++)
          {
              num = addnum + num;
          }
          return num;
      }
       ~Class1()                                //析构函数：释放资源
      {
      }
  }
```

5.1.3 可访问性

在类的定义中有访问修饰符，从练习 1 的代码中可以看到，除了 public 关键字修饰类，还有 private 关键字修饰字段。类和类的成员都可以使用访问修饰符限定访问权限。

通过访问修饰符，可以实现如下几点：

（1）限制类只有声明类的程序或命名空间才能使用类。

（2）限制类成员只有派生类才能使用它们。

（3）限制类成员只有当前命名空间或程序中的类才能使用它们。

类是可以嵌套使用的，格式如同语句的嵌套一样，但在类的嵌套中，内部的类不能使用外部类的非公有成员。外部的类也无法访问内部类的非公有成员，具体的限制使用访问修饰符实现。

访问修饰符是类或成员声明中的关键字，指定类和成员的受保护程度。访问修饰符及其含义如表 5-1 所示。

表 5-1　访问修饰符

访问修饰符	含　义
public	公共成员
private	私有成员
protected	受保护成员
internal	内部成员
protected internal	受保护的内部成员

public 为公共访问，是允许的最高访问级别。对访问公共成员没有限制，可以有任何其他类成员访问。

private 为私有访问，是允许的最低访问级别。私有成员只有在声明它们的类中才能被访问。同一体中的嵌套类型可以访问那些私有成员。在定义私有成员的类以外引用类成员将导致编译错误。

protected 为受保护访问，受保护访问的成员可以在类内部被访问和被以该类作为基类的派生类访问，即 protected 成员可以被继承。

internal 为内部访问，只有在同一程序集的文件中，内部类或成员才可以被访问。内部访问通常用于基于组件的开发，因为它使一组组件能够以私有方式进行合作，而不必向应用程序代码的其余部分公开。

例如练习 1 中的成员变量 num 是私有变量，只有在类 Class1 中才能被使用，如类的方法 addnum()可以使用 num 变量，但其他类中不能使用。

访问修饰符不影响类和成员自身，它始终能够访问自身及其所有成员。一个成员或类只能有一个访问修饰符，使用 protected internal 组合时除外。命名空间上不允许使用访问修饰符。命名空间没有访问限制。

如果在声明中未指定访问修饰符，则使用默认的可访问性。类和成员的默认修饰符如下所示：

❏ 类默认为 internal 访问修饰符。
❏ 构造函数默认为 public 访问修饰符。
❏ 析构函数不能显示使用访问修饰符且默认为 private 访问修饰符。
❏ 类的成员默认访问修饰符为 private。
❏ 嵌套类型的默认访问修饰符为 private。

派生类的可访问性不能高于基类。即内部基类不能派生出公共访问性的派生类，否则基类的访问性将失去控制，可以直接从派生类调用。成员的可访问性决不能高于包含类的可访问性。

5.2 类和对象

例如鸟类中有实际的例子麻雀，程序中的类也有实例化的对象，实例化的对象可以直接访问类的非静态成员。

对象是基于类的具体实体，可以称为类的实例。类定义了对象的类型，但它不是对象本身。如同定义一个类哺乳类，则哺乳类兔子定义了哺乳类的实例兔子，兔子具有哺乳类的属性，如胎生、幼时靠哺乳生长等。

5.2.1 对象

对象是类的一个实际例子，一个类可以有多个对象，对象与对象之间没有联系。类中可以定义实例成员和静态成员，其中静态成员在访问时需要由类直接访问，实例成员可以由对象访问。相关静态成员在 5.2.2 小节介绍。

对象的名称定义规则同变量的定义一样。创建类的实例后，开发人员可以通过对象访问类，包括为字段赋值、操作字段和访问类的方法。

对象的创建使用 new 关键字。在类名后编辑对象的名称，使用 new 关键字新建实例并赋给对象。如创建类 Class1 的 cl 对象，语法格式如下所示：

```
Class1 cl=new Class1();
```

在上例中，cl 是对基于 Class1 的对象的引用。引用了新对象，但不包含对象数据本身。对象可以在不创建引用的情况下声明，格式如下所示：

```
Class1 cl;
```

这里的对象没有赋值,是空的,如同声明的变量,需要赋值才能使用,格式如下所示:

```
Class1 cl;
cl=new Class1();
```

对象的创建也可以通过其他同类型对象赋值,如下所示:

```
Class1 cl=new Class1();
Class1 newcl= cl
```

通过对象访问类的成员,在对象名后加圆点和类成员,如通过对象 cl 访问类 Class1 的字段 num 和方法 addnum()。代码如下所示:

```
Class1 cl= new Class1();
cl.num=2
int num = cl.addnum(2, 3);
Console.WriteLine(num);
```

其中,类 Class1 中的字段 num 和方法 addnum()的定义如下所示:

```
public int num;
public Class1()
{
    num = 0;
}
public int addnum(int addnum, int count)
{
    for (int i = 0; i < count; i++)
    {
        num = addnum + num;
    }
    return num;
}
```

执行对象访问的结果如下所示:

```
8
```

通过执行结果可以看出,字段 num 在对象创建时被构造函数赋值为 0,之后通过对象访问赋值为 2,接着对象访问方法 addnum(),并为方法的参数赋值,使 2 经历了 3 次递加,最终结果为 8。

通过类将字段和方法结合在一起,尤其是将使用较频繁的功能定义为方法放在类中,再通过创建对象调用,保护了字段和方法的同时,避免了代码的重复冗余。

注意
对象只能调用类的共有成员。私有成员和受保护成员不能被调用。

▋5.2.2　静态类和类成员

静态类是类的一种,与非静态类惟一的区别是静态类不能被实例化,即不能使用 new 关键字创建静态类的实例对象。但静态类的字段和方法并不是无法被访问,只是需要通过类本身来访问。

静态类和类成员也是对字段和方法的保护,静态类中的所有成员都是静态成员。在类的声明或定义时，class 关键字前加 static 关键字声明静态类。如定义静态类 car，代码如下所示：

```
public static class car
{
    public static string WriteName() { return "静态成员"; }
}
```

除了静态类，一般的类也可以有静态成员，静态成员是不能被对象访问的，需要由类访问，在类名后加圆点和类成员名访问类的成员。如访问类 car 的 WriteName() 静态方法，代码如下所示：

```
car.WriteName();
```

类在加载时首先执行构造函数，静态类也是如此，但静态类的静态构造函数仅调用一次，在程序驻留的应用程序域的生存期内，静态类一直保留在内存中。

静态类有以下几个特性，如下所示：

（1）静态类的所有成员都是静态成员。

（2）静态类不能被实例化。

（3）静态类是密封的，不能被继承。

（4）静态类不能包含实例构造函数，但可以定义静态构造函数。

无论对一个类创建多少个实例，它的静态成员只有一个副本。静态方法和属性不能访问其包含类型中的非静态字段和事件，并且不能访问任何对象的实例变量（除非在方法参数中显式传递）。

静态成员有以下几个特点，如下所示：

（1）含有静态成员的类必须有静态构造函数来初始化。

（2）静态字段通常用来记录实例对象的个数或存储该类所有对象共享的值。

（3）静态方法可以被重载但不能被重写。

（4）局部变量不能被声明为静态变量，如方法中不能声明静态变量。

5.3 字段和属性

字段是在类中定义的变量，而属性可以控制字段的访问。类中定义了一系列相关的数据和行为，而字段和属性以不同方式控制了类中的数据管理。

5.3.1 字段

字段默认是私有的，不能被类以外的程序访问，供类内部的程序访问。在前面几节已经使用了字段变量，字段可以声明为任何类型，包括变量类型、可访问类型和是否为静态类型。

字段可标记为 public、private、protected、internal 或 protected internal 类型，还可以声明为只读字段，使用 readonly 关键字声明。

只读字段只能在初始化期间或在构造函数中赋值，而静态的只读字段类似于常量，只是只读字段不能在编译时访问，而是在运行时访问。

字段通常有以下特点，如下所示：

（1）字段可以被类的多个方法访问，否则可以在方法内部定义变量，而非定义类的字段。

（2）字段的生命周期比类中单个方法的生命期长。

（3）字段可以在声明时赋值，但若构造函数包含了字段的初始值，则字段声明值将被取代。

（4）字段初始值不能引用其他实例字段，但可以是其他类的静态字段。

字段声明在前几节中已经使用过，如定义公共的静态只读整型字段 num，具体语句如下所示：

```
public static readonly int num;
```

语句中 public、static 和 readonly 都是可以省略的，默认是私有非静态非只读字段。字段的初始化可以在声明时直接赋值，也可以有构造函数赋值。

在类和对象中已经对字段有过访问，字段的访问如练习 2 所示。

【练习 2】

定义非静态类 nums，包含整型字段 num 表示最终运算结果和静态字符串型字段 show。方法 addnum()将字段 num 递加，代码如下所示：

```
public class nums                                    //非静态类
  {
    public int num;
    public static string show="这是静态字段";
    public nums()
    {
      num = 0;
    }
    public int addnum(int addnum, int count)         //累加方法
    {
      for (int i = 0; i < count; i++)
      {
        num = addnum + num;
      }
      return num;
    }
  }
class Program
{
  static void Main(string[] args)                    //主程序
  {
    nums number=new nums();                          //类的实例化
    number.num = 2;                                  //对象调用非静态字段
    int num = number.addnum(2, 7);
    Console.WriteLine(num);
    Console.WriteLine(nums.show);                    //类名调用静态字段
  }
}
```

执行结果如下所示：

```
16
这是静态字段
```

练习 2 中 number.num 与 int num 中的字段 num 与变量 num 名称一样，但表示的内容不一样，不会发生混淆。程序中不会混淆，但开发人员容易混淆，建议使用不同的名称。

将字段标记为私有可确保该字段只能通过调用属性来更改，属性提供了灵活的机制为私有字段

赋值或访问。

5.3.2　属性

属性结合了字段和方法的性质，即可以被当作特殊的方法，也可以像字段一样使用。具体使用形态如下所示：

❑ 对于对象来说，属性可以看作是字段，访问属性与访问字段的语法和访问结果一样。

❑ 对于类来说，属性是一个或两个语句块，表示一个 get 访问器或者一个 set 访问器，或者同时具有这两个访问器。

属性使类能够以一种公开的方法获取和设置值，同时隐藏实现或验证代码。属性可标记为 public、private、protected、internal 或 protected internal。访问修饰符在前面有介绍，但是属性与其他成员不同，属性中有 get 和 set 语句块，但是同一属性的 get 和 set 语句块可以具有不同的访问修饰符。

除了访问修饰符，属性还可以有以下标记。

❑ 使用 static 关键字将属性声明为静态属性。

❑ 使用 virtual 关键字将属性标记为虚属性。

❑ 使用 sealed 关键字标记，表示它对派生类不再是虚拟的。

❑ 使用 abstract 声明属性，在派生类中实现。

属性在类块中是按以下方式来声明的。指定字段的访问级别，接下来指定属性的类型和名称，然后跟上声明 get 访问器和 set 访问器的代码块。

属性声明语法格式如下所示：

```
可访问性 类型 名称
    {
        get {}
        set {}
    }
```

get 访问器和 set 访问器都是可以省略的，不具有 set 访问器的属性是只读属性；不具有 get 访问器的属性是只写属性；同时具有这两个访问器的属性是读写属性。它们的用法及特点如下所示：

（1）get 访问器与方法相似。它必须返回属性类型的值作为属性的值，当引用属性时，若没有为属性赋值，则调用 get 访问器获取属性的值。

（2）get 访问器必须以 return 或 throw 语句终止，并且控制权不能离开访问器。

（3）get 访问器除了直接返回字段值，还可以通过计算返回字段值。

（4）set 访问器类似于返回类型为 void 的方法。它使用属性类型的 value 隐式参数，当对属性赋值时，用提供新值的参数调用 set 访问器。

（5）在 set 访问器中，对局部变量声明使用隐式参数名称 value 是错误的。

【练习3】

定义字段 num 和属性 addnum，num 为开始编号，addnum 为终止编号，指定开始编号为 200 并输出终止编号，代码如下所示。

```
public class count
{
    public int num;
    public int addnum
    {
```

```
        get { return num + 100; }
        set { num = value - 100; }
    }
}
class Program
{
    static void Main(string[] args)
    {
        count id=new count();
        id.num=200;
        Console.WriteLine(id.addnum);
    }
}
```

输出结果如下所示：

```
300
```

这是属性作为字段的用法，当读取属性时，执行 get 访问器的代码块；当向属性分配一个新值时，执行 set 访问器的代码块。与字段不同，属性不作为变量来分类。因此，不能将属性作为 ref 参数或 out 参数传递。

除了作为字段使用，属性还可以控制私有字段的值，如练习 4 所示。

【练习 4】

定义字段 agenum 和属性 num，agenum 为年龄，addnum 控制私有字段 agenum，分别指定 num 和 agenum 的值，并分别输出 agenum 和 num 的值，代码如下所示。

```
public class age
{
    public int agenum;
    public int num
    {
        get { return agenum; }
        set
        {
            if ((value > 0) &&( value < 200))
            {
                value = agenum;
            }
        }
    }
}
class Program
{
    static void Main(string[] args)
    {
        age ageo = new age();
        ageo.num = 300;
        Console.WriteLine(ageo.agenum);
        ageo.agenum = 70;
```

```
        Console.WriteLine(ageo.num);
    }
}
```

执行结果如下所示：

```
0
70
```

当属性不作为字段使用时，可以在数据更改前验证数据，还可以透明地公开某个类上的数据。

5.4 方法

方法定义了类中的行为，即类中实现的功能。在 C#中，所有的指令都是在方法中定义的。前面的课堂内容中已经简单使用了方法，本节将详细介绍方法的使用。

方法包含了一系列的语句，如同循环中的语句块。这些语句的执行实现一个功能，即方法的功能。

方法与循环语句块的不同之处在于，方法可以使用参数和返回值。参数作为一个已知的成员参与方法功能的实现，参数通常在方法调用时赋值；返回值通常定义为方法的最终结果，如实现求平均值的方法，返回值可以是方法中程序运行得到的平均值。

方法在类中声明，声明时需要指定方法的访问级别、返回值类型、方法名称以及所有参数。参数的声明包含参数类型和参数名，放在方法名后的括号中，各参数之间用逗号隔开。空括号表示方法不需要参数。格式如下所示：

```
访问级别 是否为静态方法 返回值类型 方法名（参数类型 参数1，参数类型 参数2）
{语句块}
```

返回值类型不是 void 的方法，在定义时必须通过 return 关键字定义返回值；语句块中的返回值类型应该与声明中方法名前的返回值类型一致。

方法的访问与字段访问一样，静态方法由类访问；非静态方法由对象访问。如练习 5，方法的定义和访问。

【练习5】

定义方法 delnum(int amount, int del)计算两数之商和方法 multiply(int amount, int mul)计算两数之积，代码如下所示：

```
public class count
{
    public int delnum(int amount, int del)                 //非静态方法
    {
        int num = amount / del;
        return num;
    }
    public static int multiply(int amount, int mul)        //静态方法
    {
        int num = amount *mul;
        return num;
    }
```

```
    }
class Program
{
    static void Main(string[] args)
    {
        count oper = new count();
        Console.WriteLine(oper.delnum(12,3));        //由对象调用
        Console.WriteLine(count.multiply(12,3));      //由类调用
    }
}
```

执行结果如下所示：

```
4
36
```

方法的参数分为两种：值类型参数和引用类型参数，之前使用的都是值类型的参数，下一小节将介绍参数。

5.4.1 参数

参数是方法的成员，参与方法中功能的实现。参数在方法声明或定义时必须指明参数类型和名称，不能定义参数的可访问性或静态类型。方法调用时在方法括号内为参数赋值，即可将参数传递给方法。

为参数赋值可以直接赋数据值，也可以传递一个变量，传递变量不需要让变量名和方法参数名一致，代码如下所示：

```
public class count
{
    public int delnum(int amount, int del)
    {
        int num = amount / del;
        return num;
    }
}
class Program
{
    static void Main(string[] args)
    {
        count oper = new count();
        int onenum = 12;
        int twonum = 3;
        Console.WriteLine(oper.delnum(onenum, twonum));
    }
}
```

执行结果如下所示：

```
4
```

参数类似于数学中的函数自变量，如数学中的函数 y=2x+7，使用方法可以定义为方法 num()：

```
public class numy
{
    public static int num(int x)
    {
        return x*2+7;
    }
}
y= numy.num(x);
```

方法与数学函数的不同之处在于方法参数的传递方式。参数的类型不同，传递方式也不同。本课之前使用的都是值类型参数，按值传递。

方法的参数传递有以下两种形式：

❑ **按值传递**　传递给参数一个数据值。

❑ **按引用传递**　传递给参数一个引用。

参数传递可以从参数本身说起，参数分为有值类型的参数和引用类型参数两种。

值类型参数可以获取数据值，也可以获取数据变量。若传递的是数据值，则方法根据具体数据值执行操作；若传递的是数据变量，则编译器将生成数据变量的副本并传给值类型参数，参数在方法中发生的变化与传递的变量无关。值类型包括整型、字符型、浮点型等，是简单常用的类型。

引用类型包括类、接口、委托、对象、字符串和数组等。这些类型本身存储的是一个引用，而不是数据本身。引用类型在传值时，不会创建副本，而是创建变量的引用。当参数改变时，改变的是引用的值，即原数据，因此引用类型能改变原变量的值。其实值类型的参数也可以传递引用，通过使用 ref 或 out 关键字定义参数。定义引用传递参数的方法格式如下所示。

访问修饰符　方法返回值类型　方法名(ref 参数类型　参数名)

比较引用类型传递和值类型传递的效果，如练习 6 所示。

【练习 6】

定义方法 Numbers1()接收传递的值类型参数，并将参数乘以 2 返回；定义方法 Numbers2()接收传递的引用类型参数，同样将参数乘以 2 返回。定义两个名称不同、类型和数据值相同的变量，分别传递给两个方法，输出两个方法的返回值和两个变量，代码如下所示：

```
class show
{
    public int Numbers1(int number)
    {
        number = number * 2;
        return number;
    }
    public int Numbers2(ref int number)
    {
        number = number * 2;
        return number;
    }
}
class Program
{
    static void Main(string[] args)
    {
```

```
    int num1 = 5;
    int num2 = 5;
    show shownum = new show();
    Console.WriteLine(shownum.Numbers1(num1));
    Console.WriteLine("传值后，变量num1值为{0}",num1);
    Console.WriteLine(shownum.Numbers2(ref num2));
    Console.WriteLine("传值后，变量num2值为 {0}", num2);
    }
}
```

执行结果如下所示：

```
10
传值后，变量num1值为 5
10
传值后，变量num2值为 10
```

从执行结果可以看出，同样的变量，按照值类型传递后变量值不变；按照引用类型传递后，方法在改变参数的同时改变了变量的值。

5.4.2 返回值

方法用于实现功能，一些功能是直接实现的，如删除方法，方法执行后就结束了，但更多的功能是与其他命令相联系的。如计算方法，在计算结束后需要将计算结果传给需要的地方，并进行其他操作。

方法的调用完成了，方法产生的结果将无法获取。C#通过返回值来控制方法的最终结果，使用return 关键字定义返回值，一个方法只能有一个返回值。

方法的返回值如下所示：

❑ **无返回值** 在方法的声明或定义时，方法名前加 void 关键字。
❑ **返回变量** 变量类型要与方法声明或定义的类型一致。
❑ **返回常量** 常量类型要与方法声明或定义的类型一致。
❑ **返回表达式** 表达式的类型要与方法声明或定义的类型一致。

不同类型的方法，返回值如下代码所示：

```
int a()
{
    return 0;                    //返回常数
}
string a(string b)
{
    return b;                    //返回参数
}
void a()
{
    return;                      //无返回，用于结束方法
}
char a()
{
    char b='b';
```

```
    return b;                        //返回变量
}
int a(int x, int y)
{
    return (x + y);                  //返回表达式
}
```

无返回值的方法在语句块执行完成后停止，可以使用 return，但不能返回任何值。有返回值的方法在执行 return 语句之后结束，后面的语句不再执行。方法返回值可以被程序使用，也可以用来为其他同类型变量赋值。如下列代码所示：

```
class show
{
    public int num=5;
    public int Numbers(int number1, int number2)
    {
        return (number1 + number2);          //结束函数
        num = 567;                           //无法执行
    }
}
class Program
{
    static void Main(string[] args)
    {
        show shownum = new show();
        Console.WriteLine(shownum.Numbers(5,7));
        Console.WriteLine(shownum.num);
        int mnum = shownum.Numbers(5, 7);        //将返回值赋给变量
        Console.WriteLine(mnum);
    }
}
```

执行结果如下所示：

```
12
5
12
```

5.5 构造函数

构造函数是类的调用中首先执行的函数，构造函数是方法的一种，与方法惟一的不同之处在于，构造函数是在创建类的对象时执行的类方法。构造函数具有与类相同的名称，通常用来初始化新对象的数据成员。构造函数不需要指定返回值类型，也不需要指定返回值。即使使用 void 定义也是不允许的。构造函数可以标记为 public、private、protected、internal 或 protected internal。

没有显示定义构造函数的非静态类，在 C#中编译器为其提供一个公共的默认构造函数来实例化对象，并将所有成员变量设置为它们各自类型的默认值。

静态类也有构造函数，其作用与非静态类构造函数的作用一样，但静态类中的构造函数为静态构造函数。非静态类也可以有静态构造函数。

构造函数可以分为静态构造函数、实例构造函数和私有构造函数等。

静态构造函数的特点如下所示：

（1）静态构造函数访问修饰符和参数。

（2）静态构造函数在首次访问类时自动调用。

（3）静态构造函数由编译器控制调用，开发人员无法直接调用静态构造函数。

私有构造函数是一种特殊的实例构造函数。它通常用在只包含静态成员的类中。如果类具有一个或多个私有构造函数而没有公共构造函数，则不允许其他类创建该类的实例。

常见的是实例构造函数，一个类中可以定义多个构造函数，但同一个类中的构造函数不能具有相同的参数。如下构造函数 name(int numA)和 name(int numB)不能在同一个类中出现。

```
class name
{
    public name(int numA)
    { }
    public name(int numB)
    { }
}
```

执行上述代码将提示编译错误。

通过不同的构造函数可以定义不同的类数据。构造函数在实例化时调用，不同参数的构造函数调用时使用 new 语句或 base 语句。其中，new 语句用于创建实例对象，而 base 语句用于调用基类的构造函数。关于基类的内容将在第 6 课介绍。

通过 new 语句用于创建实例对象，调用不同的构造函数如练习 7 所示。

【练习 7】

定义类 show 包含字段 name，分别用不同参数的构造函数初始化类字段，并将字段输出，代码如下所示：

```
class show
{
    public string name;
    public show()
    { name = "default"; }
    public show(string name1)
    {
        name = name1;
    }
    public show(int name2)
    {
        name = "int show";
    }
}
class Program
{
    static void Main(string[] args)
    {
```

```
        show showname1 = new show();
        Console.WriteLine(showname1.name);
        show showname2 = new show("string show");
        Console.WriteLine(showname2.name);
        show showname3 = new show(3);
        Console.WriteLine(showname3.name);
    }
}
```

执行结果如下所示：

```
default
string show
int show
```

技巧

构造函数可以使用 this 关键字调用同一对象中的另一个构造函数。构造函数中的任何参数都可用于 this 的参数，或者用于 this 表达式的一部分。

5.6 析构函数

与构造函数相反，析构函数用来释放类资源。析构函数与一般的方法区别很大，主要有以下特点。

（1）一个类只能有一个析构函数。

（2）析构函数无法被继承。

（3）析构函数有编译器调用，开发人员无法控制何时调用，由垃圾回收器决定。

（4）析构函数没有访问修饰符和参数。

（5）析构函数不能定义返回值类型，也不能定义返回值。

（6）程序退出时自动调用析构函数。

析构函数也需要使用类名命名，只是在命名前使用"~"符号与构造函数区别。析构函数的作用是检查对象是否不再被应用程序调用，并在对象不再调用时释放存储对象的内存。

通过调用 Collect 可以强制进行资源释放，但这种做法可能会导致程序性能受损。通过析构函数，在确定资源不再需要时释放资源，确保程序完整性。

垃圾回收器检查是否存在应用程序不再使用的对象。如果垃圾回收器认为某个对象符合析构，则调用析构函数（如果有）并回收用来存储此对象的内存。

通过来自 IDisposable 接口的 Dispose()可以显式的释放一些资源，为对象执行必要清理。虽然这样可以提高应用程序的性能，但垃圾回收器同样会调用析构函数对对象资源彻底清理。

5.7 实例应用：创建数据统计类

5.7.1 实例目标

创建数据统计类 operation，创建静态字段 nums 统计对象数。定义两个构造函数：一个用于利用字段 nums 统计对象数；一个用于在接收到任意一个整型参数后，将对象数清零，并继续统计对象数。

定义方法如下所示：

（1）无返回值的方法 addnums(int num,int addnum)　将 num 与 addnum 相加，并赋值给 num，同时改变传值的原变量值。

（2）返回整型的方法 delnums(int num,int delnum)　在不改变传值的原变量值的情况下，返回 num 除以 delnum 的商。

实现部分如下所示：

（1）创建 3 个对象，使用默认构造函数，并在每个对象创建后输出 nums 的值。

（2）创建 1 个对象，使用清零构造函数，并输出 nums 的值；创建 1 个对象，使用默认构造函数，并在对象创建后输出 nums 的值。

（3）定义 2 个变量为方法 addnums(int num,int addnum)赋值，输出原变量的值。

（4）定义 2 个变量为方法 delnums(int num,int delnum)赋值，输出原变量和返回结果的值。

▌5.7.2　技术分析

字段 nums 用于统计对象数，在没有创建过对象时为 0，每创建一个 nums 加 1。整型变量的默认值是 0，因此第一个构造函数只需要将 nums 加 1 即可。第二个构造函数接收任意整型参数，参数在函数内部不起作用，只是用于区别第一个构造函数，需要将 nums 清零再加 1。

方法 addnums(int num,int addnum)改变了 num 参数传值的原变量值，需要引用类型的传递，要在参数 num 前加 ref。方法 delnums(int num,int delnum)不需要改变原变量，可以直接输出返回值。

▌5.7.3　实现步骤

首先创建类 operation，执行语句如下所示：

```
public class operation
{
    public static int nums;
    public operation()
    {
        nums = nums + 1;
    }
    public operation(int news)
    {
        nums = 0;
        nums = nums + 1;
    }
    public void addnums(ref int num, int addnum)
    {
        num = num + addnum;
    }
    public int delnums(int num, int delnum)
    {
        return num / delnum;
    }
```

```
    }
```

实现部分如下所示：

（1）创建 3 个对象，使用默认的构造函数，并在每个对象创建后输出 nums 的值，代码如下所示：

```
class Program
{
    static void Main(string[] args)
    {
        operation oper1 = new operation();
        Console.WriteLine("第 1 个对象的 nums 值为： {0}",operation.nums);
        operation oper2 = new operation();
        Console.WriteLine("第 2 个对象的 nums 值为： {0}", operation.nums);
        operation oper3 = new operation();
        Console.WriteLine("第 3 个对象的 nums 值为： {0}", operation.nums);
    }
}
```

（2）创建 1 个对象，使用清零构造函数，并输出 nums 的值；创建 1 个对象，使用默认构造函数，并在对象创建后输出 nums 的值。在（1）的 static void Main(string[] args){}内添加如下代码。

```
operation operFrom0 = new operation(0);
Console.WriteLine("清零对象的 nums 值为： {0}", operation.nums);
operation oper4 = new operation();
Console.WriteLine("对象的 nums 值为： {0}", operation.nums);
```

（3）定义 2 个整型变量 renum 和 addnum 为方法 addnums(ref int num,int addnum)赋值，输出原变量的值。在 Main(string[] args){}内添加如下代码：

```
int num = 63; int addnum = 37;
oper1.addnums(ref num, addnum);
Console.WriteLine("num: {0} , addnum: {1}",num,addnum);
```

（4）定义 2 个整型变量 num 和 delnum 为方法 delnums(int num,int delnum)赋值，输出原变量和方法的返回值。在 Main(string[] args){}内添加如下代码：

```
int renum = 63; int delnum = 3;
int delnumsReturn=oper1.delnums(renum,delnum);
Console.WriteLine("renum: {0} , delnum: {1}", renum, delnum);
Console.WriteLine("delnums 返回值 {0}", delnumsReturn);
```

执行结果如下所示：

```
第 1 个对象的 nums 值为： 1
第 2 个对象的 nums 值为： 2
第 3 个对象的 nums 值为： 3
清零对象的 nums 值为： 1
对象的 nums 值为： 2
num: 100 , addnum: 37
renum: 63 , delnum: 3
delnums()返回值： 21
```

在实例中所有对象公用静态字段 nums，并在前 3 个对象中通过构造函数依次递加。静态字段和方法是类的所有对象共有的，在创建对象时通过构造函数初始化。

引用传递通常隐藏了方法的内部结构，直接在实现中改变原有变量。而值传递的方法若没有返回值，除非功能在方法中结束，否则只能通过改变类的字段展示运行效果。

5.8　拓展训练

实现一个新闻类

实现一个新闻类，创建部分包含的字段有新闻标题、最后访问时间和单击数；包含方法，新闻展示。新闻展示方法所含参数：新闻标题、最后访问时间。

创建部分要求如下所示：

（1）定义静态字段单击数，每创建一个对象、单击数加 1。

（2）新闻展示方法接收值类型参数新闻标题和引用类型参数最后访问时间。

（3）新闻展示方法输出新闻标题。

（4）新闻展示方法修改最后访问时间并输出。

实现部分要求如下所示：

（1）创建新闻类的两个实例，分别调用新闻展示方法并传值。

（2）输出单击数字段的值。

5.9　课后练习

一、填空题

1. 类的成员有字段、_____、方法、构造函数和析构函数。

2. 类可以分为_____和非静态类。

3. 方法中的参数变量有值类型和_____。

4. 属性中有 get 访问器和_____。

5. 类中没有定义也会执行的函数是构造函数和_____。

二、选择题

1. 字段不可以标记为_____。

    A. public

    B. static

    C. protected

    D. protected internal

2. 以下不能定义的是_____。

    A. 类中的静态字段

    B. 静态方法

    C. 静态构造函数

    D. 方法中的静态变量

3. 以下不属于类成员的是_____。

   A. 结构

   B. 方法

   C. 字段

   D. 属性

4. 以下代码的输出结果是_____。

```csharp
public class name
{
    public string aname;
    public name()
    { aname = "李丽"; }
    public string bname
    {
        get { return aname; }
        set
        {
            value = aname;
        }
    }
    public string newname(string addstring)
    {
        aname = aname + addstring;
        return bname;
    }
}
class Program
{
    static void Main(string[] args)
    {
        name oname = new name();
        oname.bname = "小华";
        Console.WriteLine(oname.newname("在这里"));
    }
}
```

   A. 小华

   B. 在这里

   C. 小华在这里

   D. 李丽在这里

5. 以下元素不能有参数的是_____。

   A. 方法

   B. 构造函数

   C. 析构函数

   D. 静态方法

6. 以下代码的输出的结果是_____。

```
class show
```

```
{
    public int Numbers(ref int number)
    {
        number = number * 2;
        return number;
    }
}
class Program
{
    static void Main(string[] args)
    {
    int num = 5;
    show shownum = new show();
    shownum.Numbers(ref num);
    Console.WriteLine(num);
    }
}
```

A. 0

B. 5

C. 10

D. 20

三、简答题

1. 简要概述可访问性。

2. 简单说明类和对象的区别。

3. 简单说明字段和属性的区别。

4. 简单说明方法中的参数类型。

第 6 课
类的高级应用

类是面向对象编程语言必需的，类的高级应用表现在类的封装、继承和多态。封装、继承和多态是面向对象程序设计中重要的特性，使类的应用更加广泛、灵活。本课将通过类的封装、继承和多态介绍类的高级应用。

本课学习目标：

❑ 理解封装的含义

❑ 理解继承的意义

❑ 熟练使用类的继承

❑ 理解虚函数和抽象类的用法

❑ 理解多态的意义

❑ 掌握重载的使用

❑ 掌握重写的使用

❑ 掌握虚函数和抽象类的用法的使用

6.1 封装

类的使用改变了传统的根据过程定义的数据和方法，它将数据和方法封装在一起构成有机整体。

类的设计者需要根据具体情况判断并定义类成员的可访问性，而类的使用者只需要根据类可以被外部使用的部分来为自己的程序服务，并不需要考虑这些方法在类中是怎样实现的。这就是类的封装。

6.1.1 封装概述

面向对象程序设计通常使用类作为数据封装的基本单位。类将数据和操作数据的方法结合在一起。在设计类时，数据的直接存取安全性不高，可以通过设计方法处理数据，保护了数据的私有性，对于系统日后的维护和升级也很方便。

封装对象并非是将整个对象完全包裹起来，而是根据具体的需要，设置使用者访问的权限，即类成员的可访问性。访问修饰符有 public、internal、protected 和 private。

第 5 课曾介绍类和类成员的可访问性，通过对类成员可访问性的设计，将类封装成一个空间，允许部分成员被继承和访问。其中，对数据的封装有两种实现方式：编写类数据的读写方法和定义相关属性。因此，在设计程序的时候，除了要考虑识别对象，还要充分考虑该对象的封装。类对象内的字段、属性和方法，包括类本身，哪些应该暴露在外，哪些应该被隐藏，都需要根据实际的需求，给出正确的设计。

例如，用户名和密码总是被定义为隐私的，是不能被容易访问的。关于用户名和密码的访问，如练习 1 所示。

【练习 1】

定义类 Privacy 包含用户名字段 username 和密码字段 password，定义方法 read()读取字段值，定义属性 name 和属性 pad，代码如下所示：

```
class Program
{
    static void Main(string[] args)
    {
        Privacy pri = new Privacy();
        pri.read("user", "123");
        Console.WriteLine(pri.name);
        Console.WriteLine(pri.pad);
    }
}
public class Privacy
{
    private string username;
    private string password;
    public void read(string user, string pasd)
    {
        username = user;
        password = pasd;
    }
}
```

```
    public string name
    {
        get { return username; }
    }
    public string pad
    {
        get { return password; }
    }
}
```

执行结果如下所示：

```
user
123
```

代码中对 Privacy 类中的字段 username 和字段 password 无法直接访问，但可以通过 read()
方法赋值，通过属性 name 和属性 pad 获取。

6.1.2 密封类

密封类是一种独立的、不能被继承的类，通常用来限制扩展性。继承是指一个类的非私有成员
被其他的类当作自己的成员使用来扩展类的功能。而密封类限制了类的继承，其内部成员将不能被
其他类作为内部成员使用。

密封类是不能被继承的，即它的成员是孤立的，只能内部使用。但密封类可以继承其他类，属
于基类的终止。除了不能被继承外，密封类的其他用法和实例类区别不大。密封类中的成员可以是
静态的，也可以是实例的，可以是私有的，也可以是共有的，甚至还可以有虚方法。密封类中的虚
方法将隐式的转化为非虚方法，但密封类本身不能再增加新的虚方法。虚方法在继承中介绍。

密封类的定义通过 sealed 关键字来实现的，声明密封类的方法是类定义在关键字 class 的前
面使用关键字 sealed，格式如下所示：

```
public sealed class D
{ }
```

密封类和静态类都是不能被继承的类，它们的区别如下所示：

❑ 密封类可以实例化，静态类没有实例。
❑ 密封类成员由对象调用，静态类成员由类调用。
❑ 密封类可以继承基类，静态类无法继承类。

密封类和静态类的概念不易理解，通过练习 2，分别定义密封类和静态类，如下所示。

【练习 2】

定义密封类 Privacyover 继承练习 1 中的类 Privacy，定义静态类 StaticClass 将类 Privacy 成
员改为静态成员。步骤如下如下所示：

（1）定义 Privacyover 类代码如下所示：

```
public sealed class Privacyover: Privacy
{
}
```

（2）定义 StaticClass 类的代码如下：

```
public static class StaticClass
```

```
{
    private static string username;
    private static string password;
    public static void read(string user, string pasd)
    {
        username = user;
        password = pasd;
    }
    public static string name
    {
        get { return username; }
    }
    public static string pad
    {
        get { return password; }
    }
}
```

（3）定义 Main 函数代码如下所示：

```
class Program
{
    static void Main(string[] args)
    {
        Privacyover pro = new Privacyover();
        pro.read("user", "123");
        Console.WriteLine(pro.name);
        Console.WriteLine(pro.pad);
        StaticClass.read("user", "123");
        Console.WriteLine(StaticClass.name);
        Console.WriteLine(StaticClass.pad);
    }
}
```

执行结果如下所示：

```
user
123
user
123
```

6.2 继承

继承是指一个类建立在另一个类的基础上，新建的类可以使用被继承类的属性和方法等成员，还可以有自己新的属性和方法。被继承的类称为基类，在基类基础上建立的类称为派生类。

6.2.1 继承简述

通过继承基类中的成员被重新利用。如娱乐新闻类和体育新闻类有重复的字段、属性和方法，又有不同的字段、属性方法，则可以首先创建基类新闻类，包含所有新闻系列的类中共有的属性和方法，之后由娱乐新闻类和体育新闻类继承，直接使用新闻类的成员，减少了代码的重复。此时，若开发维护中添加了新的新闻类型，如科技新闻类，也可以直接继承新闻类。在 C#中，所有的类都是通过直接或间接地继承 Object 类得到的。

　　基类可以被连环派生，如娱乐新闻类继承了新闻类，而郑州娱乐新闻类又可以继承娱乐新闻类。一个派生类除了可以包括基类成员，还可以包括基类的基类成员。如郑州娱乐新闻类既包括娱乐新闻类，又包括了新闻类。

提示

在 C#中有特殊的基类 object。object 类没有基类，它是 C#中所有类的默认基类。

　　派生类在声明或定义时需要指出所派生的基类，如类 SportNews 继承了基类 News，格式如下所示：

```
class News
{ }
class SportNews:News
{ }
```

　　类 News 称做是 SportNews 类的直接基类，类 News 没有指定基类，但默认继承了 Object 类。派生类可以直接使用基类成员，如练习 3 所示。

【练习 3】

　　定义 News 类和 SportNews 类，其中 News 类有成员：静态字段 num 在创建对象时递加、字符串字段 title 表示新闻标题和 ShowT()方法输出新闻标题。类 SportNews 继承 News 类，不定义任何成员。创建 SportNews 类的实例，为字段 title 赋值，调用 ShowT()方法并输出 num 的值，代码如下所示：

```
class Program
{
    static void Main(string[] args)
    {
        SportNews sport=new SportNews();
        sport.title = "新闻标题";
        sport.ShowT();
        Console.WriteLine(SportNews.num);
    }
}
class News
{
    public string title;
    public static int num;
    public News()
    { num++; }
    public void ShowT()
    {
        Console.WriteLine(title);
    }
}
class SportNews : News
```

```
    {
    }
```

执行结果如下所示：

```
新闻标题
1
请按任意键继续. . .
```

从练习 3 的执行结果可以看到，在创建 SportNews 类的实例时，基类 News 的构造函数也被调用。在 C# 中，当派生类实例化时首先执行基类的构造函数，接着再执行派生类的构造函数。练习 4 在练习 3 基类的基础上定义自身的成员。

【练习 4】

定义 SportNews 类有成员字段 body 和方法 ShowS()，SportNews 类继承 News 类。输出 body 和基类的 title 字段。SportNews 类和 Main(string[] args) 方法的实现代码如下所示：

```
class SportNews : News
{
    public string body = "新闻内容";
    public void ShowS()
    {
        Console.WriteLine("title={0} and body={1}",title,body);
    }
}
class Program
{
    static void Main(string[] args)
    {
        SportNews sport=new SportNews();
        sport.title = "新闻标题";
        sport.ShowS();
    }
}
```

执行结果如下所示：

```
title=新闻标题 and body=新闻内容
请按任意键继续. . .
```

派生类只能继承基类的非私有成员。

6.2.2　虚方法

虚方法又称为虚函数，是一种可以被派生类实现、重载或重写的方法。虚方法同选择语句一样有执行条件，根据不同的情况有不同的实现。

一般方法在编译时就静态地编译到执行文件中，其相对地址在程序运行期间是不会发生变化的；而虚函数在编译期间并不能被静态编译，它的相对地址是不确定的。

虚方法根据运行时期对象实例来动态判断要调用的函数，其中声明时定义的类叫声明类，执行时实例化的类叫实例类。

虚方法有以下特点，如下所示：

（1）虚方法通过 virtual 关键字声明。

（2）虚方法通过 override 关键字在派生类中实现。

（3）虚方法前不允许有 static、abstract 或 override 修饰符。

（4）虚方法不能是私有的，因此不能使用 private 修饰符。

虚函数的执行过程如下所示：

（1）当调用一个对象的函数时，系统会直接去检查这个函数声明定义所在的类，即声明类，查看函数是否为虚函数。

（2）若不是虚函数，那么直接执行该函数。但如果是虚函数，那么程序不会立刻执行该函数，而是检查对象的实例类，即继承函数声明类的类。

（3）在这个实例类里，程序将检查这个实例类的定义中是否包含实现该虚函数或者重写虚函数的方法。

（4）如果有，执行实例类中实现的虚函数的方法。如果没有，系统就会不停地往上找实例类的父类，并对父类重复刚才在实例类里的检查，直到找到第一个重载该虚函数的父类为止，然后执行该父类里重载后的方法，如练习 5 所示。

【练习 5】

定义类 Vfun 包含虚函数 num 输出 0，定义类 Dfun 实现虚函数 num 输出 1，创建类 Vfun 类型的对象类 Dfun 的实例，调用虚函数 num，代码如下所示：

```
class Program
{
    static void Main(string[] args)
    {
        Vfun fun = new Dfun();
        fun.num();
    }
}
class Vfun
{
    public virtual void num()
    {
        Console.WriteLine("0");
    }
}
class Dfun:Vfun
{
    public override void num()
    {
        Console.WriteLine("1");
    }
}
```

执行结果如下所示：

```
1
```

6.2.3　抽象类及类成员

抽象类是一种仅用于继承的类。定义一个抽象类的目的主要是为派生类提供可以共享的基类成员的公共声明。抽象类中的抽象成员只有声明部分，没有实现部分。抽象类中的成员实现完全由继承抽象类的派生类来实现。因此，抽象类和抽象成员不能是私有类型，而应该能够被派生类继承和实现。

抽象类和抽象成员使用关键字 abstract 定义，抽象成员一定在抽象类中，但是抽象类中可以没有抽象成员。格式如下所示：

```
public abstract class A
{
    public abstract int B();
}
```

抽象类不能被实例化。抽象类中可以定义非抽象成员，但由于抽象类不能创建对象，因此只能有派生类对象调用。

与一般的继承不同，抽象类的继承必须实现抽象类中的所有未实现的成员，包括属性和方法。与一般继承一样，在创建派生类实例时，首先执行基类的构造函数。

抽象类中抽象成员的实现与虚方法的实现一样，在方法名前使用 override 关键字。具体语法如练习 6 所示。

【练习 6】

定义抽象类 A 和 A 的派生类 B。A 中有抽象成员方法 num() 和属性 astr，以及非抽象成员字段 anum 和构造函数。在 B 中实现 A 的抽象成员，在 Main() 函数中输出 A 中成员实现后的值，代码如下所示：

```
class Program
{
    static void Main(string[] args)
    {

        B b = new B();
        Console.WriteLine(b.anum);
        Console.WriteLine(b.num());
        Console.WriteLine(b.astr);
    }
}
public abstract class A
{
    public abstract int num();
    public int anum;
    public A()                          //抽象类中的非抽象成员
    {
        anum = 12;
    }
    public abstract string astr         //未实现的属性
    { get; set; }
}
public class B : A
{
    public override int num()           //实现抽象类中的方法
    {
```

```
        return 0;
    }
    public override string astr              //实现抽象类中的属性
    {
        get { return "抽象属性"; }
        set { value ="抽象属性"; }
    }
}
```

执行结果如下所示：

```
12
0
抽象属性
请按任意键继续...
```

提示

因抽象类中的方法没有被声明，因此需要在方法的（ ）后加分号。

6.3 多态

类除了可以进行继承，其成员还有多种使用形态，主要表现在类方法的多态性。类的方法有三种多态形式，如下所示：

（1）定义同名但参数列表不同的方法，称为方法的重载。

（2）定义同名且参数列表也相同的方法，并且父类中的方法用 abstract/virtual 进行修饰，称为方法的覆盖。子类中的同名方法用 override 进行了修饰，如虚方法和抽象类的覆盖。

（3）定义同名且参数列表也相同的方法，其父类中的方法没有用 abstract/virtual 进行修饰，称为方法的隐藏，需要在子类新建的同名方法前面用 new 修饰符。

若子类方法和父类方法名、参数列表一样，方法名前没有任何修饰，则在 Visual Studio 2010 中默认为方法的隐藏。多态通过单一标识支持方法的不同行为能力，有静态多态和动态多态。其中静态多态常见的是方法重载，动态多态有继承、虚函数的实现等。

6.3.1 重载

重载是可使函数、运算符等处理不同类型数据或接受不同个数参数的一种方法。

方法的重载，通常是在一个类中编辑多个同名方法，它们的参数列表不同，但实现步骤或实现功能有共同点。如将两个整形参数相加的方法和两个字符串相连的方法定义为同名方法：addOverload()，如下所示：

```
int addOverload(int num1,int num2)              //整型数相加
{return (num1+num2);}
string addOverload(string str1,string str2)     //字符串相加
{return (str1+str2);}
```

以上代码，将实现步骤相似、功能相似的方法定义为相同名称，使方法的使用者能够通过记忆少的方法名实现不同功能，方便程序的开发维护。

严格来说，重载是编译时多态，即静态多态，根据不同类型函数编译时会产生不同的名字如 int_foo 和 char_foo 等，以此来区别调用。

方法的重载遵循有以下特点，如下所示：

（1）方法名必须相同。

（2）返回值可以相同也可以不同，但参数列表不能相同。因为编译器首先根据方法名选择方法，然后再根据参数列表在众多重载的函数中找到合适的。

（3）匹配函数时，编译器将不区分类型引用和类型本身，也不区分 const 和非 const 变量。

【练习 7】

定义数据运算类 Operation 有方法 LoopAdd()，用于计算数字或字符串的累加，使用代码如下所示：

```
static void Main(string[] args)
{
    Operation oper=new Operation();
    Console.WriteLine(oper.LoopAdd(12,3,4));
    Console.WriteLine(oper.LoopAdd("123","4"));
    Console.WriteLine(oper.LoopAdd(12,4));
}
}
public class Operation
{
    public int LoopAdd(int num,int count,int addnum)
    {
        for (int i = 0; i < count;i++ )
        { num = num + addnum; }
        return num;
    }
    public int LoopAdd(int num,int addnum)
    {
        num = num + addnum;
        return num;
    }
    public string LoopAdd(string num,  string addnum)
    {
        num = num + addnum;
        return num;
    }
}
```

执行结果如下所示：

```
24
1234
16
```

程序运行时根据参数的不同选取对应的方法来执行，与方法的创建顺序无关。上述代码分别输出了 12 加 4 加了 3 次、"123" 与 "4 相加" 和 12 与 4 相加。

6.3.2 重写

重写是针对方法名相同，参数列表也相同的方法的多态，通常是在子类中重写基类的方法。基类中的方法通常适用于多个子类，但个别子类不适用，因此需要对基类中的方法重新定义，因实现功能类似不需要修改方法名和参数。

类似于哺乳动物大部分都是陆生的，但鲸鱼生活在水里。鲸鱼同样用肺呼吸，但却生活在水里，就需要在哺乳类的子类，鲸类中重新定义。方法的重写有以下两种形式。

❏ 隐藏　直接使用 new 关键字重写基类中的一般方法。

❏ 覆盖　只能重写被 abstract/virtual 关键字修饰的方法，在重写时需要使用关键字 override。

隐藏和覆盖都不会改变基类中的方法，只是反映在派生类中的方法和派生类对象的调用上。

覆盖通常针对抽象类、抽象类成员和虚方法，只有这三种存在才能被重写。重写后的方法即是基类类型的派生类对象调用方法，也是调用的重写后的方法。而隐藏不同，只有派生类类型的派生类对象才能使用重写后的方法。

重写有以下几个特点：

（1）静态方法、密封方法和非虚方法不能被覆盖。

（2）非虚方法可以被隐藏，但静态方法和密封方法不能被隐藏。

（3）重写方法和已重写了的基方法具有相同的返回类型。

（4）重写声明和已重写了的基方法具有相同的声明可访问性。重写声明不能更改所对应的虚方法的可访问性。

如果已重写的基方法是 protected internal，并且声明它的程序集不是包含重写方法的程序集，则重写方法声明的可访问性必须是 protected。覆盖和隐藏的区别和使用如练习 8 所示。

【练习 8】

使用练习 7 中的类作为基类，分别对 LoopAdd(int num,int count,int addnum)函数和 LoopAdd(int num,int addnum)函数进行隐藏和覆盖，将累加改为累乘，子类 multiply 和类的实现代码如下所示：

```
class Program
{
    static void Main(string[] args)
    {
        Operation oper = new Operation();
        Console.WriteLine("基类  {0}", oper.LoopAdd(12, 3, 4));
        Console.WriteLine("基类  {0}", oper.LoopAdd(12, 4));
//定义multiply类型对象
        multiply mul = new multiply();
        Console.WriteLine("隐藏  {0}", mul.LoopAdd(12, 3, 4));
        Console.WriteLine("覆盖  {0}", mul.LoopAdd(12, 4));
//定义Operation类型的multiply对象
        Operation operMul = new multiply();
        Console.WriteLine("隐藏  {0}", operMul.LoopAdd(12, 3, 4));
        Console.WriteLine("覆盖  {0}", operMul.LoopAdd(12, 4));
    }
}
    public class multiply : Operation
    {
        public new int LoopAdd(int num, int count, int addnum)
        {
            for (int i = 0; i < count; i++)
            { num = num * addnum; }
```

```
            return num;
        }
        public override int LoopAdd(int num, int addnum)
        {
            num = num * addnum;
            return num;
        }
    }
```

执行结果如下所示：

```
基类   24
基类   16
隐藏   768
覆盖   48
隐藏   24
覆盖   48
```

可见由 Operation operMul = new multiply()定义的对象 operMul，在子类中被隐藏的方法，这里还是基类的方法；而在子类中被覆盖的方法，这里是子类重写后的方法。

对基类虚成员进行重写，可将该成员声明为密封成员。在派生类中，需要取消基类成员的虚效果，则需要在基类虚成员声明时，将 sealed 关键字置于 override 关键字的前面。

▌6.3.3 实现虚函数与抽象类

多态包括方法的重载与重写及虚方法和抽象类的实现。上一小节只进行了虚方法和抽象类的简单介绍，本节将通过练习来实现虚方法和抽象类，实现重写基类中的方法。如练习 9 所示。

【练习 9】

定义 Round 类和一个抽象类圆类 round。round 类包含字段半径、属性半径和方法面积 area()，由 Round 类继承。定义一个包含求面积的虚方法的非抽象类 oblong，有长和宽两个字段，定义 Box 类继承实现。

（1）定义 round 类和 Round 类代码如下所示：

```
public abstract class round
{
    public abstract double area();
    public int radius;
    public abstract int Radius
    { get; }
}
public class Round : round
{
    public override int Radius
    {
        get
        {
            return radius;
        }
    }
```

```
public override double area()
{
    return radius * radius * 3.14;
}
}
```

（2）定义 oblong 类和 Box 类的代码如下所示：

```
class oblong
{
    public int longNum;
    public int wideNum;
    public virtual int area()
    {
        return longNum * wideNum;
    }
}
class Box:oblong
{
    public int highNum;
    public override int area()
    {
        return 2 * (longNum * wideNum+longNum*highNum+wideNum*highNum);
    }
}
```

（3）定义 Main()函数，输出圆的半径、面积和长方体的体积，代码如下所示：

```
class Program
{
    static void Main(string[] args)
    {
        Round run = new Round();
        run.radius = 3;
        Console.WriteLine("圆的半径 {0}",run.Radius);
        Console.WriteLine("圆的面积 {0}", run.area());
        Box box = new Box();
        box.highNum = 3;
        box.longNum = 3;
        box.wideNum = 3;
        Console.WriteLine("长方体体积 {0}", box.area());
    }
}
```

执行结果如下所示：

```
圆的半径 3
圆的面积 28.26
长方体体积 54
```

6.4 实例应用：实现简单数学运算

6.4.1 实例目标

本课所讲的功能主要在多个类中进行实现，本实例要实现简单的数学运算，包括数字的运算和几何图形的相关运算。要求包含以下各类。

（1）密封类 Operation 主要实现数字运算，包括静态的方法实现等差数列求和，一般的方法实现求等比数列某一项的值。

（2）定义抽象类 geometric 有抽象方法 area()返回 double 型。

（3）简单图形类 Geometric 继承类 geometric，有成员字段底 long_num 和高 high_num，实现方法 area()为求矩形或平行四边形等常规四边形面积的方法 area()，重载 area()为求三角形面积的方法。

（4）梯形类 trapezoid 继承类 Geometric 包括字段上底 up_num 和下底 down_num，定义求面积的方法 area()。

实现部分调用密封类的两个方法：为类 Geometric 的字段赋值，并调用输出两个 area()方法返回值；为类 trapezoid 的字段赋值，并调用输出 area()方法返回值。

6.4.2 技术分析

密封类中的方法都是独立的，不能够被继承，使用关键字 sealed 定义类。类中有静态方法和非静态方法，需要分别用类和对象调用。

抽象类 geometric 和成员方法 area()都需要用 abstract 定义，方便子类可以重写。

简单图形类 Geometri 继承抽象类，必须实现抽象类中所有没实现的方法 area()，在此类中既有实现又有重载。

梯形类是简单图形的特例，需要重写 area()方法。

6.4.3 实现步骤

（1）首先创建例子中的类，创建密封类 Operation 包括静态的方法实现等差数列求和、一般的方法实现求等比数列某一项的值。代码及注释如下所示：

```
public sealed class Operation
{
    /// <summary>
    /// 等差数列求和
    /// </summary>
    /// <param name="num">第一项</param>
    /// <param name="count">一共有几项</param>
    /// <param name="addnum">两项间的差</param>
    /// <returns></returns>
    public static int LoopAdd(int num, int count, int addnum)
    {
        int renum=num;
```

```
        for (int i = 1; i < count; i++)
        { num = num + addnum; }
        renum = (renum + num) * count / 2;
        return renum;
    }
    /// <summary>
    /// 等比数列求值
    /// </summary>
    /// <param name="num">第一项的值</param>
    /// <param name="count">要求的项</param>
    /// <param name="addnum">两项间的比值</param>
    /// <returns></returns>
    public int rationum(int num, int count, int addnum)
    {
        for (int i = 1; i < count; i++)
        { num = num * addnum; }
        return num;
    }
}
```

（2）接着是抽象类 geometric 有抽象方法 area() 返回 double 型，创建的代码和注释如下所示：

```
public abstract class geometric
{
    public abstract double area();
}
```

（3）类 Geometric 继承类 geometric，有成员字段底 long_num 和高 high_num，实现方法 area() 为求矩形或平行四边形等常规四边形面积的方法 area()，重载 area() 为求三角形面积的方法。代码如下所示：

```
public class Geometric: geometric
{
    public  double long_num;
    public  double high_num;
    public override double area()
    {
        return long_num * high_num;
    }
    public double area(int area)
    {
        return long_num * high_num/2;
    }
}
```

（4）类 trapezoid 继承类 Geometric 包括字段上底 up_num 和下底 down_num，定义求面积的方法 area()。代码如下所示：

```
public class trapezoid : Geometric
{
    public double up_num;
```

```
        public double down_num;
        public new double area()
        {
            return ( up_num+ down_num) * high_num/2;
        }
    }
```

（5）最后的实现部分代码如下所示：

```
class Program
{
    static void Main(string[] args)
    {
        Operation oper = new Operation();
        Console.WriteLine("等差数列和 {0}",Operation.LoopAdd(2, 3, 1));
        Console.WriteLine("等比数列值 {0}", oper.rationum(2, 3, 2));
        Geometric geo = new Geometric();
        geo.high_num = 5;
        geo.long_num = 6;
        Console.WriteLine("矩形面积 {0}", geo.area());
        Console.WriteLine("三角形面积 {0}", geo.area(0));
        trapezoid tra = new trapezoid();
        tra.high_num = 6;
        tra.up_num = 2;
        tra.down_num = 3;
        Console.WriteLine("梯形面积 {0}", tra.area());
    }
}
```

（6）执行结果为如下所示：

```
等差数列和 9
等比数列值 8
矩形面积 30
三角形面积 15
梯形面积 15
```

6.5 拓展训练

实现简单新闻展示

实现简单的新闻展示，包括计算新闻的总数、分类新闻的总数以及单条新闻的展示等。要求包含以下各类。

（1）抽象类新闻类，有公共静态字段count用于计算新闻的总数，有非抽象的构造函数控制count的值。有抽象成员无返回值的输出方法 show()用于展示新闻标题。

（2）娱乐新闻类，继承新闻类，有静态字段 EntertainCount 用于统计娱乐新闻总数，字段 EntertainTitle 表示新闻标题。实现方法 show()。

（3）体育新闻类，继承娱乐新闻类，有静态字段 SportCount 用于统计体育新闻总数，字段 SportTitle 表示新闻标题。重写 show() 方法，在输出新闻标题的同时，输出 count 字段值和 SportCount 字段值。

实现部分要求如下所示：

（1）实例化娱乐新闻类，为字段 EntertainTitle 赋值并调用 show() 方法。

（2）实例化体育新闻类，为字段 SportTitle 赋值并调用 show() 方法。

6.6 课后练习

一、填空题

1. 类有三大特性，分别是封装、_____ 和多态。

2. 方法可以被重新定义两种形式，重载和_____。

3. 虚方法通过_____关键字声明。

4. 类 B 是类 A 的派生类，则使用_____来声明类 B。

5. 虚方法通过_____关键字在派生类中实现。

6. 抽象类通过_____关键字定义。

二、选择题

1. 以下说法正确的是_____。

    A. 密封类是已经实现了类的方法，可以被继承的类

    B. 静态类与密封类性质一样，是同一种类

    C. 只有抽象类可以被继承

    D. 多态只能通过重写和重载实现

2. 以下不能在基类中实现的是_____。

    A. 抽象类中的方法

    B. 密封类中的方法

    C. 静态类中的方法

    D. 抽象类成员

3. 以下不能被继承的是_____。

    A. 抽象类

    B. public 类

    C. private 类

    D. protected 类

4. 以下代码的输出结果是_____。

```
class Program
{
    static void Main(string[] args)
    {
        Operation operMul = new multiply();
        Console.WriteLine(operMul.LoopAdd(10, 1, 4));
        Console.WriteLine( operMul.LoopAdd(10, 4));
```

```csharp
        }
    }
public class multiply : Operation
{
    public new int LoopAdd(int num, int count, int addnum)
    {
        for (int i = 0; i < count; i++)
        { num = num * addnum; }
        return num;
    }
    public override int LoopAdd(int num, int addnum)
    {
        num = num * addnum;
        return num;
    }
}
public class Operation
{
    public int LoopAdd(int num,int count,int addnum)
    {
        for (int i = 0; i < count;i++ )
        { num = num + addnum; }
        return num;
    }
    public virtual int LoopAdd(int num, int addnum)
    {

        num = num + addnum;
        return num;
    }
}
```

A.

```
18
40
```

B.

```
160
40
```

C.

```
18
14
```

D.

```
160
14
```

5. 以下元素不能被重写的是_____。

    A. 属性

    B. 方法

    C. 抽象类成员

    D. 密封类成员

6. 以下不能够成立的是_____。

    A. 子类中出现与父类同名的方法

    B. 子类中出现与父类同名不同访问修饰的方法

    C. 同一个类中出现多个同名方法

    D. 子类中出现与父类同名的属性

三、简答题

1. 简要概述继承的概念。

2. 简单说明虚方法的特点。

3. 简单说明密封类与静态类的区别。

4. 简单说明重写与重载的区别。

第7课
枚举、结构和接口

C#的类型系统总体上可以分为值类型和引用类型两种。在前面内容详细介绍了基本的值类型，以及面向对象中的类、类的各种成员、继承和封装等特性。

在本课将讨论 C#中另外两种值类型的使用：枚举和结构，同时还将学习有关接口的知识，像接口的声明和实现，以及 C#内置比较接口的实现等。

本课学习目标：

☐ 了解枚举的特点

☐ 掌握枚举的声明和使用方法

☐ 掌握枚举与整数的转换以及 Enum 类的使用

☐ 了解结构的声明语法及使用方法

☐ 了解接口的概念

☐ 掌握接口的声明、成员的定义以及实现方法

☐ 掌握 IComparable 接口和 IComparer 接口的实现

7.1 枚举

枚举是一个被命名的整型常数的集合，它用于声明一组带标识符的常数。枚举在日常生活中很常见，例如一个人的性别只能是"男"或者"女"，一周的星期只能是七天中的一个等。类似这种当一个变量有几种固定可能的取值时，可以将它定义为枚举类型。

7.1.1 枚举简介

所谓枚举是将变量的值一一列出来，而且变量的值只限于列举出来的值的范围内。

C#中的枚举属于值类型，而且所有枚举都派生自 System.Enum 类。我们知道，C#的值类型都是继承自 System.ValueType 类，但是派生自该类的却不一定全是值类型，System.Enum 就是惟一的例外（Enum 是引用类型，但是该类型的值却是值类型）。

使用枚举具有如下两点好处：

（1）枚举使代码更易于维护，有助于确保给变量指定合法的、期望的值。

（2）枚举使代码更加清晰，允许用描述性的名称表示整数值，而不用含义模糊的数来表示。

枚举的特点主要体现在以下内容：

（1）枚举不能继承其他的类，也不能被其他的类所继承。

（2）枚举类型实现了 IComparable 接口，可以实现多个接口。

（3）枚举类型只能拥有私有构造器。

（4）枚举类型中成员的访问修饰符是 public static final。

（5）枚举类型中成员列表名称是区分大小写的。

7.1.2 声明枚举

C#使用 enum 关键字来声明枚举，与声明变量类似在声明枚举时还需要定义枚举的名称、访问修饰符和类型等。具体语法如下所示：

```
[修饰符] enum 枚举名称 [:类型]{
    标识符[=整型常数],
    标识符[=整型常数],
    ...
    标识符[=整型常数],
};
```

上述语法中各个部分的含义如下所示：

（1）枚举的修饰符可以是 public、private 或者 internal，默认为 public。

（2）枚举名称必须符合 C#标识符的定义规则。

（3）枚举类型可以是 byte、sbyte、short、ushort、int、unit、long 或者 ulong 类型，默认为 int。

（4）大括号中是枚举的成员，每个成员包括标识符和常数值两部分，常数值必须在该枚举类型的范围之内。多个成员之间使用逗号分隔，且不能使用相同的标识符。

【练习 1】

创建一个表示一年四季的枚举类型，示例代码如下：

```
public enum Season:int {
    Spring=0,
    Summer=1,
```

```
    Autumn=2,
    Winter=3
};
```

上述代码创建了一个修饰符为 public，名称为 Season，类型为 int，且包含 4 个成员的枚举，其中第一个成员 Spring 的值是 0。

在声明枚举时成员的整型常数默认从 0 开始，后面的每个成员依次将值增 1。因此，上面的 Season 可以简化为如下代码：

```
enum Season {
    Spring,
    Summer,
    Autumn,
    Winter
};
```

每个枚举成员均具有相关联的常数值，该值的类型就是枚举类型。因此每个枚举成员的常数值必须在该枚举类型的范围之内。例如，下面的示例是错误的：

```
enum Season : uint {
    Spring=-3,
    Summer=-2,
    Autumn=-1,
    Winter=0
};
```

上述代码将产生编译时错误，因为枚举中的常数值-3、-2 和-1 不在该枚举类型 unit 的范围之内。

【练习 2】

定义一个表示一周的枚举类型 DayOfWeek，示例代码如下：

```
enum DayOfWeek {
    Monday,
    Tuesday,
    Wednesday,
    Thursday,
    Friday,
    Saturday,
    Sunday
}
```

在 C#中允许多个枚举成员使用相同的值，而且没有赋值枚举成员的值，总是前一个枚举成员的值再增 1。因此，下面的示例代码是正确的。

```
enum DayOfWeek {
    Monday=1,
    Tuesday,
    Wednesday=2,
    Thursday,
    Friday=8,
    Saturday,
    Sunday
```

```
        }
```

上述枚举中成员 Tuesday 和 Wednesday 的值都为 2，Saturday 的值为 9，Sunday 的值为 10。

7.1.3 使用枚举

声明枚举之后便可以将它作为类型，然后定义该类型的变量并使用，但是枚举类型变量的值只能是枚举成员之一，否则将出错。

【练习 3】

定义一个表示水平对齐方式的枚举 Alignment，然后声明该类型的变量。示例代码如下：

```
enum Alignment {                    //声明枚举
    Left,Center,Right               //枚举成员
}
static void Main(string[] args)
{
    Alignment top;                  //声明枚举类型的变量 top
    top = Alignment.Center;         //使用 Center 成员进行赋值，正确
    top = Alignment.Bottom;         //使用 Bottom 进行赋值，错误
}
```

在上述代码中由于声明的枚举不包含成员 Bottom，所以最后一行赋值是错误的。

【练习 4】

除了对枚举变量进行赋值之外，还可以像普通变量一样参与判断。例如，下面的示例代码可以根据不同的枚举值给出不同的输出结果。

```
static void WriteAlign(Alignment align)
{
    switch (align)                          //枚举变量
    {
        case Alignment.Left:                //枚举成员
            Console.WriteLine("使用左对齐");
            break;
        case Alignment.Center:
            Console.WriteLine("使用居中对齐");
            break;
        case Alignment.Right:
            Console.WriteLine("使用右对齐");
            break;
    }
}
static void Main(string[] args)
{
    WriteAlign(Alignment.Center);           //测试 Alignment.Center 值
    WriteAlign(Alignment.Left);             //测试 Alignment.Left 值
    WriteAlign(Alignment.Right);            //测试 Alignment.Right 值
}
```

运行结果如下所示：

```
使用居中对齐
```

使用左对齐
使用右对齐

7.1.4 转换枚举类型

上一小节的示例使用的是枚举成员，我们知道每个枚举成员都对应一个整型常数。因此，枚举成员可以与整型之间类型相互转换。但是基础整型不能隐式的向枚举类型转换，枚举类型也不能隐式的向整型类型转换，它们之间必须使用强制类型转换。

【练习 5】

使用上一小节创建的 Alignment 枚举编写一个程序，允许用户输入一个数字来选择对齐方式，并输出结果，然后输出数字 1 对应的枚举成员和枚举成员 Right 对应的数字，最终代码如下所示。

```
static void Main(string[] args)
{
    int choice;                                    //声明一个保存数字的变量
    Console.WriteLine("请选择要使用的对齐方式(0: 左对齐, 1: 居中对齐, 2: 右对齐)");
    choice=System.Convert.ToInt16(Console.ReadLine());//将输入字符串转换为数字
    WriteAlign((Alignment)choice);                 //将数字转换为枚举

    Console.WriteLine("\n\n 数字 1 对应的枚举成员是: ");
    Console.WriteLine((Alignment)1);

    Console.WriteLine("\n\n 枚举成员 Right 对应的数字是: ");
    Console.WriteLine((int)Alignment.Right);
}
```

上述代码的运行结果如图 7-1 所示。

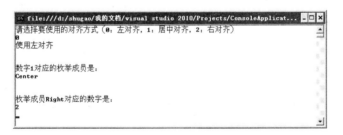

图 7-1 运行结果

7.1.5 使用 Enum 类型

C#中 System.Enum 类型是所有枚举类型的抽象基类，并且从 System.Enum 继承的成员在任何枚举类型中都可用。要注意 System.Enum 类是从 System.ValueType 类派生，且它既不是值类型也不是枚举类型，它是引用类型。

【练习 6】

下面创建一个示例演示使用 Enum 类提供的方法对枚举进行操作。

（1）首先定义名称 FontColor 的枚举类型，在成员列表中添加星期一到星期日的英文名称。其中将第一个成员名称的值设置为 1，具体代码如下所示：

```
enum FontColor
{
```

```
        Black=1,White,Red,Green,Blue,Yellow
    }
```

（2）在 Program.cs 文件的主入口 Main()方法中直接通过枚举名称、成员名称获取枚举的字符串，主要代码如下所示：

```
FontColor color = FontColor.White;
Console.WriteLine("输出枚举的字符串: " + color.ToString());
```

（3）用户也可以根据枚举的值来获得枚举成员的名称，主要代码如下：

```
string color1 = Enum.GetName(typeof(FontColor), 1);
string color2 = ((FontColor)2).ToString();
Console.WriteLine("\n 根据枚举的值获得常数的名称: " + color1 + ", " + color2);
```

在上述代码中，使用两种方式获得枚举成员的名称。第一种方式使用 Enum 对象的 GetName()方法，在这个方法中传入两个参数，第一个参数表示枚举类型，其语法是关键字 typeof 后跟放在括号中的枚举类名。第二个参数表示枚举常数的值，方法的返回值为 string 类型。第二种方式直接根据枚举常数的值获得，然后调用 ToString()方法进行转换。

（4）Enum 对象提供了一个 Parse()方法，它表示将一个或多个枚举常数的名称或数字值的字符串表示转换成等效的枚举对象。主要代码如下：

```
FontColor color3 = (FontColor)Enum.Parse(typeof(FontColor), "Blue", true);
Console.WriteLine("\n 根据枚举名称获得对应的值: " + (int)color3);
FontColor color4 = (FontColor)Enum.Parse(typeof(FontColor), "3", true);
Console.WriteLine("根据枚举的值得到对应的名称: " + color4.ToString());
```

在上述代码中，主要使用 Parse()方法实现根据枚举常数的名称和数字值的字符串获得有效枚举对象的功能。Parse()方法主要有三个参数：第一个参数表示枚举类型；第二个参数表示要转换的字符串；第三个参数是一个布尔类型，表示在类型转换时是否忽略大小写。最后大家需要注意，Parse()方法实际上返回一个对象的引用，用户需要将返回的对象强制转换为需要的枚举类型。

（5）获得了枚举类型中的成员名称和枚举成员名称的值以后，如果用户想要遍历枚举中的所有成员怎么办？Enum 对象还提供了 GetNames()方法和 GetValues()方法。主要代码如下所示：

```
Console.WriteLine("\n 所有的枚举常数名称: ");
foreach (string c in Enum.GetNames(typeof(FontColor)))
{
    Console.Write(c + "\t");
}
Console.WriteLine("\n\n 所有的枚举常数名称: ");
foreach (int c in Enum.GetValues(typeof(FontColor)))
{
    Console.Write(c + "\t");
}
```

在上述代码中，GetNames()方法主要获得枚举中所有的常数名称，此方法返回一个数组。GetValues()方法表示指定枚举中所有常数的值，此方法返回数组对象，然后使用 foreach 语句循环遍历枚举中的常数以及常数值。

（6）完成代码的编写，运行将看到如图 7-2 所示的效果。

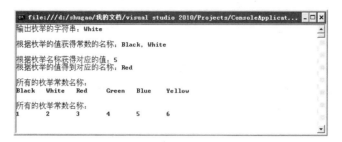

图 7-2　运行效果

7.2　结构

结构与类很相似，都表示可以包含数据成员和函数成员的数据结构。但是，与类不同，结构是一种值类型，并且不需要堆分配。结构类型的变量直接包含结构的数据，而类类型的变量包含对数据的引用。

7.2.1　结构简介

结构也属于值类型，派生自 System.ValueType 类。结构适用于具有值语义的小的数据结构，像平面世界中的一个点，几何世界中的一条边、一个矩形等。这些数据结构的关键之处在于：它们只有少量数据成员，它们不要求使用继承或引用标识，而且它们适合使用值语义（赋值时直接复制值而不是复制它的引用）方便地实现。

结构和类的区别，如下所示：

❑ 结构是值类型，而类是引用类型。

❑ 结构在栈中分配空间，而类在堆中分配空间。

❑ 在结构中所有成员默认为 public 修饰符，而类中默认为 private 修饰符。

❑ 结构支持构造函数，但无参构造函数不能自定义，而类可以。

❑ 结构不支持析构函数，而类支持

❑ 在结构中不对成员进行初始化操作，而类可以。

❑ 结构派生自 System.ValueType，而类派生自 System.Object。

❑ 结构不支持继承，也不能被继承，而类可以。

❑ 结构可以不使用 new 进行初始化，而类必须使用 new 进行初始化。

结构和类在使用时有很多区别，因此在实际编程时应该遵循如下规则决定是使用结构还是类。

❑ 堆栈的空间有限，对于大量的逻辑对象，创建类要比创建结构好一些。

❑ 大多数情况下该类型只是一些数据时，结构是最佳的选择，否则使用类。

❑ 在表现抽象或者多层次的数据时，类是最好的选择。

❑ 如果该类型不继承自任何类型时使用结构，否则使用类。

❑ 该类型的实例不会被频繁的用于集合中时使用结构，否则使用类。

7.2.2　声明结构

在 C#中声明一个结构必须使用 struct 关键字，其语法如下：

```
[修饰符] struct 结构名称 [接口] {
```

```
    结构体
};
```

上述语法中主要参数的含义如下：

（1）修饰符主要包括 public、private、internal、protected 以及 new 5 个，默认为 public。

（2）结构名称必须符合 C#标识符的定义规则。

（3）接口是可选参数。结构可以实现接口，但不能从另一个结构或类继承，而且不能作为一个类的基类。

（4）结构体包括数据成员和成员函数，它们不能使用 protected 或 protected internal 修饰符，也不能使用 abstract 和 sealed 修饰符。

【练习 7】

创建一个表示坐标系统中点的结构，它由 X 和 Y 两个成员组成，代码如下：

```
struct Point{
    public int X{get;set;}
    public int Y{get;set;}
}
```

上述代码创建的结构名称为 Point，它的两个数据 X 和 Y 都是 int 类型，作用域为 public。

【练习 8】

结构的数据成员可以是不同的数据类型。例如，要创建一个结构表示学生的学号、姓名、性别、出生日期和联系电话，示例代码如下所示：

```
struct Student{
    public int ID;                   //学号
    public string Name;              //姓名
    public bool Sex;                 //性别
    public DateTime Birthday;        //出生日期
    public string Phone;             //联系电话
}
```

7.2.3　使用结构

结构的成员分为两类：数据成员和函数成员以及类型。其中数据成员包括常量和字段。函数成员包括属性、方法、事件、索引器、运算符以及构造函数。这些成员的具体说明如下所示：

- ❑ **常量**　用来表示常量的值。
- ❑ **字段**　结构中声明的变量。
- ❑ **属性**　用于访问对象或结构特性的成员。
- ❑ **方法**　包含一系列语句的代码块，通过这些代码块能够实现预先定义的计算或操作。
- ❑ **事件**　一种使对象或结构能够提供通知的成员。
- ❑ **索引器**　又被称为含参属性，是一种含有参数的属性。提供以索引的方式访问对象。
- ❑ **运算符**　通过表达式运算符可以对该结构的实例进行运算。
- ❑ **构造函数**　包括静态构造函数和实例构造函数。静态构造函数使用 static 修饰；实例构造函数不必使用 static 修饰符。

【练习 9】

创建一个表示时间的结构，包括时、分和秒三个属性，以及一个表示是否 12 小时格式的字段。在构造函数中对数据成员进行初始化，同时还包含了一个方法用于输出当前的时间。

时间结构的声明代码如下所示：

```
struct Time//时分秒
{
    public bool off ;                      //是否使用 12 小时格式，默认为 false 表示不使用
    private int hour, minute, second;      //时、分和秒的私有属性
    public Time(int h, int m, int s) {     //构造函数
        this.hour = h;
        this.minute = m;
        this.second = s;
        this.off = false;
    }
    public int Hour                        //小时
    {
        get{return this.hour;}
        set {
            if (value >= 0 && value <= 23)
                this.hour = value;
        }
    }
    public int Minute                      //分钟
    {
        get { return this.minute;}
        set
        {
            if (value >= 0 && value <= 59)
                this.minute = value;
        }
    }
    public int Second                      //秒
    {
        get {return this.second;}
        set
        {
            if (value >= 0 && value <= 59)
                this.second = value;
        }
    }
    public void Show()                     //输出时间方法
    {
        string s="";
        if (off)                           //如果开启 12 小时格式
        {
            s = this.hour > 12 ? "PM" : "AM";                      //获取时间标识
            this.hour = this.hour > 12?this.hour-12:this.hour; //更新小时数
        }
        Console.WriteLine("当前时间是: {0}时{1}分{2}秒 {3}", this.hour,
        this.minute, this.second,s);
    }
}
```

在上述代码中,声明有参的构造函数时使用了 this 保留字表示当前实例,只能在实例方法、实例访问器以及实例构造函数中使用。在结构中 this 相当于一个变量,可以对 this 赋值,也可以通过 this 修改其所属结构的值。构造函数对 3 个表示时间的属性进行了赋值,并设置 off 为 false 表示不使用 12 小时格式。

以下的代码则是对小时、分钟和秒数的读写进行设置,并对它们的有效范围进行判断。Show() 方法,它根据设置的时间和格式,输出不同的结果。

> **注意**
>
> 结构中不能显式的声明无参构造函数,而且不能对变量进行初始化操作。由于结构和类非常相似,所以我们不再详细介绍这些成员,读者也可以参考类成员。

在入口方法 Main() 中创建几个时间并输出,代码如下所示:

```csharp
static void Main(string[] args)
{
    Time t1=new Time();                  //不调用构造函数创建第 1 个时间
    t1.Hour =19;
    t1.Minute = 32;
    t1.Second = 50;
    t1.Show();

    Time t2 = new Time(10, 15, 58);      //从构造函数创建第 2 个时间
    t2.Show();

    Time t3 = new Time(23, 4, 27);       //创建第 3 个时间
    t3.off = true;
    t3.Show();
}
```

从上述代码中可以看出,结构和类在使用时都通过 new 进行实例化,然后调用 Show() 方法查看结果,运行效果如图 7-3 所示。

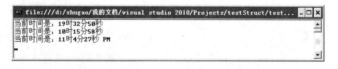

图 7-3　结构示例运行效果

7.3　接口

和类一样,接口也定义了一系列属性、方法和事件。但是与类不同的是,接口并不提供实现,它们由类来实现,并从类中被定义为单独的实体。接口表示一种约定,实现接口的类必须严格按照其定义来实现接口的每个细节。

7.3.1　接口简介

要更好地理解接口的概念,可以考虑常见的汽车例子。我们认为所有的汽车都提供了一些相同的功能,这些功能组成了汽车的接口,如下所示:

（1）用户必须能够驾驶汽车在公路上行驶代替行走。

（2）用户必须能够控制汽车的速度。

（3）汽车必须提供驱动设备（发动机）和驾驶设备（方向盘和踏板）。

在了解汽车的这些功能需求之后，制造商便可以以不同的方式来实现这些接口（功能）。例如，实现控制汽车的方式。如下所示：

（1）一些汽车采用了 ABS 技术动态控制四轮驱动。

（2）一些汽车使用"无级变速"智能判断路面的质量改变车速。

（3）一些汽车提供了"手动档"和"自动档"两种驾驶模式。

定义了汽车的接口，并通过不同的制造商实现后，一辆汽车也就诞生了，我们可以利用方向盘、油门和刹车控制一辆车，并且所有车都有这些控制设施。如果我们被问到是否知道如何驾驶轿车时，我们的回答可能是"是的，如果它有一般车的接口——方向盘和踏板"。

除了提供不同的汽车控制方式之外，不同的制造商还以不同的方式定义汽车的外观等。因此，接口定义了一个对象（汽车）能做什么，而不是如何做。如何由接口的实现方式（制造商）处理。

不难理解，接口向不同类的对象提供一套通用的方法和属性。这些方法和属性使程序可以多态地处理不同的类对象。例如：人、树、汽车和文件，这些对象互相没有直接联系。人有姓名和地址；树有树干、树枝和树叶；汽车有轮子，齿轮等；在文件中则保存有数据。

这些类缺乏共同点，如果使用类继承来表示它们则不符合逻辑。但是，它们又至少都有一种共同特性——年龄。人的年龄表示这个人出生以来经历的年数；树的年龄用树干的年轮数表示；汽车的年龄用生产日期表示；文件的年龄用创建日期表示。因此，我们就可以用接口提供某种方法或属性，让各类对象实现它们，然后返回各自的年龄。

C#中的接口和类一样都属于引用类型，它用来描述属于类或结构的一组相关功能，即定义了一种协议或者规范和标准。使用接口时要注意以下几点：

（1）接口中只能包含属性、方法、事件和索引器，但是都不能够实现。

（2）接口名称通常都是以"I"开头，例如 IList、IComparable 等。

（3）实现一个接口的语法和继承类似，如 class Person：IPerson。

（4）通常都称继承了一个类，实现了一个接口。

（5）如果类已经继承了一个父类，则以","分隔父类和接口。

7.3.2 声明接口

在 C#中使用 interface 关键字定义接口，具体语法如下：

```
[修饰符] interface 接口名称{
    接口主体
};
```

上述语法中主要参数的含义如下：

（1）接口的修饰符包括 private、public、protected、internal 和 new，默认为 public。

（2）接口名称必须符合 C#标识符的定义规则。

（3）接口主体是接口的详细定义，可以包含属性、方法以及事件等。

【练习 10】

创建一个名称为 ISubject 的接口，示例代码如下：

```
public interface ISubject
{
```

```
    //接口代码
}
```

【练习 11】

创建一个派生自 ISubject 接口，名称为 IDetails 的新接口，示例代码如下：

```
interface IDetails:ISubject
{
    //接口代码
}
```

注意

一个接口可以不包括任何成员，也可以包括一个或多个成员，所有成员默认具有 public 修饰符，而且声明接口成员时不能含有任何修饰符，否则会发生编译错误。

7.3.3 定义接口成员

上一小节创建了两个不包含任何成员的空接口，本节详细介绍每种成员在接口中的定义方式。

接口的成员可以是方法、属性、索引器或者事件，而不能包括常量、字段、运算符、构造函数、析构函数或类型等，也不能包含任何类的静态成员。

1. 方法

接口中定义的方法只能包含其声明，不能包含具体实现，即使用空的方法体。

【练习 12】

创建一个用于对商品信息进行添加、修改、删除和查询操作的接口，并定义每个操作的方法。具体代码如下所示：

```
public interface IProduct {
    void AddProduct(Product p);            //添加商品
    void DeleteProduct(Product p);         //删除商品
    void ModifyProduct(Product p);         //修改商品
    Product QueryById(int ProductId);      //按编号查询商品详细信息
}
```

2. 属性

接口中的属性只能声明具有哪个访问器（get 或 set 访问器），而不能实现该访问器。get 访问器声明该属性是可读的，set 访问器声明该属性是可写的。

【练习 13】

对练习 12 中创建的 IProduct 接口进行扩展，添加用于表示商品编号、商品名称和生产日期的属性。具体代码如下所示：

```
int ProductId
{
    get;                //get 访问器，表示读取商品编号
}
string MadeDate
{
    set;                //set 访问器，表示写入生产日期
}
```

```
string ProductName
{
    get;                     //set 访问器，表示读取商品名称
    set;                     //set 访问器，表示写入商品名称
}
```

在上述代码中设置商品编号 ProductId 属性为只读，生产日期 MadeDate 属性为只写，商品名称 ProductName 为可读取。

3. 索引器

在接口中声明索引器和接口属性比较相似，也是只能声明属性具有哪个访问器。

【练习 14】

为 IProduct 接口添加一个 int 类型索引器，具体代码如下：

```
int this[int index]
{
    get;                     //get 索引器
    set;                     //set 索引器
}
```

4. 事件

接口中事件的类型必须是 EventHandler，同样是只能包含声明不包含具体实现。

【练习 15】

为 IProduct 接口添加一个表示商品过期的事件，具体代码如下：

```
event EventHandler Expired;        //声明一个事件
```

注意

接口中的属性访问器体、索引器访问器体以及事件的名称之后都只能是一个分号 ";"，不能包括其具体的实现代码。

7.3.4 实现接口

使用接口的意义在于定义了一系列的标准，然后由具体的类来实现。如果创建了一个接口，而没有相关的类去实现，那该接口是毫无意义的。

实现接口的语法形式非常简单，与类的继承相同，不同的是接口可以同时实现两个或两个以上的接口。

【练习 16】

创建一个商品类 ProductDao 并实现上一小节创建的 IProduct 接口。具体步骤如下：

（1）创建一个表示商品基本信息的 Product 类，该类包含了商品编号、商品名称和生产日期 3 个属性。具体代码如下所示：

```
public class Product
{
    public int pid;                    //商品编号
    public string MadeDate;            //商品名称
    public string ProductName;         //生产日期
}
```

（2）创建 ProductDao 类并实现 IProduct 接口，具体代码如下所示：

```
class ProductDao : IProduct
{

}
```

（3）在 ProductDao 类中声明一个 Product 类的实例 p，并在 ProductDao 类的构造函数中对 p 进行初始化。

```
Product p ;
public ProductDao(Product p)                //ProductDao 类构造函数
{
    this.p=new Product();
    this.p = p;                             //对 p 进行初始化
}
```

（4）在 ProductDao 类中编写代码对 IProduct 接口中定义的方法进行实现，代码如下所示：

```
public void AddProduct(Product p)
{
    Console.WriteLine("实现对商品的添加功能");
}
public void DeleteProduct(Product p)
{
    Console.WriteLine("实现对商品的删除功能");
}
public void ModifyProduct(Product p)
{
    Console.WriteLine("实现对商品的修改功能");
}
public Product QueryById(int ProductId)
{
    Console.WriteLine("实现对商品编号为{0}的查询功能",ProductId);
    Product p = new Product();
    return p;
}
```

（5）在 ProductDao 类中编写代码对 IProduct 接口中定义的属性进行实现，代码如下所示：

```
public int ProductId
{
    get { return p.pid; }
}
public string MadeDate
{
    set { p.MadeDate = value; }
}
public string ProductName
{
    get{ return p.ProductName; }
    set { p.ProductName = value; }
}
```

（6）在 ProductDao 类中编写代码对 IProduct 接口中定义的索引器进行实现，代码如下所示：

```
public int this[int index]
{
    get
    {
        if (index < 0 || index >= 100)          //判断 index 是否合法
            return 0;
        else
            return index;
    }
    set
    {
        if (!(index < 0 || index >= 100))        //判断 index 是否合法
            index = value;
    }
}
```

（7）在 ProductDao 类中编写代码对 IProduct 接口中定义的事件进行实现，代码如下所示：

```
public event EventHandler Expired
{
    add { Expired += value; }               //add 访问器，向 Expired 中注册事件
    remove { Expired -= value; }            //remove，从 Expired 中移除事件
}
```

（8）经过上面的步骤，ProductDao 类已经完整实现 IPrdouct 接口中所有的定义。接下来编写代码对 ProductDao 类进行测试，代码如下所示：

```
static void Main(string[] args)
{
    Product p=new Product();                //实例化一个商品类
    p.pid=123456;                           //指定商品编号
    p.MadeDate="2012-12-12";                //指定生产日期
    p.ProductName="手套";                    //指定商品名称

    ProductDao pd = new ProductDao(p); //实例化一个 ProductDao 类
    //调用 IProduct 接口中定义的 PrdouctId 和 PrdouctName 属性
    Console.WriteLine("商品编号: {0}\t 商品名称: {1}", pd.ProductId,
    pd.ProductName);

    //调用 IProduct 接口中定义的方法
    pd.AddProduct(p);
    pd.ModifyProduct(p);
    pd.QueryById(p.pid);
    pd.DeleteProduct(p);

    Console.ReadKey();
}
```

从上述代码可以看到，接口的使用重在类的实现，调用方式与普通类相同。运行后的效果如图 7-4 所示。

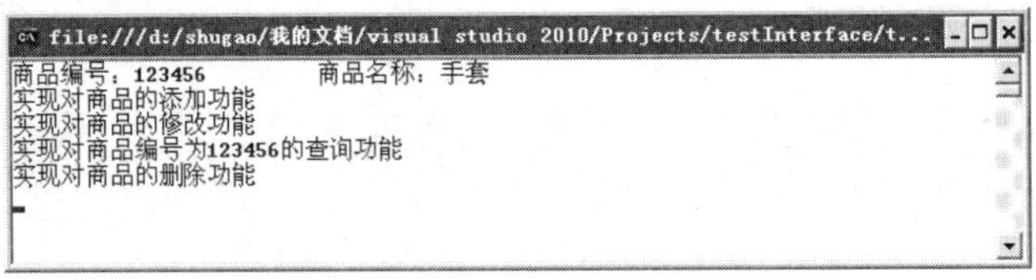

图 7-4 接口示例运行效果

7.3.5 IComparable 接口

在程序中经常需要对数据进行排序，例如需要排序结构数组或者其他对象数组。虽然用户可以手工编写代码来排序数组元素，修改列表项目，但是通过实现一个预定义的接口可以使处理变得异常容易。

.NET Framework 内置的 IComparable 接口就定义了通用的比较方法，由值类型或类实现以创建类型特定的比较方法。

IComparable 接口的声明如下：

```
public interface IComparable
{
    int CompareTo(object obj);
}
```

如上述代码所示，IComparable 接口非常简单，仅包含一个 CompareTo()方法。该方法的作用是将当前实例与同一类型的另一个对象进行比较，并返回一个整数；该整数指示当前实例在排序顺序中的位置是位于另一个对象之前，之后还是与其位置相同。

CompareTo()方法的 obj 参数是要参与比较的对象，返回整数的含义如下所示：

❑ **小于零**   当前实例小于 obj 参数。

❑ **等于零**   当前实例等于 obj 参数。

❑ **大于零**   当前实例大于 obj 参数。

【练习 17】

假设一个课程类 Course，其中包含了课程名称和成绩两个属性。编写代码使 Course 类可以按成绩进行排序。

要对成绩进行排序可使 Course 类实现 IComparable 接口，然后在 CompareTo()方法中进行比较。具体实现代码如下：

```
class Course:IComparable          //定义一个 Course 类，实现系统定义的 IComparable 接口
{
    public string Name;           //课程名称
    public int Score;             //成绩

    public Course(string name, int score)
    {
        Name = name;
        Score = score;
    }

    public int CompareTo(object obj)     //实现 IComparable 接口中定义的 CompareTo()
                                         方法
    {
        if (obj is Course)          //判断 obj 是否是 Course 类型或 Course 类继承类的类型
```

```
        {
            Course otherCourse = obj as Course;    //把obj转换为Course类型后
                                                     赋给otherCourse
            return this.Score - otherCourse.Score;
        }
        else
        {
            throw new ArgumentException("当前比较的对象不是Course类型");
        }
    }
}
```

代码中的第一行语句"class Course : IComparable"指定要创建的 Course 类实现了 IComparable 接口。在接下来的 CompareTo()方法中首先判断当前传递的参数是否为 Course 对象的实例，如果是则返回两个对象中 Score 属性相减的结果，否则抛出异常。

在 Main()方法中对 Course 类进行测试。首先创建一个集合，并添加多个 Course 类对象，然后分别输出排序前后的结果。具体代码如下所示：

```
static void Main(string[] args)
{
    ArrayList list = new ArrayList();              //定义一个ArrayList型对象list
    list.Add(new Course("ASP.NET", 60));           //向list中添加成员
    list.Add(new Course("SQL", 85));
    list.Add(new Course("C#", 72));
    list.Add(new Course("PHP", 90));

    Console.WriteLine("按成绩排序前结果: ");
    for (int i = 0; i < list.Count; i++)           //输出未排序的list中的成员
    {
        Console.WriteLine("{0} {1}", (list[i] as Course).Name, (list[i] as
        Course).Score);
    }
    Console.WriteLine();

    Console.WriteLine("按成绩排序后结果: ");
    list.Sort();   //此处会调用Course类中CompareTo()方法进行排序(即:按成绩进行排序)
    for (int i = 0; i < list.Count; i++)   //输出通过对Score进行排序后list中的成员
    {
        Console.WriteLine("{0} {1}", (list[i] as Course).Name, (list[i] as
        Course).Score);
    }
    Console.WriteLine();

}
```

如上述代码所示，这里使用的是 ArrayList 类型，读者也可以使用 Array 类型，在调用 Sort() 方法时会自动调用每个实例的 CompareTo()方法进行比较排序，最终运行效果如图 7-5 所示。

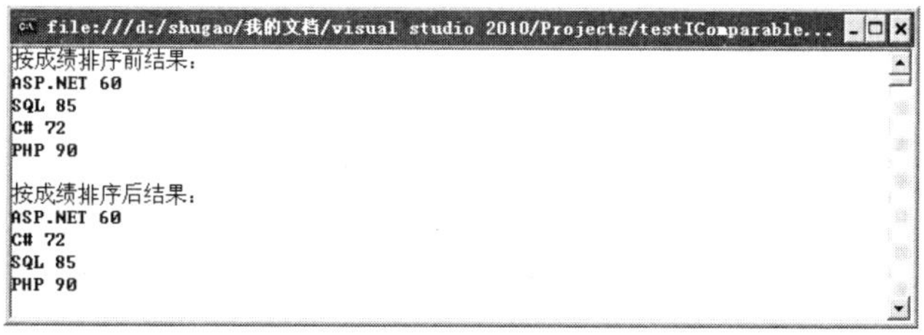

图 7-5　按成绩排序运行效果

7.3.6 IComparer 接口

除了 IComparable 接口之外，.NET Framework 还提供了一个 IComparer 接口进行排序。这两个接口都是.NET Framework 中比较对象的标准方式，其中 IComparable 接口和 IComparer 接口的区别主要有以下两点：

（1）IComparable 在需要比较的对象的类中实现，可以比较该对象和另外一个对象。

（2）IComparer 在单独的一个类中实现，可以比较任意两个对象。

IComparer 接口的声明如下：

```
public interface IComparer
{
    int Compare(object x, object y);
}
```

可以看到，IComparer 接口也非常简单，仅包含一个 Compare()方法。该方法的作用是比较两个对象并返回一个值，指示一个对象是小于、等于还是大于另一个对象。

Compare()方法的两个参数是要参与比较的对象，返回整数的含义如下：

❏ 小于零   x 参数小于 y 参数。

❏ 等于零   x 参数等于 y 参数。

❏ 大于零   x 参数大于 y 参数。

【练习 18】

创建一个名为 ComparerName 的类，通过实现 IComparable 接口完成对课程类 Course 的按名称进行排序。ComparerName 类的实现代码如下所示：

```
public class ComparerName: IComparer             //实现 IComparable 接口
{
    public int Compare(object x, object y)    //实现 Compare()方法
    {
        if (x is Course && y is Course)       //判断参与比较的是否为 Course 类
        {
            return Comparer.Default.Compare(((Course)x).Name, ((Course)y).
            Name);
        }
        else
        {
            throw new ArgumentException("要比较的对象不是 Course 类型");
        }
    }
}
```

如上述代码所示，在实现 Compare()方法时需要包含两个参数表示要比较的对象。在方法内首先对两个参数的类型进行判断，如果相同则返回按 Name 属性比较的结果，否则抛出异常。

接下来使用如下的代码测试按名称排序的结果：

```
Console.WriteLine("按名称排序后的结果");
IComparer SortByName = new ComparerName();        //创建一个按名称排序的实例
//此处会调用 ComparerName 类中 Compare()方法进行排序（即：按名称进行排序）
list.Sort(SortByName);
//输出通过 Name 进行排序的 list 中的成员
for (int i = 0; i < list.Count; i++)
```

```
{
    Console.WriteLine("{0} {1}", (list[i] as Course).Name, (list[i] as Course).
    Score);
}
```

由于 Sort()方法默认调用的是按成绩排序，所以要实现按名称进行排序，还需要创建一个 ComparerName 类的实例，然后将该实例传递给 Sort()方法。运行效果如图 7-6 所示。

图 7-6　按名称排序运行效果

7.4 实例应用：模拟数据库系统

7.4.1　实例目标

在 7.1 节中了解了 C#中枚举、结构和接口的概念，它们都有各自的特点和适用场合。这些理论有助于读者根据程序需求选择不同的实现方式。在本节中将综合它们模拟一个简单的数据库系统，包括了如下功能：

（1）显示数据库的信息，像数据库名称、大小以及创建时间。

（2）可以查看当前系统中的数据库列表，以及按大小进行排序。

（3）针对不同类型的数据库系统都提供统一的操作方式。

（4）在连接数据库时可以选择加密方式，包括 MD5、RSH 和 DES。

7.4.2　技术分析

要实现数据库系统的功能，需要在程序中使用如下方式：

例如，无论操作任何数据库，其基本方式都是一致的。即先打开数据库连接，再执行查询，然后关闭数据库连接。

在学习接口的知识后，我们可以将这些操作声明到一个接口，然后由各个数据库的驱动类来实现。要实现数据库系统的功能需要不同的知识，其中与技术相关的最主要的知识点如下所示：

❑ 无论何种数据库操作方式都是一致的。这一点在学习了接口的知识后，我们可以将这些操作声明到一个接口，然后由各个数据库的驱动类来实现。

❑ 数据库的加密方式只有少量的几种，且固定不变，因此可以通过枚举实现。

❑ 在数据库系统中数据库是其基本的组成单位，且只会包含一些数据，因此适合使用结构实现。

❑ 要实现可以对数据库按大小进行排序，还需要让数据库结构实现 IComparable 接口。

❑ 编写测试用例。首先创建一个数据库列表，然后让用户选择加密方式，之后输出当前的数据库列表，最后输出排序后的列表。

7.4.3　实现步骤

（1）首先通过一个枚举表示定义数据库支持的加密方式。

```
enum Encryption {              //加密方式
    None,MD5,RSA,DES
}
```

枚举类型的名称为 Encryption，其中成员 None 表示不使用加密方式，其整数值是 0，后面成员的整数值依次递增 1。

（2）创建一个表示数据库操作的接口，并通过方法定义操作，通过属性定义成员。

```
interface IDatabase
{
    void Open();                        //打开连接
    void ExecuteQuery(string strSQL);   //执行查询
    void Close();                       //关闭连接
    ArrayList DbList { get; set; }      //数据库列表
}
```

上述代码定义的接口名称为 IDatabase，其中包含了 3 个方法和 1 个属性。

（3）定义表示数据库基本信息的结构，包括数据库名称、大小和日期属性，并在构造函数中进行初始化。

```
struct Database:IComparable {
    public string Name;          //数据库名称
    public double Size;          //数据库大小
    public string CreateDate;    //创建日期

    public Database(string name, double size, string createdate)
    {
        this.Name = name;
        this.Size = size;
        this.CreateDate = createdate;
    }
}
```

如上述代码所示表示数据库基本信息的结构名称为 Database。为了可以对数据库进行按大小 Size 属性的排序，还需要实现 IComparable 接口。

（4）在 Database 结构中实现 IComparable 接口的 CompareTo()方法，代码如下所示：

```
public int CompareTo(object obj)
{
    if (obj is Database)                //判断类型是否兼容
    {
        Database db2= (Database)obj;    //把 obj 转换为 Database 结构
        return (int)(this.Size - db2.Size);
    }
    else
    {
        throw new ArgumentException("当前比较的对象不是 Database 结构类型");
    }
}
```

（5）经过上面的步骤，系统所需的枚举和结构都定义完成了。接下来创建一个表示 SQL Server 数据库的类，并实现上面的 IDatabase 接口。

```
class SqlDatabase : IDatabase {
    private ArrayList dbList;    //私有成员，表示当前系统的数据库列表
    public SqlDatabase()         //构造函数
    {
        Console.WriteLine("正在初始化 SQL Server 数据库驱动。");
        dbList = new ArrayList();
    }
}
```

如上述代码所示，在 SqlDatabase 类的构造函数中输出了当前数据库的类型，并对私有成员 dbList 进行初始化。

（6）在 SqlDatabase 类中实现 IDatabase 接口定义的数据库操作方法，具体代码如下所示：

```
public void Open()
{
    Console.WriteLine("已经建立到 SQL Server 数据库的连接。");
}
public void ExecuteQuery(string strSQL)
{
    Console.WriteLine("正在执行语句[{0}]",strSQL);
}
public void Close()
{
    Console.WriteLine("到 SQL Server 数据库的连接已关闭。");
}
```

（7）在 SqlDatabase 类中实现 IDatabase 接口定义的表示数据库列表属性的读取和写入访问器，具体代码如下所示：

```
public ArrayList DbList
{
    get
    {
        return this.dbList;
    }
    set
    {
        this.dbList = value;
    }
}
```

（8）至此，数据库系统所需的基本框架代码就完成了，接下来的工作是编写代码进行测试。首先在 Main()方法中创建初始一个数据库列表，并指定各个数据库的基本信息，代码如下：

```
static void Main(string[] args)
{
    ArrayList list = new ArrayList();               //定义一个数据库列表
    list.Add(new Database("StudentManage", 10.2, "2012-12-12"));
```

```
                                                //向列表中添加数据库信息
    list.Add(new Database("Booksys", 5.8, "2012-12-12"));
    list.Add(new Database("ERP_DB", 7.5, "2012-12-12"));
    list.Add(new Database("db_MIS", 10, "2012-12-12"));
    Console.ReadKey();
}
```

（9）创建一个表示 SQL Server 数据库 SqlDatabase 类的实例，并将上面的列表附加到该实例，再进行初始化。代码如下：

```
Console.WriteLine("*****************************************");
SqlDatabase sql = new SqlDatabase();
                                //创建 SqlDatabase 类实例，该类实现了 IDatabase 接口
sql.DbList = list;              //附加列表到该实例
Init();                        //初始化
```

（10）Init() 方法执行的初始化包含提示用户选择加密方式，接收输入并给出结果。

```
static void Init()
{
    Console.WriteLine("*****************************************");
    Console.WriteLine("请选择要使用的加密方式: 1.MD5  2.RSA  3.DES");
    Console.Write("输入: ");
    int num = Convert.ToInt32(Console.ReadLine());

    switch ((Encryption)num)              //将输入的数字转换为 Encryption 枚举
    {
        case Encryption.MD5:
            Console.WriteLine("小知识: MD5 的全称是 Message-Digest Algorithm 5");
            break;
        case Encryption.RSA:
            Console.WriteLine("小知识: RSA 是目前最有影响力的公钥加密算法之一");
            break;
        case Encryption.DES:
            Console.WriteLine("小知识: DES 的全称是 Data Encryption Standard");
            break;
        default:
            Console.WriteLine("提示: 不使用加密方式数据容易被破坏和受攻击");
            break;
    }
}
```

Init() 方法将用户输入的数字保存到 num 变量，然后将该变量转换为 Encryption 枚举，再通过 switch 语句针对不同的枚举成员输出不同结果。此时的运行效果如图 7-7 所示。

图 7-7　选择加密方式

（11）在 Main() 方法中打开到 SQL Server 数据库的连接，然后执行查看所有数据库的操作和按

大小排序操作，并依次给出结果。

```
sql.Open();                          //打开数据库连接
Console.WriteLine();
sql.ExecuteQuery("Show All Database"); //执行查询所有数据库操作
ShowResult(sql.DbList);              //显示结果

Console.WriteLine();
sql.ExecuteQuery("Show All Database Order By Size");    //执行排序操作
sql.DbList.Sort();
          //此处会调用 Course 类中 CompareTo()方法进行排序（即：按成绩进行排序）
ShowResult(sql.DbList);                   //显示结果
```

（12）在上一步显示结果时都是调用的 ShowResult()方法，该方法的作用是将数据库列表的内容进行输出，代码如下所示：

```
static void ShowResult(ArrayList al)
{
    Console.WriteLine("\n=========================================");
    Console.WriteLine("数据库名称\t\t 大小");

    for (int i = 0; i < al.Count; i++)  //输出数据库列表信息
    {
        Console.WriteLine("{0}\t\t{1}", ((Database)al[i]).Name, ((Database)al[i]).
        Size);
    }
}
```

（13）经过上面的步骤，整个系统就完成了。再次运行输入一个数字，会看到输出结果，如图7-8 所示。

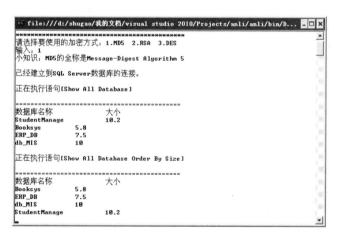

图 7-8　数据库系统运行效果

7.5 拓展训练

1. 描述汽车的属性

当我们提到汽车时总会涉及到它的很多信息，例如：车牌号、驾驶员、乘载人数、车的类型及生产厂家等。本次训练要求读者定义一个枚举类型表示汽车的类型，如普通轿车、公共汽车或者吉普车等，然后通过结构来定义汽车的众多属性，最后编写测试代码查看输出结果。

2. 实现图书接口

图书管理系统中的图书操作定义一个接口 IBook，在该接口中定义了图书的如下操作，接下来编写一个实现该接口的 BookDao 类，并在 Main()方法中进行测试。

```csharp
interface IBook {
    void AddBook(Book b);                       //添加
    void ModifyBook(Book b);                     //修改
    void DeleteBook(Book b);                     //删除
    ArrayList QueryAll();                         //查找所有
    Book QueryById(int id);                       //按编号查找
    ArrayList QueryByName(string name);               //按名称查找
    ArrayList QueryByPrice(double price);         //按价格查找
}
```

3. 实现图书排序功能

在拓展训练 2 的基础上编写一个新类实现对图书的排序功能，包括按图书名称排序、按编号排序和按价格排序，并编写测试代码。

7.6 课后练习

一、填空题

1. 在 C#中可以使用_____来定义变量是一个整型常数的集合。

2. 假设有如下代码定义的枚举类型，其中 Member2 成员的整数值是_____。

```csharp
enum Example {
    Member1 = -1, Member2, Member3 = 3, Member4
};
```

3. 假设有如下代码定义的枚举类型，语句"Enum.GetName(typeof(Example), 4)"返回的结果是_____。

```csharp
enum Example {
    Member1 = 0, Member2, Member3 = 4, Member4=8
};
```

4. 要输出枚举类型的所有成员名称，可以调用 Enum 类的_____方法。

5. 完善下面的代码可以声明一个名为 IDao 的接口。

```
_____ IDao
{
    //接口代码
}
```

6. 在接口中的_____只能声明具有哪个访问器，而不能实现该访问器。

二、选择题

1. 下列关于结构的描述不正确的是_____。

    A. 声明结构时，可以使用 public、private 和 protected 等修饰符

B. 结构是值类型，而且在结构中不能显式的声明无参的构造函数

C. 在结构中，可以包含字段、属性、方法、索引器和构造函数等成员

D. 结构的内存是分配在堆上的，声明结构时主要使用关键字 struct

2. 下列关于枚举的描述不正确的是_____。

A. 枚举可以是任意类型

B. 枚举的基类是 System.Enum

C. 枚举类型只能拥有私有构造器

D. 枚举不能继承其他的类，也不能被其他的类所继承

3. 下列关于接口的描述不正确的是_____。

A. 接口是一种规范和标准，可以用来约束类的行为

B. 接口可以实例化

C. 接口可以作为参数，也可以作为返回值

D. 实现了多个接口也可以说是实现了多重继承

4. 假设有如下代码定义的结构，那么运行"Console.WriteLine(MyStruct.value)"语句的输出为

_____。

```
struct MyStruct
{
static int year = 2012;
}
```

A. 2012

B. null

C. 0

D. 出错

5. 下列关于枚举、结构和接口的用法中，选项_____是错误的。

A.

```
public interface IHotelManage1
{
    private int hotelId;
    public int HotelId { get; set; }
}
```

B.

```
public interface IHotelManage
{
    int HotelId { get; set; }
    string HotelName { get; set; }
}
```

C.

```
struct HotelInfo
{
    private int hotelId;
    public int HotelId  { get ;set; }
```

```
        }
```

D.

```
enum Color
{
    Red = -1, Yellow, Blue = 34, Green = 0
}
```

6. 在下面的空白处使用_____代码可以创建一个接口。

```
_____  MyInterface{
    void Method();
}
```

    A. interface

    B. struct

    C. enum

    D. class

三、简答题

1. 简述枚举的概念及其特点。

2. 列出结构和类的区别，并给出区分的方法。

3. 如何理解接口的概念。

4. 接口与抽象类相比具有哪些优势。

第8课
C#内置类编程

通过对前面几课的学习，相信读者一定掌握了 C#的编程语法，并可以根据需要编写程序实现所需的类、数组、枚举、结构和接口。

为了提高开发效率，C#提供了很多内置类方便开发人员的调用。本课将针对 C#实际应用时最常用的 5 个方面展开介绍。它们分别是 String 类、StringBuilder 类、日期和时间处理、Regex 类和 Thread 类。

本课学习目标：

❑ 掌握 String 类和 StringBuilder 类创建字符串的方法

❑ 掌握字符串的大小写替换、去除空格和特定字符的操作

❑ 掌握字符串的连接、替换、比较、查找、分隔、截取和移除操作

❑ 掌握 StringBuilder 类插入、追加、移除和替换字符串的操作

❑ 掌握使用 TimeSpan 和 DateTime 表示日期与时间的方法

❑ 熟悉 DateTime 结构的属性和方法

❑ 了解正则表达式的基础语法

❑ 熟悉 Regex 类对正则表达式的匹配、获取和拆分操作

❑ 熟悉 Thread 类对线程的操作

8.1 String 类字符串

字符串是 C#程序代码的基本组成元素，它被当作一个整体处理的一系列字符，其中可以包含大小写字母、数字、特殊符号，以及汉字等。

字符串类型 string 其实是 String 类的别名，String 类位于 System 命令空间，并且使用 sealed 关键字进行修饰，所以不能被继承。但是 String 类提供了大量对字符串进行操作的方法，本节将详细介绍。

8.1.1 创建字符串

C#中一个字符串由很多字符组成，也就是说 String 对象是 System.Char 对象的有序集合，用于表示字符串。

例如，下面的代码创建了一个包含"hello C#"字符串的变量 str。

```
string str="hello C#";
```

由于字符串的每个字符都是连续的，所以也可以把字符串作为数组来处理。如图 8-1 所示了两者之间的转换示意图。

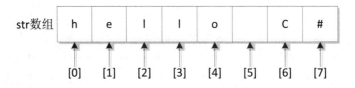

图 8-1　字符串与数组的转换示意图

除了通过 string 类型创建字符串之外，String 类还提供了 8 个构造函数来创建一个字符串。这些构造函数语法及作用如下：

```
public String(char* value);
```

作用：将 String 类的新实例初始化为由指向 Unicode 字符数组的指定指针指示的值。

```
public String(char[] value);
```

作用：将 String 类的新实例初始化为由 Unicode 字符数组指示的值。

```
public String(sbyte* value);
```

作用：将 String 类的新实例初始化为由指向 8 位有符号整数数组的指针指示的值。

```
public String(char c, int count);
```

作用：将 String 类的新实例初始化为由重复指定次数的指定 Unicode 字符指示的值。

```
public String(char* value, int startIndex, int length);
```

作用：将 String 类的新实例初始化为由指向 Unicode 字符数组的指定指针、该数组内的起始字符位置和一个长度指示的值。

```
public String(char[] value, int startIndex, int length);
```

作用：将 String 类的新实例初始化为由 Unicode 字符数组、该数组内的起始字符位置和一个长度指示的值。

```
public String(sbyte* value, int startIndex, int length);
```

作用：将 String 类的新实例初始化为由指向 8 位有符号整数数组的指定指针、该数组内的起始字符位置和一个长度指示的值。

```
public String(sbyte* value, int startIndex, int length, Encoding enc);
```

作用：将 String 类的新实例初始化为由指向 8 位有符号整数数组的指定指针、该数组内的起始字符位置、长度以及 Encoding 对象指示的值。

【练习 1】

使用 String 类的构造函数创建 4 个字符串，代码如下：

```
char[] charStr = { '明', '天', '更', '美', '好' };
string str = "春夏秋冬";
string str0 = str;
string str1 = new string(charStr);          //使用 charStr 字符数组创建字符串
string str2 = new string(charStr, 2, 3);
                                //在 charStr 字符数组中从索引 2 开始，获取 3 个字符
string str3 = new string('*', 10);          //将字符'*'重复 10 次组成一个字符串
Console.WriteLine("str0 的值是: " + str0);
Console.WriteLine("str1 的值是: " + str1);
Console.WriteLine("str2 的值是: " + str2);
Console.WriteLine("str3 的值是: " + str3);
```

上述代码首先声明一个字符数组和字符串，然后再声明 4 个 String 类的对象，分别为 str0、str1、str2 和 str3。接着调用不同的构造函数获取不同的字符，最后输出它们的值。

运行后的输出结果如下所示：

```
str0 的值是: 春夏秋冬
str1 的值是: 明天更美好
str2 的值是: 更美好
str3 的值是: **********
```

String 类包含 1 个只读字段和 2 个属性如下所示：

❑ **Empty 字段**　表示空字符串。
❑ **Chars 属性**　从当前字符串指定位置获取一个字符。
❑ **Length 属性**　获取当前字符串的长度。

8.1.2　转换大小写

转换字符串的大小写是最常见的字符串处理之一，String 类提供了 ToUpper()方法和 ToLower()方法来实现。其中 ToUpper()方法表示将字符串全部转换为大写；ToLower()方法表示将字符串全部转换为小写。这两个方法的声明如下所示：

```
public string ToUpper();
public string ToLower();
```

从以上语句可以看到直接将转换结果作为字符串返回。

【练习 2】

创建一个字符串，然后输出原始内容以及转换大写和小写后的结果。示例代码如下：

```
string str = "Select * From Table1 Where Age=22 and Uid>18";  //原始字符串
Console.WriteLine("原句为: {0}", str);
Console.WriteLine();
Console.WriteLine("全部转换为小写: {0}", str.ToLower());          //转换为小写
Console.WriteLine("全部转换为大写: {0}", str.ToUpper());          //转换为大写
```

运行后的输出结果如下所示：

```
原句为: Select * From Table1 Where Age=22 and Uid>18

全部转换为小写: select * from table1 where age=22 and uid>18
全部转换为大写: SELECT * FROM TABLE1 WHERE AGE=22 AND UID>18
```

8.1.3　去除空格和特定字符

除了大小写的替换外，有时还需要把字符串中存在的空格去掉。这包括去除字符串左侧的指定字符、去除字符串右侧的指定字符和同时去除字符串两侧的指定字符。

String 类提供了 Trim()方法、TrimStart()方法和 TrimEnd()方法实现这些功能，每个方法的具体作用如下：

❑ **Trim()方法**　返回一个前后不含任何空格的字符串。

❑ **TrimStart()方法**　表示从字符串的开始位置删除空白字符或指定的字符。

❑ **TrimEnd()方法**　用于从字符串的结尾删除空白字符或指定的字符。

【练习 3】

下面创建一个练习演示如何使用这 3 个方法去除字符串左右的空格和特定字符。代码如下所示：

```
string str = "     未读短消息（10 条）     ";          //创建第一个测试字符串
string str1 = "******未接电话（10 个）******";      //创建第二个测试字符串

Console.WriteLine("原始字符串: '{0}' ", str);
Console.WriteLine("去除左右空格: '{0}' ", str.Trim());
Console.WriteLine("去除左边空格: '{0}' ", str.TrimStart());
Console.WriteLine("去除右边空格: '{0}' ", str.TrimEnd());

Console.WriteLine();
Console.WriteLine("原始字符串: '{0}' ", str1);
Console.WriteLine("去除左右字符: '{0}' ", str1.Trim('*'));
Console.WriteLine("去除左边字符: '{0}' ", str1.TrimStart('*'));
Console.WriteLine("去除右边字符: '{0}' ", str1.TrimEnd('*'));
```

以上 3 个方法不带参数时表示默认去除空格，还可以在参数中指定要去除的字符。最终运行效果如图 8-2 所示。

8.1.4　连接字符串

String 类的 Concat()方法和 Join()方法都可以实现字符串的连接。

Concat()方法用于将一个或多个字符串对象连接为一个新的字符串。Concat()方法有很多重载形式，最常用的格式如下：

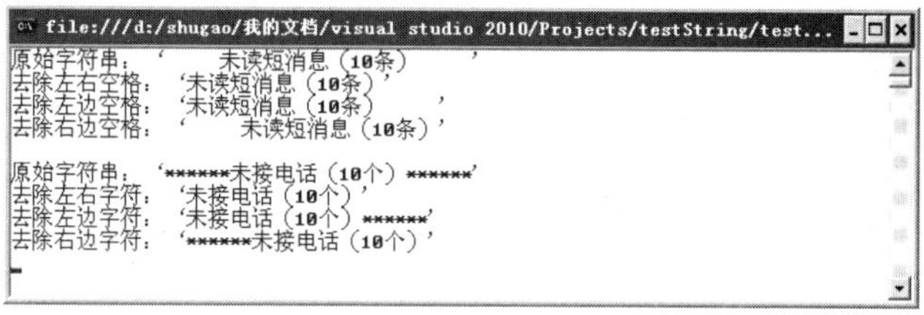

图 8-2　去除空格和字符运行效果

```
public static string Concat(object arg0);
public static string Concat(params object[] args);
public static string Concat(params string[] values);
public static string Concat(object arg0, object arg1);
public static string Concat(string str0, string str1);
public static string Concat(object arg0, object arg1, object arg2);
public static string Concat(string str0, string str1, string str2);
public static string Concat(object arg0, object arg1, object arg2, object arg3);
public static string Concat(string str0, string str1, string str2, string str3);
```

【练习 4】

Concat()方法是 String 类中的静态方法，因此无须创建字符串即可调用。下面的示例演示了
Concat()连接多个字符串的方法：

```
string str = "Hello";
Object o = str;
Object[] objs = new Object[] { -123, "ABC",-456,"DEF",-789,"GHI" };

Console.WriteLine("连接 1、2 和 3 个字符串:");
Console.WriteLine("1) {0}", String.Concat(o));
Console.WriteLine("2) {0}", String.Concat(o, o));
Console.WriteLine("3) {0}", String.Concat(o, o, o));
Console.WriteLine("\n 连接 4 个字符串:");
Console.WriteLine("4) {0}", String.Concat(o, o, o, o));
Console.WriteLine("\n 连接一个数组组成的字符串");
Console.WriteLine("5) {0}", String.Concat(objs));
```

代码中使用 Concat()方法的 5 种形式连接了 5 个字符串，输出结果如图 8-3 所示。

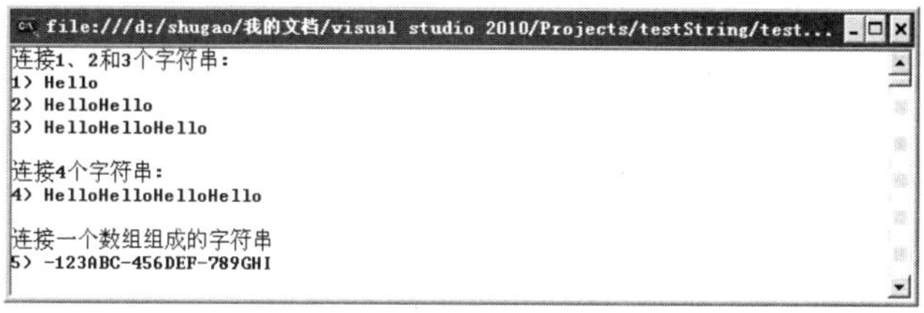

图 8-3　Concat()方法连接字符串效果

Join()方法能够将指定字符串数组中的所有字符串连接为一个新的字符串，而且被连接的各个
字符串被指定分隔字符串分隔。Join()方法常用的重载形式如下：

```
public static string Join(string separator, params object[] values);
public static string Join(string separator, params string[] value);
```

```
public static string Join(string separator, string[] value, int startIndex, int count);
```

【练习5】

下面创建一个示例演示 Join()连接多个字符串的方法，代码如下所示：

```
Object[] objs = new Object[] {"黑色",0,"白色",1,"红色",2,"绿色",3};
string[] strs = new string[] { "黑色", "0", "白色", "1", "红色", "2", "绿色", "3" };

Console.WriteLine("1)使用空格连接字符串:\n{0}",String.Join(" ",objs));
Console.WriteLine("\n2)使用逗号连接字符串:\n{0}", String.Join(", ", objs));
Console.WriteLine("\n3)使用子串连接字符串:\n{0}", String.Join("/", strs, 3, 3));
```

上述代码中第 4 行和第 5 行 Join()方法使用两个参数，第一个参数表示进行连接的分隔符，第二个参数指定一个数组，其中包含要连接的元素。最后一行的 Join()方法包含 4 个参数，其中前两个参数含义相同，第 3 个参数表示要连接的第一个字符串在数组中的位置，第 4 个表示连接的数量。

程序运行后的结果如图 8-4 所示。

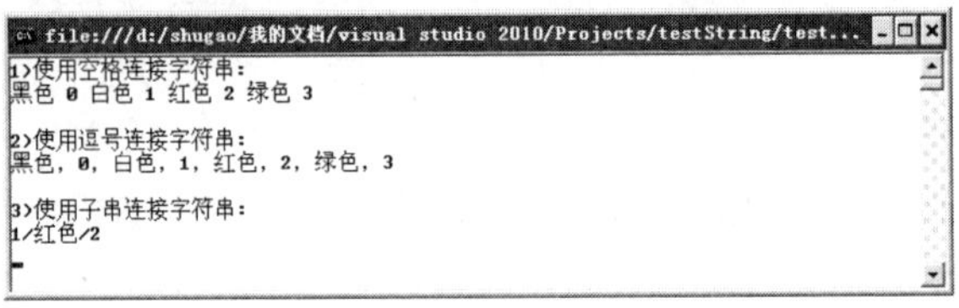

图 8-4　Join ()方法连接字符串效果

8.1.5　替换字符

使用 String 类实例的 Replace()方法可以替换字符。替换字符是指将字符串中指定的字符替换为新的字符，或者将指定的字符串替换为新的字符串。

Replace()方法有两种重载形式，具体如下：

```
string Replace(char oldChar,char newChar)
```

作用：将字符串中指定的字符替换为新的字符。

```
string Replace(string oldValue,string newValue)
```

作用：将字符串中指定的字符串替换为新的字符串。

在上面的重载方法中，oldChar 参数表示被替换的字符；newChar 参数表示替换后的字符；oldValue 参数表示被替换的字符串；newValue 参数表示替换后的字符串。

【练习6】

替换字符的应用非常广泛，例如对敏感字符替换为 "…"、替换错别字以及替换特殊的分隔符等。下面的代码演示了 Replace()方法实现替换字符的功能：

```
string str1 = "你真是一个笨蛋.";
Console.WriteLine("原始字符串: {0}", str1);
Console.WriteLine("替换后字符串: {0}",str1.Replace("笨蛋","好人"));

Console.WriteLine();
string str2 = "My nmea is zht";
Console.WriteLine("原始字符串: {0}", str2);
Console.WriteLine("替换后字符串: {0}", str2.Replace("nmea", "name"));
```

上述代码中调用 Replace()方法将 str1 出现的所有"笨蛋"替换为"好人"，将 str2 出现的所有"nmea"替换为"name"，最终运行的效果如图 8-5 所示。

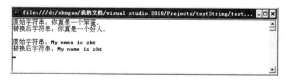

图 8-5　使用 Replace()方法的运行效果

8.1.6　比较字符串

比较两个字符串的大小、长度或者内容等，这是最常见的字符串比较方式。在 C#中，我们可以使用最简单的"=="运算符比较两个字符串是否相等，也可以使用 String 类提供的方法进行比较，包括 Equals()、Contains()、Compare()和 CompareTo()。

1. Equals()方法

Equals()方法用来比较两个字符串是否相等，具有如下几种语法形式：

```
public override bool Equals(object obj);
public bool Equals(string value);
public static bool Equals(string a, string b);
public bool Equals(string value, StringComparison comparisonType);
public static bool Equals(string a, string b, StringComparison comparisonType);
```

该方法在比较时区分大小写，返回值是 bool 类型。如果返回 true 表示相等，否则返回 false。

【练习7】

在系统登录时要求用户和密码必须完全正确，否则登录失败。下面使用 Equals()方法实现登录验证的功能，代码如下所示：

```
string username = "abc", userpass = "000";          //指定用户名和密码
string uname,upass;

Console.WriteLine("请输入用户名: ");
uname = Console.ReadLine();                          //获取输入的用户名
Console.WriteLine("请输入密码: ");
upass = Console.ReadLine();                          //获取输入的密码

if (uname.Equals(username) && upass.Equals(userpass)) //登录验证
    Console.WriteLine("恭喜您, 登录成功! ");
else
    Console.WriteLine("很抱歉, 您的用户名和密码有误! ");
```

上述代码使用 Equals()方法将输入的用户名和密码与预先指定的进行比较，并根据比较结果给出提示。程序的运行结果如图 8-6 所示。

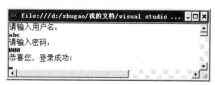

图 8-6　使用 Equals()方法的运行效果

注 意

Equals()方法和"=="操作符都可以用来比较字符串，但是它们之间也有不同。Equals()方法比较的是两个对象的内容是否一致，而"=="比较引用类型是否对同一个对象的引用，比较的是两个变量的值是否相等。

2. Contains()方法

Contains()方法用于确定某个字符串中是否包含另一个字符串，语法如下：

```
public bool Contains(string value);
```

该方法在比较时区分大小写，返回一个 bool 类型，如果参数 value 出现在此字符串，或者 value 为空字符串则返回 true，否则返回 false。

【练习8】

创建一个包含若干颜色的字符串，然后判断用户输入的颜色是否在此字符串中，并输出结果。主要代码如下：

```
string lovecolor = "我喜欢的颜色有 red/dark/blue/green/yellow/black";
Console.WriteLine("请输入一个用英文表示的颜色: ");
string color = Console.ReadLine();
if (lovecolor.Contains(color))
{
    Console.WriteLine("\n{0}是我最喜欢的颜色之一",color);
}
else
{
    Console.WriteLine("\n{0}颜色不好看",color);
}
```

上述代码声明并初始化两个字符串变量 lovecolor 和 color，然后使用 Contains()方法判断 lovecolor 变量中是否包含 color 变量的内容。运行后控制台输出的结果如图 8-7 所示。

图 8-7　使用 Contains()方法的运行效果

3. Compare()方法和 CompareTo()方法

Compare()方法和 CompareTo()方法都可以用来比较字符串，但是它们比较的方式有所不同。例如要比较字符串 str1 和 str2，使用 CompareTo()方法的语法如下：

```
str1.CompareTo(str2);
```

如果使用 Compare()方法比较两个字符串是否相等，其语法如下：

```
string.Compare(str1,str2);
```

Compare()方法和 CompareTo()方法比较两个字符串，返回值都有以下 3 种情况：

（1）当 str1>str2 时，返回 1。

（2）当 str1==str2 时，返回 0。

（3）当 str1<str2 时，返回-1。

另外，CompareTo()方法和 Compare()方法都实现了方法的重载。CompareTo()方法的重载如下所示：

```
CompareTo(Object)           //将此实例与指定的 Object 进行比较
CompareTo(String)           //将此实例与指定的 String 对象进行比较
```

Compare()方法的主要重载如下：

```
Compare(str1,str2)
Compare(str1,str2,boolean)
Compare(str1,str2,boolean,CultureInfo)
Compare(str1,index1,str2,index2,length)
Compare(str1,index1,str2,index2,length,boolean)
Compare(str1,index1,str2,index2,length,boolean,CultureInfo)
```

在 Compare()方法的重载中，str1 和 str2 表示进行比较的字符串。boolean 是一个布尔类型表示是否忽略比较字符的大小写。CultureInfo 表示一个对象，提供区域性特定的比较信息。index1 和 index2 表示比较的相应整数偏移量。length 表示要比较的字符串中字符的最大数量。

【练习 9】

模拟系统的登录功能，提示用户输入用户名和密码，然后使用 CompareTo()方法和 Compare() 方法判断用户名和密码是否相等。主要代码如下：

```
string uname = "abc", upass = "000";
Console.WriteLine("\t\t 员工登录系统");
Console.WriteLine("=========================================");
Console.Write("请输入您的用户名: ");
string username = Console.ReadLine();
Console.Write("请输入您的密码: ");
string userpass = Console.ReadLine();
if (username.CompareTo(uname) == 0 && string.Compare(upass, userpass) == 0)
    Console.WriteLine("\n 恭喜您，成功登录系统! ");
else
    Console.WriteLine("\n 很抱歉，您的用户名和密码有误! ");
```

运行上述代码，效果如图 8-8 所示。

图 8-8　使用 CompareTo()方法和 Compare()方法的运行效果

8.1.7　查找字符串

在一个原始字符串中查找一个字符或者字符串的位置是最常见的字符串操作之一。为 String 类提供了很多方法实现这个功能，方法如表 8-1 所示。

【练习 10】

表 8-1 中的每个方法都提供了几种不同的重载形式，这里就不再详细介绍。下面通过一个对填

空题的判断介绍查找方法的使用。具体代码如下所示：

表 8-1　常用查找字符串方法

方　　法	说　　明
IndexOf()	返回子字符串或字符串第一次出现的索引位置（从 0 开始计算）。如果没有找到字符串，则返回-1
IndexOfAny()	返回子字符串或部分匹配第一次出现的索引位置（从 0 开始计数）。如果没有找到子字符串，则返回-1
LastIndexOf()	返回指定子字符串的最后一个索引位置。如果没有找到子字符串，则返回-1
LastIndexOfAny()	返回指定子字符串或部分匹配的最后一个位置。如果没有找到子字符串，则返回-1
StartsWith()	判断字符串是否以指定子字符串开始，返回值为 true 或 false
EndsWith()	判断字符串是否以指定子字符串结束，返回值为 true 或 false

```csharp
string words = "() winter comes,can spring be far behind"; //指定带空白的题目

Console.WriteLine("语句填空: ");
Console.WriteLine(words);                              //输出题目

Console.WriteLine("\n请输入答案: ");
string answer = Console.ReadLine();                   //接收答案的输入
string newwords=words.Replace("()", answer);          //将答案替换空白
Console.WriteLine("新句: "+newwords);                 //输出新句

if (newwords.StartsWith("if"))                        //判断答案是否正确
    Console.WriteLine("\n审查: 答案正确");
else
    Console.WriteLine("\n审查: 答案错误");

Console.WriteLine("是否以"behind"结束: " + newwords.EndsWith("behind"));
int startIndex = newwords.IndexOf("e");
int endIndex = newwords.LastIndexOf("e");
Console.WriteLine("字符'e'出现的第一个索引位置: " + startIndex);
Console.WriteLine("字符'e'出现的最后一个索引位置: " + endIndex);
```

上述代码使用 StartsWith()方法判断语句是否以"if"开始，如果是则说明答案正确。接下来使用 EndsWith()判断是否以"behind"结束，并输出字符'e'在字符串第一次以及最后出现的索引位置，运行效果如图 8-9 所示。

图 8-9　运行效果

8.1.8　分隔字符串

分隔字符串是指按照指定的分隔符，将一个字符串分隔成若干个子串。例如，将字符串"春|

夏|秋|冬"按照分隔符"|"可以分隔成"春"、"夏"、"秋"和"冬"这 4 个字符串。

在 C#中实现替换字符串的功能需要使用 String 类的 Split()方法，该方法有如下多种重载形式：

```
string[] Split(params char[] separator)
string[] Split(char[] separator,int count)
string[] Split(char[] separator,StringSplitOptions options)
string[] Split(string[] separator,StringSplitOptions options)
string[] Split(char[] separator,int count,StringSplitOptions options)
string[] Split(string[] separator,int count,StringSplitOptions options)
```

在上面的重载方法中，separator 参数表示分隔字符或字符串数组；count 表示要返回的字符串的最大数量；options 参数表示字符串分隔选项，它是一个枚举类型，主要有以下两个值。

❑ **System.StringSplitOptions.RemoveEmptyEntries** 省略返回的数组中的空数组元素。

❑ **System.StringSplitOptions.None** 要包含返回的数组中的空数组元素。

【练习 11】

创建两个字符串，然后使用指定的字符进行拆分，具体代码如下所示：

```
string str1 = "《三 国 演 义》,《水 浒 传》,《红 楼 梦》,《西 游 记》";    //第 1 个字符串
Console.WriteLine("四大名著是: ");
string[] subarray = str1.Split(',');         //使用逗号进行分隔
foreach (string s in subarray)
{
    string[] adm = s.Split(' ');                   //使用空格进行分隔
    foreach (string item in adm)
    {
        Console.Write(item);
    }
    Console.Write("\t");
}
Console.WriteLine("\n\n 使用多个分隔符: ");
string str2 = "A B C, 北京, 上海; 9路; 4路; K2路, 100| QQ群| itzcn.com";
                                          //第 2 个字符串
char[] separator = { ',', ';', '|' };         //同时指定多个分隔符
string[] subarray1 = str2.Split(separator);
foreach (string s in subarray1)
{
    Console.Write(" "+s);
}
```

在上述代码中使用 Split()方法首先按逗号分隔为字符数组，然后再按空格分隔。对 str2 字符串指定了一个分隔字符数组，最后输出分隔后的每个字符，运行效果如图 8-10 所示。

图 8-10　分隔字符串运行效果

8.1.9　截取子字符串

截取子字符串是指从原始字符串中获取字符串的一部分。例如，从字符串"Today is Monday"

中截取子字符串"is"，就需要用到 String 类的 Substring()方法。

Substring()方法有两个重载：

```
String Substring(int index1)
```

检索子字符串，子字符串从指定的字符位置开始，并且返回用户想要提取的字符串。

```
String Substring(int index1,int length)
```

检索字符串时传入两个参数。第一个参数指定子字符串开始提取的位置，第二个参数指定字符串中的字符数。

【练习 12】

下面的示例代码演示了如何使用 Substring()方法截取子字符串。

```
string words = "if winter comes,can spring be far behind";
Console.WriteLine(words);
Console.WriteLine("\n长度: {0}", words.Length);
Console.WriteLine("第1个单词是: {0}", words.Substring(0,2));
                                              //从索引0开始，截取2个字符
Console.WriteLine("第2个单词是: {0}", words.Substring(3, 6));
                                              //从索引3开始，截取6个字符
int index = words.IndexOf(',');              //获取逗号所在位置
Console.Write("第2句是:{0}", words.Substring(index+1));       //截取逗号往后的字符
```

上述代码首先声明 words 变量表示原始字符串，然后输出从索引 0 开始，截取 2 个的字符串；从索引 3 开始，截取 6 个的字符串。调用 IndexOf(',')方法找到逗号在原始字符串的位置，再截取从逗号到末尾的字符串，运行后的输出效果如图 8-11 所示。

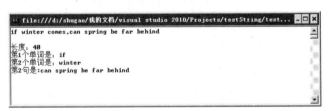

图 8-11 使用 Substring()方法的运行效果

8.1.10 移除字符串

移除字符串是指从一个原始字符串中去掉指定的字符或者指定数量的字符，而形成一个新字符串。String 类提供了 Remove()方法实现移除功能，该方法有如下两种形式：

```
public string Remove(int startIndex);
public string Remove(int startIndex, int count);
```

startIndex 参数表示要移除字符的开始索引，count 参数表示移除字符的数量，如果省略第 2 个参数则表示到字符末尾。Remove()方法返回移除之后的新字符串。

【练习 13】

下面的代码演示如何使用 Remove()函数移除字符串。

```
string words = "if winter comes,can spring be far behind";
Console.WriteLine(words);
Console.WriteLine("\nRemove(2)结果: {0}",words.Remove(2));
Console.WriteLine("Remove(3,6)结果: {0}", words.Remove(3, 6));
```

```
Console.WriteLine("Remove(10,16)结果: {0}", words.Remove(10, 16));
```

运行效果如图 8-12 所示。

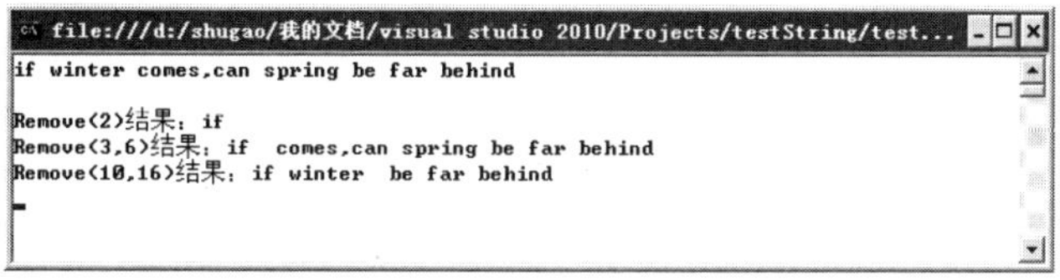

图 8-12　移除字符串运行效果

8.2　StringBuilder 类字符串

String 对象是不可改变的。每次使用 System.String 类中的方法时，都要在内存中创建一个新的字符串对象，这就需要为该新对象分配新的空间。在需要对字符串执行重复修改的情况下，与创建新的 String 对象相关的系统开销可能会非常昂贵。如果要修改字符串而不创建新的对象，则可以使用 System.Text.StringBuilder 类。例如，在一个循环中将许多字符串连接在一起时，使用 StringBuilder 类可以提升性能。下面详细介绍 StringBuilder 类的使用方法。

8.2.1　创建字符串

StringBuilder 类提供了 6 种构造函数形式来创建一个字符串。这些构造函数的语法及作用如下：

```
public StringBuilder();
```

作用：初始化一个空的 StringBuilder 类实例。

```
public StringBuilder(int capacity);
```

作用：使用指定的容量初始化 StringBuilder 类的新实例。

```
public StringBuilder(string value);
```

作用：使用指定的字符串初始化 StringBuilder 类的新实例。

```
public StringBuilder(int capacity, int maxCapacity);
```

作用：初始化 StringBuilder 类的新实例，该类起始于指定容量并且可增长到指定的最大容量。

```
public StringBuilder(string value, int capacity);
```

作用：使用指定的字符串和容量初始化 StringBuilder 类的新实例。

```
public StringBuilder(string value, int startIndex, int length, int capacity);
```

作用：用指定的子字符串和容量初始化 StringBuilder 类的新实例。

【练习 14】

下面依次使用 StringBuilder 类的每个构造函数创建一个字符串，代码如下所示：

```
StringBuilder sb1 = new StringBuilder();                    //第 1 种构造函数
 Console.WriteLine("sb1 的内容是: {0}",sb1);
```

```
int capacity = 255;
StringBuilder sb2 = new StringBuilder(capacity);        //第 2 种构造函数
Console.WriteLine("sb2 的内容是: {0}", sb2);

string str = "美丽的一天";
StringBuilder sb3 = new StringBuilder(str);             //第 3 种构造函数
Console.WriteLine("sb3 的内容是: {0}", sb3);

int maxCapacity = 1024;
StringBuilder sb4 = new StringBuilder(capacity, maxCapacity);//第 4 种构造函数
Console.WriteLine("sb4 的内容是: {0}", sb4);

string str1 = "今天天气不错 ";
StringBuilder sb5 =new StringBuilder(str1, capacity);   //第 5 种构造函数
Console.WriteLine("sb5 的内容是: {0}", sb5);

string initialString = "我们都有一个家，名字叫中国。";
int startIndex = 0;
int substringLength = 14;
//第 6 种构造函数
StringBuilder    sb6    =    new    StringBuilder(initialString,startIndex,
substringLength, capacity);
Console.WriteLine("sb6 的内容是: {0}", sb6);
```

在上述代码中，根据 StringBuilder 类构造函数的不同传递不同的参数，最终创建 6 个 StringBuilder 类的实例，再输出这些实例中保存的字符串，运行效果如图 8-13 所示。

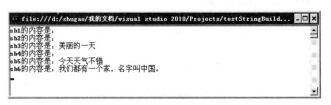

图 8-13　运行效果

8.2.2　插入字符串

使用插入字符串可以在原始字符串的指定位置插入特定的字符、数字或者字符串等内容。

StringBuilder 类的 Insert()方法封装了插入字符串的功能，该方法的功能非常强大提供了 18 种重载形式，几乎可以将任意类型的值插入到字符串的指定位置。在表 8-2 中列出了常用重载形式的语法及其说明。

表 8-2　Insert()方法常用的重载方式

重 载 方 式	说　　　明
Insert(int index,double value)	将双精度浮点数的字符串表示形式插入到此实例中的指定字符位置
Insert(int index,string value)	将字符串插入到此实例中的指定字符位置
Insert(int index,char value)	将指定 Unicode 字符的字符串表示形式插入到实例中的指定字符位置
Insert(int index,bool value)	将布尔值的表现形式插入到此实例中的指定字符位置

续表

重 载 方 式	说　明
Insert(int index,int vlaue)	将指定的32位带符号整数的字符串表示形式插入到此实例中的指定字符位置
Insert(int index,string value,int count)	将指定字符串的一个或更多副本插入到此实例中的指定字符位置

【练习15】

创建一个原始字符串,使用 Insert()方法将字符串、布尔值、整数、浮点数和字符依次插入原始字符串。实现的具体代码如下:

```
StringBuilder sb = new StringBuilder("Two,Three,Four");   //原始字符串
Console.WriteLine("字符串原始内容: {0}", sb);
sb.Insert(0, "One,");                                     //插入字符串
Console.WriteLine("\n1)字符串内容: {0}", sb);
sb.Insert(8, true);                                       //插入布尔值
Console.WriteLine("2)字符串内容: {0}", sb);
sb.Insert(18, 3);                                         //插入整数
Console.WriteLine("3)字符串内容: {0}", sb);
sb.Insert(3, 1.123456f);                                  //插入浮点数
Console.WriteLine("4)字符串内容: {0}", sb);
sb.Insert(3, ',');                                        //插入字符
Console.WriteLine("5)字符串内容: {0}", sb);
```

上述代码中使用 new 创建并初始化 StringBuilder 类的对象 sb,然后调用 Insert()方法实现各种插入,最终的运行效果如图 8-14 所示。

图 8-14　使用 Insert()方法的运行效果

8.2.3　追加字符串

与插入字符串不同,追加字符串可以将指定的字符或字符串插入到字符串的末尾。StringBuilder类提供了以下的追加字符串方法。

❑ **Append()方法**　将指定的字符或字符串追加到字符串的末尾。

❑ **AppendLine()方法**　追加指定的字符串完成后,还追加一个换行符号。

❑ **AppendFormat()方法**　首先格式化被追加的字符串,然后将其追加到字符串的末尾。

1. Append()方法

Append()方法提供了 19 种重载形式,几乎可以将任何类型追加到字符串后面,如 int、char、char[]、decimal、long、bool 和 short 等。表 8-3 列出了 Append()方法常用的几种重载形式。

表8-3　Append()方法常用的几种重载形式

重 载 方 式	说　明
Append(bool value)	在此实例的结尾追加指定的布尔值的字符串表示形式
Append(char value)	在此实例的结尾追加指定 Unicode 字符的字符串表示形式

续表

重载方式	说 明
Append(double value)	在此实例的结尾追加指定的双精度浮点数的字符串表示形式
Append(int value)	在此实例的结尾追加指定的 32 位有符号整数的字符串表示形式
Append(string value)	在此实例的结尾追加指定字符串的副本
Append(string value,int index,int count)	在此实例的结尾追加指定子字符串的副本

【练习 16】

Append()方法适用于在字符串原来的基础上追加内容。例如，下面的示例演示了 Append()方法追加各种类型内容的使用方法，代码如下所示：

```
StringBuilder sb = new StringBuilder("活动");          //创建原始字符串
sb.Append(':');
sb.Append('\n');
sb.Append("庆元旦全场所有商品 5 折，还包邮。\n");
sb.Append(1);
sb.Append(":手套,");
sb.Append(5.98);
sb.Append(true);
sb.Append("\n");
sb.Append('*', 20);
sb.Append("\n");
Char[] c = { 'A', 'B','C', 'D', 'E' };
sb.Append(c); sb.Append("\n");
sb.Append("0123456789", 4, 5);

Console.WriteLine(sb);                               //输出追加后字符串的内容
```

上述代码中首先使用 StringBuilder 类的构造函数来初始化一个原始字符串 sb，然后调用 Append()方法向 sb 中追加内容，最后输出追加后的字符串，运行效果如图 8-15 所示。

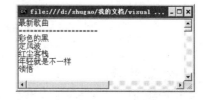

图 8-15　Append()方法运行效果　　　图 8-16　AppendLine()方法运行效果

2．AppendLine ()方法

AppendLine()方法在 Append()方法功能的基础上，每次追加一个换行符。AppendLine()方法有如下两种重载方式。

❑ **AppendLine()**　将默认的行终止符追加到当前对象的末尾。

❑ **AppendLine(string value)**　将后面跟有默认行终止符的指定字符串的副本追加到当前对象的末尾。

【练习 17】

假设在一个字符串保存了一个标题，现在需要向该标题追加一个分隔符和 5 项内容，要求追加的内容都换行显示。具体代码如下所示：

```
StringBuilder sb = new StringBuilder("最新歌曲");
sb.AppendLine();
sb.AppendLine("====================");
sb.AppendLine("彩色的黑");
sb.AppendLine("定风波");
sb.AppendLine("红尘客栈");
sb.AppendLine("年轻就是不一样");
sb.AppendLine("领悟 ");
Console.WriteLine(sb);                    //输出追加后字符串的内容
```

代码非常简单就不再解释，运行效果如图 8-16 所示。

3. AppendFormat()方法

使用 StringBuilder 类 AppendFormat()方法能够在追加字符串时进行格式化。该方法可以避免创建多余的字符串（即避免调用多个 string.Format()方法）。AppendFormat()方法的重载形式如表 8-4 所示。

表 8-4 AppendFormat()的重载方法

重 载 方 式	说　　明
AppendFormat (string value,object arg0)	向此实例追加包含零个或更多格式规范的格式化字符串。每个格式项都替换为一个参数的字符串表示形式
AppendFormat(string,object[])	向此实例追加包含零个或更多格式规范的格式化字符串。每个格式项都替换为形参数组中相应实参的字符串表示形式
AppendFormat(IFormatProvider,string,object[])	向此实例追加包含零个或更多格式规范的格式化字符串。使用指定的格式提供程序将每个格式项都替换为形参数组中相应实参的字符串表示形式
AppendFormat(IFormatProvider,string,object[])	向此实例追加包含零个或更多格式规范的格式化字符串。每个格式项都替换为形参数组中相应实参的字符串表示形式
AppendFormat(string,object,object,object)	向此实例追加包含零个或更多格式规范的格式化字符串。每个格式项都替换为这三个参数中任意一个参数的字符串

【练习 18】

创建一个示例演示使用 AppendFormat()方法追加并格式化字符串的方法。具体代码如下：

```
static StringBuilder sb = new StringBuilder();
static void Main(string[] args)
{
    int var1 = 111;
    float var2 = 2.22F;
    string var3 = "ABCEF";
    object[] var4 = { 3,true,"China", 3.1415F, '*',"晴天" };
    Console.WriteLine();
    Console.WriteLine("调用 AppendFormat()方法的结果:");
    sb.AppendFormat("1) {0}", var1);
    Show(sb);
    sb.AppendFormat("2) [{0}],[{1}]", var1, var2);
    Show(sb);
    sb.AppendFormat("3) {0}, {1}, {2}", var1, var2, var3);
```

```
        Show(sb);
        sb.AppendFormat("4) {4}/{2}/{1}/{5}/{0}", var4);
        Show(sb);
        CultureInfo ci = new CultureInfo("zh-cn", true);
        sb.AppendFormat(ci, "5) {0}", var2);
        Show(sb);
    }
    public static void Show(StringBuilder sbs)
    {
        Console.WriteLine(sbs.ToString());          //输出字符串
        sb.Clear();                                 //清空内容
    }
```

上述代码中定义了一个 Show()方法负责输出字符串的内容，并清空内容。AppendFormat()方法格式化时可以指定多种格式的分隔符和多个参数，最终运行效果如图 8-17 所示。

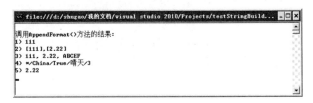

图 8-17　AppendFormat()方法运行效果

8.2.4　移除字符串

与 String 类一样，StringBuilder 类提供了 Remove()方法用于从字符串中指定位置开始移除其后指定数量的字符。Remove()方法语法如下：

```
public StringBuilder Remove(int startIndex, int length);
```

Remove()方法有两个参数，第一个参数表示开始移除字符的位置。第二个参数表示要移除的字符数量。

【练习 19】

创建 StringBuilder 类的对象 strbuilder，接着向 strbuilder 对象中添加字符串，然后移除指定的字符串。具体代码如下所示：

```
StringBuilder strbuilder = new StringBuilder();
strbuilder.Insert(0,"什么是甜 什么是苦 只知道 确定了就义无返顾 要输就输给追求 要嫁就嫁
给幸福 ");
strbuilder.Remove(14,8);
Console.WriteLine(strbuilder.ToString());
```

上述代码调用 Insert()方法在 strbuilder 对象的位置 0 处插入一段字符串，然后使用 Remove()方法移除从索引位置 14 开始后的 8 个字符，即移除字符串"确定了就义无反顾"。输出结果如下所示：

```
什么是甜 什么是苦 只知道 要输就输给追求 要嫁就嫁给幸福
```

8.2.5　替换字符串

在程序开发过程中，我们总会将一些敏感的单词、词语或句子等使用其他的字符进行替换。

String 类的 Replace()方法用来表示替换字符或字符串。同样在 StringBuilder 类中也提供了 Replace()
方法，重载形式如下：

```
public StringBuilder Replace(char oldChar, char newChar);
public StringBuilder Replace(string oldValue, string newValue);
public StringBuilder Replace(char oldChar, char newChar, int startIndex, int count);
public StringBuilder Replace(string oldValue, string newValue, int startIndex,
int count);
```

【练习 20】

创建一个示例，使用 Replace()方法对 StringBuilder 类的字符串进行替换，具体的实现代码
如下：

```
StringBuilder sb = new StringBuilder("轻轻地我走了， 正如我轻轻地来； ");
Console.WriteLine("字符串原始内容: {0}", sb);
Console.WriteLine();
sb.Replace("轻", "qing");
Console.WriteLine("1){0}",sb);
sb.Replace("我", "Wo", 0, 10);
Console.WriteLine("2){0}", sb);
```

上述代码使用了 Replace()方法的两种形式，运行效果如图 8-18 所示。

图 8-18　使用 Replace()方法的运行效果

8.2.6　StringBuilder 类的其他常用成员

StringBuilder 类中除了上面介绍的方法之外，还有许多其他的方法，例如 Equals()、
EnsureCapacity()和 ToString()等，下面对它们进行简要介绍。

1. Equals()方法

StringBuilder 类的 Equals()方法用于比较两个 StringBuilder 类的实例是否相等，如果相等则返
回 true，否则返回 false。示例如下所示：

```
StringBuilder sb1 = new StringBuilder("www.itzcn.com");
StringBuilder sb2 = new StringBuilder("WWW.ITZCN.COM");
bool result = sb1.Equals(sb2);
Console.WriteLine("比较结果为:{0}", result);
```

执行上述代码将输出如下所示的结果：

```
比较结果为:False
```

2. EnsureCapacity()方法

EnsureCapacity()方法用于保证 StringBuilder 有指定的最小容量。它的使用简单，示例如下所示：

```
StringBuilder sb = new StringBuilder();
sb.EnsureCapacity(128);
```

EnsureCapacity()方法保证了 sb 至少有 128 个字符的容量。但其结果将设置为 256 个字符容量，因为该容量为指定容量的 2 倍，也就是说把最小的容量设置为 128，其实际容量为 256。

3．ToString()方法

ToString()方法用于把 StringBuilder 类的实例转换成字符串，该方法有如下重载形式：

❑ **ToString()** 将此实例的值转换为 String。

❑ **ToString(int startIndex, int length)** 将此实例中子字符串的值转换为 String。

在上述第二个重载方法中，第一个 Int32 参数是开始提取字符的 StringBuilder 中的开始位置，而第二个 Int32 参数是转换的字符数量。

8.3 时间和日期处理

除了字符串的处理之外，在编程过程中显示时间和日期、格式化日期等也是开发人员经常使用的。因此.NET Framework 中提供了 DateTime 结构和 TimeSpan 结构。本节详细介绍这两种结构对日期和时间进行的处理操作。

8.3.1 TimeSpan 结构

TimeSpan 表示时间间隔或持续时间，按正负天数、小时数、分钟数、秒数以及秒的小数部分进行度量，最大时间单位为天。TimeSpan 的值是等于所表示时间间隔的刻度数。一个刻度等于 100 纳秒，TimeSpan 对象的值范围是在 MinValue 和 MaxValue 之间。

一个 TimeSpan 值表示的时间形式如下：

```
[-]d.hh:mm:ss.ff
```

以上语句减号是可选的，它指示负时间间隔；d 表示天；hh 表示小时（24 小时制）；mm 表示分钟；ss 表示秒；ff 表示秒的小数部分。即时间间隔包括整的正负天数、天数和剩余的不足一天的时长，或者只包含不足一天的时长。

1．构造函数

TimeSpan 结构提供了 4 种不同形式的构造函数来初始化一个时间，这些形式如下：

```
public TimeSpan(long ticks);
public TimeSpan(int hours, int minutes, int seconds);
public TimeSpan(int days, int hours, int minutes, int seconds);
public TimeSpan(int days, int hours, int minutes, int seconds, int milliseconds);
```

【练习 21】

使用上述的 4 种构造函数创建 4 个时间，代码如下所示：

```
TimeSpan ts1 = new TimeSpan(100);                    //表示 100 个 100 微秒
TimeSpan ts2 = new TimeSpan(12, 32, 40);             //表示 12:32:40
TimeSpan ts3 = new TimeSpan(2, 21, 36, 50);          //表示 2:21:35:50
TimeSpan ts4 = new TimeSpan(1, 7, 45, 21, 37);       //表示 1.7:45:21:37
```

2．字段

TimeSpan 结构中包含 8 个静态字段，其中有 3 个只读字段和 5 个常数字段。3 个只读字段中的 MaxValue 表示最大的 TimeSpan 值；MinValue 表示最小的 TimeSpan 值；Zero 指定零

TimeSpan 值。

五个常数字段的具体说明如下所示：

- ❑ **TicksPerDay**　一天中的刻度数。
- ❑ **TicksPerHour**　1 小时的刻度数。
- ❑ **TicksPerMillisecond**　1 毫秒的刻度数。
- ❑ **TicksPerMinute**　1 分钟的刻度数。
- ❑ **TicksPerSecond**　1 秒的刻度数。

【练习 22】

调用 TimeSpan 结构的静态字段输出表示时间的各个值，代码如下所示：

```
Console.WriteLine("TimeSpan 的最大值: " + TimeSpan.MaxValue);
Console.WriteLine("TimeSpan 的最小值: " + TimeSpan.MinValue);
Console.WriteLine("一天中的刻度数: " + TimeSpan.TicksPerDay );
Console.WriteLine("1 小时的刻度数: " + TimeSpan.TicksPerHour);
Console.WriteLine("1 毫秒的刻度数: " + TimeSpan.TicksPerMillisecond );
Console.WriteLine("1 分钟的刻度数: " + TimeSpan.TicksPerMinute );
Console.WriteLine("1 秒的刻度数: " + TimeSpan.TicksPerSecond );
```

控制台输出的结果如下所示：

```
TimeSpan 的最大值: 10675199.02:48:05.4775807
TimeSpan 的最小值: -10675199.02:48:05.4775808
一天中的刻度数: 864000000000
1 小时的刻度数: 36000000000
1 毫秒的刻度数: 10000
1 分钟的刻度数: 600000000
1 秒的刻度数: 10000000
```

3. 属性

TimeSpan 结构的实例属性共有 11 个，这些属性均为只读属性，具体说明如表 8-5 所示。

表 8-5　TimeSpan 结构的实例属性

属　　性	说　　明
Days	获取 TimeSpan 结构所表示的时间间隔的天数部分
Hours	获取 TimeSpan 结构所表示的时间间隔的小时数
Milliseconds	获取 TimeSpan 结构所表示的时间间隔的毫秒数
Minutes	获取 TimeSpan 结构所表示的时间间隔的分钟
Seconds	获取 TimeSpan 结构所表示的时间间隔的秒数
Ticks	表示当前 TimeSpan 结构的值的刻度数
TotalDays	获取以整天数和天的小数部分表示的当前 TimeSpan 结构的值
TotalHours	获取以整小时数和小时的小数部分表示的当前 TimeSpan 结构的值
TotalMinutes	获取以整分钟数和分钟的小数部分表示的当前 TimeSpan 结构的值
TotalSeconds	获取以整秒数和秒的小数部分表示的当前 TimeSpan 结构的值
TotalMilliseconds	获取以整毫秒数和毫秒的小数部分表示的当前 TimeSpan 结构的值

【练习 23】

创建 TimeSpan 结构的实例对象 timepan，然后获取该对象 Days、Hours、Minutes、Seconds、
TotalMinutes 和 TotalSeconds 属性的值，最后将它们的值输出。具体代码如下：

```
TimeSpan timespan = new TimeSpan(12,20,13, 29, 50);
int days = timespan.Days;
int hours = timespan.Hours;
double minutes = timespan.TotalMinutes;
double second = timespan.TotalSeconds;
Console.WriteLine("获取 TimeSpan 对象的天数: " + days);
Console.WriteLine("获取 TimeSpan 对象的小时数: " + hours);
Console.WriteLine("获取 TimeSpan 对象的分钟数: " + timespan.Minutes);
Console.WriteLine("获取 TimeSpan 对象的毫秒数: " + timespan.Seconds);
Console.WriteLine("\n 获取 TimeSpan 对象的分钟部分和小数部分: " + minutes);
Console.WriteLine("获取 TimeSpan 对象的秒部分和小数部分: " + second);
```

运行上述代码，最终效果如图 8-19 所示。

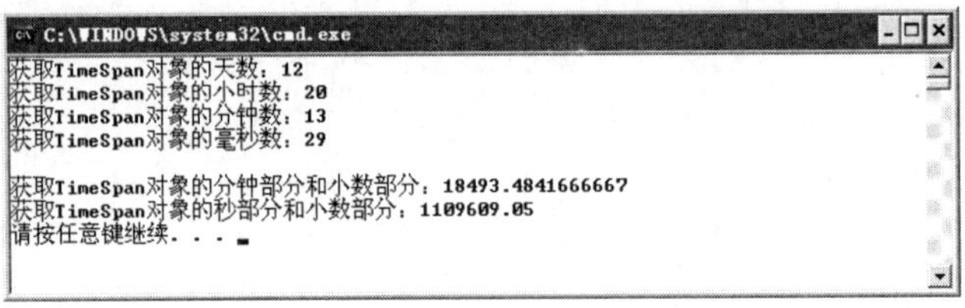

图 8-19　TimeSpan 结构中属性的运行效果

4．方法

TimeSpan 结构中包含 13 个静态方法和 9 个实例方法。使用这些方法可以用来创建新的结构实例、比较不同实例的值以及指定对象值的转换等。表 8-6 列出了 TimeSpan 结构中的静态方法。

表 8-6　TimeSpan 结构的静态方法

方　　法	说　　明
Compare()	比较两个 TimeSpan 的值，它的返回值为-1、0 和 1
Equlas()	判断两个 TimeSpan 结构的实例是否相等。如果相等返回 true，否则返回 false
FromDays()	根据指定的天数，创建一个 TimeSpan 结构的实例
FromHours()	根据指定的小时数，创建一个 TimeSpan 结构的实例
FromMinutes()	根据指定的分钟数，创建一个 TimeSpan 结构的实例
FromSeconds()	根据指定的秒数，创建一个 TimeSpan 结构的实例
FromMilliseconds()	根据指定的毫秒数，创建一个 TimeSpan 结构的实例
FromTicks()	根据指定的刻度数，创建一个 TimeSpan 结构的实例
Parse()	将时间间隔的字符串转换为相应的 TimeSpan 结构
ParseExact()	将时间间隔的字符串转换为相应的 TimeSpan 结构。该字符串的格式必须与指定的格式完全匹配
ReferenceEquals()	确定指定的 System.Object 实例是否是相同的实例
TryParse()	将时间间隔的字符串转换为相应的 TimeSpan 结构。返回一个指示是否成功的值
TryParseExact()	将时间间隔的字符串转换为相应的 TimeSpan 结构。返回一个指示是否成功的值，且该字符串的格式必须与指定的格式完全匹配

【练习 24】

调用 TimeSpan 结构的 FromDays()方法创建一个 TimeSpan 对象 tspan，然后调用 Compare()方法和 Equals()方法比较 TimeSpan 对象值的大小。具体代码如下：

```
TimeSpan tspan = TimeSpan.FromDays(1.005);
int num = TimeSpan.Compare(tspan, TimeSpan.Zero);
```

```
bool equ = TimeSpan.Equals(tspan, TimeSpan.FromHours(1.005));
Console.WriteLine(num + ">>>>" + equ);
```

上述代码中 TimeSpan.Zero 表示获取零 TimeSpan 的值。Compare()方法比较 tspan 和 Time.Zero 时，如果 tspan 大于 Time.Zero，则返回值为 1；如果 tspan 等于 Time.Zero，则返回值为 0；如果 tspan 小于 Time.Zero，则返回值为-1。FromHours()方法根据指定的小时数创建一个 TimeSpan 对象。Equals()方法比较 tspan 和小时对象的值，返回 bool 类型，如果相等返回 true，否则返回 false。控制台输出的效果是："1>>>>False"。

TimeSpan 结构中 9 个实例方法的具体说明如表 8-7 所示。

表 8-7　TimeSpan 结构的实例方法

方　　法	说　　明
Add()	将指定的 TimeSpan 添加到实例中
CompareTo()	将当前实例与指定的 TimeSpan 对象进行比较，返回值为-1、0 和 1
Duration()	返回新的 TimeSpan 对象，其值是当前 TimeSpan 对象的绝对值
Equals()	判断两个 TimeSpan 结构的实例是否相等。如果相等返回 true，否则返回 false
GetHashCode()	返回此实例的哈希代码
GetType()	获取当前实例的 System.Type
Negate()	获取当前实例的值的绝对值
Subtract()	从此实例中减去指定的 TimeSpan
ToString()	将当前对象的值转换为其等效的字符串表示形式

【练习 25】

创建 TimeSpan 结构的对象 tim，然后调用 Duration()方法获得 tim 对象的绝对值，并将它的值保存为 time 对象。具体代码如下：

```
TimeSpan tim = new TimeSpan(-2,30,45);
TimeSpan time = tim.Duration();
Console.WriteLine(tim+"<<<>>>"+time);
```

上述代码中 tim 对象的值为 -1:30:45，time 对象的值为 1:30:45，输出效果是 "-01:29:15<<<>>>01:29:15"。

8.3.2　DateTime 结构

DateTime 结构是一个值类型，表示某一刻的时间，通常使用日期和时间的组合来表示。DateTime 结构表示的时间值是以 100 毫微秒为单位（该单位称为刻度）进行计算。

1．构造函数

与 TimeSpan 结构相比，DataTime 结构提供了更多的构造函数来初始化一个时间，这些形式如下所示：

```
DateTime(long ticks);
```

作用：将 DateTime 结构的新实例初始化为指定的计时周期数。

```
DateTime(long ticks, DateTimeKind kind);
```

作用：将 DateTime 结构的新实例初始化为指定的计时周期数以及协调世界时 (UTC) 或本地时间。

```
DateTime(int year, int month, int day);
```

作用：将 DateTime 结构的新实例初始化为指定的年、月和日。

```
DateTime(int year, int month, int day, Calendar calendar);
```

作用：将 DateTime 结构的新实例初始化为指定日历的指定年、月和日。

```
DateTime(int year, int month, int day, int hour, int minute, int second);
```

作用：将 DateTime 结构的新实例初始化为指定的年、月、日、小时、分钟和秒。

```
DateTime(int year, int month, int day, int hour, int minute, int second, Calendar
calendar);
```

作用：将 DateTime 结构的新实例初始化为指定年、月、日、小时、分钟、秒和协调世界时（UTC）或本地时间。

```
DateTime(int year, int month, int day, int hour, int minute, int second,
DateTimeKind kind);
```

作用：将 DateTime 结构的新实例初始化为指定日历的指定年、月、日、小时、分钟和秒。

```
DateTime(int year, int month, int day, int hour, int minute, int second, int
millisecond);
```

作用：将 DateTime 结构的新实例初始化为指定的年、月、日、小时、分钟、秒和毫秒。

```
DateTime(int year, int month, int day, int hour, int minute, int second, int
millisecond, Calendar calendar);
```

作用：将 DateTime 结构的新实例初始化为指定年、月、日、小时、分钟、秒、毫秒和协调世界时（UTC）或本地时间。

```
DateTime(int year, int month, int day, int hour, int minute, int second, int
millisecond, DateTimeKind kind);
```

作用：将 DateTime 结构的新实例初始化为指定日历的指定年、月、日、小时、分钟、秒和毫秒。

```
DateTime(int year, int month, int day, int hour, int minute, int second, int
millisecond, Calendar calendar, DateTimeKind kind);
```

作用：将 DateTime 结构的新实例初始化为指定日历的指定年、月、日、小时、分钟、秒、毫秒和协调世界时（UTC）或本地时间。

【练习 26】

使用 DateTime 的构造函数创建常见的几种时间形式，代码如下所示：

```
DateTime dt1 = new DateTime();                    //空的时间
DateTime dt2 = new DateTime(2012,12,21);          //年、月和日
DateTime dt3 = new DateTime(2012, 12, 31,12,59,59);//年、月、日、小时、分钟和秒
DateTime dt4 = new DateTime(2012, 12, 31, 12, 59, 59,16);
                                        //年、月、日、小时、分钟、秒和毫秒
```

2. 字段

DateTime 结构中有两个静态的只读字段：MaxValue 和 MinValue。MaxValue 表示 DateTime 的最大可能值，MinValue 表示 DateTime 的最小可能值。

【练习 27】

调用 DateTime 的 MaxValue 和 MinValue 获得最大值和最小值，然后在控制台输出。具体代码如下：

```
DateTime maxtime = DateTime.MaxValue;
DateTime mintime = DateTime.MinValue;
Console.WriteLine("DateTime 的最小值是: {0} ", mintime);
Console.WriteLine("DateTime 的最大值是: {0} ", maxtime);
```

运行上述代码,控制台输出的结果如下所示:

```
DateTime 的最小值是: 0001-1-1 00:00:00
DateTime 的最大值是: 9999-12-31 23:59:59
```

3. 属性

通过 DateTime 结构的属性可以获取系统的当前时间、年份、月份、分钟等。这些属性共有 16 个,其中分为 3 个静态属性和 13 个实例属性,具体说明如表 8-8 所示。

表 8-8　DateTime 结构的属性

属　　性	说　　明
Now	静态属性,获取计算机上的当前时间
Today	静态属性,获取当前日期
UtcNow	静态属性,获取计算机上的当前时间,表示为协调通用世界时间(UTC)
Date	获取日期部分
Day	获取此实例所表示的日期为该月中的第几天
DayOfWeek	获取此实例所表示的日期是星期几
DayOfYear	获取此实例所表示的日期是该年中的第几天
Hour	获取日期的小时部分
Kind	类型为 DateTimeKind 值,该值指示是本地时间、协调世界时,还是两者都不是
Millisecond	获取日期的毫秒部分
Minute	获取日期的分钟部分
Month	获取日期的月份部分
Second	获取日期的秒部分
Ticks	获取日期和时间的刻度数(计时周期数)
TimeOfDay	获取当天时间,即当天自午夜以来已经过时间的部分
Year	获取年份部分

【练习 28】

调用 DateTime 结构的静态属性 Now 获取系统的当前时间,并将该时间保存到 nowtime 变量,然后输出系统的年份、月份、日和分钟等属性值,具体代码如下:

```
DateTime nowtime = DateTime.Now;
Console.WriteLine("当前时间: " + nowtime);
Console.WriteLine("当前年份: " + DateTime.Now.Year);
Console.WriteLine("当前月份: " + DateTime.Now.Month);
Console.WriteLine("当前天数: " + DateTime.Now.Day);
Console.WriteLine("当前小时: " + DateTime.Now.Hour);
Console.WriteLine("当前分钟: " + DateTime.Now.Minute);
Console.WriteLine("当前秒: " + DateTime.Now.Second);
```

运行上述代码,最终运行效果如图 8-20 所示。

4. 方法

与 TimeSpan 结构一样,DateTime 结构除了构造函数、字段和属性之外还包括方法。DateTime 结构中的方法也分为静态方法和实例方法,其中静态方法 14 个,实例方法 28 个。如表 8-9 列出了 DateTime 结构的静态方法。

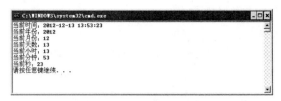

图 8-20　获得系统的时间

表 8-9　DateTime 结构的静态方法

方　　法	说　　明
Compare()	比较两个 DateTime 实例，返回一个指示第一个实例是早于、等于还是晚于第二个实例
DaysInMonth()	返回指定年和月中的天数
Equals()	比较两个 DateTime 结构是否相等
FormBinary()	反序列化一个 64 位二进制值，并重新创建序列化的 DateTime 初始对象
FormFileTime()	将指定的 Windows 文件时间转换为等效的本地时间
FormFileTimeUtc()	将指定的 Windows 文件时间转换为等效的 UTC 时间
FormOADate()	将指定的 OLE 自动化日期转换为等效的 DateTime
IsLeapYear()	判断指定的年份是否为闰年。如果是返回 true，否则返回 false
Parse()	将字符串转换为等效的 DateTime
ParseExact()	将字符串转换为等效的 DateTime。该字符串的格式必须与指定的格式完全匹配
ReferenceEquals()	确定指定的 System.Object 实例是否是相同的实例
SpecifyKind()	创建新的 DateTime 对象，并且指定该对象是本地时间或协调通用时间，或两者都不是
TryParse()	将字符串转换为等效的 DateTime。如果成功返回 true，否则返回 false
TryParseExact()	将字符串转换为等效的 DateTime。该字符串的格式必须与指定的格式完全匹配

【练习 29】

创建一个表示 2012-12-21 的时间，然后判断该年是否为闰年，输出 12 月的天数，以及与当前的时间进行比较。具体代码如下：

```
DateTime dt = new DateTime(2012, 12, 21);
string s = DateTime.IsLeapYear(2012) ? "闰年" : "平年";
int days = DateTime.DaysInMonth(2012, 12);
Console.WriteLine("当前时间: {0}", DateTime.Now);
Console.WriteLine("创建的时间: {0}", dt.ToString());
Console.WriteLine("2012 年是{0}", s);
Console.WriteLine("2012 年 12 月有{0}天", days);
int result = DateTime.Compare(DateTime.Now,dt);
Console.WriteLine("与当前时间的比较结果: {0}", result);
```

上述代码 DaysInMonth()方法中传入两个参数，第一个参数表示年，第二个参数表示月，返回 1～31 之间的一个数字。IsLearpYear()方法判断 2012 年是否为闰年。Compare()方法比较两个日期的大小，如果第一个日期大于第二个日期，结果返回 1；如果第一个日期等于第二个日期，结果返回 0；如果第一个日期小于第二个日期，结果返回-1。运行代码，输出效果如图 8-21 所示。

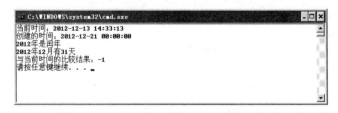

图 8-21　DateTime 结构静态方法运行效果

DateTime 结构的实例方法比较多，表 8-10 仅列出了 DateTime 结构常用的实例方法。

表 8-10　DateTime 结构常用的实例方法

方　　法	说　　明
Add()	将当前实例的值加上指定的 TimeSpan 的值
AddYears()	将指定的年份数加到当前实例的值上
AddMonths()	将指定的月份数加到当前实例的值上
AddDays()	将指定的天数加到当前实例的值上
AddHours()	将指定的月份数加到当前实例的值上
AddMinutes()	将指定的分钟数加到当前实例的值上
AddSeconds()	将指定的秒数加到当前实例的值上
ToLongDateString()	转换为长日期字符串表示形式
ToLongTimeString()	转换为长时间字符串表示形式
ToShortDateString()	转换为短日期字符串表示形式
ToShortTimeString()	转换为短时间字符串的表示形式
ToString()	转换为字符串表示形式
ToOADate()	转换为 OLE 自动化日期
CompareTo()	与指定的 DateTime 值相比较
Subtract()	从当前实例中减去指定的日期和时间

【练习 30】

声明一个 DateTime 类型的变量 dt 并对其赋值，然后调用 dt 对象的不同实例方法获得字符串对象，具体代码如下：

```
DateTime dt = DateTime.Now;
Console.WriteLine("      当前时间: {0}", dt);
Console.WriteLine(" 2个小时后的时间: {0}", dt.AddHours(2));
Console.WriteLine("    35天后的时间: {0}",dt.AddDays(35));
Console.WriteLine("    50天前的时间: {0}",dt.AddDays(-50));
Console.WriteLine();
Console.WriteLine();
Console.WriteLine("    转换显示格式: " + dt.ToString("MM/dd/yyyy HH:mm:ss"));
Console.WriteLine("转换为短日期格式: " + dt.ToShortDateString());
Console.WriteLine("转换为短时间格式: " + dt.ToShortTimeString());
Console.WriteLine("转换为长日期格式: " + dt.ToLongDateString());
Console.WriteLine("转换为长时间格式: " + dt.ToLongTimeString());
```

上述代码使用 DateTime.Now 获得系统的当前时间，紧接着使用 AddHours()和 AddMonths()方法将指定的小时和分钟添加到 dt 对象上，然后调用 dt 对象的不同方法转换日期和时间，运行效果如图 8-22 所示。

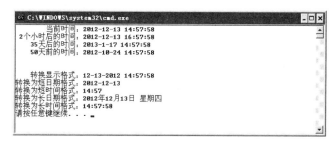

图 8-22　DateTime 结构实例方法的运行效果

8.3.3　格式化

日期和时间的格式化有多种方法,例如可以使用 String 类的 Format()方法和 StringBuilder 类的 AppendFormat()方法。DateTime 结构也提供了多个方法,这些方法主要以 To 开头,如上一小节使用的 ToString()、ToLongDateString()、ToLongTimeString()、ToShortDateString()和 ToShortTimeString() 等,使用这些方法可以将 DateTime 对象转换为不同的字符串格式。

下面重点介绍 Format()方法格式化日期和时间的方法。在该方法中可以使用日期和时间标识符来指定显示格式,常用的标识符及含义如下所示:

❑ **d**　短日期模式,通过当前 ShortDatePattern 属性定义的自定义 DateTime 格式化字符串。例如,用于固定区域的自定义格式字符串为 "MM/dd/yyyy"。

❑ **D**　长日期模式,通过当前 LongDatePattern 属性定义的自定义 DateTime 格式化字符串。例如,用于固定区域的自定义格式字符串为 "dddd,dd MMMM yyyy"。

❑ **f**　完整日期/时间模式(短时间),表示长日期和短时间模式的组合,由空格分隔。

❑ **F**　完整日期/时间模式(长时间),表示长日期和长时间模式的组合,由空格分隔。

❑ **M 或 m**　月日模式,通过当前 MonthDayPattern 属性定义的自定义 DateTime 格式化字符串。例如,用于固定区域的自定义格式字符串为 "MMMM dd"。

❑ **t**　短时间模式,通过当前 ShortTimePattern 属性定义的自定义 DateTime 格式化字符串。例如,用于固定区域的自定义格式字符串为 "HH:mm"。

❑ **T**　长时间模式,通过当前 LongTimePattern 属性定义的自定义 DateTime 格式化字符串。例如,用于固定区域的自定义格式字符串为 "HH:mm:ss"。

❑ **Y 或 y**　年月模式,通过当前 YearMonthPattern 属性定义的自定义 DateTime 格式化字符串。例如,用于固定区域的自定义格式字符串为 "yyyy MMMM"

【练习 31】

获取系统的当前时间并保存为 time 对象,然后调用 Format()方法进行格式化,具体代码如下:

```
DateTime times = DateTime.Now;
string yeatime = string.Format("{0:Y}", times);
string montime = string.Format("{0:M}", times);
string daytime = string.Format("{0:D}", times);
Console.WriteLine("年模式格式化字符串: "+yeatime);
Console.WriteLine("月模式格式化字符串: "+montime);
Console.WriteLine("长日期模式格式化字符串: "+daytime);
```

上述代码中,使用 DateTime.Now 获得系统的当前日期和时间,然后调用 Format()方法分别格式化字符串为年模式、月模式和长日期模式,最终的运行效果如图 8-23 所示。

图 8-23　格式化日期为字符串的运行效果

8.3.4　追加时间

追加时间是指将指定的时间追加到一个时间上,获得一个新的时间。在 8.3.2 小节中介绍

DateTime 结构的静态方法和实例方法时，其中以 Add 开头的方法都可以实现追加时间的功能。主要包括 Add()方法、AddYears()方法、AddMonths()方法、AddDays()方法、AddHours()方法、AddMinutes()方法、AddSeconds()方法、AddMilliseconds()方法和 AddTicks()方法。

【练习 32】

使用 DateTime.Now 获得系统的当前时间并且保存到对象 dt 中，然后调用实例方法 AddYears()、AddMonths()、AddDays()和 AddMinutes()等方法将时间追加到 nowtime 对象中，并获得一个新的时间。具体代码如下所示：

```
DateTime dtime = DateTime.Now;
DateTime nowtime = dtime.AddYears(1).AddMonths(2).AddDays(3).AddHours(4).
AddMinutes(10).AddSeconds(35);
Console.WriteLine(nowtime);
```

▌8.3.5 计算时间差

DateTime 结构和 TimeSpan 结构的实例方法都提供了 Subtract()方法，该方法用于计算时间差。Subtract()方法的参数可以是 DateTime 类型，也可以是 TimeSpan 类型。如果参数为 DateTime 类型返回值为 TimeSpan 类型；如果参数为 TimeSpan 类型返回值为 DateTime 类型。

【练习 33】

编写程序计算距 2013 年 1 月 1 日还差多少时间，以及再过多久就第 2 天了。具体代码如下所示：

```
DateTime dt = DateTime.Now;
DateTime dt1 = new DateTime(2013, 1, 1);
TimeSpan ts = dt1.Subtract(dt);
Console.WriteLine("当前时间: {0}", dt);
Console.WriteLine("距2013年新年还差: {0}天{1}小时{2}分{3}秒", ts.Days,ts.Hours,
ts.Minutes,ts.Seconds);

TimeSpan ts1 = new TimeSpan(24,0,0);
TimeSpan ts2 = new TimeSpan(dt.Hour,dt.Minute,dt.Second);
TimeSpan ts3 = ts1.Subtract(ts2);
Console.WriteLine("还有{0}小时{1}分{2}秒就第2天了", ts.Hours, ts.Minutes, ts.
Seconds);
```

运行上述代码控制台输出的结果如图 8-24 所示。

图 8-24 计算时间差运行效果

8.4 正则表达式

正则表达式是对字符串操作的一种逻辑公式，就是用事先定义好的一些特定字符以及这些特定字符的组合，组成一个"规则字符串"，这个"规则字符串"用来表达对字符串的一种过滤逻辑。例如，经常在网页上填表时所用到的 Email、电话、密码和生日之类的数据都有特定格式，这时就可以使用正则表达式验证数据是否有效。

8.4.1 基本语法

正则表达式有自己的语法，语法定义了某个特殊字符的含义，以及组合使用的规则。定义一个正则表达式需要掌握的基本语法包括字符匹配、重复匹配、字符定位和转义匹配。

1. 字符匹配

字符匹配表示一个范围内的字符是否匹配。用于检查一个字符串是否包含某种子字符串、将匹配的子字符串做替换或者从某个字符串中取出符合某个条件的子字符串。例如：[-a-z]与"abc-"匹配，而与"123"则不匹配。字符匹配含义如表 8-11 所示。

表 8-11 字符匹配

字 符 语 法	说　　明	示　　例
\d	匹配数字（0-9）	123
\D	匹配非数字	ABC
\w	匹配任意单字符	'A' 'B'
\W	匹配非单字符	"ABCDEF"
\s	匹配空白字符	\d\s\d 匹配"3 3"
\S	匹配非空字符	\d\S\d 匹配"343"
.	匹配任意字符	... 匹配 ab$2
[...]	匹配括号中的任意字符	[b-d]匹配 b、c、d
[^...]	匹配非括号的字符	[^b-z]匹配 a

下面列出了^符号用于排除字符的常规用法：

❏ **[^0-9]**　匹配除了数字以外的所有字符。

❏ **[^a-z]**　匹配除了小写字母以外的所有字符。

❏ **[^A-Z]**　匹配除了大写字母以外的所有字符。

❏ **[^\\\/\^]**　匹配除了"\"、"/"和"^"以外的所有字符。

❏ **[^\"\']**　匹配除了双引号和单引号以外的所有字符。

2. 重复匹配

在更多的情况下，可能要匹配一个单词或者一组数字。一个单词由若干个字母组成，一组数字由若干个单数组成。在字符或者字符串后面的大括号"{}"用来确定前面内容重复出现的次数，重复匹配的语法如表 8-12 所示。

表 8-12 重复匹配

重 复 语 法	语 法 解 释
{n}	匹配 n 次字符
{n,}	匹配 n 次和 n 次以上
{n,m}	匹配 n 次以上和 m 次以下
?	匹配 0 或者 1 次
+	匹配 1 次或者多次
*	匹配 0 次以上

下面的代码给出了一些重复匹配的示例：

```
\a{3}        匹配\a\a\a，不匹配\a\a 或\a\a\a\d
\a{2}        匹配\a\a 和\a\a\a 以上，不匹配\a
\a{1,3}      匹配\a，\a\a，\a\a\a，不匹配\a\a\a\a
```

5?	匹配 5 或 0，不匹配非 5 和 0
\S+	匹配一个以上\S，不匹配非一个以上\S
\W*	匹配 0 以上\W，不匹配非 N*\W

3. 字符定位

定位字符所代表的是一个虚的字符，代表一个位置，可以直观地认为"定位字符"所代表的是某个字符与字符间的间隙。字符语法如表 8-13 所示。

表 8-13　字符定位

重 复 语 法	语 法 解 释
^	定位后面模式开始位置
$	前面模式位于字符串末端
\A	前面模式开始位置
\z	前面模式结束位置
\Z	前面模式结束位置（换行前）
\b	匹配一个单词边界
\B	匹配一个非单词边界

4. 转义匹配

转义匹配的工作方式与 C#的转义序列相同，都是以反斜杠"\"开头的字符，具有特殊的含义，如表 8-14 所示。

表 8-14　转义匹配

转 义 语 法	语 法 解 释
"\"+实际字符	例如，\\匹配字符"\"
\n	匹配换行
\r	匹配回车
\t	匹配水平制表符
\v	匹配垂直制表符
\f	匹配换页
\nnn	匹配一个八进制 ASCII
\xnn	匹配一个十六进制 ASCII
\unnnn	匹配 4 个十六进制的 Uniode
\c+大写字母	匹配 Ctrl-大写字母。例如：\cS-匹配 Ctrl+S

8.4.2　Regex 类的使用

在 System.Text.RegularExpression 命名空间中提供了包含 Regex 在内的 8 个正则表达式类，它们的作用如表 8-15 所示。

表 8-15　正则表达式类

类 名	说 明
Capture	用于单个表达式捕获结果
CaptureCollection	用于一个序列进行字符串捕获
Group	表示单个捕获的结果
GroupCollection	表示捕获组的集合
Match	表示匹配单个正则表达式结果
MatchCollection	表示通过迭代方式应用正则表达式到字符串中
Regex	表示不可变的正则表达式
RegexCompilationInfo	将编译正则表达式需要提供信息

下面重点对 Regex 类进行详细介绍，该类最常用的方法有 IsMatch()、Replace()、Split()和 Match()。

1. IsMatch()方法

IsMatch()方法用于对字符串进行正则表达式的匹配验证,如果满足则返回 true,否则返回 false。IsMatch()方法有如下重载形式：

```
bool IsMatch(string input);
bool IsMatch(string input, int startat);
static bool IsMatch(string input, string pattern);
static bool IsMatch(string input, string pattern, RegexOptions options);
```

【练习 34】

IsMath()方法的使用非常简单。假设要对一个日期进行判断，要求使用"年-月-日"格式，而且年份使用 4 位数字表示，月和日使用 1 或者 2 位数字。

首先编写用于对这个日期格式进行测试的正则表达式，如下所示：

```
([0-9]{4})-([0-9]{1,2})-([0-9]{1,2})        //4 位数字-1 至 2 位数字-1 至 2 位数字
```

然后调用 IsMatch()将用户输入的字符串与正则表达式进行匹配验证，并输出相应的结果。具体代码如下所示：

```
Console.WriteLine("请输入一个"年-月-日"格式的日期: ");
string date;
bool whether = false;                           //默认为 false 表示不匹配
string regex = @"([0-9]{4})-([0-9]{1,2})-([0-9]{1,2})";//定义正则表达式字符串
while (!whether)
{
    date = Console.ReadLine();
    if (Regex.IsMatch(date, regex))//验证用户输入的日期与定义的日期正则表达式是否匹配
    {
        whether = true;
        Console.WriteLine("输入的日期是: {0}", date);
    }
    else
    {
        Console.WriteLine("输入的日期格式不正确，格式必须为 0000-00-00，请重新输入。\n");
    }
}
```

上述代码将日期正则表达式保存在 regex 变量中，用户的输入保存在 date 变量中，然后使用语句"Regex.IsMatch(date, regex)"将两者联系起来进行匹配判断。最终运行效果如图 8-25 所示。

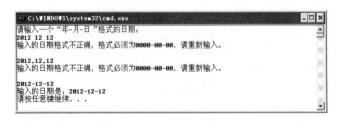

图 8-25　验证日期运行效果

2. Replace ()方法

Replace()方法主要用于执行替换操作,即使用指定的字符串替换原始字符串中与正则表达式匹配的部分。

【练习35】

假设要对字符串的多个空白和空格进行替换,统一使用一个空格进行分隔,实现代码如下所示:

```
string input = " 歌曲    北京欢迎你   Beijing \n one  world one  dream  \n 同一
个世界  同一个梦想.";                         //原始字符串
string pattern = "\\s+";                        //正则表达式
string replacement = " ";                       //要替换的字符串
Regex rgx = new Regex(pattern);
string result = rgx.Replace(input, replacement);   //进行替换

Console.WriteLine("替换前内容: {0}", input);
Console.WriteLine("\n 替换后内容: {0}", result);
```

上述代码将在 input 变量中进行查找,将所有能与 pattern 匹配的字符都替换为 replacement,最终运行效果如图 8-26 所示。

图 8-26　替换运行效果

3. Split ()方法

Split()方法是一个正则表达式的拆分方式,它可以根据匹配正则表达式把原始字符串匹配的字符拆分保存到数组中。

【练习36】

假设在一个字符串中使用短横线"-"作为分隔,现在要输出其中的每一项。此时可以使用短横线作为拆分方式与字符串进行匹配,具体代码如下:

```
Regex regex = new Regex("-");                 // 指定拆分时使用的分隔符
string[] substrings = regex.Split("Black-Red-White-Yellow");
foreach (string match in substrings)
{
    Console.WriteLine("'{0}'", match);
}
```

代码非常简单,就不再介绍,运行后的输出结果如下所示:

```
'Black'
'Red'
'White'
'Yellow'
```

4. Match ()方法

Regex 类的 Match()方法主要用于获取字符串中第一个与正则表达式匹配的项,返回结果是一

个 Match 类型的对象。该方法有如下几种重载形式:

```
Match Match(string input);
Match Match(string input, int startat);
static Match Match(string input, string pattern);
Match Match(string input, int beginning, int length);
static Match Match(string input, string pattern, RegexOptions options);
```

【练习 37】

假设一个字符串中混合了中文、英文、数字和空白，现在要求将所有的英文单词输出。

在英语中单词的定义是连续的英文字母，且中间没有空格和其他空白，因此可以使用如下的正则表达式:

```
([a-zA-Z]+)              //任意多个大写或者小写字母的组合
```

接下来实现根据正则表达式输出匹配的每一个单词，具体代码如下所示:

```csharp
string text = "000 黑色 Black 红色 Red 123 白色 White 黄色 Yellow";
string pat = @"([a-zA-Z]+)";

// 实例化一个正则表达式对象并指定匹配规则
Regex r = new Regex(pat, RegexOptions.IgnoreCase);

//调用 Match()方法对字符串进行匹配
Match m = r.Match(text);
int matchCount = 0;
while (m.Success)
{
    Console.WriteLine("第{0}个匹配项",(++matchCount));
    for (int i = 1; i <= 2; i++)
    {
        Group g = m.Groups[i];
        CaptureCollection cc = g.Captures;
        for (int j = 0; j < cc.Count; j++)
        {
            Capture c = cc[j];
            System.Console.WriteLine("匹配的字符串: {0}\t 位置: {1}\n",c, c.Index);
        }
    }
    m = m.NextMatch();
}
```

可以看到，为了遍历输出多个匹配的结果，这里同时使用了 Group 类和 CaptureCollection 类，最终运行效果如图 8-27 所示。

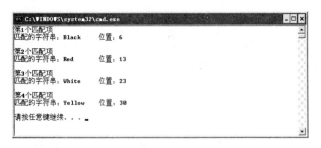

图 8-27　匹配单词运行效果

8.5 线程

线程是程序执行流的最小单元,用于完成一个单一的顺序控制流程。在单个程序中同时运行多个线程完成不同的工作,称为多线程。线程的优点是可移植性高、可并发执行以及共享内存空间。线程的缺点是执行效率低于进程。

8.5.1 线程简介

每个正在系统上运行的程序都是一个进程。每个进程包含一到多个线程。进程也可能是整个程序或者是部分程序的动态执行。线程是一组指令的集合,或者是程序的特殊段,可以在程序里独立执行,也可以将其理解为代码运行的上下文,所以线程基本上是轻量级的进程,负责在单个程序里执行多任务。通常由操作系统负责多个线程的调度和执行。

> **提 示**
>
> 多线程是为了使多个线程并行的工作以完成多项任务,以提高系统的效率。线程是在同一时间需要完成多项任务的时候被实现的。

使用线程的好处有以下几点:

(1)使用线程可以把非常耗时的程序中的任务放到后台去处理。

(2)用户界面可以更加吸引人,例如用户单击一个按钮去触发某些事件的处理,可以弹出一个进度条来显示处理的进度。

(3)程序的运行速度可能加快。

(4)在一些等待的任务实现上如用户输入、文件读写和网络收发数据等,线程就比较有用。在这种情况下可以释放一些系统资源如内存占用等。

线程也存在缺点,主要有如下几点:

(1)如果有大量的线程会影响性能,因为操作系统需要在他们之间切换。

(2)更多的线程需要更多的内存空间。

(3)线程会给程序带来更多的 bug,因此要小心使用。

(4)线程的中止需要考虑其对程序运行的影响。

8.5.2 Thread 类

在 C#中的 Thread 类封装了线程的操作,该类位于 System.Threading 命名空间。

1. Thread 类的基本用法

创建线程时需要在 Thread 类构造函数中指定一个线程启动时执行动作的委托。该委托的定义如下:

```
public delegate void ThreadStart()
```

然后通过调用 Thread 类的 Start()方法执行线程。

【练习38】

使用 Thread 类创建一个线程并执行测试,具体代码如下所示:

```
//创建一个方法表示线程要执行的操作
public static void StaticThreadMethod()
{
```

```
        Console.WriteLine("这是一个最简单的单线程执行示例。");
    }
    static void Main(string[] args)
    {
        //创建线程并附加方法作为委托
        Thread thread1 = new Thread(StaticThreadMethod);
        //启动线程，即执行方法
        thread1.Start();
    }
```

上述代码在创建 Thread 类实例 thread1 时使用静态方法 StaticThreadmethod()作为委托。因此调用 thread1.Start()方法启动线程时，实际上是在执行 StaticThreadMethod()方法。运行后将看到输出"这是一个最简单的单线程执行示例。"。

【练习 39】

创建线程时不仅可以使用静态方法，还可以在线程中运行实例方法。例如，下面的示例代码在启动线程时首先会创建一个 Animals 类的实例，然后调用该实例的 Hungry()方法。

```
class Program
{
    static void Main(string[] args) {
        //创建线程并附加方法作为委托
        Thread thread1 = new Thread(new Animals().Hungry);
        //启动线程，即执行方法
        thread1.Start();
    }
}
class Animals
{
    public void Hungry(){
        Console.WriteLine("好饿啊，需要补充食物。");
    }
}
```

除了上述的两种类型之外，Thread 类的构造函数还可以接收匿名委托或 Lambda 表达式。例如，示例代码如下所示：

```
Thread thread3 = new Thread(delegate() { Console.WriteLine("匿名委托"); });
thread3.Start();
Thread thread4 = new Thread(( ) => { Console.WriteLine("Lambda 表达式"); });
thread4.Start();
```

其中 Lambda 表达式前面的()表示没有参数。

为了区分不同的线程，还可以为 Thread 类的 Name 属性赋值，代码如下：

```
Thread thread5 = new Thread(() => { Console.WriteLine(Thread.CurrentThread.
Name); });
thread5.Name = "我的 Lamdba";
thread5.Start();
```

2. 定义一个线程类

如果线程需要多次调用，可以创建一个线程类，然后所有继承该类的派生类就都具有了多线程的功能。例如，下面的 CThread 类就是一个线程类，具体代码如下所示：

```
abstract class CThread                    //线程类
 {
    Thread thread = null;
    abstract public void Function();        //线程执行的方法
    public void start()
    {
        if (thread == null)
        {
            thread = new Thread(Function);
        }
        thread.Start();
    }
 }
```

在这里要注意，由于每个线程需要执行的方法都不相同，所以需要将线程类 CThread 定义为抽象类，即不包括执行方法的实现。这就需要在 CThread 类的派生类中重写 Function()方法指定要执行的代码。

下面的示例代码从 CThread 类派生出一个 Program 类，并启动线程进行测试。

```
class Program:CThread
{
    static void Main(string[] args)
    {
        Program p = new Program();
        p.start();
    }
    //重写父类中的 Function()方法指定线程要执行的代码
    public override void Function()
    {
        Console.WriteLine("这是通过 CThread 类的派生类定义的线程执行代码。");
    }
}
```

程序运行输出如下所示：

这是通过 CThread 类的派生类定义的线程执行代码。

8.6　实例应用：文本分析功能

8.6.1　实例目标

在本课的第 1 节中详细介绍了 String 类和 StringBuilder 类对字符串的各种处理，还了解了如何使用正则表达式匹配字符串，以及线程的简单应用。

本节将综合前面所学的知识实现对一段文本的分析功能，分析的方面如下所示：

（1）计算程序分析文本所用的时间。

（2）分析一段文本中单词的数量。

（3）分析文本中每个单词出现的次数。

（4）统计某个单词出现的频率。

8.6.2 技术分析

为了实现上节所述的各项分析功能，在实现时主要用到如下技术：

（1）在运行开始和之后分别获取一次系统时间，再通过时间差计算耗时多少。

（2）创建一个表示文本中单词的实体类。

（3）定义一个文本中区别单词的定界符，然后调用 Split()方法进行拆分。

（4）对拆分后的数组进行遍历，遍历时判断单词是否存在于单词列表中，如果存在则单词数量增加 1，否则添加进单词列表。

（5）提供一个功能菜单让用户选择要执行的功能。

8.6.3 实现步骤

创建一个基于控制台的应用程序，然后根据下面的步骤实现各个功能。

（1）创建一个 Word 类表示文本中的每个单词，该类有两个属性：value 和 count，其中 value 表示单词本身，count 表示出现的次数。具体代码如下所示：

```
//表示单词的实体类
class Word
{
    public string value { get; set; }          //单词的值
    public int count { get; set; }             //出现的次数
}
```

（2）为了实现在单词列表中可以按出现次数的高低进行排序，这里还需要定义一个排序类并实现比较接口 IComparer。具体代码如下所示：

```
//实现单词按次数顺序
class WordCountCompare<T> : IComparer<Word>
{
    public int Compare(Word x, Word y)
    {
        //单词 x 的次数大于单词 y
        if (x.count > y.count) return -1;
        //单词 x 的次数等于单词 y
        if (x.count == y.count)
        {   //如果次数相同则按单词内容进行排序
            return string.Compare(x.value, y.value);
        }
        return 1;
    }
}
```

（3）在 Program 类中创建一个静态方法 IsExist()。该方法可以判断一个单词是否已经在单词列表中，如果存在则返回其位置，否则返回-1。具体代码如下所示：

```
//判断 word 在 Words 中的位置
static int IsExist(List<Word> words, string word)
{
    //判断参数的合法法
    if ((words == null) || string.IsNullOrEmpty(word) == true) return -1;
    //遍历单词列表进行判断
    for (int i = 0; i < words.Count; i++)
    {
        //如果存在则返回当前位置i
        if (words[i].value == word) return i;
    }
    //如果不存在则返回-1
    return -1;
}
```

（4）在 Program 类中创建一个 Words 类的 List 泛型表示单词列表，代码如下所示：

```
static List<Word> wordList = new List<Word>();
```

（5）在程序中使用"using System.Threading"引用线程所在的命名空间。

（6）在 Main()方法中编写计算程序分析文本所用时间的代码。

```
static void Main(string[] args)
{
    DateTime start = DateTime.Now;                 //获取分析开始时间
    Console.WriteLine("正在统计... ");
    Thread th = new Thread(CountWord);             //创建一个执行分析的线程
    th.Start();                                    //启动分析线程
    //等待线程执行结束
    while (th.IsAlive)
    {
        Thread.Sleep(0);
    }
    DateTime end = DateTime.Now;                   //获取分析结束时间
    Console.WriteLine("统计完成...");
    //输出时间差，即耗时长短
    Console.WriteLine("耗时: {0}毫秒", end.Subtract(start).Milliseconds);
}
```

（7）上一步完成了对文本的分析，并输出所用的时间。这一步将为用户输出一个功能菜单，并根据用户的输入调用不同的功能。具体代码如下所示：

```
while (true)
{
    Console.WriteLine("\n*********************功能菜单*********************");
    Console.WriteLine("1.查看单词列表");
    Console.WriteLine("2.查看所有单词出现次数");
    Console.WriteLine("3.查看单词出现频率");
    Console.WriteLine("4.退出");
    Console.WriteLine("\n 请输入:");
    //获取用户输入的数字
```

```
        int oper = Convert.ToInt32(Console.ReadLine());
    if (oper > 3) break;            //如果大于 3 则退出
    switch (oper)
    {
        case 1:
            ShowWords();             //查看单词列表
            break;
        case 2:
            ShowWordsForCount();    //查看所有单词出现次数
            break;
        case 3:
            ShowWordForCount();      //查看单词出现频率
            break;
    }
}
```

上述代码通过一个 while 循环结构使用户可以重复查看，执行效果如图 8-28 所示。

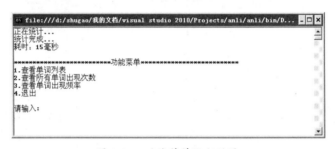

图 8-28　功能菜单运行效果

（8）接下来依次实现上述代码所需要的各个方法。首先编写线程中调用的 CountWord()方法，该方法主要功能是对文本进行分析，并添加到单词列表中，最后对其进行排序。具体代码如下所示：

```
//分析文本
  public static void CountWord()
  {
    //要分析的文本字符串
    string text = "Who are you? How are you.Thank you. You are welcome. You
    are my superstar.We Are Young. ";
    //判断是否为空
    if (string.IsNullOrEmpty(text) == true) return;
    //定义单词分隔符
    char[] c = { ' ', ',', '.', ';', '!', '?', '"' };
    //进行拆分
    string[] words = text.ToLower().Split(c, StringSplitOptions.
    RemoveEmptyEntries);
    //判断是否拆分成功
    if (words == null || words.Length <= 0) return;
    //处理拆分后的每一个单词
    for (int i = 0; i < words.Length; i++)
    {
        //判断当前单词是否在列表中
        int index = IsExist(wordList, words[i]);
```

```
        if (index > -1)                  //如果存在则次数加1
        {
            wordList[index].count++;
        }
        else                             //不存在，则将该单词添加到列表中
        {
            Word si = new Word();   //创建一个Word类实例
            si.count = 1;
            si.value = words[i];
            wordList.Add(si);            //添加到列表
        }
    }
    //对单词列表进行排序
    wordList.Sort(new WordCountCompare<Word>());
}
```

（9）创建 ShowWords()方法实现输出单词列表中单词的数量，以及每个单词的名称。具体代码如下所示：

```
static void ShowWords()
{
    Console.WriteLine();
    Console.WriteLine("本次执行共统计出[{0}]个单词，他们是: ", wordList.Count);
    foreach (Word si in wordList)
    {
        Console.Write("{0}\t", si.value);
    }
}
```

运行程序，在功能菜单中输入 1 查看 ShowWords()方法的运行效果，如图 8-29 所示。

图 8-29　输入 1 运行效果

（10）创建 ShowWordsForCount()方法实现输出单词列表中每个单词的名称以及出现的次数。具体代码如下所示：

```
static void ShowWordsForCount()
{
    Console.WriteLine();
    Console.WriteLine("在文本中每个单词出现的次数如下:");
    foreach (Word si in wordList)
    {
        Console.WriteLine("单词: {0}，共出现{1}次", si.value, si.count);
```

```
    }
}
```

运行程序，在功能菜单中输入 2 查看 ShowWordsForCount()方法的运行效果，如图 8-30 所示。

（11）创建 ShowWordForCount()方法实现根据用户输入的单词在列表中进行查找，并输出其出现次数以及占总数的百分比。具体代码如下所示：

```
static void ShowWordForCount()
{
    Word wi = new Word();
    Console.WriteLine("请输入要查询的单词: ");
    string word = Console.ReadLine();                //获取要查询的单词
    double counts = 0;                               //初始化总数为 0
    for (int i = 0; i < wordList.Count; i++)         //遍历单词列表
    {
        if (wordList[i].value == word)               //如果找到要查找的单词
        {
            wi = wordList[i];
        }
        counts += wordList[i].count;                 //对总数进行累加
    }
    Console.WriteLine("{0}共出现{1}次, 占所有单词的{2}", wi.value, wi.count,
    string.Format("{0:P}", wi.count / counts));
}
```

运行程序，在功能菜单中输入 3 查看 ShowWordForCount()方法的运行效果，如图 8-31 所示。

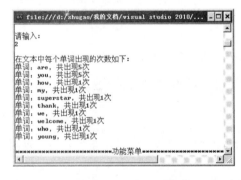

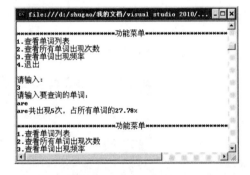

图 8-30　输入 2 运行效果　　　　　图 8-31　输入 3 运行效果

8.7 拓展训练

1. 操作字符串

使用本课学习的知识定义一个字符串，它的内容如下所示：

```
<script>
wpo.tti=new Date*1;baidu.g("kw")&&F.call('page/analyse', 'runWpoStat', wpo);
</script>
```

编写程序实现如下操作：

（1）将首尾的\<script\>和\</script\>去掉并输出。

（2）提到 new 后面的字符串并输出。

（3）将 baidu 替换为 itzcn.com 并输出。

（4）统计字符 s 出现的次数和单词数量。

（5）输出字符"（"第一次出现的位置。

（6）将字符串从 10 往后的 5 个字符追加到尾部。

2．操作正则表达式

编写一个程序允许用户输入一个用户名，并将其中的姓和名字分别输出。要求程序对用户名进行判断，条件为用户名必须为汉字，否则给出提示，运行效果如图 8-32 所示。

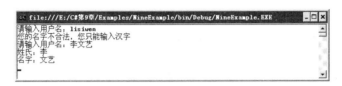

图 8-32　运行效果

3．计算程序执行的时间

编写一个程序，首先要求用户输入一个数字，然后计算从 1 到该数字范围内的素数，然后输出这些数字，并输出整个过程的耗时多久。实现的关键步骤如下：

（1）创建一个线程，在线程的方法完成计算素数以及输出。

（2）程序开始时获取一个开始时间。

（3）线程完成后再获取一个结束时间。

（4）将结束时间与开始时间相减得出耗时多久。

8.8　课后练习

一、填空题

1. 下列代码运行后 s 变量的结果是_____。

```
char[] words={'n','i',' ','h','a','o'};
 string s=new string(words);
```

2. 在 String 类中_____方法和 Compare()方法都可以用来比较字符串。

3. 使用 String 类的_____方法可以移除字符串中的部分字符。

4. 使用 StringBuilder 类的构造函数创建一个包含"good"的字符串，应该使用代码_____。

5. 如果要比较两个 StringBuilder 类的实例是否相等应该使用_____方法。

6. 在下面程序空白处填写_____可输出当前时间。

```
 DateTime nowtime = _____;
 Console.WriteLine("当前时间: " + nowtime);
```

7. 假设要获取 2018 年 2 月有多少天应该使用代码_____。

8. 假设要匹配除了数字以外的所有字符，应该使用正则表达式_____。

9. 在下面程序空白处填写_____可判断 str 是否匹配 regex。

```
if (!Regex. _____ (str, regex))
{
    Console.WriteLine("格式错误");
}
```

二、选择题

1. 下列关于 String 类的说法，错误的是_____。

    A．String 类与 string 类型是相同的

    B．String 类创建的字符串不可以被修改

    C．String 类具有 sealed 访问作用域

    D．String 类中仅提供了字符串操作的静态方法

2. 下列代码运行后 s 变量的结果是_____。

```
char[] words={'A','B','C','D','E','F'};
 string s=new string(words,3,2);
```

    A．ABCDEF

    B．CD

    C．DE

    D．DF

3. 假设字符串 s 的内容是"   **公告**   "，那么运行 s.TrimStart().TrimEnd().Trim('*')之后的结果是_____。

    A．公告

    B．**公告

    C．公告**

    D．**公告**

4. 在下列程序的填空处使用代码_____可使运行后输出"HelloWorld"。

```
string s1 = "Hello";
string s2 = "World";
Console.WriteLine(_____ (s1,s2));
```

    A．String.Replace

    B．String.Join

    C．String.Substring

    D．string.Concat

5. 下列关于 String 类和 StringBuilder 类的说法，错误的是_____。

    A．String 类被称作不可变字符串，String Builder 类被称作可变字符串

    B．String 类存储对象的效率比 StringBuilder 类的效率高

    C．String 类和 StringBuilder 类中都有 Remove()方法和 Copy()方法

    D．StringBuilder 类可以动态的插入字符串、追加字符串以及删除字符串

6. 下列关于 StringBuilder 类的使用方式，错误的是_____。

    A．StringBuilder sb = new StringBuilder(25, 100);

    B．sb.Insert(3, ',');

C. sb.AppendFormat("2) [{0}],[{1}]", var1, var2);

D. sb.Substring(0,2) ;

7. 下列使用 TimeSpan 创建时间的方式，不正确的是_____。

A. TimeSpan ts1 = new TimeSpan(10);

B. TimeSpan ts1 = new TimeSpan(10,23);

C. TimeSpan ts1 = new TimeSpan(10, 23,43);

D. TimeSpan ts1 = new TimeSpan(10, 23,43,5);

8. 下列不属于追加时间方法的是_____。

A. AddYears()

B. AddMonths()

C. AddDays()

D. AddTimes()

三、简答题

1. 罗列在 C#中创建字符串的几种方法，它与字符数组是什么关系？

2. String 类提供了几种实现连接字符串的方式，请举例说明。

3. 举例说明 String 类实现字符串比较、查找和分隔的具体方法。

4. 举例说明 StringBuilder 类构造一个字符串的几种形式。

5. 简述 String 和 StringBuilder 的区别。

6. 举例说明 StringBuuilder 类实现追加字符串的方法。

7. 罗列创建一个时间和时间的几种方式。

8. DateTime 结构提供了哪些处理时间的方法。

9. 举例说明如何使用正则表达式。

10. 举例说明使用 Thread 类执行一个线程的步骤。

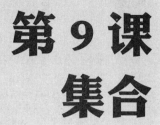

第9课
集合

集合对象用来处理数据集合。在第 4 课曾介绍了集合对象中的 ArrayList 类对象。ArrayList 类是集合类的一种，被作为动态数组使用。与数组相比，ArrayList 类对象能更好地处理数据的插入和删除。

常见的集合类还有很多，适用于不同类型的数据处理。本课主要介绍常见的集合类，以及泛型及自定义集合的使用。

本课学习目标：

❑ 了解集合的含义
❑ 掌握几种常见集合的概念
❑ 熟练使用常见集合
❑ 了解泛型和含义
❑ 掌握泛型的用法
❑ 熟练使用自定义集合

9.1 集合类

不同的集合类适用于不同的地方，如 ArrayList 类对象能够看作是动态的数组。除了应用于数组类集合，C#还提供了对堆栈、队列、列表和哈希表等支持。

9.1.1 C#内置集合概述

集合类是定义在 System.Collections 或 System.Collections.Generic 命名空间的一部分，因此需要在使用之前添加以下语句。

```
using System.Collections.Generic;
using System.Collections;
```

在 C#中所有集合都实现了 ICollection 接口，而 ICollection 接口继承自 IEnumerable 接口，所以每个内置的集合也都实现了 IEnumerable 接口。

接口的继承需要将接口中的方法全部实现，因此集合类中都含有 ICollection 接口成员，这些成员是集合类分别拥有实现、功能相似的。ICollection 接口的成员及其作用说明如表 9-1 所示。

表 9-1　ICollection 接口的成员

成　　员	说　　明
GetEnumerator	从 IEnumerable 接口继承得到，返回一个枚举数对象，用来遍历整个集合
Count	获得集合中元素的数量
IsSynchronized	此属性表明这个类是否是线程安全的
SyncRoot	使用此属性使对象与集合同步
CopyTo	将集合中的元素复制到数组中

接口成员表明集合对象都可以有表 9-1 中的成员。这些成员在各自的类中实现，功能一样，可以直接使用。

集合和数组都是数据集，用来处理一系列相关的数据，包括集合元素和数组元素的初始化、赋值、遍历等，不同的如下所示：

（1）数组是长度固定大小的，不能伸缩。

（2）数组要声明元素的类型，集合类的元素类型却是 object。

（3）数组可读可写、不能声明只读数组。集合类可以提供 ReadOnly 方法以只读方式使用集合。

（4）数组要有整数下标才能访问特定的元素，但集合可以通过其他方式访问元素，而且不是每个集合都能够使用下标。

9.1.2　常见的几种集合

集合类大多数分布在 System.Collections 命名空间下，常见的集合类及其说明，如表 9-2 所示。

表 9-2　System.Collections 命名空间常用的集合类

集　合　类	说　　明
ArrayList	实现了 IList 接口，可以动态增加数组和删除数组等
Hashtable	哈希表，表示键/值对的集合，这些键/值对根据键的哈希代码进行组织
Stack	堆栈，表示对象简单的后进先出的非泛型集合
Queue	队列，表示对象的先进先出集合
BitArray	布尔集合类，管理位值的压缩数组

集　合　类	说　　明
SortedList	排序集合类，表示键/值对的集合，这些键值对按键排序并且可以按键和索引访问
CollectionBase	为强类型集合提供 abstract 基类
Comparer	比较两个对象是否相等，其中字符串比较是区分大小写的
DictionaryBase	为键/值对的强类型集合提供 abstract 基类

不同的类针对不同的数据对象，有些类是可以完成相同功能的，但类的侧重点不同，运行效率就不同，各种集合类的具体含义及其应用在后面小节中介绍。

9.2 ArrayList 集合类

ArrayList 集合用于动态化数组，能够对数组成员方便地添加、插入和删除。在第 4 课介绍了相关的属性和方法。

练习 1 中使用了 ArrayList 集合类中的添加、插入方法，及获取数量、获取容器等属性。练习 2 将根据不同的条件删除元素。

【练习 1】

定义 ArrayList 类数组 list，分别使用 Add()方法添加数组元素{e,f,g,h,i}和使用 Insert()方法添加元素{a,b,c,d}放在原来的元素前面，并输出所有元素值，及数组的容量和现有元素个数，使用代码如下：

```
Array Listlist=newArrayList();
char charnum='a';
list.Add('e');
list.Add('f');
list.Add('g');
list.Add('h');
list.Add('i');
for(inti=0;i<4;i++)
{
    list.Insert(i,charnum);
    charnum++;
}
foreach(objectlistnuminlist)
{
    Console.Write("{0}",listnum);
}
Console.WriteLine("");
Console.WriteLine(list.Count);
Console.WriteLine(list.Capacity);
```

执行结果如下所示：

```
abcdefghi
9
16
```

Add()方法将元素添加到数组末尾，而 Insert()方法将元素插入指定的索引处。Capacity 属性表示数组容量，而 Count 属性为数组现有的元素个数及数组长度。

【练习2】

将练习1中的数组元素 h 删除；将第6个元素 g 删除和将元素 b 和 e 中间的两个元素删除，步骤如下。

（1）删除元素 h 代码如下：

```
list.Remove('h');
foreach(objectlistnuminlist)
{
    Console.Write("{0}",listnum);
}
```

（2）删除第6个元素，并遍历输出，省略遍历步骤，代码如下：

```
list.RemoveAt(5);
```

（3）从第3个元素起，b 和 e 中间的两个元素，省略遍历步骤，代码如下：

```
list.RemoveRange(2,2);
```

执行结果为：

```
删除元素 h:
abcdefgi
删除第 6 个元素:
abcdegi
从第 3 个元素起，b 和 e 中间的两个元素:
abegi
```

方法 Remove('h')删除指定元素'h'，方法 RemoveAt(5)删除索引为5的元素，即第6个元素，方法 RemoveRange(2,2)删除从第2个索引开始，删除两个元素。

9.3 Stack 集合类

Stack 集合又称为堆栈，堆栈中的数据遵循后进先出的原则，即后来被添加的元素将首先被遍历。如依次将1、2、3这3个元素加入堆栈，则使用 foreachin 语句遍历输出时，输出结果为：321。

Stack 集合的容量表示 Stack 集合可以保存的元素数。默认初始容量为10。向 Stack 添加元素时，将通过重新分配来根据需要自动增大容量。Stack 集合有以下属性。

❑ Count 获取 Stack 中包含的元素数。

❑ IsSynchronized 获取一个值，该值指示是否同步对 Stack 的访问。

❑ SyncRoot 获取可用于同步 Stack 访问的对象。

如果元素数 Count 小于堆栈的容量，则直接将对象插入集合的顶部，否则需要增加容量以接纳新元素，将元素插入集合尾部。Stack 集合接受 null 作为有效值，并且允许有重复的元素。

Stack 集合类有公共方法和受保护的方法，供继承和使用。其中，公共方法如下所示：

❑ Clear 从 Stack 中移除所有对象。

❑ Clone 创建 Stack 的浅表副本。

- □ Contains 确定某元素是否在 Stack 中。
- □ CopyTo 从指定数组索引开始将 Stack 复制到现有的一维 Array 中。
- □ Equals 确定两个 Object 实例是否相等。
- □ GetEnumerator 返回 Stack 的 IEnumerator。
- □ GetHashCode 用作特定类型的哈希函数。GetHashCode 适合在哈希算法和数据结构（如哈希表）中使用。
- □ GetType 获取当前实例的 Type。
- □ Peek 返回位于 Stack 顶部的对象但不将其移除。
- □ Pop 移除并返回位于 Stack 顶部的对象。
- □ Push 将对象插入 Stack 的顶部。
- □ ReferenceEquals 确定指定的 Object 实例是否是相同的实例。
- □ Synchronized 返回 Stack 的同步（线程安全）包装。
- □ ToArray 将 Stack 复制到新数组中。
- □ ToString 返回表示当前 Object 的 String。

从这些方法可以看出，一些方法与 ArrayList 集合类中的方法作用类似，如 CopyTo()方法、ToArray()方法、Clear()方法和 Clone()方法等，这些方法名称一样，作用相似，方便开发人员记忆使用。

在 Stack 集合中有两个受保护的方法：Finalize，允许对象在"垃圾回收"回收之前尝试释放资源并执行其他清理操作；MemberwiseClone，创建当前 Object 的浅表副本。

【练习 3】

定义 Stack 类数组 sta，完成下列操作。

- □ 使用 Push()方法添加数组元素{1,2,3,4,5,6}并遍历输出。
- □ 输出 Pop()方法的返回值，之后输出此时的集合元素。
- □ 调用方法 Pop()并遍历输出集合的元素值。

（1）使用 Push()方法添加数组元素{1,2,3,4,5,6}并遍历输出，代码如下：

```
Stacksta=newStack();
sta.Push(1);
sta.Push(2);
sta.Push(3);
sta.Push(4);
sta.Push(5);
sta.Push(6);
foreach(Objectobjinsta)
{
Console.Write("{0}",obj);
}
```

（2）输出 Pop()方法的返回值，再输出此时的集合元素。

```
Console.WriteLine(sta.Pop());    //执行结果为 6
foreach(Objectobjinsta)
{
Console.Write("{0}",obj);
}//执行结果为 54321，在输出头部之后删除头部
```

（3）调用方法 Pop()并遍历输出集合的元素值。

```
sta.Pop();
foreach(Objectobjinsta)
{
Console.Write("{0}",obj);
}
Console.WriteLine("");
Console.WriteLine(sta.Pop());
```

输出结果为：

```
654321
6
54321
4321
4
```

从练习 3 可见，Console.WriteLine(sta.Pop());语句首先执行了输出顶部元素，之后将顶部元素删除，后面直接执行 sta.Pop()语句，元素减少一个。

9.4 Queue 集合类

Queue 集合又称为队列，是一种表示对象先进先出的集合。队列按照接收顺序存储，对于顺序存储、处理信息比较方便，Queue 集合将作为循环数组实现，元素在队列的一端插入，从另一端移除。

Queue 的默认初始容量为 32，元素添加时，将自动重新分配，增大容量，还可以通过调用 TrimToSize 来减少容量。

集合容量扩大时，扩大一个固定的倍数，这个倍数称为等比因子，等比因子在 Queue 集合类创建对象时确定，默认为 2。Queue 集合同样接受 null 作为有效值，并且允许重复的元素。

Queue 集合类的属性都是共有的，可以直接使用，共有以下三个。

❑ **Count** 获取 Queue 中包含的元素数。

❑ **IsSynchronized** 是否同步对 Queue 的访问。

❑ **SyncRoot** 可用于同步 Queue 访问的对象。

Queue 集合类有公共方法和受保护的方法，同样有与 ArrayList 类和 Stack 类作用相似的方法，如表 9-3 和 9-4 所示。

表 9-3　Queue 集合类公共方法

名　　称	说　　明
Clear	从 Queue 中移除所有对象
Clone	创建 Queue 的浅表副本
Contains	确定某元素是否在 Queue 中
CopyTo	从指定数组索引开始将 Queue 元素复制到现有一维 Array 中
Dequeue	移除并返回位于 Queue 开始处的对象
Enqueue	将对象添加到 Queue 的结尾处
Equals	已重载。确定两个 Object 实例是否相等

名　　称	说　　明
GetEnumerator	返回循环访问 Queue 的枚举数
GetHashCode	用作特定类型的哈希函数。GetHashCode 适合在哈希算法和数据结构（如哈希表）中使用
GetType	获取当前实例的 Type
Peek	返回位于 Queue 开始处的对象但不将其移除
ReferenceEquals	确定指定的 Object 实例是否是相同的实例
Synchronized	返回同步的（线程安全）Queue 包装
ToArray	将 Queue 元素复制到新数组
ToString	返回表示当前 Object 的 String
TrimToSize	将容量设置为 Queue 中元素的实际数目

表 9-4　Queue 集合类受保护的方法

名　　称	说　　明
Finalize	允许 Object 在"垃圾回收"回收 Object 之前尝试释放资源并执行其他清理操作
MemberwiseClone	创建当前 Object 的浅表副本

通过对 ArrayList 类和 Stack 类的认识，Queue 集合类理解起来也比较容易，相关属性和方法的应用如练习 4 所示。

【练习 4】

定义 Queue 集合类对象 que，添加元素"a"，"b"，"c"，"d"，"e"，"f"，"g"，"h"，并遍历输出元素值及集合元素总数。检验元素"c"和"q"是否在集合中，若不在集合中，将元素添加。重新遍历输出元素值。使用 Dequeue 方法移除并返回位于 Queue 开始处的对象，并遍历输出元素值。

（1）添加元素"a"，"b"，"c"，"d"，"e"，"f"，"g"，"h"，并遍历输出元素值及集合元素的总数。省略部分添加语句，代码如下：

```
Queue que = new Queue();
que.Enqueue("a");
que.Enqueue("b");
// 省略部分添加语句
que.Enqueue("h");
foreach (Object obj in que)
{
    Console.Write("{0} ", obj);
}
Console.WriteLine("长度: {0} ",que.Count);
```

（2）检验元素"c"和"q"是否在集合中，若不在集合中，将元素添加。重新遍历输出元素值。省略遍历语句，代码如下：

```
if (!que.Contains("c"))
{
    que.Enqueue("c");
    Console.WriteLine("c元素不在集合中，已添加");
}
if (!que.Contains("q"))
{
    que.Enqueue("q");
```

```
        Console.WriteLine("q元素不在集合中，已添加");
    }
    //省略遍历输出语句
```

（3）使用 Dequeue 方法移除并返回位于 Queue 开始处的对象，并遍历输出元素值。

```
Console.WriteLine(que.Dequeue());
foreach (Object obj in que)
{
    Console.Write("{0} ", obj);
}
```

执行结果如下所示：

```
a b c d e f g h 长度: 8
q元素不在集合中，已添加
a b c d e f g h q
a
b c d e f g h q . . .
```

执行结果中的第一行为元素添加后的遍历及集合的长度；第二行为判断"q"不在集合中的提示；第三行是添加元素 q 后的集合；第四行输出并移除集合的开始元素；第五行为首元素移除后的集合。

9.5 BitArray 集合类

BitArray 集合类专用于处理 bit 类型的数据集合，集合中只有两种数值：true 和 false。可以用 1 表示 true，用 0 表示 false。

BitArray 集合元素的编号（索引）同样是从 0 开始，与前几个集合不同的是，BitArray 集合类在创建对象时，需要指定集合的长度，如定义长度为 3 的 bitnum 对象，使用代码如下所示：

```
BitArray bitnum = new BitArray(3);
```

若编写索引时超过 BitArray 的结尾，将引发 ArgumentException。但 BitArray 集合类的长度属性 Length 不是只读的，可以在添加元素时重新设置，如练习 5 所示。

【练习 5】

定义长度为 3 的 BitArray 集合类数组，为每个元素赋值，重新定义数组的长度为 4，为第 4 个元素赋值，使用代码如下：

```
BitArray bitnum = new BitArray(3);
bitnum.Set(0, true);
bitnum.Set(1, false);
bitnum.Set(2, true);
bitnum.Length = 4;
bitnum.Set(3, true);
foreach (bool bita in bitnum)
{
    Console.Write("{0} ", bita);
```

```
}
```

执行结果如下所示：

```
True False True True
```

BitArray 集合类的属性相对较多，除了 Length 属性，还有如表 9-5 所示的公共属性，用于设置或获取元素值。

表 9-5 BitArray 集合类公共属性

名　称	说　明
Count	获取 BitArray 中包含的元素数
IsReadOnly	获取一个值，该值指示 BitArray 是否为只读
IsSynchronized	获取一个值，该值指示是否同步对 BitArray 的访问（线程安全）
Item	获取或设置 BitArray 中特定位置的位的值
Length	获取或设置 BitArray 中元素的数目
SyncRoot	获取可用于同步 BitArray 访问的对象

BitArray 集合类的公共方法将 bit 类型的数据运算、位值运算和移位都包含了，具体如表 9-6 所示。

表 9-6 BitArray 集合类公共方法

名　称	说　明
And	对当前 BitArray 中的元素和指定的 BitArray 中的相应元素执行按位 AND 运算
Clone	创建 BitArray 的浅表副本
CopyTo	从目标数组的指定索引处开始将整个 BitArray 复制到兼容的一维 Array
Equals	已重载。确定两个 Object 实例是否相等
Get	获取 BitArray 中特定位置处位的值
GetEnumerator	返回循环访问 BitArray 的枚举数
GetHashCode	用作特定类型的哈希函数。GetHashCode 适合在哈希算法和数据结构（如哈希表）中使用
GetType	获取当前实例的 Type
Not	反转当前 BitArray 中的所有位值，以便将设置为 true 的元素更改为 false；将设置为 false 的元素更改为 true
Or	对当前 BitArray 中的元素和指定的 BitArray 中的相应元素执行按位"或"运算
ReferenceEquals	确定指定的 Object 实例是否是相同的实例
Set	将 BitArray 中特定位置处的位设置为指定值
SetAll	将 BitArray 中的所有位设置为指定值
ToString	返回表示当前 Object 的 String
Xor	对当前 BitArray 中的元素和指定的 BitArray 中的相应元素执行按位"异或"运算

BitArray 集合的初始化和赋值有多种形式，可以直接使用 Set 方法，如练习 5 所示。也可以直接使用默认值、直接赋值或通过其他数组赋值，如练习 6 所示。

【练习 6】

定义长度为 5 的 5 个 BitArray 集合 bit1、bit2、bit3、bit4 和 bit5，分别使用不同方式初始化、赋值，并分别输出。

（1）定义一个 bool 型的数组，用于为集合赋值；定义两个不同长度的整型数组，用于为另外两个集合对象赋值，代码如下所示：

```
bool[] myBools = new bool[5] { true, false, true, true, false };
```

```
int[] num1 = new int[1] { 1};
int[] num2 = new int[2] { 1,1 };
```

（2）定义 BitArray 集合对象 bit1 并初始化，不进行显式的赋值；定义对象 bit2 全部赋值为 true；定义对象 bit3，使用 bool 型数组进行赋值；定义对象 bit4 和 bit5，分别接受不同长度的一维整型数组的赋值。省略部分遍历语句，使用代码如下：

```
BitArray bit1 = new BitArray(5);
BitArray bit2 = new BitArray(5,true);
BitArray bit3 = new BitArray(myBools);
BitArray bit4 = new BitArray(num1);
BitArray bit5 = new BitArray(num2);
//省略bit1、bit2和bit3的遍历输出语句
Console.WriteLine("bit4:");
//将bit4的元素按照每行8个输出
for (int i = 0; i < bit4.Count; i++)
{
    Console.Write("{0} ", bit4.Get(i));
    if ((i + 1) % 8 == 0)
    {
        Console.WriteLine("");
    }
}
Console.WriteLine("bit4长度为: {0} ", bit4.Count);
Console.WriteLine("bit5:");
//将bit5的元素按照每行8个输出
for (int i = 0; i < bit5.Count; i++)
{
    Console.Write("{0} ", bit5.Get(i));
    if ((i + 1) % 8 == 0)
    {
        Console.WriteLine("");
    }
}
Console.WriteLine("bit5长度为: {0} ", bit5.Count);
```

执行结果如图 9-1 所示。

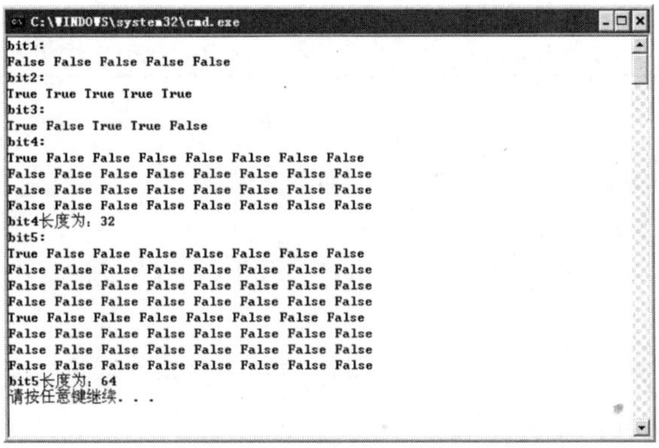

图 9-1　BitArray 集合赋值

　　练习 6 的前 3 个数组较容易理解，最后两个数组使用的初始化和赋值方式一样，不是常用的类型。由于后两个数组长度较大，本练习按照每行输出 8 个元素的格式进行输出。

　　BitArray 集合元素可以按位进行逻辑运算，如方法 And()、方法 Not()、方法 Or()和方法 Xor()，如练习 7 所示。

【练习 7】

　　定义两个长度为 6 的 BitArray 集合，分别赋值为{ true, true, true, false, false, false }和{ false, false, true, false, true, true }，并依次进行方法 And()、方法 Or()和方法 Xor()运算，输出运算结果。

　　（1）定义两个长度为 6 的 bool 数组，分别赋值为{ true, true, true, false, false, false }和{ false, false, true, false, true, true }，并分别赋值给 BitArray 集合的两个对象 bita1 和 bita2，省略遍历输出语句，使用代码如下：

```
//定义数组并赋值、输出
bool[] bool1 = new bool[6] { true, true, true, false, false, false };
bool[] bool2 = new bool[6] { false, false, true, false, true, true };
BitArray bita1 = new BitArray(bool1);
BitArray bita2 = new BitArray(bool2);
//此处省略 bita1 和 bita2 遍历输出语句
```

　　（2）分别用对象 bita1 与 bita2 执行 And()方法、用 bita2 与 bita1 执行 And()方法，并将执行结果分别赋给 BitArray 集合对象 bitand1 和 bitand2，省略遍历输出的语句，使用代码如下：

```
//执行运算、并赋给其他数组
BitArray bitand1 = new BitArray(bita1.And(bita2));
BitArray bitand2 = new BitArray(bita2.And(bita1));
//此处省略 bitand1 和 bitand2 的遍历输出语句
```

　　（3）分别用对象 bita1 与 bita2 执行 Or()方法、用 bita2 与 bita1 执行 Or()方法，并定义两个 BitArray 集合对象 bitor1 和 bitor2，分别接受两种执行 Or()方法的结果。省略遍历输出的语句，使用代码如下：

```
BitArray bitor1 = new BitArray(bita1.Or(bita2));
BitArray bitor2 = new BitArray(bita1.Or(bita2));
//此处省略 bitor1 和 bitor2 的遍历输出语句
```

　　（4）分别用对象 bita1 与 bita2 执行 Xor()方法、用 bita2 与 bita1 执行 Xor()方法，并定义两个 BitArray 集合对象 bitXor1 与 bitXor2，分别接受两种执行 Xor()方法的结果。省略遍历输出的语句，使用代码如下：

```
BitArray bitXor1 = new BitArray(bita1.Xor(bita2));
BitArray bitXor2 = new BitArray(bita2.Xor(bita1));
//此处省略 bitXor1 与 bitXor2 的遍历输出语句
```

　　执行结果为：

```
bita1
True True True False False False
bita2
False False True False True True
bita1.And(bita2):
False False True False False False
```

```
bita2.And(bita1):
False False True False False False
bita1.Or(bita2):
False False True False False False
bita2.Or(bita1):
False False True False False False
bita1.Xor(bita2):
False False False False False False
bita2.Xor(bita1)):
False False True False False False
```

9.6 SortedList 集合类

SortedList 集合类又称为排序列表类，是键/值对的集合。SortedList 集合的元素是一组键/值对，这种有键和值的集合又称为字典集合，SortedList 集合和 Hashtable 集合都是字典集合。

SortedList 的默认初始容量为 0，元素的添加使集合重新分配、自动增加容量。容量可以通过调用 TrimToSize 方法，或设置 Capacity 属性减少容量。

在 SortedList 集合内部维护两个数组以存储列表中的元素：一个数组用于键，另一个数组用于相关联的值。SortedList 集合元素有以下特点：

❑ 每个元素都是一个可作为 DictionaryEntry 对象进行访问的键/值对。

❑ SortedList 集合中的键不能为空 null，但值可以。

❑ 集合中不允许有重复的键。

❑ 键和值可以是任意类型的数据。

❑ SortedList 集合中的元素的键和值可以分别通过索引访问。

❑ 索引从 0 开始。

❑ 使用 foreach in 语句遍历集合元素时需要集合中的元素类型，SortedList 元素的类型为 DictionaryEntry 类型。

❑ 集合中元素的插入是顺序插入，操作相对较慢。

❑ SortedList 允许通过相关联键或通过索引对值进行访问，提供了更大的灵活性。

❑ 键值可以不连续，但键值根据索引顺序排列。

SortedList 集合索引的顺序是基于排序顺序的，集合中元素的插入类似于一维数组的插入排序法：每添加一组元素，都将元素按照排序方式插入，同时索引会相应地进行调整。当移除元素时，索引也会相应地进行调整。因此，当在 SortedList 中添加或移除元素时，特定键/值对的索引可能会更改。

SortedList 集合类的公共属性和公共方法，及其说明如表 9-7 和表 9-8 所示。

表 9-7　SortedList 集合类公共属性

名　　称	说　　明
Capacity	获取或设置 SortedList 的容量
Count	获取 SortedList 中包含的元素数
IsFixedSize	获取一个值，该值指示 SortedList 是否具有固定大小
IsReadOnly	获取一个值，该值指示 SortedList 是否为只读

续表

名　　称	说　　明
IsSynchronized	获取一个值，该值指示是否同步对 SortedList 的访问
Item	获取并设置与 SortedList 中的特定键相关联的值
Keys	获取 SortedList 中的键
SyncRoot	获取可用于同步 SortedList 访问的对象
Values	获取 SortedList 中的值

表 9-8　SortedList 集合类公共方法

名　　称	说　　明
Add	将带有指定键和值的元素添加到 SortedList
Clear	从 SortedList 中移除所有元素
Clone	创建 SortedList 的浅表副本
Contains	确定 SortedList 是否包含特定键
ContainsKey	确定 SortedList 是否包含特定键
ContainsValue	确定 SortedList 是否包含特定值
CopyTo	将 SortedList 元素复制到一维 Array 实例中的指定索引位置
Equals	已重载。确定两个 Object 实例是否相等
GetByIndex	获取 SortedList 的指定索引处的值
GetEnumerator	返回循环访问 SortedList 的 IDictionaryEnumerator
GetHashCode	用作特定类型的哈希函数。GetHashCode 适合在哈希算法和数据结构中使用
GetKey	获取 SortedList 的指定索引处的键
GetKeyList	获取 SortedList 中的键
GetType	获取当前实例的 Type
GetValueList	获取 SortedList 中的值
IndexOfKey	返回 SortedList 中指定键的从零开始的索引
IndexOfValue	返回指定的值在 SortedList 中第一个匹配项的从零开始的索引
ReferenceEquals	确定指定的 Object 实例是否是相同的实例
Remove	从 SortedList 中移除带有指定键的元素
RemoveAt	移除 SortedList 的指定索引处的元素
SetByIndex	替换 SortedList 中指定索引处的值
Synchronized	返回 SortedList 的同步包装
ToString	返回表示当前 Object 的 String
TrimToSize	将容量设置为 SortedList 中元素的实际数目

通过练习来说明 SortedList 集合对象的声明、元素插入及分别通过索引和键操作集合元素等特点和使用。

【练习 8】

定义一个 SortedList 集合的对象 sorte，再为对象的键和值赋值，并根据索引输出键和值的值，使用代码如下：

```
SortedList sorte = new SortedList();
sorte.Add(1,'a');
sorte.Add(4, 'd');
sorte.Add(7, 'c');
sorte.Add(9, 't');
sorte.Add(2, 'b');
sorte.Add(6, 'e');
for (int i = 0; i < sorte.Count; i++)
```

```
{
    Console.WriteLine("元素的键为: {0} 值为: {1}", sorte.GetKey(i),sorte.
    GetByIndex(i));
}
```

执行结果为：

```
元素的键为: 1 值为: a
元素的键为: 2 值为: b
元素的键为: 4 值为: d
元素的键为: 6 值为: e
元素的键为: 7 值为: c
元素的键为: 9 值为: t
```

可见任意顺序添加的元素，已经按照键的值从小到大顺序排列了。SortedList 集合元素顺序排列是根据键的值，而不是元素值的值。元素的值可以通过索引替换，也可以分别通过键和索引能够移除元素，如练习9所示。

【练习9】

使用练习8中定义的集合数组，分步骤完成元素的替换和移除。具体步骤如下。

（1）替换3索引处的值为f，执行语句如下：

```
Console.WriteLine("*********替换 3 索引处的值为 f********");
sorte.SetByIndex(3,'f');
for (int i = 0; i < sorte.Count; i++)
{
    Console.WriteLine("元素的键为: {0} 值为: {1}", sorte.GetKey(i), sorte.
    GetByIndex(i));
}
```

（2）移除键值为7的元素，省略遍历输出的步骤，代码如下：

```
Console.WriteLine("*********移除键值为 7 的元素********");
sorte.Remove(7);
//此处省略元素遍历输出的步骤
```

（3）移除索引为1的元素，省略遍历输出的步骤，代码如下：

```
Console.WriteLine("*********移除索引为 1 的元素********");
sorte.RemoveAt(1);
//此处省略元素遍历输出的步骤
```

与练习8中的代码合在一起，执行结果为：

```
元素的键为: 1 值为: a
元素的键为: 2 值为: b
元素的键为: 4 值为: d
元素的键为: 6 值为: e
元素的键为: 7 值为: c
元素的键为: 9 值为: t
*********替换 3 索引处的值为 f********
元素的键为: 1 值为: a
元素的键为: 2 值为: b
元素的键为: 4 值为: d
元素的键为: 6 值为: f
```

```
元素的键为: 7 值为: c
元素的键为: 9 值为: t
*********移除键值为 7 的元素********
元素的键为: 1 值为: a
元素的键为: 2 值为: b
元素的键为: 4 值为: d
元素的键为: 6 值为: f
元素的键为: 9 值为: t
*********移除索引为 1 的元素********
元素的键为: 1 值为: a
元素的键为: 4 值为: d
元素的键为: 6 值为: f
元素的键为: 9 值为: t
```

9.7 Hashtable 集合类

　　Hashtable 集合类是一种字典集合，有键/值对的集合。同时，Hashtable 集合又被称为哈希表。

　　由于 Hashtable 集合有键和值，属于字典集合，因此有与 SortedList 集合相同的以下几个特点：

　　（1）每个元素都是一个可作为 DictionaryEntry 对象进行访问的键/值对。

　　（2）集合中的键不能为空 null，但值可以。

　　（3）使用 foreach in 语句遍历集合元素时需要集合中的元素类型，SortedList 元素的类型为 DictionaryEntry 类型。

　　（4）键和值可以是任意类型的数据。

　　哈希表是一种常见的数据结构，Hashtable 类在内部维护着一个内部哈希表，这个内部哈希表为高速检索数据提供了较好的性能。内部哈希表为插入到 Hashtable 的每个键进行哈希编码，在后续的检索操作中，通过哈希代码，可以遍历所有元素。

　　Hashtable 集合类提供了 15 个构造函数，常用的有以下 4 个，如表 9-9 所示。

表 9-9　Hashtable 类构造函数

构 造 函 数	说　　明
public Hashtable()	使用默认的初始容量、加载因子、哈希代码提供程序和比较器来初始化 Hashtable 类的实例
public Hashtable(int capacity)	使用指定容量、默认加载因子、默认哈希代码提供程序和比较器来初始化 Hashtable 类的实例
public Hashtable(int capacity, float loadFactor)	使用指定的容量，加载因子来初始化 Hashtable 类的实例
public Hashtable(IDictionary d)	通过将指定字典中的元素复制到新的 Hashtable 对象中，初始化 Hashtable 类的一个新实例。新对象的初始容量等于复制的元素数，并且使用默认的加载因子、哈希代码提供程序和比较器

　　Hashtable 的默认初始容量为 0。随着向 Hashtable 中添加元素，容量通过重新分配按需自动增加。

　　当把某个元素添加到 Hashtable 时，将根据键的哈希代码将该元素放入存储桶中。该键的后续查找将使用键的哈希代码只在一个特定的存储桶中搜索。

Hashtable 的加载因子确定元素与存储桶的最大比率。加载因子越小，平均查找速度越快，但消耗的内存也增加。默认的加载因子 1.0 通常提供速度和大小之间的最佳平衡。当创建 Hashtable 时，也可以指定其他加载因子。

在哈希表中，键被转换为哈希代码，而值存储在存储桶（bucket）中。Hashtable 集合没有自动排序的功能，也没有使用索引的方法，需要将键作为索引使用。关于 Hashtable 集合的属性和方法如表 9-10、表 9-11、表 9-12 和表 9-13 所示。

表 9-10 Hashtable 类公共属性

名　称	说　明
Count	获取包含在 Hashtable 中的键/值对的数目
IsFixedSize	获取一个值，该值指示 Hashtable 是否具有固定大小
IsReadOnly	获取一个值，该值指示 Hashtable 是否为只读
IsSynchronized	获取一个值，该值指示是否同步对 Hashtable 的访问
Item	获取或设置与指定的键相关联的值
Keys	获取包含 Hashtable 中的键的 ICollection
SyncRoot	获取可用于同步 Hashtable 访问的对象
Values	获取包含 Hashtable 中的值的 ICollection

表 9-11 Hashtable 类受保护的属性

名　称	说　明
comparer	获取或设置要用于 Hashtable 的 IComparer
EqualityComparer	获取要用于 Hashtable 的 IEqualityComparer
hcp	获取或设置可分配哈希代码的对象

表 9-12 Hashtable 类公共方法

名　称	说　明
Add	将带有指定键和值的元素添加到 Hashtable 中
Clear	从 Hashtable 中移除所有元素
Clone	创建 Hashtable 的浅表副本
Contains	确定 Hashtable 是否包含特定键
ContainsKey	确定 Hashtable 是否包含特定键
ContainsValue	确定 Hashtable 是否包含特定值
CopyTo	将 Hashtable 元素复制到一维 Array 实例中的指定索引位置
Equals	已重载确定两个 Object 实例是否相等
GetEnumerator	返回循环访问 Hashtable 的 IDictionaryEnumerator
GetHashCode	用作特定类型的哈希函数 GetHashCode 适合在哈希算法和数据结构（如哈希表）中使用
GetObjectData	实现 ISerializable 接口，并返回序列化 Hashtable 所需的数据
GetType	获取当前实例的 Type
OnDeserialization	实现 ISerializable 接口，并在完成反序列化之后引发反序列化事件
ReferenceEquals	确定指定的 Object 实例是否是相同的实例
Remove	从 Hashtable 中移除带有指定键的元素
Synchronized	返回 Hashtable 的同步（线程安全）包装
ToString	返回表示当前 Object 的 String

表 9-13 Hashtable 类受保护的方法

名　称	说　明
Finalize	允许 Object 在"垃圾回收"回收 Object 之前尝试释放资源并执行其他清理操作
GetHash	返回指定键的哈希代码

名　　称	说　　明
KeyEquals	将特定 Object 与 Hashtable 中的特定键进行比较
MemberwiseClone	创建当前 Object 的浅表副本

相关 Hashtable 类集合的应用，可以使用练习来说明。如练习 10 创建对象并添加元素、遍历元素等。

【练习 10】

创建 Hashtable 类集合对象 hash，为 hash 对象添加元素键和值，遍历输出对象元素值，使用代码如下：

```
Hashtable hash = new Hashtable();
hash.Add(1, 'w');
hash.Add(4, 'r');
hash.Add(2, 'g');
hash.Add(8, 'v');
hash.Add(5, 'q');
hash.Add(7, 't');
foreach (DictionaryEntry has in hash)
{
    Console.WriteLine("元素的键为: {0} 值为: {1}", has.Key.ToString(),has.Value.
    ToString());
}
```

执行结果为：

```
元素的键为: 8 值为: v
元素的键为: 7 值为: t
元素的键为: 5 值为: q
元素的键为: 4 值为: r
元素的键为: 2 值为: g
元素的键为: 1 值为: w
```

从结果可以看出，元素的添加顺序与遍历顺序不同了，输出结果按照元素的键值从大到小排列。通过练习 11 查看元素的哈希码如下。

【练习 11】

使用练习 10 定义的数组，将集合中的元素遍历输出元素对应的的哈希码，使用代码如下：

```
foreach (DictionaryEntry has in hash)
{
    Console.WriteLine("元素的键为: {0} 哈希码为: {1}", has.Key.ToString(), has.
    GetHashCode());
}
```

执行结果如下所示：

```
元素的键为: 8 哈希码为: -1888265873
元素的键为: 7 哈希码为: -1888265888
元素的键为: 5 哈希码为: -1888265886
元素的键为: 4 哈希码为: -1888265885
元素的键为: 2 哈希码为: -1888265883
元素的键为: 1 哈希码为: -1888265882
```

9.8 泛型 ━━━━━━━━━━━━━━━━━━━━━━━━━━━○

泛型是一个独立的模块，放在集合对象这 1 课来讲，是因为泛型最主要的应用就是创建集合类。

集合类的对象元素都是有数据类型的，这个数据类型在使用 foreach in 语句遍历时使用。泛型集合类没有数据类型，只在使用时定义类型。泛型类型通常使用字符 T 作为泛型类型的名称，如下面的类 List：

```
public class List<T>{}
```

使用泛型可以减少数据类型的转化，尤其是在需要装箱和拆箱的时候。装箱和拆箱很容易操作，但多余的操作使得系统性能损失。

❏ 使用泛型集合类可以提供更高的类型安全性。

❏ 使用泛型类型可以最大限度地重用代码、保护类型的安全以及提高性能。

❏ 泛型最常见的用途是创建集合类。

❏ 可以对泛型类进行约束以访问特定数据类型的方法。

❏ 关于泛型数据类型中使用的类型的信息可在运行时通过反射获取。

泛型类和泛型方法同时具备可重用性、类型安全和效率，泛型通常用于集合和在集合上运行的方法中。.NET Framework 2.0 版类库提供了命名空间 System.Collections.Generic，包含几个新的基于泛型的集合类，如 List 类。

泛型同样支持用户自定义，创建自定义的泛型类和方法，设计类型安全的高效模式以满足需求。

（技巧）
大多数情况下，直接使用.NET Framework 类库提供的 List<T>类即可，不需要自行创建类。

在通常使用具体类型指示列表中所存储项的类型时，使用类型参数 T。它的使用方法如下所示：

❏ 在 AddHead 方法中作为方法参数的类型。

❏ 在 Node 嵌套类中作为公共方法 GetNext 和 Data 属性的返回类型。

❏ 在嵌套类中作为私有成员数据的类型。

（注意）
T 可用于 Node 嵌套类，但使用具体类型实例化 GenericList<T>，则所有的 T 都将被替换为具体类型。

▌9.8.1 泛型类 ━━━━━━━━━━━━━━━━━━━━━━━○

泛型类常用于集合，如之前讲的几个集合类，集合中元素的添加、移除等操作的执行与元素的数据类型无关，泛型类针对的就是不特定于具体数据类型的操作。

在 .NET Framework 2.0 类库中提供了泛型集合类，可以直接使用。这些泛型类大多在 System.Collections.Generic 命名空间下，需要在使用前添加如下语句：

```
using System.Collections.Generic;
```

System.Collections.Generic 命名空间下的常用泛型集合类及其使用说明，如表 9-14 所示。

前几节讲述的集合类 ArrayList 集合、HashTable 集合、Queue 集合、Stack 集合和 SortedList 集合，可以使用对应的泛型类替换。将非泛型类对应到泛型类，对应的效果如下所示：

表 9-14　泛型类

类	说　　明
Dictionary	表示键和值的集合
LinkedList	表示双向链表
List	表示可通过索引访问的对象的强类型列表。提供用于对列表进行搜索、排序和操作的方法
Queue	表示对象的先进先出集合
SortedDictionary	表示按键排序的键/值对的集合
SortedDictionary.KeyCollection	表示 SortedDictionary 中键的集合。无法继承此类
SortedDictionary.ValueCollection	表示 SortedDictionary 中值的集合。无法继承此类
SortedList	表示键/值对的集合,这些键/值对基于关联的 IComparer 实现按照键进行排序
Stack	表示同一任意类型的实例的大小可变的后进先出集合

❑ ArrayList 对应 List。

❑ HashTable 对应 Dictionary。

❑ Queue 对应 Queue。

❑ Stack 对应 Stack。

❑ SortedList 对应 SortedList。

泛型类的创建可以从一个现有的具体类开始,逐一将每个类型改为类型参数,但要求更改后的类成员既要通用化又要实际可用。自定义泛型类时,需要注意以下几点。

(1)能够参数化的类型越多,代码就会变得越灵活,重用性就越好。但是,太多的通用化会使其他开发人员难以阅读或理解代码。

(2)应用尽可能最多的约束,但仍能够处理需要处理的类型。例如,如果您知道您的泛型类仅用于引用类型,则应用类约束。这可以防止您的类被意外地用于值类型,并允许您对 T 使用 as 运算符以及检查空值。

(3)由于泛型类可以作为基类使用,此处适用的设计注意事项与非泛型类相同。

(4)判断是否需要实现一个或多个泛型接口。

如系统内置的泛型类 List 类,类 List 内部使用字符 T 替换了数据类型名称。但如果对 List 类的类型 T 使用引用类型,则两个类的行为是完全相同的;如果对类型 T 使用值类型,则需要考虑实现和装箱问题。

类 List 继承了多个泛型接口和非泛型接口,其声明语句如下:

```
public class List<T> : IList<T>, ICollection<T>, IEnumerable<T>, IList,
ICollection, IEnumerable
```

下面的练习 12 展示了泛型类 List 的使用,它是 ArrayList 类的泛型等效类,对应相似的功能实现,如下例子显示了两个类之间的区别。

【练习 12】

分别定义 List 类型和 ArrayList 类型的数组,分别对两个数组进行元素的添加和遍利,具体步骤如下:

(1)分别声明两种类型集合的整型和字符型对象,使用语句如下:

```
List<int> list1 = new List<int>();            //定义整型集合 list1
List<char> list2 = new List<char>();          //定义字符型集合 list2
ArrayList arr1 = new ArrayList();             //定义为整型集合 arr1
ArrayList arr2 = new ArrayList();             //定义字符型集合 arr2
```

（2）分别为两种类型集合的整型和字符型对象添加元素，使用代码如下：

```
list1.Add(1);list1.Add(2);list1.Add(3);list1.Add(4);
list2.Add('a');list2.Add('b');list2.Add('c');list2.Add('d');
arr1.Add(5);arr1.Add(6);arr1.Add(7);arr1.Add(8);
arr2.Add('h');arr2.Add('i');arr2.Add('j');arr2.Add('k');
```

（3）分别遍历输出 4 个集合的元素值，注意遍历时使用 foreach in 语句中，变量的数据类型，具体代码如下：

```
Console.WriteLine("list1 元素的值为: ");
foreach (int list in                        //遍历整型的成员
{
    Console.Write ("{0} ", list);
}
Console.WriteLine("");
Console.WriteLine("list2 元素的值为: ");
foreach (char list in list2)                //遍历字符型的成员
{
    Console.Write ("{0} ", list);
}
Console.WriteLine("");
Console.WriteLine("arr1 元素的值为: ");
foreach (object arr in arr1)                //遍历 object 型的成员
{
    Console.Write ("{0} ", arr);
}
Console.WriteLine("");
Console.WriteLine("arr2 元素的值为: ");
foreach (object arr in arr2)                //遍历 object 型的成员
{
    Console.Write ("{0} ", arr);
}
```

执行结果如下所示：

```
list1 元素的值为:
1 2 3 4
list2 元素的值为:
a b c d
arr1 元素的值为:
5 6 7 8
arr2 元素的值为:
h i j k
```

注意
泛型类可以继承也可以派生，但泛型类的派生类必须重复或指明基类的类型。

9.8.2 泛型方法

泛型方法是使用泛型类型参数声明的方法，而方法中参数的类型需要在调用时指定。同泛型类的声明一样，泛型方法在声明或定义时添加<T>，并在泛型参数前使用符号 T，如练习 13 所示。

【练习 13】

定义泛型方法，包含两个泛型参数，将两个参数的值互换，同时影响到为参数传值的变量，步骤如下。

（1）定义包含两个泛型参数的泛型方法，用于将两个参数值互换位置，同时互换为参数赋值的变量，定义如下：

```
public class swapnum
{
    public void Swap<T>(ref T num1, ref T num2)
    {
        T num;
        num = num1;
        num1 = num2;
        num2 = num;
    }
}
```

（2）定义两个整型变量和两个 char 型变量，分别为方法的参数赋值，将方法分别实现为整型和字符型，使用代码如下：

```
class Program
{
    static void Main(string[] args)
    {
        int a = 1;
        int b = 2;
        char c = 'c';
        char d = 'd';
        swapnum swapo = new swapnum();
        swapo.Swap<int>(ref a, ref b);
        swapo.Swap<char>(ref c, ref d);
        Console.WriteLine("a = {0} b = {1}",a,b);
        Console.WriteLine("c = {0} d = {1}", c, d);
    }
}
```

执行结果如下所示：

```
a = 2 b = 1
c = d d = c
```

泛型方法的类型及泛型参数的类型可以省略，编译器将根据传入的参数确定方法及参数的类型。如将练习 13 中的 Main(string[] args)方法添加如下代码，查看输出结果如下所示：

```
swapo.Swap(ref c, ref d);
Console.WriteLine("c = {0} d = {1}", c, d);
```

执行结果如下：

```
a = 2 b = 1
```

```
c = d d = c
c = c d = d
```

若泛型方法没有参数，在调用时不能省略泛型方法的类型。

泛型方法也支持重载，当参数数据类型不同时，需要使用不同的字符表示。如方法 swap 中的两个参数数据类型不同，则可以定义为下面的语句：

```
void swap<T,R>(T a,R b);
```

9.8.3 泛型参数

这里的泛型参数并不是指方法的参数，而是用来定义类型的参数，也可称为类型参数。在泛型类和方法的定义中，类型参数是实例化时，泛型类型变量所指定的类型，是特定类型的占位符。

泛型类实际上并不是一个类型，而是一个类型的蓝图，需要在指定了尖括号"<>"内的类型参数后成为一个具体的类型。泛型参数有以下几个特点：

（1）类型参数可以是编译器能够识别的任何类型。

（2）可以创建任意多个不同类型的泛型类的实例。

（3）指定了类型参数后，编译器在运行时将每个 T 替换为相应的类型参数。

（4）泛型参数在制定后不能够更改。

泛型类和方法中，泛型参数可以不止定义一个，不同的泛型参数要使用不同的名称，泛型参数的命名通常满足以下几个特点：

（1）使用描述性的名称命名，使用户明白参数含义。

（2）将"T"作为描述性类型参数名的前缀。

（3）在泛型参数名中指示对此泛型参数的约束。

（4）若只有一个泛型参数，使用 T 作为泛型参数名。

类型参数在之前的练习中已经使用过，这里通过练习 14 来说明，包括同一个类或方法中的不同泛型参数的使用。

【练习 14】

定义类 Numeric 和它的两个泛型方法 num()和 stradd()，分别实现同类型参数的互换位置及不同类型的参数合并。

（1）定义类 Numeric 和它的两个泛型方法 num()和 stradd()，num()方法只有一个泛型类型参数，用于实现参数值互换。stradd()方法含有两个不同的泛型类型参数，实现参数如同 string 类型的合并。类的定义如下：

```
public class Numeric
{
    public void num<T>(ref T num1, ref T num2)
    {
        T num;
        num = num1;
        num1 = num2;
        num2 = num;
    }
    public void stradd<T,R>(T str1,R str2)
    {
```

```
        Console.WriteLine(str1.ToString()+str2.ToString());
    }
}
```

（2）类的实现部分，定义 4 个简单的变量分别为类的方法提供参数，将 num()方法分别实现为 int 型和 char 型，为 stradd()提供整型和字符串型，并输出方法的执行结果，使用代码如下：

```
class Program
{
    static void Main(string[] args)
    {
        Numeric nume = new Numeric();
        int a = 1;
        int b = 2;
        char c = 'c';
        char d = 'd';
        nume.num<int>(ref a,ref b);
        nume.num<char>(ref c, ref d);
        Console.WriteLine("a = {0} b = {1}", a, b);
        Console.WriteLine("c = {0} d = {1}", c, d);
        nume.stradd<int,string>(123,"abc");
    }
}
```

执行结果如下所示：

```
a = 2 b = 1
c = d d = c
123abc
```

非泛型类中可以定义泛型方法，在实例化非泛型类时不需要指明类型参数，但泛型类在实例化时必须指明类型参数，并且该实例的成员必须遵循这样的类型参数，不能修改。如定义泛型类如下所示：

```
public class Num<T>
{
    public void numshow<T>(T num)
    {
        Console.WriteLine(num);
    }
}
```

实例化时，若使用语句 Num<int> num = new Num<int>();实例化类，则 num 对象的 numshow 方法必须使用 int 类型。

9.8.4　类型参数的约束

编译器能够识别的类型有很多，但在定义泛型类时，可以对类型参数添加约束来限制类型参数的取值范围。对于有着类型参数约束的类，使用不被允许的类型初始化，会产生编译错误。这就是本节要介绍的约束。

泛型参数的范围很广，但不同的类型并不能肯定适合特定的泛型类，约束的定义能够保证指定的类型值被支持。一个类型参数可以使用一个或多个约束，并且约束自身可以是泛型类型。

类型参数的约束使用 where 关键字指定，但与 where 语句不同。参数类型的约束有 6 种类型，如表 9-15 所示。

表 9-15　类型参数约束

约　　束	说　　明
T: 结构	类型参数必须是值类型。可以指定除 Nullable 以外的任何值类型
T: 类	类型参数必须是引用类型，包括任何类、接口、委托或数组类型
T: new()	类型参数必须具有无参数的公共构造函数。当与其他约束一起使用时，new()约束必须最后指定
T: <基类名>	类型参数必须是指定的基类或派生自指定的基类
T: <接口名称>	类型参数必须是指定的接口或实现指定的接口。可以指定多个接口约束
T: U	为 T 提供的类型参数必须是为 U 提供的参数或派生自为 U 提供的参数。这称为裸类型约束

如表 9-15 所示的内容表示约束的格式和对应的说明，直接看表不宜理解。以下练习 15 通过使用 T：类这样的格式，举例说明类型参数约束，引用类型约束的使用，如下所示。

【练习 15】

定义非泛型类 Info，包含姓名、年龄、户籍等字段；定义泛型类，要求泛型类的类型必须是 Info 类的类型，具体步骤如下：

（1）定义非泛型的实体类 Info，包含姓名、年龄、户籍等字段及属性，使用代码如下：

```
public class Info
{
    string name;
    int age;
    string from;
    public string Iname
    {
        get { return name; }
        set { name = value; }
    }
    public int Iage
    {
        get { return age; }
        set { age = value; }
    }
    public string Ifrom
    {
        get { return from; }
        set { from = value; }
    }
```

（2）定义两个构造函数，一个初始化成员为默认类型值，一个用于接收数据初始化成员，使用语句如下：

```
public Info()
{ }
```

```
    public Info(string Iname, int Iage, string Ifrom)    //重载构造函数
    {
        name = Iname;
        age = Iage;
        from = Ifrom;
    }
}
```

（3）定义泛型类 InfoList，使用 where T:类的形式将类设置为指定的引用类型的约束，代码如下：

```
public class InfoList<T> : CollectionBase where T : Info
{
    public virtual int Add(T info)
    {
        return InnerList.Add(info);
    }
    public Info GetItem(int index)
    {
        return (Info)List[index];
    }
}
```

（4）类的实现部分，定义 Info 类的对象，为对象成员赋值为"司红"、12 和"河南"。实现时，泛型类实例化语句 InfoList<Info> infoList=new InfoList<Info>();尖括号中只能是 Info 类型，这就是 T：类约束。代码如下所示：

```
class Program
{
    static void Main(string[] args)
    {
        Info info = new Info("司红",12,"河南");
        InfoList<Info> infoList=new InfoList<Info>();
        infoList.Add(info);
        Console.WriteLine(infoList.GetItem(0).Iname);
    }
}
```

执行结果如下所示：

```
司红
```

除了类约束，基类约束表示，只有基类类型的对象或从该基类派生的对象，才能作为泛型的类型参数。

没有任何约束的类型参数，称为未绑定的类型参数。未绑定的类型参数具有以下几个特点。

（1）不能使用!=和==运算符，因为无法保证具体类型参数能支持这些运算符。

（2）可以在它们与 System.Object 之间来回转换，或将它们显式转换为任何接口类型。

（3）可以将它们与 null 进行比较。将未绑定的参数与 null 进行比较时，如果类型参数为值类型，则该比较将始终返回 false。

9.9 自定义集合类

在 System.Collections 命名空间下,常用的集合类如表 9-2 所示的集合中,有两个集合在前面没有讲到,这两个类并不常用于集合,而是常作为自定义集合的基类。

内置的集合并不能满足所有的数据集合处理,C#为用户自定义集合提供了条件。这两个基类如下所示。

❑ **CollectionBase** 为强类型集合提供 abstract 基类。

❑ **DictionaryBase** 为键/值对的强类型集合提供 abstract 基类。

集合类有键/值对的字典集合和一般的集合,这两个基类一个作为非字典集合的基类,一个作为字典集合的基类。

以一般的集合类创建为例,首先要了解基类 CollectionBase 的成员,以便利用基类和重写基类。CollectionBase 类的属性如表 9-16 所示,方法如表 9-17 所示。

表 9-16 CollectionBase 类的属性

名 称	说 明
Capacity	获取或设置 CollectionBase 可包含的元素数
Count	获取包含在 CollectionBase 实例中的元素数。不能重写此属性
InnerList	获取一个 ArrayList,它包含 CollectionBase 实例中元素的列表
List	获取一个 IList,它包含 CollectionBase 实例中元素的列表

表 9-17 CollectionBase 类的方法

名 称	说 明
Clear	从 CollectionBase 实例移除所有对象。不能重写此方法
Equals	已重载。确定两个 Object 实例是否相等
GetEnumerator	返回循环访问 CollectionBase 实例的枚举数
GetHashCode	用作特定类型的哈希函数。GetHashCode 适合在哈希算法和数据结构中使用
GetType	获取当前实例的 Type
ReferenceEquals	确定指定的 Object 实例是否是相同的实例
RemoveAt	移除 CollectionBase 实例的指定索引处的元素。此方法不可重写
ToString	返回表示当前 Object 的 String
Finalize	允许 Object 在"垃圾回收"回收 Object 之前尝试释放资源并执行其他清理操作
MemberwiseClone	创建当前 Object 的浅表副本
OnClear	当清除 CollectionBase 实例的内容时执行其他自定义进程
OnClearComplete	在清除 CollectionBase 实例的内容之后执行其他自定义进程
OnInsert	在向 CollectionBase 实例中插入新元素之前执行其他自定义进程
OnInsertComplete	在向 CollectionBase 实例中插入新元素之后执行其他自定义进程
OnRemove	当从 CollectionBase 实例移除元素时执行其他自定义进程
OnRemoveComplete	在从 CollectionBase 实例中移除元素之后执行其他自定义进程
OnSet	当在 CollectionBase 实例中设置值之前执行其他自定义进程
OnSetComplete	当在 CollectionBase 实例中设置值后执行其他自定义进程
OnValidate	当验证值时执行其他自定义进程

在了解基类 CollectionBase 的成员后,不妨先建一个实体类,之后创建集合来操作实体类中的数据。如创建食品信息类 Food,有字段 fname 表示食品名称和字段 fprice 表示食品价格。使用代码如下:

```
public class Food
{
    public string fname;
    public double fprice;
    public Food()
    { }
    public Food(string name,double price)
    {
        fname = name;
        fprice = price;
    }
    public string fnames
    {
        get { return fname;}
        set { fname = value; }
    }
    public double fprices
    {
        get { return fprice; }
        set { fprice = value; }
    }
}
```

接下来创建集合类 Foodlist，实现最基本的元素添加、元素查询和删除，继承基类 CollectionBase 并重写基类的方法。使用代码如下：

```
public class Foodlist : CollectionBase
{
    public virtual int Add(Food food)      //重写父类的添加方法
    {
        return InnerList.Add(food);
    }
    public new void RemoveAt(int index)//父类中该方法不允许覆盖，使用 new 关键字重写
    {
        InnerList.RemoveAt(index);
    }
    public Food GetItem(int index)         //根据索引获得类对象
    {
        return (Food)List[index];
    }
}
```

类中的方法是可以自定义的，也可以选择重写其他方法。本节只重写了最基础的元素添加，根据索引获得和根据索引删除。类的实现代码如下：

```
class Program
{
    static void Main(string[] args)
    {
        Food food1 = new Food("苹果", 2.0);
```

```
        Food food2 = new Food("橘子", 1.5);
        Food food3 = new Food("香蕉", 2.0);
        Food food4 = new Food("柚子", 2.8);
        Foodlist foodlist = new Foodlist();
        foodlist.Add(food1);
        foodlist.Add(food2);
        foodlist.Add(food3);
        foodlist.Add(food4);
        Console.WriteLine("****************元素添加后: ");
        for (int i = 0; i < foodlist.Count; i++)
        {
            Console.WriteLine("名称: {0} 价格: {1}", foodlist.GetItem(i).fname, f
            oodlist.GetItem(i).fprice);
        }
        Console.WriteLine("****************删除索引为 1 的元素: ");
        foodlist.RemoveAt(1);
        for (int i = 0; i < foodlist.Count; i++)
        {
            Console.WriteLine("名称: {0} 价格: {1}", foodlist.GetItem(i).fname,
            foodlist.GetItem(i).fprice);
        }
    }
}
```

执行结果如下所示：

```
****************元素添加后:
名称: 苹果 价格: 2
名称: 橘子 价格: 1.5
名称: 香蕉 价格: 2
名称: 柚子 价格: 2.8
****************删除索引为 1 的元素:
名称: 苹果 价格: 2
名称: 香蕉 价格: 2
名称: 柚子 价格: 2.8
```

实现部分先实例化实体类，为类 Food 创建 4 个对象，并为每一个对象的字段赋值。接下来将 Food 类的对象添加到集合类 Foodlist 的对象中，遍历集合中的元素，根据索引删除集合元素，最后再遍历一次集合元素。

类的继承虽然是单一的，但基类的基类也将被继承，因此在自定义集合类时，用户有多种可利用的方法。

9.10 实例应用：实现瓜果市场信息管理

9.10.1 实例目标

瓜果市场是一个交易市场，有实物店铺和瓜果。信息方面主要是瓜果的信息和店铺的信息，本案例实现店铺信息和瓜果信息的管理。

（1）瓜果的信息包含瓜果名称、品种、价格等。

（2）店铺的信息包含店铺摊位号、负责人姓名、店铺到期年限等。

这些信息需要添加、遍历查阅、修改和删除等。单纯的数组无法实现，只能通过集合类来解决。

9.10.2 技术分析

根据实例需要实现的目的，可以定义一个集合类来管理数据信息。首先定义实体类，案例涉及两种几乎毫无关联的信息，需要创建两个实体类来管理。

（1）瓜果类包含字段：名称、品种、价格。

（2）店铺类包含字段：店铺摊位号、负责人姓名、到期年限。

在本课自定义了一个集合类 Foodlist，但 Foodlist 集合是针对 Food 类的数据信息操作。但市场信息涉及两个实体类，这里定义一个泛型集合类，用于管理任意的实体类数据。集合中需要有信息添加、修改和删除，具体需要如下几步：

（1）定义实体类瓜果类和店铺类。

（2）定义泛型集合类，包含数据的添加、修改和删除。

（3）分别实现数据信息的添加、修改和删除，并在每种改变集合的方法后遍历输出。

9.10.3 实现步骤

（1）首先是两个实体类，实体类之前使用多次，直接展示代码如下：

```
public class Fruit
{
    public string fname;
    public string fvar;
    public double fprice;
    public Fruit()
    { }
    public Fruit(string name,string var, double price)
    {
        fname = name;
        fvar = var;
        fprice = price;
    }
    public string fnames
    {
        get { return fname; }
        set { fname = value; }
    }
    public string fvars
    {
        get { return fvar; }
        set { fvar = value; }
    }
    public double fprices
    {
        get { return fprice; }
        set { fprice = value; }
```

```
        }
    }
    //***********水果***********
    public class Shop
    {
        public string sname;
        public int snum;
        public int syear;
        public Shop()
        { }
        public Shop(string name, int num, int year)
        {
            sname = name;
            snum = num;
            syear = year;
        }
        public string snames
        {
            get { return sname; }
            set { sname = value; }
        }
        public int snums
        {
            get { return snum; }
            set { snum = value; }
        }
        public int syears
        {
            get { return syear; }
            set { syear = value; }
        }
    }
```

（2）接下来是泛型集合类，类不需要是泛型，但必须包含泛型方法。集合中的所有操作都可以写为泛型方法，供两个实体类集合使用。包含集合元素添加、集合元素根据索引查询、集合元素根据索引删除和根据索引及实体类对象修改元素。具体代码如下：

```
    public class Fruitlist : CollectionBase
    {
        public virtual int Add<T>(T fruit)
        {
            return InnerList.Add(fruit);
        }
        public new void RemoveAt(int index)
        {
            InnerList.RemoveAt(index);
        }
        /// <summary>
        /// 泛型根据索引查询
```

```
/// </summary>
/// <typeparam name="T">类型参数</typeparam>
/// <param name="index">方法的参数：索引</param>
/// <returns></returns>
public T GetItem<T>(int index)
{
    return (T)List[index];
}
/// <summary>
/// 根据索引和对象，修改元素值
/// </summary>
/// <typeparam name="T">集合类型</typeparam>
/// <param name="index">索引</param>
/// <param name="fruit">新元素值</param>
public void SetAt<T>(int index, T fruit)
{
    this.RemoveAt(index);
    this.Add(fruit);
}
}
```

（3）最后是类的实现，首先定义两个实体类的对象，为对象的字段赋值。之后创建两个集合分别接收两个实体类成员作为集合元素。在集合元素添加后遍历两个集合。修改水果集合第 2 个元素的价格为 4.0 并遍历集合，删除店铺集合的第 3 个元素并遍历集合。

在修改水果集合元素时，需要将第二个元素重新初始化，作为修改方法 SetAt 的参数。整个过程使用代码如下：

```
class Program
{
    static void Main(string[] args)
    {
        Fruit fru1 = new Fruit("苹果","水晶  ",2.5);
        Fruit fru2 = new Fruit("苹果", "红富士", 3.0);
        Fruit fru3 = new Fruit("香蕉", "芝麻蕉", 2.0);
        Shop shop1 = new Shop("林飞",1,2015);
        Shop shop2 = new Shop("何琳", 2, 2013);
        Shop shop3 = new Shop("胡海", 3, 2014);
        Fruitlist frulist = new Fruitlist();
        Fruitlist shoplist = new Fruitlist();
        frulist.Add<Fruit>(fru1);
        frulist.Add<Fruit>(fru2);
        frulist.Add<Fruit>(fru3);
        shoplist.Add<Shop>(shop1);
        shoplist.Add<Shop>(shop2);
        shoplist.Add<Shop>(shop3);
        for (int i = 0; i < frulist.Count; i++)
        {
            Console.WriteLine("名称: {0} 品种: {1} 价格: {2}", frulist.GetItem
```

```
            <Fruit>(i).fnames, frulist.GetItem<Fruit>(i).fvars, frulist.GetItem
            <Fruit>(i).fprices);
        }
        Console.WriteLine("");
        for (int i = 0; i < shoplist.Count; i++)
        {
            Console.WriteLine("负责人: {0} 编号: {1} 年限: {2}", shoplist.
            GetItem<Shop>(i).sname, shoplist.GetItem<Shop>(i).snum, shoplist.
            GetItem<Shop>(i).syear);
        }
        Console.WriteLine("");
        Console.WriteLine("*********改变第二个水果的价格********");
        fru2 = new Fruit("苹果", "红富士", 4.0);
        frulist.SetAt<Fruit>(1, fru2);

        for (int i = 0; i < frulist.Count; i++)
        {
            Console.WriteLine("名称: {0} 品种: {1} 价格: {2}", frulist.GetItem
            <Fruit>(i).fnames, frulist.GetItem<Fruit>(i).fvars, frulist.GetItem
            <Fruit>(i).fprices);
        }
        Console.WriteLine("");
        Console.WriteLine("*********删除第 3 家商铺**************");
        shoplist.RemoveAt(2);
        for (int i = 0; i < shoplist.Count; i++)
        {
            Console.WriteLine("负责人: {0} 编号: {1} 年限: {2}", shoplist.GetItem
            <Shop>(i).sname, shoplist.GetItem<Shop>(i).snum, shoplist.GetItem
            <Shop>(i).syear);
        }
    }
}
```

执行结果如下：

```
名称: 苹果 品种: 水晶   价格: 2.5
名称: 苹果 品种: 红富士 价格: 3
名称: 香蕉 品种: 芝麻蕉 价格: 2

负责人: 林飞 编号: 1 年限: 2015
负责人: 何琳 编号: 2 年限: 2013
负责人: 胡海 编号: 3 年限: 2014

*********改变第二个水果的价格********
名称: 苹果 品种: 水晶   价格: 2.5
名称: 香蕉 品种: 芝麻蕉 价格: 2
名称: 苹果 品种: 红富士 价格: 4

*********删除第 3 家商铺**************
负责人: 林飞 编号: 1 年限: 2015
负责人: 何琳 编号: 2 年限: 2013
```

9.11 拓展训练

实现家用电器信息管理

家用电器信息有字段：电器名称、电器品牌、电器型号和电器价格等。对电器信息的管理要有指定信息的修改，信息的添加、信息删除等，要求如下：

（1）定义电器信息实体类，包含上述字段和属性，有两个构造函数：没有参数、字段初始化默认值；接收参数初始化字段值。

（2）定义集合类，包含对电气信息实体类中，指定信息的修改，信息的添加、信息删除等方法。

（3）实现电器信息的添加、修改、删除和遍历等操作。

9.12 课后练习

一、填空题

1. 在 C#中所有集合都实现了 ICollection 接口和_____。

2. ICollection 接口的成员有_____、Count、IsSynchronized、SyncRoot 和 CopyTo。

3. 拥有值和键的集合称作_____集合。

4. Stack 集合又称作是_____。

5. Queue 集合又称作是_____。

6. SortedList 集合根据键值_____排序。

7. 泛型类型通常使用字符_____作为泛型类型的名称。

二、选择题

1. 下列后进先出的集合是_____。

    A. ArrayList 集合

    B. HashTable 集合

    C. Queue 集合

    D. Stack 集合

2. 下列方法_____不能用来添加元素。

    A. Add()

    B. Push()

    C. Get()

    D. Enqueue()

3. 以下_____属于字典集合。

    A. ArrayList 集合

    B. HashTable 集合

    C. Queue 集合

    D. Stack 集合

4. 以下语句的执行结果为：_____。

```
SortedListsorted=newSortedList();
sorted.Add(1,'a');
sorted.Add(3,'b');
sorted.Add(5,'c');
sorted.Add(2,'d');
sorted.Add(4,'e');
sorted.Add(6,'f');
for(inti=0;i<sorted.Count;i++)
{
Console.WriteLine("元素的键为: {0}值为: {1}",sorted.GetKey(i),sorted.
GetByIndex(i));
}
```

A.

```
元素的键为: 1 值为: a
元素的键为: 2 值为: d
元素的键为: 3 值为: b
元素的键为: 4 值为: e
元素的键为: 5 值为: c
元素的键为: 6 值为: f
```

B.

```
元素的键为: 1 值为: a
元素的键为: 3 值为: b
元素的键为: 5 值为: c
元素的键为: 2 值为: d
元素的键为: 4 值为: e
元素的键为: 6 值为: f
```

C.

```
元素的键为: 6 值为: f
元素的键为: 5 值为: c
元素的键为: 4 值为: e
元素的键为: 3 值为: b
元素的键为: 2 值为: d
元素的键为: 1 值为: a
```

D.

```
元素的键为: 6 值为: f
元素的键为: 4 值为: e
元素的键为: 2 值为: d
元素的键为: 5 值为: c
元素的键为: 3 值为: b
元素的键为: 1 值为: a
```

5. 以下语句不正确的是_____。

A.

```
voidswap<T,R>(Ta,Rb);
```

B.

```
publicclassswapnum
{
publicvoidSwap<T>(refTnum1,refTnum2)
{
Tnum=num1;num1=num2;num2=num;
}
}
classProgram
{
staticvoidMain(string[]args)
{
inta=1;intb=2;
swapnumswapo=newswapnum();
swapo.Swap(refc,refd);
}
}
```

C.

```
ArrayListlist=newArrayList();
list.Push('e');
```

D.

```
SortedListsorte=newSortedList();
sorte.Add(1,'a');
```

6. 自定义的非字典集合通常以_____类为基类。

   A. CollectionBase 集合

   B. ArrayList 集合

   C. Queue 集合

   D. Stack 集合

三、简答题

1. 简要概述集合与数组的区别。

2. 简要概述几种常见集合类的区别。

3. 简单说明泛型含义。

4. 简单概括泛型的优点。

5. 简单说明常见集合类泛型与非泛型的对应。

第 10 课
Windows 窗体控件

本课之前所创建的项目都是控制台应用程序。从本课内容开始将详细介绍 C#中的窗体应用程序。窗体是一个窗口或对话框，它是用来存放各种控件的容器并且向用户显示信息。窗体中包含多种控件，如 TextBox 控件、Button 控件、Timer 控件、CheckBox 控件以及 ListView 控件等。本课将详细介绍与 Windows 窗体相关的常用控件。

Windows 窗体控件是窗体应用程序的基础，了解了这些控件的属性、方法和事件对以后的学习尤其重要。通过对本课的学习，读者可以了解窗体的相关知识，也可以掌握这些控件的常用属性与事件，还可以熟练地使用窗体控件构建窗体应用程序。

本章学习目标：
- ❏ 了解窗体的分类、常用属性、常用方法以及常用事件
- ❏ 熟悉窗体控件的公有属性和事件
- ❏ 掌握常用的基本类型控件和选择类型控件
- ❏ 掌握图像显示类型控件和列表类型控件的使用方法
- ❏ 熟悉常用的容器类型控件
- ❏ 掌握 DateTimePicker 控件和 Timer 控件的使用方法
- ❏ 熟悉如何使用 NotifyIcon 控件
- ❏ 掌握如何使用常用的控件创建窗体应用程序

10.1 Windows 窗体概述

在 Windows 窗体中，窗体是向用户显示可视化的信息。通常情况下，通过向窗体上添加控件并开发用户操作（例如鼠标单击）的响应生成 Windows 窗体应用程序（即 WinForms 应用程序）。下面将简单介绍 Windows 窗体的相关知识，如窗体概念、窗体控件以及窗体控件的属性和事件。

10.1.1 窗体概述

Windows 窗体也称为 WinForms，开发人员可以使用 Windows 窗体创建应用程序的用户界面，并使用任何一种.NET 支持的语言编写应用程序的功能。

WinForms 应用程序一般都有一个或者多个窗体提供用户与应用程序交互。窗体可包含文本框、标签、按钮等控件。大型 WinForms 应用程序有许多窗体，一些用于获取用户输入的数据，一些用于向用户显示数据，一些窗体会有变形、透明等其他效果甚至让你看不出它的真实面目。

C#中的窗体分为两种：普通窗体和 MDI 父窗体。它们的具体说明如下：

❑ **普通窗体** 普通窗体也叫单文档窗体，本课所介绍的窗体都属于普通窗体。普通窗体可以分为模式化窗体和无模式窗体。

　　➢ **模式化窗体** 一般通过调用 ShowDialog()方法来显示。

　　➢ **无模式窗体** 一般通过调用 Show()方法来显示。

❑ **MDI 父窗体** 它与普通相反，也可以称为多文档窗体，在多文档窗体中可以放置普通子窗体。

1. 窗体属性

窗体控件可以包含属性和事件，窗体也不例外。窗体利用自身的属性可以设置窗体的外观，利用相关事件执行用户退出系统时的相关操作。窗体属性有多种，例如 AutoSize 属性指定控件是否自动调整自身的大小以适应其内容的大小、Icon 属性设置窗体的图标和 Size 属性设置窗体的大小等。如表 10-1 对窗体的常用属性进行了说明。

表 10-1　窗体的常用属性

属 性 名 称	说　　　明
BackColor	用来获取或设置窗体的背景色
BackgroundImage	用来获取或设置窗体的背景图像
ControlBox	获取或设置一个值，该值指示在该窗体的标题栏中是否显示控制框。默认值为 True
Width	用来获取或设置窗体的宽度
Height	用来获取或设置窗体的高度
Icon	窗体的图标，该图标会在窗体的系统菜单框中显示，以及在窗体最小化时显示
IsMdiContainer	获取或设置一个值，该值指示窗体是否为多文档界面（MDI）中的子窗体的容器。默认值为 False
Opacity	窗体的不透明度百分比
MaximumBox	获取或设置一个值，该值指示是否在窗体的标题栏中显示最大化按钮。默认值为 True
MinimizeBox	获取或设置一个值，该值指示是否在窗体的标题栏中显示最小化按钮。默认值为 True
Name	用来获取或设置窗体的名称
Text	用来设置或返回在窗口标题栏中显示的文字，该属性的值是一个字符串
ShowInTaskbar	获取或设置一个值，该值指示是否在 Windows 任务栏中显示窗体，默认值为 True
WindowState	获取或设置窗体的窗口状态，其值包括 Normal（默认值）、Minimized 和 Maximized
StartPosition	用来获取或设置运行时窗体的起始位置，默认值是 WindowsDefaultLocation

表 10-1 中的 StartPosition 属性可以设置运行时窗体的起始位置，该属性的属性值有 5 个。其具体说明如下：

❑ **Manual**　*根据自定义位置显示初始位置。*

❑ **CenterScreen**　*在屏幕中央显示初始位置。*

❑ **WindowsDefaultLocation**　*Windows 的默认位置，但大小由属性决定。*

❑ **WindowsDefaultBounds**　*Windows 默认位置和默认大小。*

❑ **CenterParent**　*在父窗口的中央显示初始位置。*

2．窗体方法

窗体中可以包含多个方法，如 Show()方法用来显示窗体，Hide()方法用来隐藏窗体。表 10-2 对窗体的方法进行了说明。

表 10-2　窗体的常用方法

方 法 名 称	说　　明
Show()	显示窗体，调用格式为：窗体对象名.Show()
ShowDialog()	将窗体显示为模式对话框，调用格式为：窗体对象名.ShowDialog()
Hide()	将窗体隐藏起来，调用格式为：窗体对象名.Hide()
Refresh()	刷新并重画窗体，调用格式为：窗体对象名.Refresh()
Activate()	激活窗体并且给予焦点，调用格式为：窗体对象名.Activate()
Close()	关闭窗体，调用格式为：窗体对象名.Close()

例如用户单击按钮弹出某个窗体时的代码如下：

```
StudentForm stu = new StudentForm();
stu.Show ();
```

3．窗体事件

窗体除了包含属性和方法外，还可以包含事件。窗体的常用事件有四个：Activated、Deactivate、FormClosing 和 FormClosed。

（1）Activated 和 Deactivate

窗体的激活和非激活状态，即鼠标焦点聚焦和非聚焦的状态。当窗体激活时会触发 Activated 事件；当窗体被停用时会触发 Deactivate 事件。

（2）FormClosing

每当用户关闭窗体时，在窗体已关闭并指定关闭原因之间引发该事件。

（3）FormClosed

每当用户关闭窗体时，在窗体已关闭并指定关闭原因之后引发该事件。

4．窗体特点

创建 Windows 窗体应用程序的用户界面时所需要的类包含在 System.Windows.Forms 命名空间下。而 Windows 窗体的特点如下：

（1）简单强大

Windows 窗体可用于设计窗体和可视控件，以便于创建丰富的基于 Windows 的应用程序。

（2）新的数据提供程序管理

数据提供程序管理易于连接 OLEDB 和 ODBC 数据源的数据控件，其中包括 Microsoft SQL Server、Microsoft Access、Jet、DB2 以及 Oracle 等。

（3）非常安全

Windows 窗体可以充分利用公共语言运行库的安全特性，包括在浏览器中运行的不可信控件和用户硬盘上安装的完全可信的应用程序等都可以通过 Windows 窗体来实现。

（4）拥有丰富灵活的控件

Windows 窗体提供了一套丰富的控件，另外开发人员可以自己拥有特色的新控件。

（5）方便的数据显示和操作

在窗体上显示数据是应用程序开发过程中最常见的一种操作，Windows 窗体对数据库处理提供了全面的支持，可以访问数据库的数据，并且在窗体上显示和操作数据。

（6）提供向导支持

向用户提供创建窗体、数据处理、打包以及部署时的分布指导。

10.1.2 窗体控件的公有属性

Windows 窗体提供了许多控件和组件，大多数控件都派生于 Control 类。这些窗体控件是用户可以与之交互并且方便输入或操作数据的对象。一般情况下，Windows 窗体应用程序都是通过向窗体上添加控件的方式实现的。

窗体控件包括多种，如文本类控件、选择类控件、列表类控件、图像显示类控件以及计时类控件等，由于这些控件派生自 Control 类，所以这些属性的许多属性、方法和事件等相同。如表 10-3 列出了窗体控件比较常见的公有属性。

表 10-3　窗体控件的公有属性

属 性 名 称	说　　明
Anchor	获取或设置控件绑定到的容器的边缘并确定控件如何随其父级一起调整大小
BackColor	获取或设置控件的背景色
ContextMenuStrip	获取或设置与控件相关联的 ContextMenuStrip
Cursor	获取或设置当鼠标指针位于控件上时显示的光标
Dock	获取或设置哪些控件边框停靠到其父控件并确定控件如何随其父级一起调整大小
Enabled	获取或设置一个值，该值指示是否启用该控件。默认值为 True
Font	用于定义显示控件中文本的字体
ForeColor	获取或设置控件的前景色
Location	控件左上角相对于其容器左上角的坐标
Name	指定用来标识控件的惟一名称
Size	控件的大小（以像素为单位），包括 width 和 height
Text	获取或设置控件上的文本
Tag	获取或设置包含有关控件的数据的对象，这个值通常不由控件本身使用，而是在控件中存储该控件的信息。当通过 Windows 窗体给该属性赋值时只能赋予字符串值
Visible	获取或设置一个值，该值指示控件是可见的还是隐藏的。默认值为 True

表 10-3 中 Anchor 属性和 Dock 属性非常有用，它解决了用户更改窗体大小时如何通过 Anchor 属性和 Dock 属性设置窗体控件的对齐方式。这两个属性的具体说明如下：

❑ **Anchor 属性**　该属性指定在用户重新设置窗口的大小时控件应该如何响应。如果指定控件重新设置大小，则会根据控件的边界合理地锁定控件，或者不改变控件的大小，但是会根据窗口的边界来锚定它的位置。

❑ **Dock 属性**　该属性指定控件依靠在容器的边框上。如果用户重新设置窗口的大小，则该控件将始终停放在窗口的边框上。例如指定控件停靠在容器的底部边界上，则无论窗口的大小如何改变都会改变控件的大小，或者移动其位置，确保总是位于屏幕的底部。

10.1.3　窗体控件的公有事件

Windows 窗体中可以包含多个控件，当用户对窗体或其中的某个控件进行操作时将会生成事件。例如，用户单击按钮时会触发该按钮的一个事件说明发生了什么。事件的处理就是指程序开发人员为该按钮提供了某些功能的实现方式。

Control 类中除了提供多个属性外，还定义了所用控件的一些比较常见的事件。这些事件的说明如表 10-4 所示。

表 10-4　窗体控件的公有事件

事 件 名 称	说　　明
Click	单击控件时引发该事件。在某些情况下，这个事件也会在用户按下回车键时引发
DoubleClick	双击控件时引发该事件。处理某些控件上的 Click 事件（例如 Button 控件）表示永远不会调用 DoubleClick 事件
KeyDown	当控件有焦点时，按下一个键时会引发该事件，该事件在 KeyPress 和 KeyUp 之前引发
KeyPress	当控件有焦点时，按下一个键时会引发该事件，该事件在 KeyDown 事件之后且在 KeyUp 事件之前引发
KeyUp	当控件有焦点时，释放一个键时会引发该事件，该事件在 KeyDown 和 KeyPress 之后引发
MouseDown	鼠标指针指向一个控件并且鼠标按钮被按下时引发该事件
MouseMove	鼠标指针移过控件时发生
MouseUp	鼠标指针在控件上方并释放鼠标按钮时发生
Validated	当控件的 CausesValidation 属性设置为 True 且该控件获得焦点时引发该事件。它在 Validating 事件之后发生
Validating	当控件的 CausesValidating 属性设置为 True 且该控件获得焦点时引发该事件。需要注意的是被验证的控件是正在失去焦点的控件而不是正在获得焦点的控件
VisibleChanged	在控件验证时会引发该事件

如表 10-4 所示，KeyDown 事件和 KeyPress 事件除了执行时间不一致外，还有执行事件时的传送值不一致。KeyDown 事件传送被按下键的键盘码，而 KeyPress 事件则传送被按下的键盘的 char 值。

本课以及后面课程中所介绍的事件示例都使用相同的格式，首先创建窗体的可视化外观选择并且定位控件，再添加事件处理程序，事件处理程序包含了示例的主要工作代码。为某个控件添加事件时最常用的手段是直接双击控件进入默认的事件处理程序，但是该事件因控件而异。如果该事件是开发人员所需要的则可以直接编码；如果需要的事件与默认的事件不同可以使用两种方式处理。

（1）利用【属性】窗格中的事件列表

选中某个控件，然后单击【属性】选项弹出【属性】窗口，在该窗口中选择事件列表后查找需要添加处理的事件，找到该事件后直接双击该事件则自动生成控件事件代码，包括处理该事件的方法签名。另外还可以在该事件的旁边为该事件的处理方法输入一个名称，主要效果如图 10-1 所示。

（2）开发人员自己添加事件的代码

开发人员可以直接在后台添加事件的相关代码，在添加代码时 Visual Studio 2010 会自动检测到所添加的代码，并在代码中添加方法签名，就好像窗体设计器一样。另外如果在事件代码中更改默认事件的方法签名以处理另一个

图 10-1　【属性】窗格中的事件列表

事件就会失败，这时还需要修改 InitializeComponent()中的事件代码，所以这种方法并不是处理特定事件的快捷方式。

10.2 基本类型控件

基本类型控件包括标签类控件、文本类控件和按钮类控件，其中每类控件也包含一个或多个控件。如图 10-2 显示了基本类型控件所包含的控件。

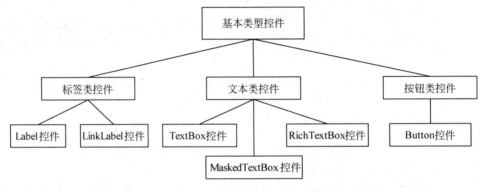

图 10-2 基本类型控件结构图

从图 10-2 中可以看出，标签类控件包括 Label 和 LinkLabel；文本类控件包括 TextBox、RichTextBox 和 MaskedTextBox；按钮类控件是指 Button 控件。

10.2.1 Label 控件

Label 控件也叫标签控件，它用于显示用户不能编辑的文本或图像。它可以标识窗体上的对象，如向文本框、列表框或组合框添加描述性标题或提供信息等，也可以编写代码使标签显示的文本为了响应运行时事件而做出更改。例如，如果应用程序需要几分钟时间处理更改，则可以在标签中显示处理状态的消息。

Label 控件是 Windows 窗体中最常用的控件之一，该控件经常与其他类型的控件结合使用。Label 控件中包含多个常用属性（如 Name、Text 和 Size 等），如表 10-5 对 Label 控件的属性进行了说明。

表 10-5 Label 控件的常用属性

属 性 名 称	说　　明
AutoSize	获取或设置一个值，该值指示是否根据内容自动调整大小，默认值为 True。这只对文本不换行的 Label 控件有用
BorderStyle	获取或设置标签控件的边框样式，它的值包括 None（默认值）、FixedSingle 和 Fixed3D
TextAlign	用来获取或设置标签中文本的位置，默认值为 TopLeft（左上角）
Image	获取或设置显示在控件上的图像
ImageAlign	获取或设置在控件中显示图像的对齐方式
MaximumSize	获取或设置控件的最大值
MinimumSize	获取或设置控件的最小值

提示

如果开发人员想要将 Label 控件的背景色设置为透明的，只需要将 Label 控件 BackColor 的属性值设置为 Web 选项卡下面的 Transparent 值即可。

Label 控件中包含多个事件，如 Click 事件、DoubleClick 事件、MouseDown 事件、MouseEnter 事件、MouseHover 事件、MouseLeave 以及 MouseDoubleClick 事件等，但是 Label 最常用的事件有两个，具体说明如下：

❑ **Click 事件**　单击控件时会引发该事件。

❑ **MouseDoubleClick 事件**　用鼠标双击控件时会引发该事件。

10.2.2　LinkLabel 控件

Label 控件是一个标准的 Windows 标签，而 LinkLabel 是一个类似于标准标签（派生于标准标签）的控件，它以超链接的方式显示文本信息。

LinkLabel 控件可以向 Windows 窗体应用程序中添加 Web 样式的链接，使用 Label 控件的地方都可以使用 LinkLabel 控件，另外 LinkLabel 控件还可以将文本中的一部分设置为指向某个文件、文件夹或网页的链接。

与 Lable 控件的属性相比，LinkLabel 控件不仅包含了它的大部分属性、方法和事件，还额外增加了许多属性和事件。如表 10-6 列出了 LinkLabel 控件所特有的其他属性。

表 10-6　LinkLabel 控件的其他属性

属 性 名 称	说　　明
LinkArea	获取或设置文本中视为链接的范围
LinkBehavior	获取或设置一个表示链接行为的值。默认值为 SystemDefault
LinkColor	获取或设置显示普通链接时使用的颜色
Links	获取包含在 LinkLabel 内的链接的集合，该属性包含多个链接，利用该属性可以查找需要的链接
LinkVisited	获取或设置一个值，该值指示链接是否显示为如同被访问过的链接。默认值为 False
VisitedLinkColor	获取或设置当显示以前访问过的链接时所使用的颜色。LinkVisited 属性为 True 时有效

如表 10-6 中的 LinkBehavior 属性可以获取或设置链接时的样式值，该属性值是枚举类型 Link 的值之一，如下所示为该枚举的属性值。

❑ **SystemDefault**　默认属性值，该属性值的设置取决于使用控制面板或 Internet Explorer 中的【Internet】选项对话框的设置。

❑ **AlwaysUnderline**　该链接始终显示为带下划线的文本。

❑ **HoverUnderline**　仅当鼠标悬浮在链接文本上时，该链接才显示带下划线的文本。

❑ **NeverUnderline**　链接文本从来不带下划线。

与 Label 控件的事件相比，LinkLabel 控件最常用的事件是 LinkClicked。例如在 LinkLabel 控件的 LinkClicked 事件处理程序中添加代码，调用 System.Diagnostics 命名空间下的 Start()方法通过设置 URL 启动默认浏览器，且将 LinkVisited 属性的值设置为 True。主要代码如下：

```
private void lbShow_LinkClicked_1(object sender, LinkLabelLinkClickedEventArgs e)
{
    System.Diagnostics.Process.Start("http://www.baidu.com"); //打开网页的链接
    linkLabel1.LinkVisited = true;
}
```

10.2.3 TextBox 控件

TextBox 控件通常用于可编辑的文本，但是也可以将该文本内容设置为只读。TextBox 控件派生自基类 TextBoxBase，该类提供了在文本框中处理文本的基本功能，例如选择文本、剪切和粘贴等。

TextBox 控件也是 Windows 窗体中最常用的控件之一，通过该控件的 Text 属性可以设置或获取用户输入的文本内容，通过 ReadOnly 属性可以将文本框设置为只读，如表 10-7 列出了 TextBox 控件常见属性的说明。

表 10-7　TextBox 控件的常见属性

属 性 名 称	说　　明
CausesValidation	如果该属性设置为 True，且该控件获得焦点时，会触发 Validating 事件和 Validated 事件。验证失去焦点的控件中数据的有效性
CharacterCasing	指示所有字符应保持不变还是应转换为大写或小写。属性值包括 Normal（默认值）、Upper 和 Lower
MaxLength	获取或设置用户可以在文本框控件中输入或粘贴的最大字符数
Multiline	获取或设置文本框控件是否跨越多行
PasswordChar	获取或设置用户输入密码时所显示的字符
ReadOnly	获取或设置一个值，该值指示文本框的内容是否为只读
ScrollBars	如果 Multiline 属性的值为 True，则指定该控件显示哪些滚动条。默认值为 None
ShortcutsEnabled	获取或设置一个值，该值指示是否启用定义的快捷方式。默认值为 True
UseSystemPasswordChar	获取或设置一个值，该值指示控件中的文本是否以默认的密码字符显示。默认值为 False
WordWrap	如果 Mulitiline 属性的值为 True，则指示该控件是否自动换行。默认值为 False
SelectedText	获取或设置一个值，该值指示在文本框中选中的值
SelectionLength	获取或设置在文本框中选中的字符数
SelectionStart	获取或设置文本框中选定的文本的起始点
ShowSelectionMargin	获取或设置一个值，通过该值指示 RichTextBox 中是否显示选定内容的边距

如表 10-7 中的 ScrollBars 属性指定控件可以显示的滚动条，该属性的值是枚举类型 ScrollBars 的值之一。该类型的值如下所示：

❑ **None**　默认值，不显示任何滚动条。

❑ **Horizontal**　只显示水平滚动条。

❑ **Vertical**　只显示垂直滚动条。

❑ **Both**　同时显示水平滚动条和垂直滚动条。

TextBox 控件提供了一系列有效的验证事件，如果用户在文本框中输入的字符无效或输入的值超出范围时就需要提示用户：输入的内容无效。如下列出了该控件的常见事件。

（1）TextBoxChanged

只要文本框中的内容发生了改变都会引发该事件。

（2）Enter、Leave、Validating 和 Validated 事件

这 4 个事件统称为焦点事件，它们会按照列出的顺序先后引发。当控件的焦点发生改变时就会引发 Enter 事件和 Leave 事件。Validating 和 Validated 事件仅在控件接收了焦点，且其 CausesValidation 属性设置为 True 时引发。

（3）KeyDown、KeyPress 和 KeyUp 事件

这 3 个事件统称为键事件，它们可以监视和改变输入到控件中的内容。KeyDown 和 KeyUp 事

件接收所按下键对应的键码，这样可以确定是否按下了特殊的键 Shift 或 Ctrl 和 F1。KeyPress 接收与键对应的字符，表示小写字母 a 的值与大写字母 A 的值不同。

例如，开发人员在窗体的 Load 事件中添加代码设置用户输入密码时的字符。具体代码如下：

```
private void Form1_Load(object sender, EventArgs e)
{
    textBox1.UseSystemPasswordChar = true;
    textBox1.PasswordChar = '●';
    textBox1.MaxLength = 14;
}
```

10.2.4 RichTextBox 控件

RichTextBox 控件用于显示、输入和操作带有格式的文本，也叫富文本格式控件。它与 TextBox 控件一样，都是派生自 TextBoxBase 类。

RichTextBox 控件的功能比 TextBox 控件的功能更加强大，除了执行 TextBox 控件的大部分功能外，它还可以显示字体、颜色和链接，也可以从文件加载文本或嵌入图像，它与 Microsoft Word 的功能有点类似。

RichTextBox 控件比 TextBox 控件更加高级，它可以包含 TextBox 控件中的属性，但是它也添加了许多新的属性，如表 10-8 对常见的新增属性进行了具体说明。

表 10-8 RichTextBox 控件的常见属性

属 性 名 称	说 明
AutoWordSelection	获取或设置一个值，该值指示是否启用自动选择单词。默认值为 False
CanRedo	如果上一个被撤销的操作可以重复使用，则将属性值设置为 True
CanUndo	获取一个值，该值指示用户在文本框控件中能否撤销前一操作
CanFocus	获取一个值，该值指示控件是否可以接收焦点
RedoActionName	获取调用 Redo()方法后可以重新应用到控件的操作名
SelectedRtf	获取或设置控件中当前选择的 RTF 格式的格式化文本
SelectionFont	获取或设置当前选定文本或插入点的字体
SelectionType	获取控件内的选中类型
SelectionAlignment	获取或设置应用到当前选中内容或插入点的对齐方式
SelectionFont	获取或设置当前选定文本或插入点的字体
SelectionColor	获取或设置当前选定文本或插入点的文本颜色
SelectionBackColor	获取或设置 RichTextBox 控件中的文本在选中时的颜色
SelectionIndent	获取或设置当前选定文本或插入点的左边的当前缩进距离
ZoomFactor	获取或设置 RichTextBox 的当前缩放级别
SelectionBullet	获取或设置一个值，通过该值指示项目符号样式是否应用到当前选定内容或插入点

RichTextBox 控件也包含显示滚动条的 ScrollBars 属性，但是它与 TextBox 控件不同的是在默认情况下，RichTextBox 控件同时显示水平滚动条和垂直滚动条，并且具有更多的滚动条设置。RichTextBox 控件的 ScrollBars 属性是枚举类型 RichTextBoxScrollBars 的值之一，该类型的属性值如下所示：

❑ **Both** 默认值，在需要时同时显示水平滚动条和垂直滚动条。

❑ **ForcedBoth** 始终同时显示水平滚动条和垂直滚动条。

❑ **ForcedVertical** 始终显示垂直滚动条。

❑ **ForcedHorizontal** 始终显示水平滚动条。

❑ **Horizontal** 仅在文本比控件的宽度长时显示水平滚动条。

❑ **Vertical** 仅在文本比控件的高度长时显示垂直滚动条。

❑ **None** 不显示滚动条。

【练习 1】

用户在输入框中输入关于古诗《草》的内容，然后选中部分内容单击不同的按钮实现不同的功能操作，主要步骤如下：

（1）添加新的窗体应用程序，将自动生成的名称为 Form1 的窗体修改为 frmPartOne，然后调整窗体的大小。

（2）从【工具箱】中向窗体中添加 Label 控件用户显示提示内容，然后在【属性】窗口中设置 Name 属性、Text 属性和 Font 属性。

（3）从【工具箱】中拖动 RichTextBox 控件到窗体中，然后设置该控件的 Name 属性。

（4）向窗体的合适位置添加 4 个 Button 控件，然后设置 Button 控件的 Name 属性和 Text 属性。

（5）选中所有的控件，将这些控件的 Anchor 属性的值设置为 None。窗体的最终设计效果如图 10-3 所示。

（6）为【设置为粗体】按钮添加 Click 事件，在该事件中添加将选中的字体设置为粗体的代码。如下所示：

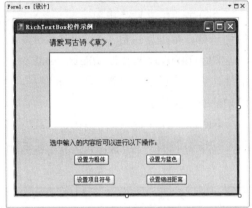

图 10-3　练习 1 的设计效果

```
private void btnBlod_Click(object sender, EventArgs e)
{
    rtbContent.SelectionFont = new Font("宋体", 14, FontStyle.Bold);
}
```

（7）分别为其他 3 个按钮添加 Click 事件实现不同的功能。具体代码如下：

```
private void btnColor_Click(object sender, EventArgs e)
{
    rtbContent.SelectionColor = Color.Blue;              //设置颜色
}
private void btnFu_Click(object sender, EventArgs e)
{
    rtbContent.SelectionBullet = true;                  //设置为项目符号
}
private void btnJu_Click(object sender, EventArgs e)
{
    rtbContent.SelectionIndent = 20;                    //设置缩进距离
}
```

（8）运行该窗体，在输入框中输入内容后的效果如图 10-4 所示。选择前两行内容单击【设置为粗体】按钮设置字体，然后再单击【设置为蓝色】按钮设置字体颜色，接着选中后两行内容单击【设置项目符号】按钮添加项目符号，然后再单击【设置缩进距离】按钮效果如图 10-5 所示。

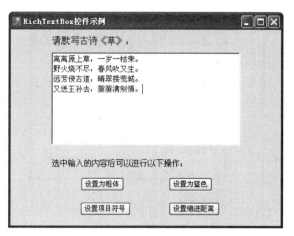
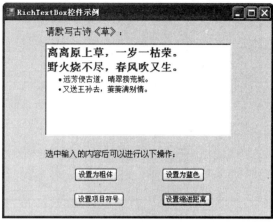

图 10-4　输入内容后的初始效果图　　　　图 10-5　设置内容信息的完成效果

10.2.5　MaskedTextBox 控件

MaskedTextBox 控件可以限制用户输入字符时只能输入特定的字符，对于其他字符不予接受。MaskedTextBox 控件包含多个属性，表 10-9 中对常见的属性进行了说明。

表 10-9　MaskedTextBox 控件的常见属性

属 性 名 称	说　　明
BeepOnError	获取或设置一个值，该值指示掩码文本框控件是否每当用户键入了它拒绝的字符时都发出系统提示音
CutCopyMaskFormat	获取或设置一个值，该值决定是否将原文字符和提示字符复制到剪贴板中
Mask	设置控件此控件允许的输入的字符串
MaskCompleted	获取一个值，该值指示所有必需的输入是否都已输入到输入掩码中
InsertKeyMode	获取或设置掩码文本框控件的文本插入模式。默认值为 Default
PromptChar	获取或设置用于表示 MaskedTextBox 中缺少用户输入的字符
HidePromptOnLeave	当控件失去输入焦点时用户能否看到提示字符，默认为 False
HideSelection	当编辑控件失去焦点时，应隐藏选定内容
TextMaskFormat	指示在从 Text 属性中返回字符串时是否包含原义字符和（或）提示字符

使用 MaskedTextBox 控件的 Mask 属性不需要再编写任何的验证逻辑，开发人员选择系统提供的掩码，也可以自定义掩码。

【练习 2】

在窗体中添加多个 RichTextBox 控件，将 Mask 属性设置为不同的值，观察效果并且用户输入的内容不合法时给出提示。主要步骤如下：

（1）添加名称为 frmPartTwo 的窗体，设置该窗体的 Text 属性、StartPosition 和 MaximumBox 属性等。

（2）从【工具箱】中拖曳 5 个 Label 控件和 MaskedTextBox 控件到窗体上，然后分别设置 Label 控件的 Name 属性和 Text 属性，接着分别设置 MaskedTextBox 控件的 BeepOnError 属性和 Mask 属性，单击 Mask 属性时弹出的【输入掩码】对话框如图 10-6 所示。

（3）从【工具箱】中拖曳 toolTip 控件到窗体上，窗体的最终设计效果如图 10-7 所示。

图 10-6 【输入掩码】对话框   图 10-7 窗体的最终设计效果

（4）以第一个 MaskedTextBox 控件（Name 的属性值是 mtbBirthDate）为例，如果用户输入的字符不符合掩码时会触发 MaskInputRejection 事件处理程序向用户报警，气球状的提示将持续 5 秒保持可见状态或用户单击后消失。具体代码如下所示：

```csharp
private void frmPartTwo_Load(object sender, EventArgs e)
{
    mtbBirthDate.MaskInputRejected += new MaskInputRejectedEventHandler (mtbBir-
    thDate_MaskInputRejected);
}
private void mtbBirthDate _MaskInputRejected(object sender, MaskInputRejected
EventArgs e)
{
    ToolTip toolTip = new ToolTip();
    toolTip.IsBalloon = true;    //使用气球状窗口。
    toolTip.ToolTipIcon = ToolTipIcon.Warning;
    toolTip.ToolTipTitle = "系统提示";
    toolTip1.Show("请输入有效的数字！", mtbBirthDate, 2000);
}
```

（5）对于日期来说上段代码仅仅判断了用户输入的是数字，但是如何判断输入的时间有效呢（即输入无效时间类型时会向用户报警）？在 Load 事件中将表示 DateTime 类型的对象分配给 MaskedTextBox 控件的 ValidatingType 属性，然后在 TypeValidationCompleted 事件添加事件处理程序。具体代码如下：

```csharp
private void frmPartTwo_Load(object sender, EventArgs e)
{
    mtbBirthDate.ValidatingType = typeof(System.DateTime);
    mtbBirthDate.TypeValidationCompleted += new TypeValidationEventHandler
    (mtbBirthDate_TypeValidation Completed);
}
public void mtbBirthDate_TypeValidationCompleted(object sender, TypeValidation
EventArgse)
{
    if (!e.IsValidInput)
    {
        toolTip1.ToolTipTitle = "日期类型";
        toolTip1.Show("很抱歉，您输入的内容不是一个有效的日期类型。", mtbBirthDate,
```

```
            5000);
        e.Cancel = true;
    }
}
```

（6）运行该窗体输入内容进行测试，当用户输入的内容不是数字时的提示如图 10-8 所示；当用户输入的时间不是有效日期时的错误提示如图 10-9 所示。

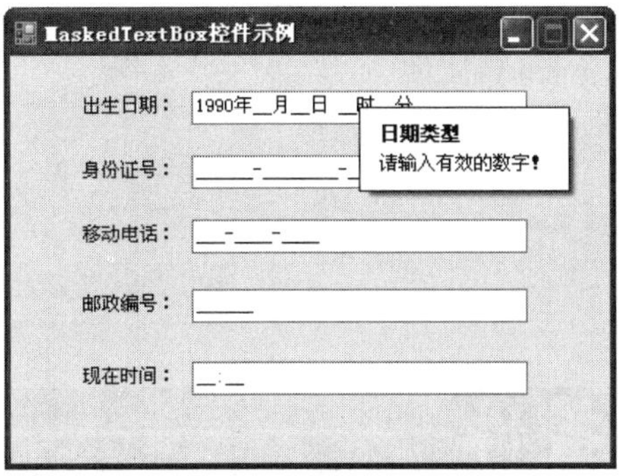

图 10-8 输入内容不是数字时的提示 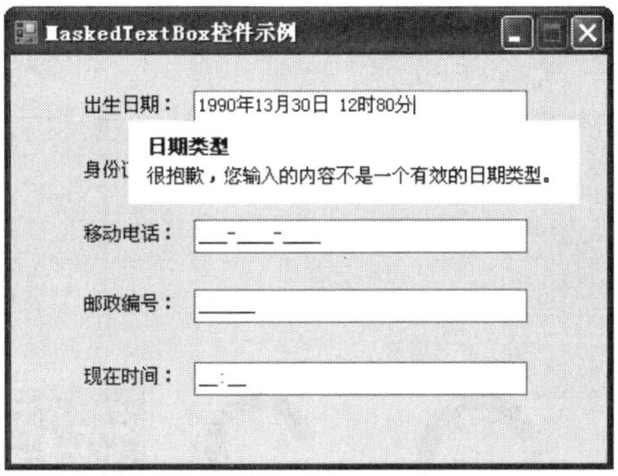　　　　图 10-9 输入时间无效时的提示

提示
开发人员运行时如果弹出的窗体不是想要的窗体而是其他窗体，那么需要在 Program.cs 中进行设置。

10.2.6　Button 控件

Button 控件通常叫做按钮控件，它通常会表现为一个矩形按钮，允许用户通过单击执行某种操作或某项任务。

Button 控件派生自 ButtonBase 类，该类实现了 Button 控件所需的基本功能。该控件可以用于几乎所有的 Windows 对话框中。它主要用于执行以下三类任务：

（1）用某种状态关闭对话框（如 OK 和 Cancel 按钮）。

（2）给对话框上输入的数据执行操作（例如输入搜索内容后单击 Search 按钮）。

（3）打开另一个对话框或应用程序（如 Help 按钮）。

Button 控件包含多个属性，通过这些属性可以设置按钮的详细信息。如 Text 属性显示按钮的文本内容，Font 属性设置文本字体。如表 10-10 对这些常见属性进行了说明。

表 10-10　Button 控件的常见属性

属 性 名 称	说 明
AutoSizeMode	获取或设置 Button 控件自动调整大小的模式。默认值是 GrowOnly
BackgroundImage	获取或设置在控件中显示的背景图像
BackgroundImageLayout	获取或设置在 ImageLayout 枚举中定义的背景图像布局。默认值为 Tile
FlatStyle	获取或设置按钮控件的平面样式外观，默认值是 Standard
Image	获取或设置显示在按钮上的控件
ImageAlign	获取或设置按钮控件上的图像对齐方式
ImageKey	获取或设置 ImageList 中的图像的键访问器
ImageList	获取或设置包含按钮控件上显示的 Image 的 ImageList
TextImageRelation	获取或设置文本和图像相互之间的相对设置。默认值为 Overlay

表 10-10 中的 FlatStyle 属性返回枚举类型 FlatStyle 的一个值，该枚举类型一共有 4 个值。其具体说明如下：

❑ **Flat**　以平面显示。

265

□ **Standard**　默认值，设置控件的外观为三维。

□ **Popup**　以平面显示，直到鼠标指针移动到该控件为止，此时外观为三维。

□ **System**　控件的外观由用户的操作系统决定。

除了属性外，Button 控件也包含多个常用事件，最常用的是 Click 事件。当鼠标指向按钮时，按下鼠标左键然后再进行释放就会引发 Click 事件；如果按钮得到焦点，并且用户按下了回车键时也会触发该事件。

例如为按钮的 Click 事件添加简单代码，更改 Label 控件的文本内容，具体代码如下：

```
private void btnSearch_Click(object sender, EventArgs e)
{
    lblInfo.Text = "您已经单击了 Button 控件的事件";
}
```

10.3　选择类型控件

用户注册时会需要许多控件，TextBox 控件输入用户注册时的信息、MaskedTextBox 控件用于输入出生日期和 Button 控件用于提交输入的内容等，还可以使用其他控件表示用户的性别、用户的爱好信息，这时需要使用选择类型的控件，选择类型的控件主要包括：RradioButton 控件和 CheckBox 控件控件。

10.3.1　RadioButton 控件

RadioButton 控件也叫单选按钮控件，该控件派生自 ButtonBase 类，因此从某种情况来说，RadioButton 控件也可以看作是按钮控件。单选按钮通常显示为一个标签，左边是一个圆点，它可以是选中或未选中状态。如果需要为用户提供两个或多个互斥选项时可以使用单选按钮，例如用户性别。

RadioButton 控件的属性与 Button 控件有多个相同属性，这里仅介绍几个 RadioButton 控件的常用属性。如表 10-11 为这些属性的具体说明。

表 10-11　RadioButton 控件的常见属性

属 性 名 称	说　　明
Appearance	获取或设置一个值，该值用于确定 RadioButton 控件的外观。其值包括 Normal（默认值）和 Button
AutoCheck	获取或设置一个值，它指示单击控件时 Checked 值和控件的外观是否自动更改。默认为 True
Checked	表示该控件是否已经选中，默认为 False
CheckAlign	获取或设置 RadioButton 控件的复选框部分的位置
FlatStyle	确定当用户将鼠标移动到控件上并单击时该控件的外观

相关人员在处理 RadioButton 控件时通常只使用一个事件：CheckedChanged。但是还可以订阅许多其他的事件，如 Click 事件。当 RadioButton 控件的选中选项发生改变时会引发该事件，而每次单击 RadioButton 控件时都会引发 Click 事件。这两个事件有所不同，连续单击 RadioButton 两次或多次只改变 Checked 属性一次，而且如果该控件的 AutoCheck 属性是 false，则该控件根本

不会被选中只引发 Click 事件。

> **注意**
> 使用 RadioButton 控件时通常会使用分组框或面板把一组单选按钮组合起来，这样可以确保只有一个单选按钮能被选中。

【练习3】

例如本示例模拟实现考试管理系统中的单选题，并在 RadioButton 控件的 CheckedChanged 事件下判断用户选择的答案是否正确。其具体步骤如下：

（1）在窗体应用程序中添加新的窗体，接着在该窗体中添加名称为 lblTitle 的 Label 控件，然后添加 4 个 RadioButton 控件并分别命名为 rbA、rbB、rbC 和 rbD，最后在窗体中添加 Button 和 Label 控件，它们分别提交和显示用户答案。

（2）分别为 4 个 RadioButton 控件添加相同的 Changed 事件。其具体代码如下：

```
private void rbA_CheckedChanged(object sender, EventArgs e)
{
    if (rbA.Checked)
        lblAnswer.Text = "您的答案是: A";
    else if(rbB.Checked)
        lblAnswer.Text = "您的答案是: B";
    else if (rbC.Checked)
        lblAnswer.Text = "您的答案是: C";
    else if (rbD.Checked)
        lblAnswer.Text = "您的答案是: D";
}
```

上述代码中，通过控件的 Checked 属性判断当前的按钮是否选中，如果选中则更改答案。

（3）为 Button 控件添加 Click 事件代码，首先判断用户是否选中答案 D，如果是弹出正确答案提示，否则弹出错误提示。具体代码如下：

```
private void btnAnswer_Click(object sender, EventArgs e)
{
    if (rbD.Checked)
        MessageBox.Show("恭喜, 回答正确! ");
    else
        MessageBox.Show("很抱歉, 回答错误! ");
}
```

（4）运行本示例选择不同的选项进行测试，选择答案错误时的效果如图 10-10 所示。选择答案正确时的效果如图 10-11 所示。

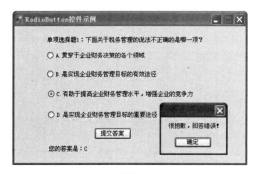

图 10-10 答案错误时的效果

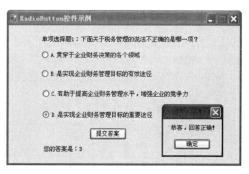

图 10-11 答案正确时的效果

▌10.3.2 CheckBox 控件

CheckBox 控件与 RadioButton 控件相反，它表示复选框按钮。CheckBox 控件用来表示某个选项是否被选中，它与 RadioButton 控件存在明显的差别，RadioButton 控件一次只能选择一个单选按钮，而 CheckBox 控件表示用户一次可以选择多个 CheckBox 控件。

CheckBox 控件可以包含多个属性，如表 10-12 对这些属性进行了说明。

表 10-12　CheckBox 控件的常见属性

属 性 名 称	说　　明
Checked	表示该控件是否已经选中，默认为 False
CheckAlign	获取或设置 RadioButton 控件的复选框部分的位置
AutoCheck	单击控件时，Checked 的值和外观是否自动更改，默认为 True
CheckState	获取或设置 CheckBox 的状态，默认为 Unchecked
ThreeState	指示 CheckBox 是否会允许三种选中状态，而不是两种状态。默认值为 False

表 10-12 中 CheckState 属性的值有 3 个：Checked、Indeterminate 和 Unchecked。具体说明如下：

❑ **Checked**　该控件处于选中状态。

❑ **Indeterminate**　该控件处于不确定状态，一个不确定的控件通常具有灰色的外观。

❑ **Unchecked**　该控件处于未选中状态。

CheckBox 控件的常用属性有两个：CheckedChanged 和 CheckedStateChanged。具体说明如下：

❑ **CheckedChanged**　当复选框的 Checked 属性发生改变时会引发该事件。另外当 ThreeState 的属性值为 True 时，单击复选框可能不会改变 Checked 属性，在复选框从 Checked 变为 Indeterminate 状态时就会出现这种情况。

❑ **CheckedStateChanged**　当 CheckedState 属性改变时会引发该事件。

【练习 4】

例如本示例模拟实现考试管理系统中的多选题，并且在 CheckBox 控件的 CheckedChanged 事件中判断用户的选择是否正确。具体步骤如下：

（1）在窗体应用程序中添加新的窗体，接着在该窗体中添加名称为 lblTitle 的 Label 控件，然后添加 4 个 CheckBox 控件并分别命名为 cbA、cbB、cbC 和 cbD，最后在窗体中添加 Button 控件和 Label 控件，它们分别用来提交和显示用户答案。

（2）分别为 4 个 CheckBox 控件添加相同的 CheckedChanged 事件，在该事件中通过 Checked 属性判断用户是否选择某个答案，如果 Checked 的属性值为 True，则向 Label 控件中添加答案。具体代码如下：

```
private void cbA_CheckedChanged(object sender, EventArgs e)
{
    lblAnswer.Text = "您的答案是: ";
    if (cbA.Checked)
        lblAnswer.Text += "A";
    if (cbB.Checked)
        lblAnswer.Text += "B";
    if (cbC.Checked)
        lblAnswer.Text += "C";
```

```
    if (cbD.Checked)
        lblAnswer.Text += "D";
}
```

（3）为 Button 控件添加 Click 事件，在该事件中使用 CheckState 属性的值判断某个选项是否选中，然后调用 MessageBox 对象的 Show()方法弹出信息。具体代码如下：

```
private void btnAnswer_Click(object sender, EventArgs e)
{
    if (cbA.CheckState.ToString() == "Checked" && cbB.CheckState.ToString() ==
    "Checked" && cbC.CheckState.ToString() == "Unchecked" && cbD.CheckState.
    ToString() == "Unchecked")
    {
        MessageBox.Show("回答正确！");
    }
    else
    {
        MessageBox.Show("回答错误，请重新回答！");
    }
}
```

（4）运行本示例的代码选择不同的选项进行测试，选择答案错误时的效果如图 10-12 所示。选择答案正确时的效果如图 10-13 所示。

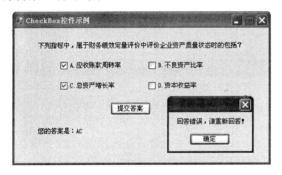
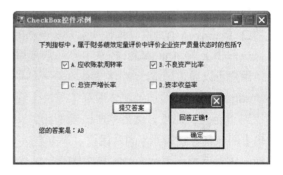

图 10-12　选择答案错误时的效果　　　　图 10-13　选择答案正确时的效果

试一试

在 Button 控件的 Click 事件代码中，相关人员也可以通过 CheckBox 控件的 Checked 属性判断用户选项是否正确，感兴趣的读者可以亲自动手试一试。

10.4 图像显示类型控件

常用的图像显示类型的控件有两种：ImageList 和 PitureBox 控件。ImageList 存储图像列表，而 PitureBox 控件用来显示图像。

▌10.4.1　ImageList 控件

ImageList 控件可以用于存储在窗体的其他控件中使用的图像，它提供了一个集合。可以在图像列表中存储任意大小的图像，但是在每个控件中，每个图像的大小必须相同。对于 ListView 控件来说，则需要两个 ImageList 控件才能显示大图像和小图像。

ImageList 控件是不在运行期间显示自身的控件，将 ImageList 控件添加到窗体上时，该控件并不是放置在窗体上，而是放在它的下面，其中包含所有的这类组件。相关人员不能将它移动到窗体上，但是它的属性、事件和处理方式与其他控件相同。如表 10-13 对 ImageList 控件的常见属性进行了说明。

表 10-13　ImageList 控件的常见属性

属 性 名 称	说　　明
ColorDepth	用来呈现图像的颜色数，它的默认值是 Depth8Bit
GenerateMember	指示是否将为此控件生成成员变量，默认为 True
Images	它是一个集合，存储在此 ImageList 控件中的图像
ImageSize	获取或设置该控件中各个图像的大小，默认为 16×16，但可以取 1~256 之间的值
Tag	获取或设置包含有关该控件的其他数据对象
TransparentColor	获取或设置被视为透明的颜色

表 10-13 中 ImageList 控件的 Image 属性可以获取图像列表，该属性返回 ListCollection 集合。该集合对象中包含多个常用属性和方法，通过这些属性和方法可以对图像进行操作。常用的属性和方法如下：

- ❑ **Count 属性**　获取当前列表中的图像数。
- ❑ **Add()方法**　将指定图像添加到 ImageList 中。
- ❑ **AddRange()方法**　向集合中添加图像的数组。
- ❑ **Clear()方法**　从 ImageList 中移除所有图像和屏蔽。
- ❑ **RemoveAt()方法**　根据索引移除列表中的某张图像。

一般情况下，ImageList 控件中不包含常用事件，用户可以通过 Images 属性添加多张图片。将 ImageList 控件添加到窗体后在【属性】窗口中找到 Images 属性，然后单击该属性后的按钮弹出【图像集合编辑器】的对话框。单击【添加】按钮向该对话框中添加一张或多张图片，添加完成后的效果如图 10-14 所示。

ImageList 控件不能显示图片，如果想要访问 ImageList 控件中的某张图像可以直接通过索引（索引开始值为 0）获取，另外可以通过 Count 属性获取图像的总数量，也可以通过 RemoveAt() 方法移除某张图像。代码如下：

图 10-14　【图像集合编辑器】对话框

```
Image img = imageList1.Images[1];                    //获取第二张图像
int totalCount = imageList1.Images.Count;            //获取图像的总数量
imageList1.Images.RemoveAt(0);                       //移除第一张图像
```

提示

如果想要使用 ImageList 控件中的图像，可以直接调用图像 Images 属性的索引号就可以了。如果想清空 ImageList 控件中的图片，直接调用 Clear()方法就可以了。

10.4.2　PitureBox 控件

ImageList 控件可以存储多张图片，但是该控件不能显示图片，所以它经常和其他控件一起使用，如 PictureBox 控件和 Label 控件。

PictureBox 控件用于显示位图、GIF、JPEG、图元文件或图标格式的图形，也可以叫图片框控件。PictureBox 控件包含多个属性，但是常用的属性并不多，如下所示：

❑ **Image** 获取或设置该控件要显示的图像。

❑ **ImageLocation** 获取或设置在 PictureBox 控件中显示的图像路径或 URL。

❑ **SizeMode** 指示如何显示图像，默认值为 Normal。

PictureBox 控件的 SizeMode 属性的值是枚举类型 PictureBoxSizeMode 的值之一，该枚举值有 5 个：AutoSize、CenterImage、Normal、StretchImage 和 Zoom。它们的具体说明如表 10-14 所示。

表 10-14　枚举 PictureBoxSizeMode 类型的值

值	说　明
AutoSize	调整 PictureBox 大小，使其等于所包含的图像大小
CenterImage	如果 PictureBox 比图像大则图像将居中显示；如果图像比 PictureBox 大则图片将居于 PictureBox 中心，而外边缘将被裁剪掉
Nomal	默认值，图像被置于 PictureBox 控件的左上角。如果图像比包含它的 PictureBox 大，则该图像将被裁剪掉
StretchImage	图像被拉伸或收缩，以适合 PictureBox 的大小
Zoom	图像大小按其原有的大小比例被增加或减小

【练习 5】

本案例使用 PictureBox 控件显示一张图片，然后用户单击不同的按钮通过设置 SizeMode 属性的值查看图像的不同显示。具体步骤如下：

（1）添加新的 Form 窗体，从【工具箱】中拖动一个 PictureBox 控件、一个 Label 控件和 5 个 RadioButton 控件到窗体中，然后分别设置这些控件的 Name 属性和 Text 属性等，另外通过 PictureBox 控件的 Image 属性设置一张图像。

（2）分别为 5 个 RadioButton 控件添加相同的 CheckedChanged 事件，在该事件中通过 Checked 属性判断用户选择的操作，然后根据操作为 SizeMode 属性赋值。其具体代码如下所示：

```
private void rbNormal_CheckedChanged(object sender, EventArgs e)
{
    if (rbNormal.Checked)
        pcbShow.SizeMode = PictureBoxSizeMode.Normal;
    else if (rbCenterImage.Checked)
        pcbShow.SizeMode = PictureBoxSizeMode.CenterImage;
    else if (rbAutoSize.Checked)
        pcbShow.SizeMode = PictureBoxSizeMode.AutoSize;
    else if (rbStretchImage.Checked)
        pcbShow.SizeMode = PictureBoxSizeMode.StretchImage;
    else if (rbZoom.Checked)
        pcbShow.SizeMode = PictureBoxSizeMode.Zoom;
}
```

（3）运行本示例的窗体进行测试，运行效果如图 10-15 所示。用户单击选择【Zoom 方式】的效果如图 10-16 所示。

图 10-15　Normal 方式的效果图

图 10-16　Zoom 方式的效果图

10.5 列表类型控件

列表类型控件为用户提供了一个列表供用户进行查看和操作，常用的列表类型控件包括 Combobox 控件、ListView 控件、ListBox 控件和 CheckedListBox 控件。

■10.5.1 ComboBox 控件

ComboBox 控件用于在下拉组合框中显示数据，它显示与一个 ListBox 组合的文本框编辑字段，使用户可以从列表中选择某项，或者重新输入文本，ComboBox 控件也叫下拉组合框控件。默认情况下，ComboBox 控件分为两个部分显示：顶部是一个允许用户键入列表项的文本框；第二部分是一个项列表，用户可以从列表中进行选择。

ComboBox 控件中包含多个属性，通过这些属性可以确定要显示的组合框的样式。如表 10-15 对常见属性进行了说明。

表 10-15　ComboBox 控件的常见属性

属 性 名 称	说　　明
AutoCompleteMode	获取或设置控制自动完成如何作用于 ComboBox 的选项。默认值为 None
AutoCompleteSource	获取或设置一个值，该值指定用于自动完成的完成字符串源。默认值为 None
DataSource	获取或设置此 ComboBox 的数据源
DisplayMember	获取或设置要显示的属性
DropDownHeight	获取或设置下拉部分的高度（以像素为单位）
DropDownStyle	获取或设置指定组合框样式的值。默认值为 DropDown
DropDownWidth	获取或设置组合框与下拉部分的宽度
FlatStyle	获取或设置在下拉部分显示的最大项数。它的值包括 Flat、Poput、Standard（默认值）和 System
ItemHeight	获取或设置组合框中某项的高度
Items	获取一个对象，该对象表示控件中包含项的集合
MaxDropDownItems	获取或设置要在控件的下拉部分中显示的最大项数
Sorted	获取或设置指示是否对组合框中的项进行了排序的值
ValueMember	获取或设置一个属性，该属性用作显示项的实际值

属 性 名 称	说 明
SelectedIndex	获取或设置指定当前选定项的索引
SelectedItem	获取或设置控件中当前选定的项
SelectedText	获取或设置控件可编辑部分中选定的文本
SelectedValue	获取或设置由 ValueMember 属性指定的成员属性的值
SelectionLength	获取或设置组合框可编辑部分中选定的字符数
SelectionStart	获取或设置组合框中选定文本的起始索引
Items	获取一个对象，该对象表示下拉框中所包含项的集合

表 10-15 中的 DropDownStyle 属性用来确定控件要显示的样式，它的值是枚举类型 ComboBoxStyle 的属性值之一。其具体说明如下：

❑ **Simple** 指定列表始终可见，并且指定文本部分可编辑。这表示用户可以输入新的值，而不仅限于列表中现有的值。

❑ **DropDown** 默认选项，通过单击下箭头指定显示列表，并且指定文本部分可编辑，这表示用户可以输入新的值，而不仅限于选择列表中现有的值。

❑ **DropDownList** 通过单击下箭头指定显示列表，并且指定文本部分不可编辑，这表示用户不能输入新的值，只能选择列表中已经存在的值。

ComboBox 控件的 Items 属性可以获取下拉框包含项的集合，通过该集合的属性和方法可以实现获取总数量、移除和添加等操作。如下对常用属性和方法进行了说明：

❑ **Count 属性** 获取集合中项的数目。

❑ **Add()方法** 向项列表中添加集合项。

❑ **AddRange()方法** 向项列表中添加项的数组。

❑ **Clear()方法** 移除集合项的所有项。

❑ **Remove()方法** 移除指定的项。

❑ **RemoveAt()方法** 移除指定索引的项。

例如，开发人员在后台 Load 事件中动态绑定 ComboBox 控件，使用 DataSource 属性指定数据源列表，DisplayMember 属性指定要显示的项，ValueMember 属性指定项的实际值。Load 事件主要代码如下所示：

```
comboBox1.DataSource = GetBookList();  //调用后台的 GetBookList()方法获取数据
comboBox1.DisplayMember = "bookName";  //数据库中的字段
comboBox1.ValueMember = "bookID";
```

ComboBox 控件除了包含多个属性外，还包含许多事件，如 DropDown 事件和 SelectedIndex Changed 事件。表 10-16 对常见的事件进行了说明。

表 10-16 ComboBox 控件的常见事件

事 件 名 称	说 明
DropDown	显示 ComboBox 控件的下拉部分时触发该事件
SelectedIndexChanged	最常用的事件之一，当改变了控件的列表部分的选项时会引发该事件
TextChanged	该事件在控件 Text 属性的值发生改变时引发

【练习 6】

本示例使用 3 个 ComboBox 控件显示图书作者所在的省份、城市和地区（县），单击不同的 ComboBox 控件时会动态加载该省份下的城市和该城市下的地区。实现该功能的主要步骤如下：

（1）添加新的窗体，并且设置该窗体的 StartPosition 属性、MaximumBox 属性和 Name 属性等。接着从【工具箱】中分别拖动 6 个 Label 控件、3 个 ComboBox 控件和一个 RichTextBox 控件，然后分别为这些控件设置 Name 属性、Text 属性和其他属性等。

（2）在【属性】窗口中通过 Items 属性为省份所在的 ComboBox 控件添加属性值，具体内容不再显示。

（3）为省份所在的 ComboBox 控件添加 SelectedIndexChanged 事件，该事件实现向省份添加城市的功能。主要代码如下：

```
private void cboProvice_SelectedIndexChanged(object sender, EventArgs e)
{
    cboCity.Items.Clear();
    if (cboProvice.SelectedIndex == 2)              //如果选择河南省，向该省添加城市
    {
        cboCity.Items.Add("商丘市");
        cboCity.Items.Add("许昌市");
        cboCity.Items.Add("开封市");
        cboCity.Items.Add("郑州市");
        cboCity.Items.Add("洛阳市");
        cboCity.Items.Add("周口市");
        cboCity.Items.Add("平顶山市");
    }
    //省略选择其他省份时的添加信息
    cboCity.SelectedIndex = 0;
}
```

上述代码中首先调用 Clear()方法移除省份控件中的所有项，接着根据 ComboBox 控件的 SelectedIndex 属性的索引值判断用户选择的省份，然后根据不同的省份调用 Add()方法添加城市。添加完成后将 SelectedIndex 属性的值设置为 0，表示默认选择城市的第一个值。

（4）为城市所在的 ComboBox 控件添加 SelectedIndexChanged 事件，该事件实现向城市添加市区/县的功能。具体代码如下：

```
private void cboCity_SelectedIndexChanged(object sender, EventArgs e)
{
    cboCountry.Items.Clear();
    cboCountry.Sorted = true;
    if (cboProvice.SelectedIndex == 2 && cboCity.SelectedIndex == 4)
    {
        cboCountry.Items.Add("金水区");
        cboCountry.Items.Add("中原区");
        cboCountry.Items.Add("管城回族区");
        cboCountry.Items.Add("郑东新区");
        cboCountry.Items.Add("新郑市");
        cboCountry.Items.Add("新密市");
        cboCountry.Items.Add("郑东新区");
    }
    else
    {
        cboCountry.Items.Add("暂无区县");
```

```
    }
    cboCountry.SelectedIndex = 0;
}
```

上述代码首先调用 Clear()方法移除市区控件中的集合项，接着通过设置 Sorted 属性自动排序，然后通过不同控件的 SelectedIndex 属性判断用户的选择是否是"河南省郑州市"，如果是则调用 Add()方法向控件中添加集合，最后通过 SelectedIndex 属性设置默认选中的索引。

（5）运行本示例的窗体进行测试，用户选择【河南省】选项时的城市列表如图 10-17 所示，选择用户选择【郑州市】选项时的市区/县效果如图 10-18 所示。

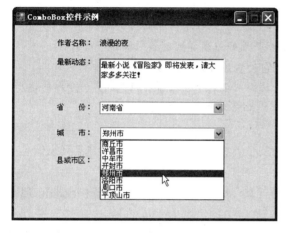

图 10-17　某个省份下的城市列表

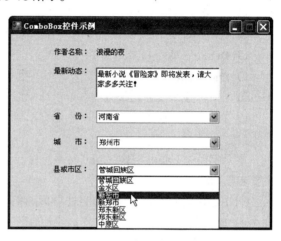

图 10-18　某个城市下的市区列表

10.5.2　ListView 控件

ListView 控件也叫列表视图控件，它通常用于显示数据，用户可以对这些数据和显示方式进行某些控件，还可以把包含在控件中的数据像网格一样显示为列和行，或者显示为一列，或者显示为图标来表示。使用 ListView 控件可以创建类似于 Windows 资源管理器右窗格的用户界面。

ListView 控件包含多个属性，通过这些属性可以设置 ListView 的样式，如表 10-17 对 ListView 的常见属性进行了说明。

表 10-17　ListView 控件的常见属性

属性名称	说明
Alignment	获取或设置控件中项的对齐方式。其值包括 Default、Left、Top(默认值)和 SnapToGrid
AllowColumnReorder	获取或设置一个值，该值指示用户是否可拖动列标题来对控件中的列重新排序
AutoArrange	获取或设置图标是否自动进行排列。默认值为 True
CheckBoxes	获取或设置一个值，该值指示控件中各项的旁边是否显示复选框
Columns	获取控件中显示的所有列标题的集合
FullRowSelect	获取或设置一个值，该值指示单击某项是否选择其所有子项。默认值为 False
GridLines	获取或设置一个值，该值指示在包含控件中项及子项的行和列之间是否显示网格线。默认值为 False
ShowGroups	获取或设置一个值，该值指示是否以分组方式显示项。默认值为 True
Items	获取包含控件中的所有项的集合
MultiSelect	获取或设置一个值，该值指示可以选择多个项。默认值为 True
SmallImageList	获取或设置 ImageLIst，当项在控件中显示为小图标时使用
LargeImageList	获取或设置 ImageLIst，当项在控件中显示为大图标时使用

属 性 名 称	说 明
Sorting	获取或设置控件中项的排序顺序。它的值包括 None（默认值）、Ascending（升序排列）和 Descending（降序排列）
StateImageList	获取或设置与控件中应用程序定义的状态相关的 ImageList
View	获取或设置项在控件中的显示方式
SelectedItems	获取在控件中选定的项

表 10-17 中的 View 属性指定显示 5 种视图中的哪一种视图，该属性的值是枚举类型 View 的属性值之一。枚举类型 View 的属性值如下：

❑ **LargeIcon** 每个项都显示为一个最大化图标，在它的下面有一个标签。

❑ **Details** 每个项显示在不同的行上，并且带有关于列中所排列的各项的进一步信息。

❑ **SmallIcon** 每个项都显示为一个小图标，在它的右边带一个标签。

❑ **List** 每个项都显示为一个小图标，在它的右边带一个标签，各项排列在列表，没有列标头。

❑ **Tile** 每个项都显示为一个完成大小图标，在它的右边带项标签和子项信息。

【练习 7】

本示例通过 Label 控件、ListView 控件和 RadioButton 控件查看不同方式下的商品列表信息。主要步骤如下：

（1）添加新的窗体，接着设置该窗体的相关属性（如 MaximumBox 控件、StartPosition 属性和 Text 属性等）。

（2）从【工具箱】中拖动两个 ImageList 控件到窗体中并将 Name 属性分别设置为 imageListSmall 和 largeListImage，并且分别通过 Image 属性添加多张图片，然后将 imageListSmall 控件的 ImageSize 属性的值都设置为 16，将 imageListLarge 控件的 ImageSize 属性的值都设置为 32。

（3）从【工具箱】中分别拖动一个 ListView 控件、一个 Label 控件和 5 个 RadioButton 控件到窗体中，并且分别设置它们的相关属性，如 Name 属性、Text 属性和 Checked 属性等。

（4）显示加载时动态添加标题并且显示商品列表信息。具体代码如下：

```
private void frmPartSeven_Load(object sender, EventArgs e)
{
    lvItem.SmallImageList = imageListSmall;      //设置商品小图标
    lvItem.LargeImageList = imageListLarge;      //设置商品大图标
    CreateHeadersAndFillListView();              //显示标题
    CreateItemView();                            //显示商品列表
    ShowSmallIcon();                             //显示小图标
}
```

上述代码中首先通过 ListView 控件的 SmallImageList 属性和 LargeImageLIst 属性分别设置商品小图标和大图标列表。CreateHeaderAndFillListView()方法用于动态创建标题；CreateItemView()方法用来动态创建显示的商品列表；ShowSmallIcon()方法设置商品对应的小图标。

（5）CreateHeadersAndFillListView()方法中通过 ColumnHeader 对象创建标题，然后设置该对象的 Text 属性和 Width 属性，最后通过 ListView 控件中 Columns 属性对象的 Add()方法分别添加标题列。主要代码如下：

```
private void CreateHeadersAndFillListView()
{
```

```
ColumnHeader colHead = new ColumnHeader();
colHead.Text = "GoodNo";
colHead.Width = 120;
lvItem.Columns.Add(colHead);
//省略其他标题列的添加
}
```

（6）在 CreateItemView()方法中首先创建 ListViewItem 对象，然后调用该对象 SubItems 属性的 Add()添加星系信息，最后分别通过 ListView 控件 Items 属性对象的 Add()方法将 ListViewItem 对象添加到列表中。主要代码如下：

```
private void CreateItemView()
{
    ListViewItem lvi = new ListViewItem("10005");    //商品编号列
    lvi.SubItems.Add("康师傅冰红茶");                  //添加商品名称列
    lvi.SubItems.Add("$2.5");                        //添加商品价格列
    lvi.SubItems.Add("350");                         //添加商品数量列
    lvItem.Items.Add(lvi);
    //省略添加其他商品
}
```

（7）ShowSmallIcon()方法中 Count 属性获取 ListView 控件中的商品总记录，然后通过 for 语句遍历循环，在 for 语句中通过设置 ImageIndex 属性设置每条记录的索引。具体代码如下：

```
private void ShowSmallIcon()
{
    for (int i = 0; i < lvItem.Items.Count; i++)
    {
        lvItem.Items[i].ImageIndex = i;
    }
}
```

（8）分别为 5 个 RadioButton 控件添加相同的 CheckedChanged 事件，在事件代码中分别通过 Checked 属性判断用户选择查看的方式，然后分别为 ListView 控件的 View 属性设置不同的值。具体代码如下：

```
private void rbDetails_CheckedChanged(object sender, EventArgs e)
{
    if (rbLargeIcon.Checked)
        lvItem.View = View.LargeIcon;               //大图标查看
    else if (rbSmallIcon.Checked)
        lvItem.View = View.SmallIcon;               //小图标查看
    else if (rbList.Checked)
        lvItem.View = View.List;                    //列表查看
    else if (rbTile.Checked)
        lvItem.View = View.Tile;                    //平铺查看
    else
        lvItem.View = View.Details;                 //详细查看
}
```

（9）运行本示例窗体查看效果，默认以 Details 方式查看的效果如图 10-19 所示，以 LargeIcon

方式的查看效果如图 10-20 所示。

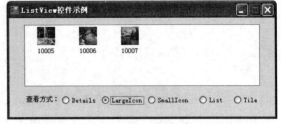

图 10-19　Details 方式查看效果　　　　　图 10-20　LargeIcon 方式查看效果

试一试

本节示例主要通过代码动态设置标题和商品列表，开发人员也可以通过在【属性】窗格中设置 Items 属性和其他属性实现，感兴趣的读者可以亲自动手试一试。

10.5.3　ListBox 控件

ListBox 控件用于显示一组字符串，它也提供了要求用户选择一个或多个选项的方式，因此也叫列表框控件。用户可以一次从中选择一个或多个选项，在设计期间，如果不知道用户选择的数值个数则使用 ListBox 控件。或者在设计期间知道可能的值但是列表中的值非常多，也可以使用 ListBox 控件。

ListBox 控件派生自 ListControl 类，该类提供了列表类型控件的基本功能。如表 10-18 列出了 ListBox 控件的常见属性。

表 10-18　ListBox 控件的常见属性

属 性 名 称	说　　明
ColumnWidth	获取或设置多列 ListBox 控件中列的宽度
DataSource	获取或设置此 ListControl 的数据源
DisplayMember	获取或设置要显示的属性
ValueMember	获取或设置一个属性，该属性用作显示项的实际值
HorizontalExtent	获取或设置 ListBox 的水平滚动条可滚动的宽度
HorizontalScrollbar	获取或设置一个值，该值指示是否在控件中显示水平滚动条
Items	列表框中的所有选项，使用此属性可以增加和删除选项
SelectionMode	指示列表框将是单项选择、多项选择还是不可选择。它的值包括 None、One（默认值）、MultiSimple（可选择多个选项）和 MultiExtended（可选择多个选项，并且可以使用 Ctrl 键、Shift 键和箭头等）
SelectedIndex	列表框中当前选定项目的索引号，如果可以一次选择多个选项，此属性包含选中列表中的第一个选项
SelectedItem	获取当前选中的项
SelectedItems	获取当前选中项的集合
ScrollAlwaysVisible	获取或设置一个值，该值指示是否任何时候都显示垂直滚动条。默认值为 False
Sorted	获取或设置一个值，该值指示 ListBox 中的项是否按字母顺序排序
MultiColumn	获取或设置一个值，该值指示 ListBox 是否支持多列

开发人员可以通过在【属性】窗格的 Item 属性和其他属性添加或删除内容列表，也可以在后台调用 Item 属性对象的相关方法实现添加和删除等功能。

1．获取集合中项的总数量

Count 属性可以用来获取集合中项的总数量，代码如下：

```
int total = listBox1.Items.count;
```

2. 清除 ListBox 控件中的所有项
清除 ListBox 控件中的选项时调用 Clear()方法，代码如下：

```
listBox1.Items.Clear();
```

3. 向 ListBox 控件添加选项
向 ListBox 控件中添加选项可以调用 Add()方法或 AddRange()方法，代码如下：

```
listBox1.Items.Add("陈寒风");
string[] obj = { "李洋洋", "苏峰" };
listBox1.Items.AddRange(obj);
```

4. 删除 ListBox 控件中的某项
ListBox 控件中删除某项时主要调用 Remove()方法和 RemoveAt()方法，Remove()方法根据对象进行删除，RemoveAt()方法根据索引进行删除，代码如下：

```
listBox1.Items.Remove("李洋洋");
listBox1.Items.RemoveAt(0);
```

ListBox 控件也提供了多个方法方便高效地操作列表框，最常用的方法有 ClearSelected()、GetItemText()和 FindString()等。其具体说明如下：

- **ClearSelected()** 清除 ListBox 控件中的所有选项。
- **GetItemText()** 返回指定项的文本表示形式。
- **FindString()** 查找 ListBox 控件中以指定字符串开关的第一个项。
- **SetSelected()** 选择或清楚对 ListBox 控件中指定项的选定。

10.5.4 CheckedListBox 控件

CheckedListBox 控件是功能比较强大的一个控件，它扩展了 ListBox 控件，几乎能够完成列表框的所有任务（但是它与 ListBox 控件不同），并且还可以在列表中的项旁边显示复选标记。

由于 CheckedListBox 控件扩展了 ListBox 控件，因此它除了可以使用 ListBox 控件中的所有属性外，还可以有自己的属性和方法。如表 10-19 对该控件的特有属性进行了简单说明（部分属性可以参考表 10-18）。

表 10-19 CheckedListBox 控件的特有属性

属 性 名 称	说 明
CheckedIndices	CheckedListBox 中选中索引的集合
CheckedItems	CheckedListBox 中选中项的集合
CheckOnClick	获取或设置一个值，指示当选定项时是否切换到复选框
ThreeDCheckBoxes	获取或设置一个值，指示复选框是否有 Flat 或 Normal 的 ButtonState

CheckedListBox 控件中常用特有的方法有 4 个，具体说明如下：

- **GetItemChecked()** 返回指示指定项是否选中的值。
- **SetItemChecked()** 将指定索引处项 CheckState 的属性值设置为 Checked。
- **GetItemCheckState()** 返回指示当前项的复选状态的值。
- **SetItemCheckState()** 设置指定索引处项的复选状态。

【练习8】

本示例通过 Button 控件和 CheckedListBox 控件实现电视剧的添加和删除功能，主要步骤如下：

（1）添加新的窗体，然后设置该窗体的 Text 属性、StartPosition 属性和 MaximumBox 属性等。

（2）从【工具箱】中拖动两个 Label 控件、一个 CheckedListBox 控件、一个 ListBox 控件和两个 Button 控件，然后分别设置这些控件的相关属性，如 Name 属性和 Text 属性，CheckedListBox 控件的 CheckOnClick 属性等。

（3）页面加载时通过 clbList（CheckedListBox 控件）中 Items 属性的 Clear()方法清空数据，然后通过 Add()方法添加数据，Load 事件的主要代码如下：

```csharp
private void frmPartEight_Load(object sender, EventArgs e)
{
    clbList.Items.Clear();
    clbList.Items.Add("麻辣女兵");
    clbList.Items.Add("战旗");
    clbList.Items.Add("火蓝刀锋");
    //省略其他代码的添加
}
```

（4）为其中一个 Button 控件添加 Click 事件，该按钮的 Click 事件实现将左侧 clbList 列表中的内容添加到右侧 lbList（ListBox 控件）中，具体代码如下：

```csharp
private void btnAdd_Click(object sender, EventArgs e)
{
    for (int i = clbList.Items.Count - 1; i >= 0; i--)
    {
        if (clbList.GetItemChecked(i))
        {
            lbList.Items.Add(clbList.Items[i]);          //添加选择的项到 lbList 控件中
            clbList.Items.Remove(clbList.Items[i]);      //从 clbList 控件中删除选项
        }
    }
}
```

（5）为另外一个 Button 控件添加 Click 事件，该按钮的 Click 事件实现将右侧 lbList 控件中选中的内容添加到左侧 clbList 控件中，具体代码如下：

```csharp
private void button1_Click(object sender, EventArgs e)
{
    if (lbList.Items.Count <= 0)
        MessageBox.Show("很抱歉，您的列表中暂时没有内容！");
    else if (lbList.SelectedItems.Count <= 0)
        MessageBox.Show("很抱歉，您现在还没有选中的内容！");
    else
    {
        for (int i = lbList.SelectedItems.Count - 1; i >= 0; i--)
        {
            string selname = lbList.SelectedItems[i].ToString();
            clbList.Items.Add(selname);
            lbList.Items.Remove(selname);
```

```
            }
        }
    }
```

（6）运行本示例代码查看效果如图 10-21 所示，选择左侧列表中的内容单击【向右侧添加】按钮添加到右侧，其效果如图 10-22 所示。选择图 10-22 中的部分列表，然后单击【向左侧添加】按钮将选中的内容重新添加到左侧，具体效果不再显示。

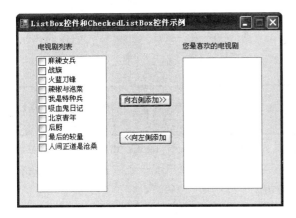

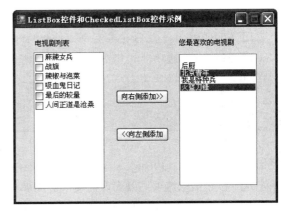

图 10-21　窗体运行的效果图　　　　　　　图 10-22　向右侧添加项列表

10.6 容器类型控件

在 C#中除了包含选择类型控件、列表类型控件和容器类型控件外，还包含另外一种控件——容器控件。在容器类型的控件中可以包含其他的控件，也就是把其他的控件组合在一起，如 Label 控件、TextBox 控件、RichTextBox 控件、MaskedTextBox 控件和 CheckBox 控件等。容器控件主要包括三种：TabControl 控件、Panel 控件和 GroupBox 控件。

10.6.1　TabControl 控件

TabControl 控件也叫选项卡控件，它提供了一种简单的方式，可以把对话框组织为合乎逻辑的部分，以方便根据控件顶部的选项卡来访问。

TabControl 控件提供了多个属性，通过这些属性可以设置该控件的外观，如表 10-20 对这些属性进行了说明。

表 10-20　TabControl 控件的常见属性

属 性 名 称	说　　明
Alignment	获取或设置选项卡在其中对齐的控件区域。其值包含 Top（默认值）、Bottom、Right 和 Left
Appearance	获取或设置控件选项卡的可视外观。默认值为 Normal
Controls	获取包含在控件内的控件的集合
HotTrack	当鼠标经过选项卡时，选项卡是否会发生可见的变化。默认值为 False
Multiline	获取或设置一个值，该值指示是否可以显示一行以上的选项卡
RowCount	获取控件的选项卡条中当前正显示的行数
SelectedIndex	获取或设置当前选定的选项卡页的索引
SelectedTab	获取或设置当前选定的选项卡页
TabCount	获取选项卡条中选项卡的数目

属性名称	说明
TabIndex	获取或设置在控件的容器的控件的 Tab 键顺序
TabPages	获取该选项卡控件中选项卡页的集合

在表 10-20 中 Appearance 属性可以设置选项卡的外观，它的值是枚举类型 TabAppearance 的值之一。该枚举类型值如下所示：

- ❏ **Normal** 默认值，该选项卡具有选项卡的标准外观。
- ❏ **FlatButtons** 选项卡具有平面按钮的外观。
- ❏ **Buttons** 选项卡具有三维按钮的外观。

> **提示**
>
> 如果将 TabControl 控件的 Multiline 属性设置为 True 后仍然未以多行方式显示，则设置该控件的 Width 属性使其比所有的选项卡都窄。

TabControl 控件与其他控件有一些区别，当开发人员在窗体上添加 TabControl 控件完成时已经自动添加了两个 **TabPages** 控件。选择该控件，在控件的右上角就会出现一个带三角形的小按钮，单击这个按钮根据选项可以实现选项卡的添加和删除功能。

开发人员可以将【工具箱】中的控件直接拖动到窗体中，也可以通过编写代码实现。如下代码动态添加了一个 CheckedListBox 控件。

```
CheckedListBox clb = new CheckedListBox();        //动态创建 CheckedListBox 控件
clb.Items.Add("游泳");
clb.Items.Add("跳伞");
clb.Items.Add("溜冰");
clb.CheckOnClick = true;                          //单击一次能否选中
clb.Location = new Point(50, 20);                 //设置控件在选项卡页中显示的位置
tabPage2.Controls.Add(clb);                       //将控件添加到某个选项卡页中
```

【练习 9】

某些情况下由于权限不同，因此希望根据用户的角色查看不同的内容，本示例通过 CheckBox 和 TabControl 控件模拟实现权限查看功能。具体步骤如下：

（1）添加新的窗体，接着设置窗体的相关属性，然后从【工具箱】中拖动相关控件（如 TabControl 控件、CheckBox 控件和多个 Label 控件等）到页面中，窗体的设计效果如图 10-23 所示。

（2）当选择 CheckBox 控件时会引发 CheckedChanged 事件，在该事件中判断是否选中，如果未选中（即没有权限）则只能查看第一个选项卡页，代码如下：

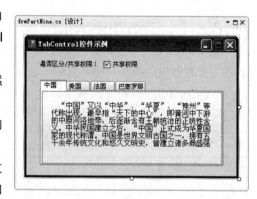

图 10-23　窗体设计效果

```
private void cbPublic_CheckedChanged(object sender, EventArgs e)
{
    if (!cbPublic.Checked)
        tabControl1.SelectedTab = tpChina;
}
```

（3）为 TabControl 控件添加 SelectedIndexChanged 事件，根据用户的权限和选择的选项卡页通过 SelectedTab 属性设置当前选中的选项卡页，然后弹出提示，代码如下：

```
private void tabControl1_SelectedIndexChanged(object sender, EventArgs e)
{
    if ((cbPublic.Checked == false) && (tabControl1.SelectedTab == tpFrance ||
    tabControl1.SelectedTab == tpBaSai || tabControl1.SelectedTab == tpAmerica))
    {
        tabControl1.SelectedTab = tpChina;
        MessageBox.Show("没有共享权限，您只能查看第一个选项卡页！");
    }
}
```

（4）运行本示例窗体，不选中共享权限然后单击进行测试，效果如图 10-24 所示。

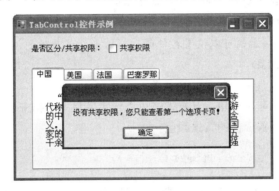

图 10-24　TabControl 控件示例

10.6.2　GoupBox 控件

GroupBox 控件通常用来为其他控件提供可识别的分组。例如，如果一个订单窗体指定邮寄选项（即使用哪一类通宵承运商），在分组框中对所有选项进行分组为用户提供逻辑可视化线索。GroupBox 控件分组的原因如下所示

❑ 对相关窗体元素进行可视化分组以构造一个清晰的用户界面。

❑ 创建编程分组，如单选按钮分组。

❑ 设计时可以将多个控件作为一个单元移动。

开发人员通过设置 GroupBox 控件的相关属性设置该控件的外观，如表 10-21 对常见属性进行了说明。

表 10-21　GroupBox 控件的常见属性

属 性 名 称	说　　明
AutoSize	指定控件是否自动调整自身的大小以适应其内容的大小
AllowDrop	获取或设置一个值，该值指示控件是否允许使用拖放操作和事件
AutoSizeMode	当控件启用 AutoSize 属性时，指定控件的行为方式
TabStop	指定用户能否使用 Tab 键将焦点放到该控件上

GroupBox 控件的使用非常简单，其主要步骤如下：

（1）在窗体上绘制 GroupBox 控件（即从【工具箱】中拖动控件到窗体中）。

（2）向 GroupBox 控件添加其他控件，在分组框内绘制各个控件。

（3）如果需要将现有控件放到分组框中，可以选定这些控件将它们剪切到剪贴板，选择 GroupBox 控件，再将它们粘贴到分组框中，也可以将它们拖到分组框中。

（4）将分组框的 Text 属性设置为适当标题。

10.6.3 Panel 控件

Panel 控件用来为其他控件提供可识别的分组，通过使用面板按功能细分窗体。该控件类似于 GroupBox 控件和 TabControl 控件，它们都可以包含其他的控件。

Panel 控件和 GroupBox 控件有着明显的区别：GroupBox 控件仅仅显示标题，而 Panel 控件可以有滚动条。使用 Panel 控件分组的原因如下所示：

（1）为了获得清楚的用户界面而将相关窗体元素进行可视分组。

（2）编程分组，例如对单选按钮进行分组。

（3）为了在设计时将多个控件作为一个单元来移动。

Panel 控件最常用的属性是 BorderStyle 和 BackColor。具体说明如下：

❑ **BorderStyle**　通过该属性可以设置控件的边框效果，该属性的值有 3 个：None（默认值）、FixedSingle 和 Fixed3D。

❑ **BackColor**　获取或设置面板的背景颜色。

GroupBox 控件的使用非常简单，开发人员可以在【属性】窗格中设置控件样式，也可以在后台中编写代码。如下代码设置控件的背景颜色：

```
panel1.BackColor = Color.AliceBlue;
```

10.7 其他常用类型控件

除了前几节介绍的控件外，还有一些控件不属于上面的控件类型，或者对这些控件分组比较困难，本节将介绍几种经常使用的控件。

10.7.1 DateTimePicker 控件

DateTimePicker 控件也叫时间或日期控件，用户可以从日期或时间列表中选择单个项。用来表示日期时，它显示为两部分：一个是下拉列表（以带有文本形式表示的日期）；另外一个是网格（在单击列表旁边的向下箭头时显示）。

DateTimePicker 控件通过对属性的设置可以显示外观。如表 10-22 对常用的属性进行了说明。

表 10-22　DateTimePicker 控件的常用属性

属 性 名 称	说　　明
Checked	获取或设置一个值，该值指示是否已用有效日期/时间值设置了 Value 属性且显示的值可以更新
CustomerFormat	获取或设置自定义日期/时间格式字符串
CalendarFont	获取或设置应用于日历的字体样式
CalendarForeColor	获取或设置日历的前景色
CalendarMonthBackground	获取或设置历月的背景色
CalendarTitleBackColor	获取或设置日历标题的背景色
CalendarTitleForeColor	获取或设置日历标题的前景色
CalendarTrailingForeColor	获取或设置日历结尾的前景色

属 性 名 称	说　明
Format	获取或设置控件中显示的日期和时间格式。它的值包括 Long（默认值）、Short、Time 和 Custom
MaxDate	获取或设置可在控件中选择的最大日期和时间。默认值为 9998-12-31
MinDate	获取或设置可在控件中选择的最小日期和时间。默认值为 1753-12-31
ShowCheckBox	获取或设置一个值，该值指示在选定日期的左侧是否显示一个复选框
ShowUpDown	获取或设置一个值，该值指示是否使用数值调节钮控件（也称为 up-down 控件）调整日期/时间值
Value	获取或设置分配给控件的日期/时间值
Text	获取或设置与此控件关联的文本

如果 DateTimePicker 控件的 Format 属性提供的预定义格式中没有一个可以满足要求的样式，开发人员可以通过 CustomerFormat 属性列出格式字符串定义样式。下面通过编写代码方式设置了如下自定义日期/时间格式。

```
dateTimePicker1.Format = DateTimePickerFormat.Custom;
dateTimePicker1.CustomFormat = "ddd dd MMM yyyy";                     //中文定义
dateTimePicker1.CustomFormat = "'Today is:' hh:mm:ss dddd MMMM dd, yyyy";
                                                                      //英文定义
```

DateTimePicker 控件的 Value 属性将 DateTime 结构作为它的值然后返回，如果有若干个 DateTime 结构的属性返回关于显示日期的特定信息，这些属性只能用于返回值，不能通过它们设置值。

❑ 对于日期值　Month、Day 和 Year 属性返回选定日期的这些时间单位的整数值。DayOfWeek 属性返回一个指示一周中的选定日的值。

❑ 对于时间值　Hour、Minute、Second 和 Millisecond 属性返回时间单位的整数值。

下面通过编写代码的方式首先设置日期和时间值，然后通过 Text 获取当前选中的日期，最后通过 Value 属性的 DayOfWeek 属性选中的日期星期几。

```
dateTimePicker1.Value = new DateTime(2001, 10, 20);
MessageBox.Show("选中的日期是: " + dateTimePicker1.Text);
MessageBox.Show("今天是一周中的: " + dateTimePicker1.Value.DayOfWeek.ToString());
```

10.7.2　Timer 组件

Time 组件是定期引发事件的组件，也被称为计时控件，该组件是为 Windows 窗体环境设计的。Timer 组件最常用的属性有两个：Enabled 和 Interval。

❑ **Enabled**　获取或设置计时器是否正在运行。

❑ **Interval**　获取或设置时间间隔的长度，默认值是 100，它的值以毫秒为单位。

Timer 组件最常用的方法有两个：Start() 和 Stop()，它们分别表示可以打开和关闭的计时器。如果启用了 Timer 组件（即 Enabled 属性的值为 True），则每个时间间隔会引发一个 Tick 事件。

编写 Timer 组件时主要考虑 Interval 属性的 3 点限制。

（1）如果应用程序或另一个应用程序对系统需求很大（如长循环、大量的计算或驱动程序、网络或端口访问），那么应用程序可能无法以 Interval 属性指定的频率来获取计时器事件。

（2）不能保证间隔所精确经过的时间。若要确保精确，计时器应根据需要检查系统时钟，而不是尝试在内部跟踪所积累的时间。

（3）Interval 属性的精度为毫秒，某些计算机提供分辨率高于毫秒的高分辨率计数器。

【练习 10】

用户在访问网站时，对网站上的时间并不陌生，下面通过一个简单的小示例显示系统的当前的时间，并且每隔 1 秒调用 Tick 事件更新时间一次，主要步骤如下。

（1）添加新的窗体，接着设置窗体的相关属性，从【工具箱】中拖动 Label 控件（Name 属性值为 lblTimer）和 Timer 组件（Name 属性值为 Timer1）到窗体上（注意：Timer 组件在窗体的下方）。

（2）在【属性】窗口中设置 Timer 组件的属性，将 Interval 属性设置为 1000，并且将 Enabled 属性设置为 True。

（3）为 Timer 组件添加 Tick 事件，在该事件中获取系统的当前时间，代码如下：

```
private void timer1_Tick(object sender, EventArgs e)
{
    lblTime.Text = "当前时间是: "+DateTime.Now.ToString();
}
```

（4）运行本示例窗体查看效果，最终效果图不再显示。

10.7.3 NotifyIcon 组件

NotifyIcon 组件也常被叫做 NotifyIcon 控件，该组件可以在任务栏的状态通知区域中为后台运行，且没有用户界面的进行显示图标。例如用户通过单击任务栏状态通知区域的图标来访问病毒防护程序。

NotifyIcon 组件最重要的属性是 Icon 和 Visible。说明如下：

❑ **Icon**　设置出现在状态栏区域中的图标，该值的类型必须是 System.Drawing.Icon，并且可以从 .ico 文件中加载。

❑ **Visible**　该属性指示图标在任务栏的通知区域中是否可见，其值必须指定为 True。

NotifyIcon 组件的使用非常简单，其主要步骤如下：

（1）设置窗体的 Iconn 属性，接着从【工具箱】中拖动 NotifyIcon 组件到窗体中，然后设置 Icon 属性，开发人员可以在【属性】窗格中添加，也可以通过代码添加。

（2）将 Visible 属性的值设置为 True。

（3）将 Text 属性设置为相应的工具提示字符串。

NotifyIcon 组件最常用的事件是 MouseDoubleClick，在该事件中设置代码可以重新显示窗体，具体代码如下。

```
private void notifyIcon1_MouseDoubleClick(object sender, MouseEventArgs e)
{
    this.Show();
    this.ShowInTaskbar = true;
    this.WindowState = FormWindowState.Normal;
}
```

注意

每个 NotifyIcon 组件都会在状态区域显示一个图标，如果用户有 3 个后台进行，并且希望每个后台进行各自显示一个图标，则必须向窗体中添加 3 个 NotifyIcon 组件。

10.8　实例应用：修改论坛用户个人资料

10.8.1　实例目标

8.1 节已经通过大量的练习介绍了 Windows 窗体所包含的常用控件，掌握这些控件有助于读者在以后的 B/C 架构开发中根据窗体效果快速选择使用不同的控件。

近几年来随着网络的发展，已经越来越多的用户通过不同的网络方式来打交道，从而实现不同用户之间的交流和沟通等，论坛是最为突出的方式之一。本节便将 8.1 节中的大量控件结合起来模拟实现修改论坛用户个人资料的功能，实现的主要功能如下所示：

（1）在窗体中添加多个控件完成用户修改的个人资料窗体。

（2）用户选择省份时根据不同的省份，加载不同的城市和区/县。

（3）用户头像不能更改，但是每隔 1 秒图片轮换一次。

（4）单击按钮时判断有些内容是否完成或合法。

（5）关闭窗体时弹出提示，选择窗体直接关闭退出，还是最小化到任务栏。

（6）最小化窗体时双击图标重新查看窗体详细信息。

10.8.2　技术分析

实现修改论坛用户个人资料的功能时需要不同的知识，如控件、类的属性和方法以及对话框等。其中的主要知识点如下所示：

（1）使用基本类型控件 Label 为用户显示提示信息；LinkLabel 控件显示用户的个人主页；TextBox 控件获取或提供用户输入以及 Button 控件执行操作等。

（2）使用选择类型控件 RadioButton 设置用户性别；CheckBox 控件显示用户的爱好。

（3）通过图像相关控件和 Timer 组件的相关代码完成头像轮换。

（4）通过 ComboBox 控件 Items 属性的方法添加数据。

（5）DateTimePicker 控件向用户提供出生日期。

（6）NofifyIcon 组件执行最小化时的操作内容。

10.8.3　实现步骤

（1）直接添加名称为 frmPartExample 的窗体或在新建的应用程序中添加窗体，然后设置该窗体的 StartPosition 属性、Text 属性、Icon 属性和 MaximumBox 属性等。

（2）从【工具箱】中拖动不同的控件或组件到窗体中，然后分别为这些控件或组件设置属性，最终设计效果如图 10-25 所示。开发人员可以根据效果图添加相应的控件或组件，并且设置这些控件或组件的属性。

（3）为窗体的 Load 事件添加代码，首先通过 PictureBox 控件(Name 属性是 picPhoto)的 Image 属性设置默认显示的图片，然后通过 SelectedIndex 属性分别设置省份、城市和区县相关的 ComboBox 控件的默认选中索引。具体代码如下：

```
private void frmPartEleven_Load(object sender, EventArgs e)
{
    picPhoto.Image = ilImage.Images[0];          //默认图片
```

```
        cboProvice.SelectedIndex = 2;                   //省份的当前选中索引
        cboCity.SelectedIndex = 0;                      //城市的当前选中索引
        cboCountry.SelectedIndex = 0;                   //区或县的当前选中索引
    }
```

图 10-25　实例设计效果图

（4）设置 Trimer 组件的相关属性后为该组件的 Tick 事件添加代码，该事件的代码完成了图片的轮换效果。具体代码如下：

```
int index = 0;                                  //图像框的索引
private void timer1_Tick(object sender, EventArgs e)
{
    if (index < ilImage.Images.Count - 1)       //增加图片索引
    {
        index++;
    }
    else                                        //否则从第一个图片开始显示，索引从 0 开始
    {
        index = 0;
    }
    //设置图片框的图片
    picPhoto.Image = ilImage.Images[index];
}
```

在上述代码中，从图像的第一张图片开始显示，每次引发 Tick 事件的时候就显示下一张图片，直到显示到最后一张图片再从头开始。

（5）用户单击个人主页链接时可以跳转到相应的网页，为 LinkLabel 控件（Name 属性值为 llblPersonInfo）添加 LinkClicked 事件。具体代码如下：

```
private void llblPersonInfo_LinkClicked(object sender, LinkLabelLinkClicked
```

```
EventArgs e)
{
    llblPersonInfo.LinkVisited = true;
    System.Diagnostics.Process.Start(llblPersonInfo.Text);
}
```

（6）为省份和城市相关的 ComboBox 控件添加 SelectedIndexChanged 事件，该事件中的代码实现了根据不同省份或不同城市加载区或县的内容。

（7）用户单击【修改】按钮时提交修改的信息，然后在该按钮的 Click 事件中判断基本资料中的内容是否合法。主要代码如下：

```
private void btnUpdate_Click(object sender, EventArgs e)
{
    if (string.IsNullOrEmpty(txtName.Text))
    {
        MessageBox.Show("您的真实姓名不能为空！");
    }
    else if (string.IsNullOrEmpty(txtPass.Text))
    {
        MessageBox.Show("您的密码不能为空！");
    }
    //省略判断其他内容是否输入或合法
}
```

（8）为窗体添加 FormClosing 事件，用户单击窗体关闭按钮时弹出【窗体关闭提示】的对话框提示，从而实现最小化或关闭的功能。FormClosing 事件的具体代码如下：

```
private void frmPartExample_FormClosing(object sender, FormClosingEventArgs e)
{
    DialogResult result = MessageBox.Show("是否直接退出应用程序？单击是直接退出不会
    保存修改的内容；单击否则会最小化窗体", "窗体关闭提示", MessageBoxButtons.YesNo,
    MessageBoxIcon. Question);
    if (result == DialogResult.Yes)
    {
        Application.Exit();
    }
    else
    {
        e.Cancel = true;
        this.ShowInTaskbar = false;
        this.Hide();
    }
}
```

（9）用户单击窗体的最小化按钮或者单击关闭弹出提示对话框中的【否】按钮时都可以最小化窗体，并且该窗体会在任务栏中显示。为 NotifyIcon 组件添加 MouseDoubleClick 事件完成该功能。具体代码如下：

```
private void notifyIcon1_MouseDoubleClick(object sender, MouseEventArgs e)
{
    this.Show();
    this.ShowInTaskbar = true;
```

```
    this.WindowState = FormWindowState.Normal;
}
```

（10）运行本实例的窗体查看效果，用户单击【修改】按钮时的提示效果如图 10-26 所示。

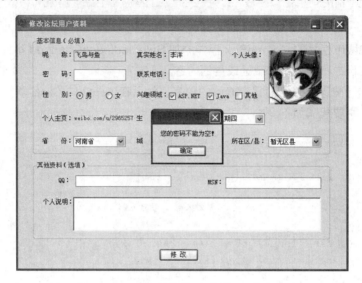

图 10-26　单击【修改】按钮的效果

（11）单击图 10-26 中的窗体关闭按钮，其运行效果如图 10-27 所示。在图 10-27 中，单击【是】按钮直接退出程序，单击【否】按钮则会在任务栏中最小化窗体。

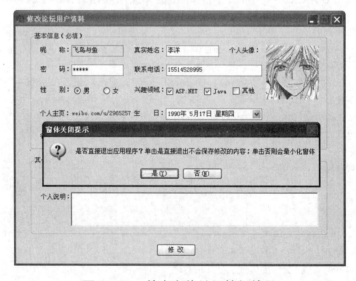

图 10-27　单击窗体关闭按钮效果

10.9 拓展训练

使用 ListView 控件显示数据

在窗体应用程序中添加新的窗体，该窗体用来显示某个小超市会员用户的列表信息，该信息包含会员编号、会员名称、生日以及积分。开发人员可以分别通过在【属性】窗格设置和编写代码两种方式实现，其最终运行效果如图 10-28 所示。

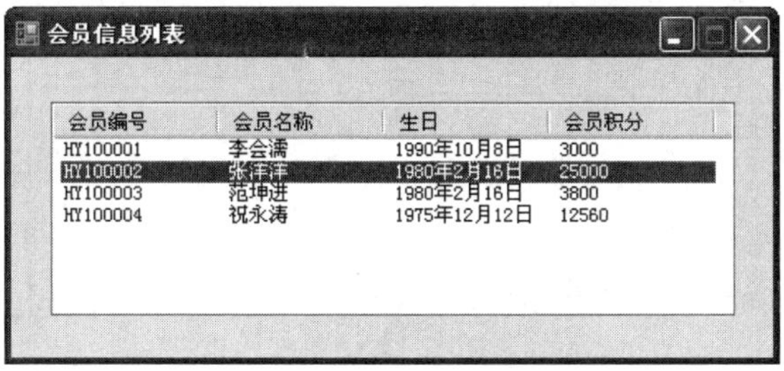

图 10-28　ListView 控件显示数据效果

10.10 课后练习

一、填空题

1. Label 控件_____属性的值设置为 False 时可以根据内容自动调整大小。

2. PictureBox 控件的 SizeMode 属性的默认值是_____。

3. _____控件扩展了 ListBox 控件，它不仅可以完成 ListBox 控件的任务，还可以在列表中的项旁边显示复选标记。

4. 开发人员通过设置 DateTimePicker 控件的_____属性可以实现自定义日期/时间格式的样式。

5. 清除 ListBox 控件中的所有数据项时可以调用_____方法。

6. CheckBox 控件的 CheckState 属性可以设置该控件的状态，它的属性值有_____、Checked 和 Indeterminate。

二、选择题

1. 下列选项中，_____控件不属于容器类型的控件。

    A. TabControl 控件

    B. Panel 控件

    C. ComboBox 控件

    D. GroupBox 控件

2. 关于文本输入控件的描述，下面说法正确的是_____。

    A. TextBox 控件可以用来编辑文本，但是无法将该控件的文本内容设置为只读

    B. RichTextBox 控件可以显示字体、颜色和链接内容，也可以加载嵌入的图像

    C. MaskedTextBox 控件与 Microsoft Word 的功能很相似，可以显示字体的链接，也可以加载嵌入的图像，还可以通过 Mask 属性设置掩码

    D. RichTextBox 控件 ScrollBars 属性的值是枚举类型 RichTextBoxScrollBars 的值之一，该枚举类型的值是 4 个

3. 用户单击窗体最小化按钮时_____组件可以在任务栏的状态通知区域中为后台运行，双击任务栏中的图标时可以重新显示窗体。

    A. DateTimePicker

    B. Timer

    C. CheckedListBox

    D. NotifyIcon

4. 开发人员通过将 DateTimePicker 控件的 Format 的属性值设置为_____时，该控件显示的日期和时间格式类似 " 2012 年 12 月 30 日星期日"。

    A. Long

    B. Short

    C. Time

    D. Customer

5. 启用 Timer 控件的 Tick 事件，且该事件每隔 1 秒调用一次，主要代码是_____。

    A.

```
timer1.Enabled = false;
timer1.Interval = 60;
```

    B.

```
timer1.Enabled = false;
timer1.Interval = 1000;
```

    C.

```
timer1.Enabled = true;
timer1.Interval = 60;
```

    D.

```
timer1.Enabled = true;
timer1.Interval = 1000;
```

6. 关于图像控件和容器控件的说法，选项是_____不正确的。

    A. ImageList 控件是图像列表控件，该控件不能显示图像；PitureBox 控件则可以显示图像

    B. PictureBox 可以显示图像，通过它的 Images 属性可以设置多张图像列表

    C. Group 控件可以显示标题，但不能显示滚动条

    D. Panel 控件可以显示滚动条，但是没有可显示的标题

7. Button 控件可以执行多项任务，以下选项_____不属于这些任务。

    A. 打开另一个对话框或应用程序

    B. 对相关窗体元素进行可视化分组以构造一个清晰的用户界面

    C. 给对话框上输入的数据执行操作

    D. 使用某种状态关闭对话框

第 11 课
Windows 控件的高级应用

通过对上一课的学习，读者可以了解到窗体分为普通窗体和 MDI 窗体，并且能够熟练地使用相关控件创建一个普通的 Windows 窗体应用程序。本课将介绍 MDI 窗体以及与窗体相关的更加强大的控件，另外也会介绍 C#窗体应用程序中经常使用到的对话框，如字体对话框、颜色对话框和目录对话框等。

通过对本课的学习，读者能够熟悉 MDI 窗体和对话框的相关知识，也能够掌握与窗体相关的高级控件的使用方法，还可以熟练地创建 MDI 窗体应用程序，并且可以对子窗体进行简单的操作（如垂直排列）。

本章学习目标：

❏ 了解 MDI 应用程序的概念、特点以及适用情况
❏ 掌握如何创建父窗体和子窗体
❏ 掌握如何对 MDI 的子窗体进行布局
❏ 了解模式窗体和无模式窗体的异同点
❏ 掌握 MenuStrip 和 ContextMenuStrip 控件的使用方法
❏ 掌握 ToolStrip 控件的使用方法
❏ 掌握 StatusStrip 控件的使用方法
❏ 掌握 MessageBox 类及 Show()方法常用的 4 种形式
❏ 掌握 C#窗体应用程序中常用的对话框

11.1 MDI 应用程序

上一课所介绍的 Windows 窗体应用程序属于单文档应用程序（Single Document Interface，SDI），它一次只能处理一个文档，如果用户要打开处理每两个文档就必须打开一个新的程序。单文档应用程序通常用于完成一个特定的任务，最典型的例子是记事本和 Word 文档。如果用户需要在一个窗体中打开多个文件，这时就需要使用 MDI 应用程序，本节将详细介绍 MDI 应用程序的相关知识。

11.1.1 MDI 概述

MDI（Multiline Document Interface，MDI）也叫做多文档界面应用程序，它是指同一个任务窗口可以同时打开处理多个任务。

MDI 应用程序至少由两个截然不同的窗口组成：MDI 父窗口和 MDI 子窗口。它们的说明如下：

❑ **父窗口**　它是子窗口的窗口，也可以称为 MDI 窗口。

❑ **子窗口**　它主要用来显示文档，父窗口中可以包含多个，因此也被称为文档窗口。

细心的用户会发现许多软件实现的功能都属于多文档应用程序，如图 11-1 是一个常见的 MDI 应用程序。

图 11-1　多文档应用程序示例

从图 11-1 中可以看出该多文档应用程序由 1 个父窗口和 3 个子窗口组成，父窗口是最外层的窗口，它通常包含菜单栏。

1. MDI 应用程序的特点

MDI 应用程序有许多显著的特点，如下特点最为常见：

❑ 每个 MDI 应用程序界面都只能包含一个 MDI 父窗体。

❑ 任何 MDI 子窗体都不能移出 MDI 框架区域。

❑ 当最小化或最大化一个子窗体时，所有子窗体都会被最小化或最大化。

❑ 父窗体和子窗体都有各自的菜单，当子窗体加载时会覆盖 MDI 父窗体的菜单。

❑ 关闭 MDI 父窗体则会关闭所有打开的 MDI 子窗体。

❑ 任何时间都可以打开多个子窗体，用户可以改变、移动子窗体的大小，但是只能在 MDI 窗体中操作。

2．MDI 应用程序的适用情况

既然 MDI 应用程序有很多特点，那么 MDI 应用程序会涉及到什么问题，哪些情况下需要创建使用呢？

（1）用户希望完成的任务是需要一次打开多个文档，如文本编辑器或文本查看器。

（2）需要在应用程序中提供工具栏完成最常见的任务，如设置字体样式、加载和保存文档等。

（3）应该提供一个包含 Window 菜单项的菜单，可以让用户重新定位打开的窗口，并且清晰的显示所有打开的窗口列表。

11.1.2　创建 MDI 父窗体

创建 MDI 应用程序时主要包含两个操作步骤：第一步是创建 MDI 的父窗体和子窗体；第二步是为父窗体添加子窗体列表。MDI 父窗体是 MDI 应用程序的基础，下面通过两种方式介绍如何创建 MDI 父窗体。

1．直接创建 MDI 父窗体

直接创建 MDI 父窗体的方式非常简单，打开 Visual Studio 2010 后在菜单栏中找到项目选项，然后单击【项目】|【添加组件】选项弹出【添加新项】的对话框。在弹出的对话框中选择 Windows Forms 选项，然后选择 MDI 父窗体并且输入名称，效果如图 11-2 所示。

图 11-2　【添加选项】的对话框

自动添加的父窗体可以自动添加菜单栏，并且可以单击菜单栏的相关选项进行操作，如图 11-3 为窗体运行后的效果。

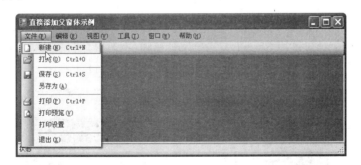

图 11-3　窗体运行的效果

2．通过设置属性添加 MDI 父窗体

直接添加 MDI 父窗体固然简单，虽然用户可以在创建完成的父窗体中进行操作，但是绝大多数的开发人员还是会选择亲自创建。创建一个 MDI 父窗体的具体步骤如下所示：

（1）在解决方案下新建一个应用程序项目，如果已经存在，该步骤可以省略。

（2）设置窗体的相关属性，最重要的是将窗体的 IsMDIContainer 属性的值设置为 True。

（3）将 MenuStrip 控件、ToolStrip 控件或 StatusStrip 控件以及其他控件等从【工具箱】中拖动到窗体上，然后进行相关的设置。

（4）按 F5 键或 Ctrl+F5 键运行窗体应用程序。

开发人员在【属性】窗格中设置窗体属性时可以将 WindowState 的属性值设置为 Maximized，因为父窗体最大化操作 MDI 子窗口最为容易。另外 MDI 父窗体的边缘采用系统颜色（在 Windows 系统控制面板中设置），既不能更改，也不能使用 BackColor 属性设置背景颜色。

> **注意**
>
> 无论是这节介绍的 MDI 父窗体，还是下一节介绍的 MDI 子窗体，它们都是窗体，所以它们的属性和事件与普通的窗体一样，读者可以参考上一课的内容，也可以在网上查找。

11.1.3 创建 MDI 子窗体

MDI 子窗体的创建更加简单，其创建方法与创建一般窗体的方法一样，这里不再详细介绍，下面通过一个简单的示例单击父窗体中的选项如何对子窗体进行操作。

【练习 1】

在本示例中首先设计父窗体和子窗体，然后单击父窗体中的选项显示子窗体。主要步骤如下：

（1）在 Windows 应用程序中添加新的窗体，接着将该窗体的 WindowState 的属性值设置为 MaximumBox，然后将 IsMdiContainer 属性的值设置为 True，最后向窗体中添加 MenuStrip 控件，且在该控件中添加名称为【弹出子窗体】的选项并设置相关属性。

（2）添加新的窗体，接着设置与该窗体相关的属性，然后向窗体中分别添加两个 Label 控件和 TextBox 控件，最后添加一个 Button 控件。

（3）为父窗体 MenuStrip 控件中的【弹出子窗体】选项添加 Click 事件，该事件中的代码实现显示子窗体的功能。具体代码如下：

```
private void SonToolStripMenuItem_Click(object sender, EventArgs e)
{
    frmPartOne_Son sonWindow = new frmPartOne_Son();    //实例化窗体对象
    sonWindow.MdiParent = this;                         //指定当前窗体为父窗体
    sonWindow.Show();                                   //显示子窗体
}
```

上述代码中首先实例化窗体对象，然后将窗体对象的 MDIPartent 属性的值设置为 this，它表示指定为当前窗体，最后通过调用 Show() 方法显示子窗体。

（4）运行本示例的窗体单击选项查看效果，最终效果如图 11-4 所示。

图 11-4　练习 1 运行效果

▌11.1.4　排列 MDI 子窗体

在父窗体中可以打开多个子窗体，但是如果打开的数量过多，并且不对它们的顺序进行调整，那么窗体不方便查看并且界面非常混乱，那么如何对 MDI 的子窗体进行排列呢？很简单，使用 LayoutMdi()方法。

枚举类型 MdiLayout 实现了对子窗体排序的功能，LayoutMdi()方法通常用来对父窗体中的子窗体排序。该方法的语法形式如下：

```
public void LayoutMdi(MdiLayout value);
```

上述语法中 LayoutMdi()方法传入枚举类型 MdiLayout 的一个值，这些值表示了 MDI 子窗体的布局方式。其具体说明如下：

❑ **TileVetical**　所有 MDI 子窗体均垂直平铺在 MDI 父窗体的可视区域内。

❑ **TileHorizontal**　所有 MDI 子窗体均水平平铺在 MDI 父窗体的可视区域内。

❑ **Cascade**　每个可视的子窗体都安排在另一个子窗体的下面，并且会依次缩进。

❑ **Arrangelcons**　图标化的子窗体将位于 MDI 父窗体的底部。

【练习 2】

在本示例中单击父窗体中的选项弹出多个子窗体，然后单击其他选项对这些子窗体进行排列。主要步骤如下：

（1）在 Windows 窗体应用程序中添加新的窗体，将该窗体设置为父窗体，并且向父窗体中添加 MenuStrip 控件，在该控件中分别添加文件选项和窗口选项，然后在文件选项下添加值为"新建窗口"选项，在窗口选项下分别添加值为【水平平铺】【垂直平铺】和【层叠平铺】选项。

（2）添加新的窗体（该窗体做为子窗体），在该窗体中添加 PictureBox 控件显示一张图片，设置窗体和控件的相关属性。

（3）为父窗体中【新建窗口】选项添加 Click 事件，具体代码如下：

```
int index = 0;
private void tsmiNewWindow_Click(object sender, EventArgs e)
{
    frmPartTwo_Son sonWindow = new frmPartTwo_Son();
    sonWindow.MdiParent = this;
    index++;
    sonWindow.Text = "创建第" + index + "个子窗体";
    sonWindow.Show();
}
```

上述代码中首先声明了全局变量 index 表示当前的窗体个数，接着在 Click 事件中实例化子窗体对象并指定其父窗体，然后依次将 index 变量的值增加，只要用户单击选项引发 Click 事件，会自动更改窗体的 Text 属性值，最后调用 Show()方法弹出窗体。

（4）分别为窗口选项下的【水平平铺】、【垂直平铺】和【层叠平铺】选项添加 Click 事件，它们分别实现对子窗体的不同排列效果。具体代码如下：

```
private void tsmiHorizontal_Click(object sender, EventArgs e)
{
    this.LayoutMdi(MdiLayout.TileHorizontal);
}
```

```
private void tsmiVertical_Click(object sender, EventArgs e)
{
    this.LayoutMdi(MdiLayout.TileVertical);
}
private void tsmiRepeater_Click(object sender, EventArgs e)
{
    this.LayoutMdi(MdiLayout.Cascade);
}
```

（5）运行本示例的窗体进行测试，单击【文件】|【新建窗口】选项添加新的窗体，其效果如图11-5 所示。单击【窗口】|【水平平铺】选项时的效果如图 11-6 所示。单击【窗口】|【垂直平铺】选项时的效果如图 11-7 所示。单击【窗口】|【层叠平铺】选项时的效果如图 11-8 所示。

图 11-5　添加子窗体时的效果

图 11-6　水平平铺时的效果图

图 11-7　垂直平铺时的效果

图 11-8　层叠平铺时的效果

11.1.5　模式窗体和无模式窗体

读者可以仔细查看或回想一下可以发现，上一课以及本课之前弹出窗体时所调用的方法都是使用 Show()方法。Show()方法用来向用户显示一个新窗体，但是它显示的窗体是无模式窗体。用户可以对这些窗体进行操作，如从一个位置拖动到另一个位置，或者更改查看当前窗体。

模式窗体与无模式窗体是相反的，它由 ShowDialog()方法来实现，虽然该方法也可以向用户显示一个新窗体，但是它所弹出的窗体不能再对其他的菜单项进行操作，只能操作当前的窗体，因此 ShowDialog()方法弹出的窗体可称为模式窗体。

模式窗体和无模式窗体有明显的区别，下面主要在概念上对它们进行区分。

❑ **模式窗体**　它由窗体的 ShowDialog()方法实现。窗体显示时禁止访问应用程序的其他部分。

如果正在显示的对话框在处理前必须由用户确认，使用这种窗体非常有用。

❏ **无模式窗体** 它由窗体的 Show()方法实现。在显示无模式窗体之前允许使用应用程序的其他部分。如果窗体在很长一段时间内都可以使用，使用这种窗体非常有用。

试一试

在父窗体程序中弹出子窗体时不能使用 ShowDiaolg()方法，如果使用会报出异常错误。读者可以在应用程序中添加其他窗体，然后分别调用 Show()方法和 ShowDialog()方法查看窗体的效果。

11.2 高级控件

上一课已经介绍了创建窗体应用程序时常用的控件，本节将介绍一些其他常用的高级控件，这些控件通常在 MDI 窗体程序中使用，如图 11-8 中使用到了 MenuStrip 控件。下面将详细介绍窗体应用程序的高级控件，如 MenuStrip 控件、ContextMenuStrip 控件、ToolStrip 控件和 StatusStrip 控件。

11.2.1 MenuStrip 控件

C#提供了两种菜单控件：MenuStrip 控件和 ContextMenuStrip 控件。MenuStrip 控件也被称为菜单栏控件，使用该控件可以创建 Microsoft Office 中类似的菜单。MenuStrip 控件支持 MDI 和菜单合并、工具提示和溢出等。开发人员可以通过添加访问键、快捷键、选中标记、图像和分隔条等来增强菜单的可用性和可读性。使用 MenuStrip 控件主要实现的功能操作如下。

（1）创建支持高级用户界面和布局功能的易自定义的常用菜单，例如文本和图像排序和对齐、拖放操作、MDI、溢出和访问菜单命令的其他模式。

（2）支持操作系统的典型外观和行为。

（3）对所有容器和包含的项进行事件的一致性处理，处理方式与其他控件的事件相同。

MenuStrip 控件包含多个属性，通过这些属性可以设置控件和相关内容的显示外观，如表 11-1 对 MenuStrip 控件的重要属性进行了说明。

表 11-1　MenuStrip 控件的重要属性

属 性 名 称	说　明
AllowMerge	获取或设置一个值，该值指示能否将多个 MenuStrip、ToolStripMenuItem 和 ToolStripDropDownMenu 及其他类型进行组合。默认值为 True
Items	获取属于 ToolStrip 的所有项
LayoutStyle	获取或设置一个值，该值指示 ToolStrip 如何对集合进行布局
MdiWindowListItem	获取或设置用于多文档界面子窗体列表的 ToolStripMenuItem
TextDirection	获取或设置在 ToolStrip 上绘制文本的方向
ImageList	获取或设置包含 ToolStrip 项上显示的图像的图像列表
CanOverflow	获取或设置一个值，该值指示 MenuStrip 控件是否支持溢出功能

表 11-1 中 MenuStrip 控件的 LayoutStyle 可以对 MenuStrip 控件的外观进行布局，该属性返回枚举类型 ToolStripLayoutStyle，该枚举类型有 5 个值：Flow、HorizontalStackWithOverflow、StackWithOverflow、Table 和 VerticalStackWithOverflow。其具体说明如下：

❏ **Flow** 根据需要指定项按水平方向或垂直方向排列。

❏ **HorizontalStackWithOverflow** 默认值，它表示指定项按水平方向进行布局且必要时会溢出。

❑ **StackWithOverflow**　指定项按自动方式进行布局。

❑ **Table**　指定项的布局方式为左对齐。

❑ **VerticalStackWithOverflow**　指定项按垂直方向进行布局，在控件中居中且必要时会溢出。

> **注意**
>
> 当 MDI 子窗体中有一个 MenuStrip 控件（通常带亦菜单项的菜单结构），而且它在有 MenuStrip 控件的 MDI 父窗体中打开时，默认会将子窗体中的菜单项添加到父窗体。读者可以通过 AllowMerge 属性进行设置。

　　MenuStrip 控件的菜单栏中可以添加三种子项：MenuItem（菜单项）、ComboBox（下拉组合框）和 TextBox（文本框），然后通过这些子项的相关属性增强菜单的可读性和可用性。如表 11-2 列出了 MenuItem 子项的常用属性并且对它们进行了说明。

表 11-2　MenuItem 子项的常用属性

属 性 名 称	说　　明
ShortcutKeyDisplayString	获取或设置快捷键文本
ShortcutKeys	获取或设置与 ToolStripMenuItem 相关联的键。默认值为 None
ShowShortcutKeys	获取或设置一个值，指定与 ToolStripMenuItem 相关联的快捷键是否显示。默认值为 True
ShowItemToolTips	获取或设置一个值，该值指定是否显示 MenuStrip 的工具提示
Enabled	获取或设置一个值，该值指示控件是否可以对用户交互作出响应。如果为 False 则会禁用子项
MergeIndex	获取或设置合并的项在当前 ToolStrip 内的位置
MergeAction	获取或设置如何将子菜单与父菜单合并
DisplayStyle	获取或设置是否在 ToolStripItem 上显示文本和图像。它的值包括 None(默认值)、Text（只显示文本）、Image（只显示图像）和 ImageAndText（文本和图像都显示）
TextImageRelation	获取或设置文本和图像相对于彼此的位置。其值包括 Overlay、ImageAboveText、TextAboveImage、ImageBeforeText（默认值）和 TextBeforeImage

【练习3】

　　本次练习通过 MDI 应用程序实现创建一个简单窗体的记事本程序。具体步骤如下：

　　（1）添加新的窗体，然后分别设置该窗体的 Text 属性、IsMdiContainer 属性和 WindowState 属性。

　　（2）从【工具箱】中拖动 MenuStrip 控件到窗体上，接着设置 Name 属性、Text 属性和 AllowMerge 属性（将该属性值设置为 False）。然后单击该控件智能标记符号添加两个 MenuItem 子项，分别将它们 Text 的属性值设置为"新建记事本（Ctrl+N）"和"窗口"，然后设置它们的 Name 属性和 ShortcutKeys 属性等。最后将 MenuStrip 控件(Name 属性值为 menuStrip1)的 MdiWindowListItem 属性值设置为"窗口"选项的 Name 属性值，其设计效果如图 11-9 所示。

　　（3）添加新的窗体作为子窗体，向该窗体中添加 MenuStrip 控件，接着设置该控件的相关属性，然后分别添加 6 个 MenuItem 子项，并设置它们的相关属性。最后向窗体中添加 RichTextBox 控件提供用户输入的内容，然后设置 Anchor 属性和 Name 属性等。如图 11-10 所示为子窗体的设计效果。

　　（4）为父窗体中【新建记事本】选项添加 Click 事件，该事件代码主要显示子窗体。具体代码如下：

```
int newcount = 0;
private void tsmiNewCreate_Click(object sender, EventArgs e)
```

```
{
    frmPartThree_Son fson = new frmPartThree_Son();
    fson.MdiParent = this;
    newcount++;
    fson.Text = "我的第" + newcount + "个记事本程序";
    fson.Show();
}
```

图 11-9　父窗体设计效果

图 11-10　子窗体设计效果

（5）运行本示例的窗体单击【新建记事本】选项或直接通过 Ctrl+N 键进行测试，运行效果如图 11-11 所示。

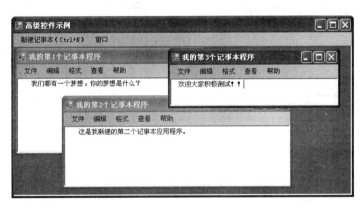

图 11-11　MenuStrip 控件示例效果

11.2.2　ContextMenuStrip 控件

ContextMenuStrip 控件也叫快捷菜单控件或上下文菜单控件，它常常用来执行程序中的功能，该控件在窗体应用程序中会被经常用到。熟悉计算机的用户会发现，在单击鼠标右键时总会出现一些快捷菜单项（如剪切、粘贴和属性等），这些功能可以通过 ContextMenuStrip 控件实现。

ContextMenuStrip 控件方便用户在给定应用程序中的上下文使用，它旨在无缝地与 ToolStrip 和其他相关控件结合使用，但是也可以很容易地将 ContextMenuStrip 与其他控件关联。相关人员通过 ContextMenuStrip 控件的属性可以设置其外观，如表 11-3 对常见的属性进行了说明。

在 ContextMenuStrip 控件中添加快捷菜单项后，需要在用户右击窗体或其他控件时显示给定的快捷菜单。窗体和大部分的控件都支持 ContextMenuStrip 属性，如果将 ContextMenuStrip 控件与 Windows 窗体或其他控件相关联，只需要将窗体或其他控件的 ContextMenuStrip 属性值设置为要关联的 ContextMenuStrip 控件的 Name 属性值即可。

表 11-3　ContextMenuStrip 控件的常用属性

属 性 名 称	说　　明
Items	获取属于 ToolStrip 的所有项
ShowCheckMargin	获取或设置一个值，该值指示是否在 ToolStripMenuItem 的左边缘显示选中标记的位置
ShowImageMargin	获取或设置一个值，该值指示是否在 ToolStripMenuItem 的左边缘显示图像的位置
ShowItemToolTips	获取或设置一个值，该值指示是否要在 ToolStrip 项上显示工具提示

例如下面在练习 3 的基础上添加代码，当用户在弹出的子窗体空白处右击时会弹出快捷菜单，主要步骤如下：

（1）打开练习 3 的子窗体，从【工具箱】中拖动一个 ContextMenuStrip 控件到窗体中，将该控件 Name 的属性值设置为 cmsOperator，并且将 Text 的属性值设置为“快捷菜单操作”。

（2）开发人员可以在窗体中“请在此处输入”的文本框中输入快捷菜单选项名称，也可以在【属性】窗格中找到 Items 属性，在弹出的【项集合编辑器】的对话框中输入菜单选项名称，设计完成后的效果如图 11-12 所示。

（3）选中子窗体中的 RichTextBox 控件（Name 的属性值是 rtbInputContent），并且在【属性】窗格中将 ContextMenuStrip 的属性值设置为 cmsOperator（ContextMenuStrip 控件的 Name 属性值），设计完成后的效果如图 11-13 所示。

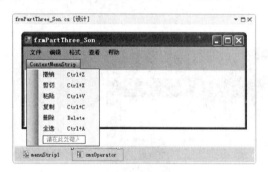

图 11-12　添加快捷菜单项的效果

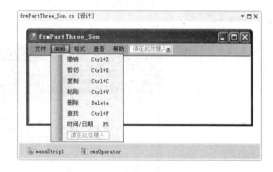

图 11-13　菜单选项的设计效果图

（4）为 RichTextBox 控件添加 TextChanged 事件，如果用户输入内容时将全局变量 textChanged 的值更改为 True。具体代码如下：

```csharp
public bool textChanged = false;
private void rtbInputContent_TextChanged(object sender, EventArgs e)
{
    if (rtbInputContent.Text.Trim().Length > 0)
    {
        textChanged = true;
    }
}
```

（5）用户没有输入内容时将部分快捷菜单项和【编辑】菜单项中的部分选项都禁用，输入内容不为空时则重新将选项启用。为 ContextMenuStrip 控件添加 Opening 事件实现菜单项的禁用功能。Opening 事件的主要代码如下：

```csharp
private void cmsOperator_Opening(object sender, CancelEventArgs e)
{
```

```
    if (!textChanged)                                //如果输入的内容为空
    {
        tsmiCopy.Enabled = false;                    //禁用复制选项
        tsmiPaste.Enabled = false;                   //禁用粘贴选项
        tsmiDelete.Enabled = false;                  //禁用删除选项
        tsmiCut.Enabled = false;                     //禁用剪切选项
        //省略禁用【编辑】选项下的部分菜单代码
    }else{
        tsmiCopy.Enabled = true;
        //省略启用菜单选项的代码
    }
}
```

（6）重新运行练习 3 中的父窗体和子窗体进行测试，文本框中不输入内容和输入内容时的最终效果如图 11-14 所示，用户也可以单击【编辑】菜单选项中的菜单列表项进行查看，运行效果不再显示。

图 11-14　MenuStrip 控件示例效果

11.2.3　ToolStrip 控件

ToolStrip 控件也叫工具条或工具栏控件，该控件及其关联类提供了一个公共框架，用于将用户界面元素组合到工具栏、状态栏和菜单中。

ToolStrip 控件提供了丰富的设计体验，包括可视化编辑、自定义布局和漂浮等。如下所示为 ToolStrip 控件的主要实现功能。

（1）在各个容器之间显示公共用户界面。

（2）创建易于自定义的常用工具栏，让这些工具栏支持高级用户界面和布局功能，如停靠、漂浮、带文本和图像的按钮以及下拉按钮控件等。

（3）支持溢出和运行时项重新排序，如果 ToolStrip 没有足够空间显示界面项，溢出功能会将它们移到下拉菜单中。

（4）通过通用呈现模型支持操作系统的典型外观和行为。

（5）对所有容器和包含的项进行事件的一致性处理，处理方式与其他控件的事件相同。

（6）将项从一个 ToolStrip 拖到另一个 ToolStrip 内。

（7）使用 ToolStripDropDown 中的高级布局创建下拉控件及用户界面类型编辑器。

ToolStrip 控件是高度可配置的、可扩展的控件，它提供了许多属性、方法和事件，通过它们可以自定义外观和行为，如表 11-4 对重要的属性进行了说明。

表 11-4　ToolStrip 控件的重要属性

属 性 名 称	说　明
AllowItemReorder	获取或设置一个值，该值指示拖放和项重新排序是否专门由 ToolStrip 类处理
LayoutStyle	指定 ToolStrip 的布局集合。默认值是 HorizontalStackWithOverflow
ImagesScalingSize	指定项上图像的大小。若要控制项的缩放比例，需用 ToolStripItem.ImageScaling 属性
Items	在 ToolStrip 上显示项的集合
TextDirection	指定项上文本的绘制方向。默认值是 Horizontal
Renderer	获取或设置用于自定义 ToolStrip 的外观的 ToolStripRenderer
RenderMode	获取或设置要应用于 ToolStrip 的绘制样式

将 ToolStrip 控件拖动到窗体上，然后通过小三角设置包含的内容。ToolStrip 控件可以包含 7 种类型的内容，它们分别是 Button（按钮）、Label（基本标签）、DropDownButton（下拉列表框按钮）、Separator（分隔符）、ComboBox（组合框）、TextBox（文本输入框）、ProgressBar 以及 SplitButton，设置不同的选项可以实现不同的内容显示效果。

下面重新扩展练习 3 中的功能，将 ToolStrip 控件添加到窗体上，接着在 ToolStrip 控件中分别添加 4 个 Button 选项和 3 个 Separator 选项，然后分别设置 Button 选项的 Name 属性、Image 属性和 DisplayStyle 属性（该属性值为 ImageAndText）、TextImageRelation 属性（其属性值为 ImageAboveText）以及 Text 属性。

为【关闭当前窗体】按钮添加 Click 事件，在该事件中调用 Close()方法关闭当前活动的窗体，具体代码如下：

```
private void toolStripExit_Click(object sender, EventArgs e)
{
    this.Close();
}
```

重新运行练习 3 的窗体进行测试，单击父窗体中的按钮弹出子窗体，最终效果如图 11-15 所示。

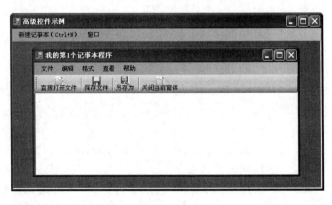

图 11-15　ToolStrip 控件示例效果

11.2.4　StatusStrip 控件

本节将介绍 StatusStrip 控件。StatusStrip 控件通常显示在窗口底部的区域，应用程序可以在其中显示各种状态信息，因此该控件也可以称为状态条控件。

StatusStrip 控件通常具有一个 ToolStripStatusLabel 控件（用于显示指示状态的文本或图标）或一个 ToolStripProgressBar 控件（用于以图形方式显示过程的完成状态）。除了它们两个外，还有其他的控件，如 ToolStripDropDownButton 控件和 ToolStripSplitButton 控件。

StatusStrip 控件通过属性可以设置其外观，如表 11-5 对该控件的重要属性进行了说明。

表 11-5　StatusStrip 控件的重要属性

属 性 名 称	说　　明
CanOverflow	获取或设置一个值，该值指示 StatusStrip 控件是否支持溢出功能
ImageList	获取或设置包含 ToolStrip 项上显示的图像的图像列表
ImagesScalingSize	指定项上图像的大小。若要控制项的缩放比例，应使用 ToolStripItem.ImageScaling 属性
Items	在 StatusStrip 上显示项的集合
LayoutStyle	指定 StatusStrip 的布局集合，默认值是 Table
Stretch	指定 StatusStrip 在漂浮容器中是否从一端伸展到另一端

StatusStrip 控件可以实现一些特殊的功能，如自定义表布局、窗体的大小调整、移动手柄支持以及 Spring 属性。开发人员可以使用 Spring 属性在 StatusStrip 控件中设置 ToolStripStatusLabel 控件，该属性决定 ToolStripStatusLabel 控件是否自动填充 StatusStrip 控件中的可用空间。

下面通过编写代码的方式重新扩展练习 3 的功能，向窗体中添加 StatusStrip 控件，使用 Spring 属性在 StatusStrip 控件中放置 ToolStripStatusLabel 控件。主要步骤如下：

（1）为子窗体的 Load 事件添加代码，该事件代码用于动态创建 StatusStrip 控件，并且将该控件显示到子窗体上。具体代码如下：

```
ToolStripStatusLabel middleLabel;
private void frmPartThree_Son_Load(object sender, EventArgs e)
{
    StatusStrip ss = new StatusStrip();              //实例化 StatusStrip 控件
    ss.Items.Add("Left");                            //向控件中添加内容
    middleLabel = new ToolStripStatusLabel("Middle (Spring)");
    middleLabel.Click += new EventHandler(middleLabel_Click);
    ss.Items.Add(middleLabel);
    ss.Items.Add("Right");
    ss.Location = new Point(0, 324);                 //设置 StatusStrip 控件的显示位置
    this.Controls.Add(ss);                           //将控件添加到窗体中
}
```

上述代码首先声明 ToolStripStatusLabel 对象的全局变量 middleLabel，接着在 Load 事件中创建 StatusStrip 控件的对象，然后调用 Add()方法将 middleLabel 添加到 StatusStrip 控件对象中。

（2）为 ToolStripStatusLabel 的 Click 事件处理程序执行异或运算，以便切换 Spring 属性的值，该事件的具体代码如下：

```
private void middleLabel_Click(object sender, EventArgs e)
{
    middleLabel.Spring ^= true;
    middleLabel.Text =
        middleLabel.Spring ? "Middle (Spring - True)" : "Middle (Spring - False)";
}
```

（3）重新运行练习 3 的窗体观察状态条的效果，其初始效果如图 11-16 所示。单击状态条后的效果如图 11-17 所示。

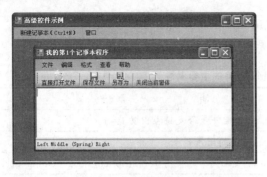 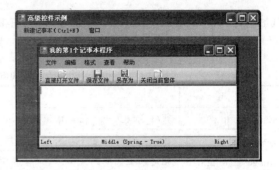

图 11-16　StatusStrip 控件初始效果　　　　图 11-17　StatusStrip 控件单击效果

11.3　常用对话框

对话框常常用来与用户交互和检索信息。通常情况下，对话框没有最大化按钮和最小化按钮且大小都不能改变（并不绝对，如打开文件对话框是可以改变大小的）。本节将介绍 C# 中常用的 6 种对话框，如消息对话框、字体对话框和颜色对话框等。

11.3.1　消息对话框

Windows 系统的过程中会经常见到消息对话框，消息对话框提示用户有异常发生或向用户询问等，如图 11-18 列举了最常见的两种消息对话框。

图 11-18　常见的两种消息对话框

在 C# 中弹出消息对话框需要使用 MessageBox 类，细心的读者可以发现上一课中已经使用过该类。MessageBox 类调用 Show() 方法可以弹出消息对话框，Show() 方法有 21 种重载形式，但是最常用的只有 4 种。如下进行了详细说明。

❑ **MessageBox.Show(string text)**　显示具有指定文本的消息框，text 指要显示的字符串。

❑ **MessageBox.Show(string text,string caption)**　显示具有指定文本和标题的消息框，caption 指要在消息框的标题栏中显示的文本。

❑ **MessageBox.Show(string text,string caption,MessageBoxButtons buttons)**　显示具有指定文本、标题和按钮的消息框，buttons 是枚举类型 MessageBoxButtons 的值之一，它可以指定在消息框中显示哪些按钮。

❑ **Message.Show(string text,string caption,MessageBoxButtons buttons,MessageBoxIcon icon)**　显示具有指定文本、标题、按钮和图标的消息框，icon 是枚举 MessageBoxIcon 的值之一，它指定在消息框中显示哪个图标。

【练习 4】

单击本示例窗体的按钮时弹出"用户名不能为空，请输入！"的对话框提示。具体步骤如下：

（1）添加新的窗体，接着设置窗体的相关属性（如 FormBorderStyle 的属性值为 FixedDialog），然后在窗体中分别添加两个 Label 控件、两个 TextBox 控件和一个 Button 控件，接着设置这些控件的相关属性，它们模拟实现用户登录的功能。

（2）为【登录】按钮添加 Click 事件，在该事件代码中首先判断登录名和登录密码是否为空，如果有一个为空则弹出提示，然后判断登录名和登录密码的值是否都为"Admin"，如果不是则弹出提示。具体代码如下：

```
private void button1_Click(object sender, EventArgs e)
{
    if(string.IsNullOrEmpty(txtLoginName.Text)|| string.IsNullOrEmpty(txtLoginPass.
    Text))
        MessageBox.Show("登录名和密码都不能为空，请输入! ","错误提示", MessageBox
        Buttons.OK,
        MessageBoxIcon.Information);
    else if (txtLoginName.Text != "admin" && txtLoginPass.Text != "admin")
    {
        MessageBox.Show("登录失败，重新输入后重试! ","错误提示",MessageBoxButtons.
        RetryCancel,
        MessageBoxIcon.Error);
    }
}
```

（3）运行本示例的窗体单击按钮进行测试，登录名或密码为空时的效果如图 11-19 所示。用户登录失败时的效果如图 11-20 所示。

图 11-19　登录名和密码为空时效果　　　　图 11-20　用户登录失败时的效果图

MessageBox 类的 Show()方法返回枚举类型 DialogResult，该类型通过运算符"."获取返回值，即用户单击了哪个按钮（如图 11-20 中有两个按钮）。下面重新更改练习 4，当用户单击【重试】按钮时将登录名和登录密码的文本框都重新设置为空。【登录】按钮 Click 事件的主要代码如下：

```
private void button1_Click(object sender, EventArgs e)
{
    if(string.IsNullOrEmpty(txtLoginName.Text)||string.IsNullOrEmpty(txtLoginPass.
    Text))
    {
        //省略代码
    }
    else if (txtLoginName.Text != "admin" && txtLoginPass.Text != "admin")
    {
        DialogResult dr = MessageBox.Show("登录失败，重新输入后重试! ", "错误提示",
        MessageBoxButtons.RetryCancel, MessageBoxIcon.Error);
        if (dr == DialogResult.Retry)                    //如果选择了【重试】按钮
        {
            txtLoginName.Text = "";                      //用户名设置为空
            txtLoginPass.Text = "";                      //密码设置为空
```

```
        }
    }
}
```

更改代码完成后可以重新运行窗体，其运行效果显示不同。

11.3.2 字体对话框

字体对话框可以用来设置文本内容的字体、大小、样式和效果等。通过字体对话框，用户可以选择系统上安装的字体。C#提供了 FontDialog 组件来实现对字体的设置，如表 11-6 列出了FontDialog 组件的常用属性。

表 11-6 FontDialog 组件的常用属性

属 性 名 称	说 明
Font	获取或设置用户选定的字体
FontMustExist	获取或设置一个值,该值指示对话框是否指定当用户试图选择不存在的字体或样式时的错误条件
MinSize	获取或设置用户可以选择的最小磅值，设置为 0 时表示禁用
MaxSize	获取或设置用户可以选择的最大磅值，设置为 0 时表示禁用
Color	获取或设置选定字体的颜色
ShowHelp	获取或设置一个值，该值指示对话框是否显示"帮助"按钮

FontDialog 组件的使用非常简单，它主要包含三个操作：

（1）使用 ShowDialog()方法显示字体对话框。

（2）使用 DialogResult 属性确定对话框是如何关闭的。

（3）用其他控件的 Font 属性设置所需要的字体。

例如用户在某个窗体上添加 FontDialog 组件、TextBox 控件和 Button 控件，单击 Button 控件时弹出对话框，设置完成后为 TextBox 控件设置字体样式。Button 控件的 Click 事件代码如下：

```
if (fontDialog1.ShowDialog() == DialogResult.OK)
{
    textBox1.Font = fontDialog1.Font;
}
```

开发人员可以通过 FontDialog 组件来设置字体样式，还可以通过代码的方式实现字体的设置，这时需要使用 FontDialog 类。

【练习 5】

本示例单击窗体【格式】|【字体】选项，弹出字体对话框实现设置 RichTextBox 控件内容的样式。主要步骤如下：

（1）添加新的窗体，接着在窗体中添加 MenuStrip 控件和 RichTextBox 控件，MenuStrip 控件的菜单项可以参考记事本中的选项，设计完成的效果如图 11-21 所示。

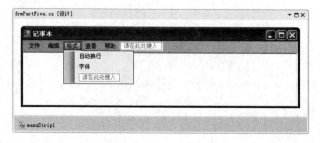

图 11-21 练习 5 设计效果图

（2）为图 11-21 中的【字体】选项添加 Click 事件，该事件实现设置 RichTextBox 控件中文本内容的效果。具体代码如下：

```
private void tsmiFont_Click(object sender, EventArgs e)
{
    FontDialog fontdialog = new FontDialog();    //创建 FontDialog 类的实例对象
    fontdialog.Color = Color.Blue;               //设置选定的字体颜色
    if (fontdialog.ShowDialog() == DialogResult.OK)    //是否确定设置字体
    {
        richTextBox1.Font = fontdialog.Font;
    }
}
```

（3）运行本示例的窗体进行测试，单击【字体】选项在弹出的对话框中设置的效果如图 11-22 所示。输入内容进行测试的效果如图 11-23 所示。

图 11-22 【字体】对话框

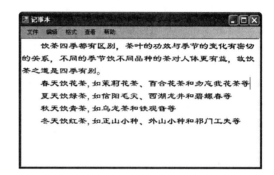

图 11-23 输入内容后的字体效果

11.3.3 颜色对话框

C#窗体中提供了 ColorDialog 组件来实现对颜色的设置，该对话框是一个预先配置的对话框，它实现了用户设置字体颜色的功能。用户可以从调色板中选择颜色，也可以自定义颜色到调色板。

ColorDialog 组件实现的对话框与用户在其他基于 Windows 应用程序中看到的用户选择颜色的对话框相同，可以在基于 Windows 的应用程序中使用它作为简单的解决方案，而不是配置自己的对话框。该组件包含多个常用的属性，如表 11-7 对这些常用属性进行了说明。

表 11-7 ColorDialog 组件的常用属性

属 性 名 称	说　明
AllowFullOpen	获取或设置一个值，该值指示用户是否可以使用该对话框定义自定义颜色
AnyColor	获取或设置一个值，该值指示对话框是否显示基本颜色集与可用的所有颜色
Color	获取或设置用户选定的颜色
CustomColors	获取或设置对话框中显示的自定义颜色集
FullOpen	获取或设置一个值，该值指示用于创建自定义颜色的控件在对话框打开时是否可见
SolidColorOnly	获取或设置一个值，该值指示对话框是否限制用户只选择纯色

开发人员可以在【属性】窗口中设置 ColorDialog 组件的属性，也可以通过代码进行设置。如下所示：

```
colorDialog1.AllowFullOpen = true;
```

```
colorDialog1.AnyColor = true;
colorDialog1.SolidColorOnly = false;
```

弹出颜色对话框的提示有两种：一种是在窗体中使用 ColorDialog 组件（使用方法可以参考 FontDialog 组件）；另一种是通过编写代码实现，这种方式主要使用到 ColorDialog 类的相关属性和方法。

下面重新扩展练习 5 中的示例，在 MenuStrip 控件的【格式】菜单项下添加名称为"颜色"的菜单项，接着设置它的 Name 属性。用户单击该菜单选项时引发 Click 事件弹出颜色对话框，实现设置字体颜色的效果。Click 事件的具体代码如下所示：

```
private void tsmiColor_Click(object sender, EventArgs e)
{
    ColorDialog colorDialog = new ColorDialog();//实例化 ColorDialog 类的对象
    colorDialog.ShowHelp = true;                    //显示【帮助】按钮
    if (colorDialog.ShowDialog() == DialogResult.OK)    //如果确定颜色的设置
    {
        richTextBox1.ForeColor = colorDialog.Color;
                        //将 RichTextBox 控件的内容设置为指定颜色
    }
}
```

重新运行练习中的窗体进行测试，用户单击【格式】|【颜色】选项弹出【颜色】对话框，效果如图 11-24 所示。在图 11-24 中单击【规定字定义颜色】按钮在调色板中选择颜色后单击【添加到自定义颜色】按钮，设置完成后单击【确定】按钮，然后用户单击【格式】|【字体】菜单项设置字体，最终效果如图 11-25 所示。

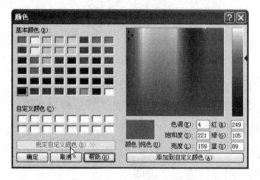

图 11-24 【颜色】对话框

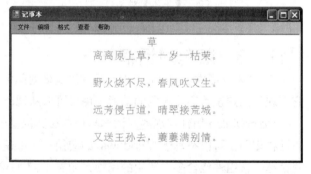

图 11-25 输入内容后的颜色效果图

11.3.4 浏览目录对话框

浏览目录对话框需要使用 C# 中提供的 FolderBrowserDialog 组件或 FolderBrowserDialog 类，它们是用于浏览和选择文件夹的模式对话框。FolderBrowserDialog 组件包含多个常用属性，如 SelectedPath 和 ShowNewFolderButton 等，表 11-8 对常用的属性进行了说明。

表 11-8 FolderBrowserDialog 组件的常用属性

属 性 名 称	说 明
Description	获取或设置对话框中在树视图控件上显示的说明文本
RootFolder	获取或设置从其开始浏览的根文件夹。默认值为 Desktop
SelectedPath	获取或设置用户选定的路径
ShowNewFolderButton	获取或设置一个值，该值指示"新建文件夹"按钮是否显示在文件夹浏览对话框中。默认值为 True

FolderBrowserDialog 组件添加完成后会出现在 Windows 窗体设计器的底部栏中，该组件只能用来选择目录，而不能选择某个目录下的文件。

例如重新扩展练习 5 中的示例，在 MenuStrip 控件名称为"文件"的菜单下添加名称为"打开目录"的子项，然后为该项添加 Click 事件，该事件的代码实现弹出浏览目录对话框的效果，具体代码如下：

```
private void tsmiOpenDirection_Click(object sender, EventArgs e)
{
    FolderBrowserDialog folderDialog = new FolderBrowserDialog();
                                        //实例化 FolderBrowserDialog 对象
    folderDialog.ShowNewFolderButton = false;        //不显示新建文件夹
    if (folderDialog.ShowDialog() == DialogResult.OK)  //确定选择的文件
    {
        MessageBox.Show("您选择的目录路径是: " + folderDialog.SelectedPath,"弹出提示",
        MessageBoxButtons.OK, MessageBoxIcon.Information);//弹出提示
    }
}
```

重新运行窗体查看效果，用户单击【文件】|【打开目录】菜单项弹出【浏览文件夹】对话框，效果如图 11-26 所示。选择文件完成后单击【确定】按钮弹出显示选择文件所在的当前路径，效果如图 11-27 所示。

图 11-26 【浏览文件夹】对话框

图 11-27 文件路径提示的效果图

11.3.5 打开文件对话框

上一节中 FolderBrowserDialog 组件只能选择某个目录，如果用户想要选择某个文件并且打开该文件时 FolderBrowserDialog 组件就不能实现这样的功能，这时需要使用 OpenFileDialog 组件。OpenFileDialog 组件是一个预先配置的对话框，它与 Windows 操作系统所公开的打开文件对话框相同，该组件继承自 CommonDialog 类。

与其他组件一样，OpenFileDialog 组件添加到窗体后会显示到设计器的底部栏中，如表 11-9 列出了该组件的常用属性。

表 11-9　OpenFileDialog 组件的常用属性

属 性 名 称	说　　明
CheckFileExists	获取或设置一个值，该值指示如果用户指定不存在的文件名，对话框是否显示警告。默认值为 True
CheckPathExists	获取或设置一个值，该值指示如果用户指定不存在的路径，对话框是否显示警告。默认值为 True
DefaultExt	获取或设置默认文件扩展名
DereferenceLinks	获取或设置一个包含在文件对话框中选定的文件名的字符串
FileName	获取对话框中所有选定文件的文件名

属 性 名 称	说　明
Multiselect	获取或设置一个值，该值指示对话框是否允许选择多个文件
RestoreDirectory	获取或设置一个值，该值指示对话框在关闭前是否还原当前目录
SafeFileName	获取对话框中所选文件的文件名和扩展名，文件名不包含路径
SafeFileNames	获取对话框中所有选定文件的文件名或扩展名的数组，文件名不包含路径
Filter	获取或设置当前文件名筛选器字符串，它决定对话框的"另存为文件类型"或"文件类型"框中出现的选择内容
ValidateNames	获取或设置一个值，该值指示对话框是否只接受有效的 Win32 文件名。默认值为 True

OpenFileDialog 组件的使用非常简单，使用该组件打开文件后可以通过两种机制来读取文件：一种是通过 OpenFile() 方法来打开选定文件；另一种是通过创建 StreamReader 类的实例，这种方法会经常使用。

本节将重新扩展练习 5 的实现功能，当用户单击【文件】|【打开】菜单项时选择 txt 格式的文件，并将该文本文件的内容显示到 RichTextBox 控件中。在练习 5 的基础上继续添加代码实现，步骤如下：

（1）如果【文件】菜单下不存在名称为【打开】的选项则添加，如果已经存在可以省略该步骤。

（2）为名为【打开】的菜单项添加 Click 事件，具体代码如下：

```
private void tsmiOpen_Click(object sender, EventArgs e)
{
    OpenFileDialog openDialog = new OpenFileDialog();      //创建实例对象
    openDialog.Filter = "文本文件(*.txt)|*.txt";            //只显示 txt 文件
    openDialog.DefaultExt = "txt";                         //文件的默认路径
    openDialog.CheckFileExists = true;                     //如果文件不存在弹出提示
    openDialog.CheckPathExists = true;                     //如果路径不存在弹出提示
    if (openDialog.ShowDialog() == DialogResult.OK)
    {
        StreamReader sr = new StreamReader(openDialog.FileName, System.Text.
        Encoding.Default);
        while (!sr.EndOfStream)                            //判断当前的流位置是否在流的末尾
        {
            richTextBox1.Text += sr.ReadLine() + "\r\n";
        }
    }
}
```

（3）重新运行练习 5 的窗体，单击【文件】|【打开】菜单项会弹出【打开】的对话框，在弹出的对话框中选择文件，选择文件不存在时的提示如图 11-28 所示。选择正确文件路径后单击图中的【打开】按钮，其显示效果如图 11-29 所示。

11.3.6　保存文件对话框

用户打开某个文件后发现有些内容是错误或不完整的需要对内容进行更改，这时需要使用 SaveFileDialog 组件或 SaveFileDialog 类。保存文件对话框与 Windows 使用的标准【保存文件】对话框相同，该组件继承自 CommonDialogn 类。

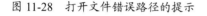

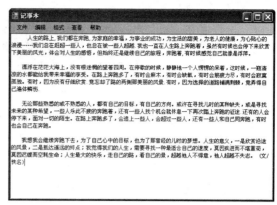

图 11-28　打开文件错误路径的提示　　　　图 11-29　打开文件路径正确时的效果

　　SaveFileDialog 组件的大多数属性在 OpenFileDialog 组件中都存在，所以该组件的属性不再具体介绍，直接通过扩展练习 5 的示例将修改后的文件重新保存。为【文件】|【保存】或【另存为】菜单项添加相同的 Click 事件，该事件中的代码完成保存文件的功能。具体代码如下：

```
private void tsmiSaveAs_Click(object sender, EventArgs e)
{
    SaveFileDialog saveDialog = new SaveFileDialog();//创建 SaveFileDialog 类的对象
    saveDialog.Filter = "文本文件(*.txt)|*.txt";          //过滤文件扩展名
    saveDialog.DefaultExt = "txt";                        //默认文件的扩展名
    if (saveDialog.ShowDialog() == DialogResult.OK)       //确定保存文件
    {
        FileStream fs = (FileStream)saveDialog.OpenFile();
        //读取控件中的数据，并转换为 byte[]数组
        byte[] date = System.Text.Encoding.UTF8.GetBytes(richTextBox1.Text);
        fs.Write(date, 0, date.Length);
        fs.Close();                                        //关闭文件流
    }
}
```

　　重新运行窗体进行测试，打开某个文件后进行修改，修改完成后单击【文件】|【保存】或【另存为】菜单项弹出【另存为】对话框，如果要保存文件的名称与原来的文件相同则弹出提示，效果如图 11-30 所示。单击【是】按钮覆盖原来的文件，单击【否】按钮取消保存，保存操作完成打开记事本文件查看内容，效果如图 11-31 所示。

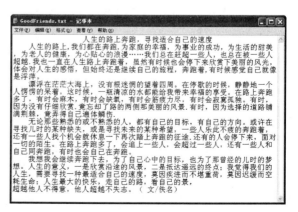

图 11-30　保存文件名称与原来的文件相同　　　　图 11-31　打开成功保存后的记事本文件

11.4 实例应用：创建某计算机培训机构的 MDI 应用程序

11.4.1 实例目标

网络的快速发展使越来越多的用户接触到计算机，博客、论坛和网站等都纷纷兴起，越来越多的企业要在网络上宣传它们自己的产品，计算机培训机构是最常见的一种例子之一。用户可以从网络上了解某个计算机培训机构的详细信息，如机构的发展历史、所学习的课程和师资力量等。本节主要使用本课所介绍的知识创建某计算机培训机构的 MDI 应用程序，以便读者加快对本节内容的理解。其具体实现内容如下：

（1）确保某一个子窗体只能显示一次，即同一个子窗体不能显示多次。

（2）对课程内容进行简单操作，如添加课程、删除课程和查看课程。

（3）父窗体或子窗体关闭时如果添加的内容没有进行保存，则提示保存后再修改。

11.4.2 技术分析

实现本实例所用到的主要技术如下：

（1）通过设置 IsMdiContainer 属性实现添加 MDI 父窗体。

（2）MenuStrip 控件实现菜单栏的效果。

（3）ContextMenuStrip 控件显示课程列表内容可以进行的快捷操作。

（4）ToolStrip 控件显示工具栏的主要内容。

（5）StatusStrip 控件显示基本的状态条信息。

（6）父窗体或子窗体关闭时通过在 Closing 事件中添加代码实现。

（7）使用不同的对话框弹出信息内容。

11.4.3 实现步骤

（1）新建应用程序或在原来的应用程序基础上添加新窗体，该窗体为父窗体，然后设置该窗体的 Icon 属性、Text 属性、WindowState 属性和 IsMdiContainer 属性等。

（2）分别从【工具箱】中拖动 MenuStrip 控件、ToolStrip 控件和 StatusStrip 控件到父窗体中，接着分别设置它们的相关属性，然后为不同的 MenuStrip 控件添加多个子菜单项，最后设计效果如图 11-32 所示。

（3）单击工具条中【退出系统】选项时提示用户是否确认退出当前应用程序，如果是则调用 Application 对象的 Exit()方法退出整个应用程序。具体代码如下：

```csharp
private void tsbExit_Click(object sender, EventArgs e)
{
    DialogResult dr = MessageBox.Show("确定退出当前应用程序吗? ", "退出提示",
    MessageBoxButtons.OKCancel, MessageBoxIcon.Question);
    if (dr == DialogResult.OK)
    {
        Application.Exit();
    }
}
```

（4）单击工具条中的【课程添加】或菜单栏【所学课程】|【添加其他课程】菜单项时弹出添加

课程时的窗体。具体代码如下：

```
private void tsbAddOther_Click(object sender, EventArgs e)
{
    if (!IsExits("frmExample_AddCourse"))    //如果该类型的窗体不存在，弹出窗体提示
    {
        frmExample_AddCourse addcourse = new frmExample_AddCourse();
        addcourse.MdiParent = this;
        addcourse.Show();
    }
}
private bool IsExits(string childName)
{
    bool result = false;                    //默认窗体不存在
    foreach (Form frm in MdiChildren)
    {
        if (frm.GetType().Name == childName)  //判断类型是否相同
        {
            frm.Activate();                 //激活窗体
            result = true;
            break;
        }
    }
    return result;
}
```

上述代码中首先调用 IsExits()方法判断某个窗体是否存在，如果不存在则实例化子窗体对象，并弹出窗体。在 IsExits()方法中通过 foreach 语句遍历所有的子窗体，然后判断其类型调用 Activate() 方法激活窗体。

（5）添加表示用户添加新课程时的窗体，向该窗体中添加 3 个 Label 控件、分别添加一个 ComboBox 控件、一个 TextBox 控件、一个 RichTextBox 控件和一个 Button 控件。然后分别设置这些控件的相关属性。向 ComboBox 控件中的 Items 属性添加不同的类型，窗体设计效果如图 11-33 所示。

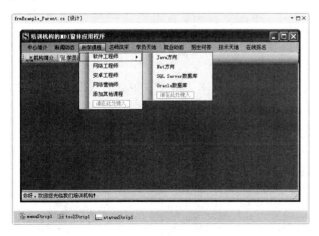

图 11-32　实例应用父窗体的设计效果

图 11-33　添加课程窗体

（6）为添加课程窗体添加 Load 事件，该事件代码中设计 SelectedIndex 属性的值为 0，表示

默认选中第一个类型。具体代码如下：

```csharp
private void frmExample_AddCourse_Load(object sender, EventArgs e)
{
    cboCourseType.SelectedIndex = 0;
}
```

（7）用户输入名称时会引发 TextChanged 事件，该事件通过 changeState 变量记录状态是否改变。具体代码如下：

```csharp
public static bool changeState = false;
private void txtCourseName_TextChanged(object sender, EventArgs e)
{
    changeState = true;
}
```

（8）添加与课程相关的实体类，该类中包含4个字段，然后分别声明该类的无参构造函数和有参构造函数，最后字段封装为相应属性。主要代码如下：

```csharp
public class Course
{
    private int id;                  //主键 ID
    private int typeId;              //所属类型
    private string courseName;       //名称
    private string courseDesc;       //描述
    public Course() { }             //无参构造函数
    public Course(int id,int typeid, string name, string desc)  //有参构造函数
    {
        this.id = id;
        this.typeId = typeid;
        this.courseName = name;
        this.courseDesc = desc;
    }
    public int Id {                  //封装字段
        get { return id; }
        set { id = value; }
    }
    //省略其他字段的封装
}
```

（9）用户单击【添加】按钮实现将课程信息添加到集合对象 List 的功能，为该按钮添加 Click 事件。主要代码如下：

```csharp
public static int number = 0;                                   //编号
public static List<Course> arraylist = new List<Course>(); //集合对象
private void btnAdd_Click(object sender, EventArgs e)
{
    AddCourse();                                               //添加课程
    MessageBox.Show("添加成功，您可以到列表查看", "成功提示", MessageBoxButtons.OK,
    Messon.Information);
        this.Close();
```

```
}
public void AddCourse()
{
    number++;
    Course course = new Course(number, cboCourseType.SelectedIndex, this.txame.Text,
    this.rtbDirection.
    Text);
    arraylist.Add(course);
    changeState = false;
}
```

上述代码中首先声明全局静态变量 number 保存添加课程的编号，接着声明 List 集合对象用于保存课程列表，Click 事件中调用 AddCourse() 方法添加课程。在 AddCourse() 方法中，调用 Course 实体类的有参构造函数实例化对象，最后调用 Add() 方法将对象添加到 List 集合中。

（10）如果课程名称的文本框内容已经发生改变，用户关闭父窗体或子窗体时会弹出是否保存提示，然后根据提示的内容进行保存。窗体 FormClosing 事件的具体代码如下：

```
private void frmExample_AddCourse_FormClosing(object sender, FormClosing
EventArgs e)
{
    if (changeState)                            //判断 changeState 是否为 True
    {
        DialogResult dr = MessageBox.Show("您输入的信息没有保存，是否保存？","保存信息",
        MessageBoxButtons.YesNoCancel, MessageBoxIcon.Question);
        if (dr == DialogResult.Yes)             //保存用户输入的课程信息
        {
            if (string.IsNullOrEmpty(txtCourseName.Text))//判断课程名称是否为空
                MessageBox.Show("请输入课程名称");
            else
            {
                AddCourse();
                MessageBox.Show("添加成功，可以去列表查看");
            }
        }
        else if (dr == DialogResult.No)         //不保存用户输入的课程信息
        { }
        else                                    //单击【取消】按钮
            e.Cancel = true;
    }
}
```

（11）单击父窗体工具条中的【课程列表】选项弹出子窗体，为该选项添加 Click 事件。其具体代码如下：

```
private void tsbCourseList_Click(object sender, EventArgs e)
{
    if (!IsExits("frmExample_CourseList"))
    {
        frmExample_CourseList courselist = new frmExample_CourseList();
        courselist.MdiParent = this;
        courselist.Show();
    }
```

```
}
```

（12）添加用于显示课程列表的新窗体，在该窗体中添加 ListView 控件并设置窗体及控件的相关属性。接着在窗体中添加快捷菜单控件 ContextMenuStrip，该控件仅仅显示删除选项，其最终设计效果非常简单，不再显示。

（13）课程列表窗体加载时引发 Load 事件，在 Load 事件中通过 ColumnHeader 对象动态添加标题列表。Load 事件的主要代码如下：

```csharp
private void frmExample_CourseList_Load(object sender, EventArgs e)
{
    ColumnHeader ch = new ColumnHeader();        //创建 ColumnHeader 对象
    ch.Text = "添加编号";                          //设置标题列名称
    ch,Width = 100;                              //设置列宽度
    lvCourseList.Columns.Add(ch);                //添加到 ListView 控件中
    //省略其他标题列的创建
    ShowList();
}
public void ShowList()
{
    foreach (Course course in frmExample_AddCourse.arraylist)
    {
        ListViewItem listviewitem = new ListViewItem("" + course.Id + "");
        listviewitem.Tag = course.Id;
        string coursetypename = "";
        if (course.TypeId == 0)
            coursetypename = "父类型";
        //省略判断其他代码
        listviewitem.SubItems.Add(coursetypename);
        listviewitem.SubItems.Add(course.CourseName);
        listviewitem.SubItems.Add(course.CourseDesc);
        /* 省略其他课程的添加 */
        lvCourseList.Items.Add(listviewitem);
    }
}
```

上述代码中 Load 事件首先创建 ColumnHeader 对象，接着分别通过 Text 属性和 Width 属性设置列的名称和宽度，然后将多个 ColumnHeader 对象添加到 ListView 控件中，最后调用 ShowList() 方法在 ListView 控件中显示列表。在 ShowList() 方法中通过 foreach 语句遍历集合对象 arraylist，在该语句中首先创建 ListViewItem 对象实例 listviewitem，接着设置 Tag 属性的值，然后通过 SubItems 的 Add() 方法添加课程名称和描述内容，最后通过 ListView 控件 Items 的 Add() 方法将数据添加到列表控件中。

（14）用户单击右键弹出快捷菜单选项，单击名称为【删除】的快捷菜单项，为该项添加 Click 事件。具体代码如下：

```csharp
private void tsmiDelete_Click(object sender, EventArgs e)
{
    if (lvCourseList.SelectedItems.Count == 0)        //判断选中要删除的项是否为空
        MessageBox.Show("对不起,您没有选中要删除的项!", "删除提示", MessageBoxButtons.
        OKCancel,MessageBoxIcon.Error);
```

```
        else
        {
            for (int i = lvCourseList.SelectedItems.Count - 1; i >= 0; i--)
            {
                int tid = (int)lvCourseList.SelectedItems[0].Tag;
                lvCourseList.Items.RemoveAt(lvCourseList.SelectedItems[i].Index);
                Course cou = (Course)frmExample_AddCourse.arraylist[tid - 1];
                frmExample_AddCourse.arraylist.Remove(cou);
            }
        }
    }
```

上述代码中首先调用 ListView 控件的 SelectedItems 属性获取所有选中的项列表，接着通过 Count 属性判断选中的项的个数是否为 0，如果是则弹出提示，否则通过调用 for 语句循环删除列表项。

（15）运行本实例的窗体进行测试，用户直接单击【课程添加】按钮弹出【添加新课程】窗体，在子窗体中输入内容后直接单击关闭按钮弹出信息，效果如图 11-34 所示。在图 11-34 中单击【是】按钮保存用户输入的内容，保存成功的效果如图 11-35 所示；单击【否】按钮关闭子窗体并且不保存内容；单击【取消】按钮停留在当前窗体。

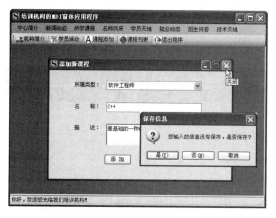

图 11-34　直接关闭子窗体效果

图 11-35　保存内容完成的效果

（16）用户直接单击【课程列表】按钮弹出课程列表子窗体，单击右键可以查看快捷菜单，其效果如图 11-36 所示。选中添加编号列为 1 的选项，然后单击删除其效果如图 11-37 所示。在图 11-37 中，用户单击【确定】按钮则删除选中的数据，单击【取消】按钮停留在当前窗体页。

图 11-36　课程列表窗体的效果

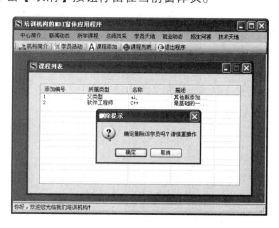

图 11-37　删除某项数据时提示

（17）用户重新单击【课程添加】按钮在弹出的窗体中添加内容，然后单击父窗体的关闭按钮弹出的效果如图 11-38 所示。关于所有的子窗体或直接单击【退出程序】按钮会弹出是否退出的提示，其效果如图 11-39 所示，单击【确定】按钮退出当前应用程序。

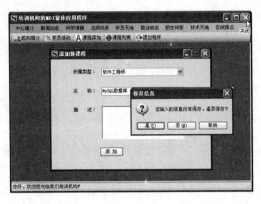
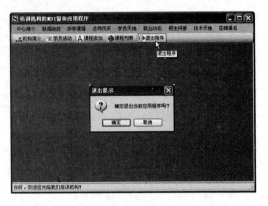

图 11-38　单击父窗体关闭按钮的效果　　　　　图 11-39　单击退出程序时的提示效果

> **注意**
> 父窗体和子窗体有相同的事件，关闭 MDI 父窗体时每个 MDI 子窗体会先引发一个 Closing 事件，然后再引发父窗体的 Closing 事件。MDI 父窗体的 Closing 事件的 CancelEventArgs 参数将被设置为 True，通过将该参数设置为 False 可以强制 MDI 父窗体和所有 MDI 子窗体关闭。

11.5　拓展训练

1．对多个子窗体进行排列

读者可以扩展 8.2 小节中的示例，在菜单栏中添加【窗口】菜单项，在该菜单项下分别添加名称为"水平平铺"、"垂直平铺"和"层叠平铺"的子菜单项，单击不同的选项时对子窗体进行排列，具体效果图不再显示（注意：将父窗体的 MenuStrip 控件的 MdiWindowListItem 属性设置为窗口菜单项的 Name 值可以实现窗口切换功能）。

2．常用对话框的使用

C#中经常会使用到各种对话框（如消息对话框），本次扩展练习将加强读者对话框组件的理解。要求读者分别使用组件和相关类两种方式弹出不同的对话框，并且设置文本输入框中的字体和颜色，最后将输入的内容进行保存，窗体效果如图 11-40 所示。

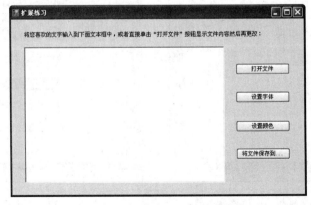

图 11-40　拓展训练 2 窗体效果图

11.6 课后练习

一、填空题

1. 如果开发人员想要将某个窗体设置为父窗体，则需要将_____属性的值设置为 True。

2. _____组件可以用来设置文本内容的字体、大小、样式和效果等。

3. _____组件只能浏览当前的目录文件，并不能查看某个目录（即文件夹）下的具体文件。

4. 下面主要代码实现弹出浏览目录对话框的效果，当用户选择某个目录后弹出该目录的具体路径，横线处的内容应该填写_____。

```
if (folderDialog.ShowDialog() == DialogResult.OK)
{
    MessageBox.Show("目录路径是: " + folderDialog._____);
}
```

5. 模式化窗体主要通过调用_____方法来实现。

6. _____控件可以用来执行程序中的功能，它常常被称为快捷菜单控件或上下文菜单控件。

7. MenuStrip 控件的 LayoutStyle 属性的默认值为_____。

二、选择题

1. 关于父窗体和子窗体的描述，选项_____是不正确的。

    A. MDI 应用程序中可以包含多个父窗体和多个子窗体

    B. 创建 MDI 应用程序时，需要通过设置 IsMdiContainer 属性的值来完成对父窗体的添加

    C. MDI 应用程序中父窗体和子窗体可以同时使用一个菜单，也可以分别在父窗体和子窗体中添加菜单

    D. 关闭 MDI 父窗体则会关闭所有打开的 MDI 子窗体

2. 开发人员需要对父窗体中的多个子窗体操作，如果要实现垂直排列效果则需要在 LayoutMdi()方法的参数中调用枚举类型 MdiLayout 的值_____。

    A. ArrangeIcons

    B. Cascade

    C. TileHorizontal

    D. TileVetical

3. 开发人员可以通过 OpenFileDialog 组件打开某个文件，同时可以通过_____组件保存修改后的文件。

    A. FolderBrowserDialog

    B. FolderSaveFileDialog

    C. SaveFileDialog

    D. OpenFileDialog

4. ToolStrip 控件所要实现的功能不包括_____。

    A. 创建易于自定义的常用工具栏，让这些工具栏支持高级用户界面和布局功能

    B. 创建支持高级用户界面和布局功能的易自定义的常用菜单，例如拖放操作、MDI 和访问菜单命令的其他模式

    C. 通过通用呈现模型支持操作系统的典型外观和行为

    D. 使用 ToolStripDropDown 中的高级布局创建下拉控件及用户界面类型编辑器

5. 状态条控件 StatusStrip 可以通过创建不同的菜单项控件显示不同的状态条信息，这些子控件不包括
   _____。

    A. ToolStripProgressBar

    B. ToolStripStatusLabel

    C. ToolStripDropDownButton

    D. ToolStripButton

6. StatusScript 控件的 LayoutStyle 属性的默认值是_____。

    A. Table

    B. StackWithOverflow

    C. HorizontalStackWithOverflow

    D. VerticalStackWithOverflow

三、简答题

1. 简述 Show()方法和 ShowDialog()方法的区别。

2. 简要说明 MenuStrip 控件和 ToolStrip 控件各自执行的功能。

3. 简述消息对话框相关的 MessageBox 类 Show()方法常用的四种重载形式。

4. 列表常用的对话框，并说明这些对话框的使用情况。

第 12 课
文件和目录处理

　　本课将详细讨论获取文件的大小、读取文件的一行、写入内容、删除文件、创建目录、解析文件名以及获取可用空间等。通过对本课的学习，读者将能够很方便地操作文件系统上的文件和目录。

　　本课将详细介绍文件和目录的相关知识，包括 Sytem.IO 命名空间类层次结构、流的分类、内存流和文件流、操作文件和目录以及读取和写入文件等。

本章学习目标：
- ❑ 了解 System.IO 命名空间下类的层次结构
- ❑ 掌握内存流和文件流的使用
- ❑ 掌握获取文件、目录和驱动器信息的方法
- ❑ 掌握 Directory 类实现各种目录操作的方法
- ❑ 掌握 File 类操作文件的方法
- ❑ 掌握读取和写入普通文本的方法
- ❑ 熟悉二进制文件的读写

12.1 认识流

计算机中的流是一种信息的转换。它是一种有序流，因此相对于某一对象，通常我们把对象接收外界的信息输入（Input）称为输入流，相应地从对象向外输出（Output）信息为输出流，合称为输入/输出流（I/O Streams）。对象间进行信息或者数据交换时总是先将对象或数据转换为某种形式的流，再通过流的传输，到达目的对象后再将流转换为对象数据。所以，可以把流看作是一种数据的载体，通过它可以实现数据交换和传输。

在计算机编程中，流就是一个类的对象，很多文件的输入输出操作都以类的成员函数的方式来提供。下面详细了解一下 C#中流的概念。

12.1.1 System.IO 命名空间

System.IO 命名空间提供了所有与文件、目录和流相关操作的类。使用该命名空间可以大大简化了开发者的工作，因为开发人员可以通过类进行一系列的操作，而不必关心操作的是本地文件，还是网络中的数据。

如表 12-1 列出了 System.IO 命名空间中操作目录和文件时常用的类及其说明。

表 12-1　System.IO 命名空间常用类

类　名	说　　明
BinaryReader	用特定的编码将基元数据类型读作二进制值
BinaryWriter	以二进制形式将基元类型写入流，并支持用特定的编码写入字符串
BufferedStream	给另一个流上的读写操作添加一个缓冲层。此类不可继承
Directory	公开用于创建、移动和枚举目录和子目录的静态方法
DirectoryInfo	公开用于创建、移动和枚举目录和子目录的实例方法
File	提供用于创建、复制、删除、移动和打开文件的静态方法
FileInfo	提供用于创建、复制、删除、移动和打开文件的实例方法
FileStream	既支持同步读写操作，也支持异步读写操作
MemoryStream	创建以内存作为其支持存储区的流
Stream	提供字节序列的一般视图
StreamReader	以一种特定的编码从字节流中读取字符
StreamWriter	以一种特定的编码向流中写入字符
StringReader	实现从字符串进行读取
StringWriter	实现一个用于将信息写入字符串
TextReader	表示可读取连续字符系列的阅读器
TextWriter	表示可以编写一个有序字符系列的编写器。该类为抽象类

这些类将在下面的小节中详细介绍，如图 12-1 为包含在 System.IO 命名空间中类的层次结构。

12.1.2 流抽象类

从图 12-1 所示中 System.IO 命名空间的类层次结构中可以看到，要使用流必须从 Stream 类派生，即 Stream 类是所有表示流的类的父类。

Stream 类是一个抽象类，该类及其派生类提供流操作的一般视图，使开发人员不必了解操作系统和基础设备的具体细节。另外，Stream 类及其派生类的 CanRead、CanWrite 和 CanSeek 属性决定了不同流所支持的操作。

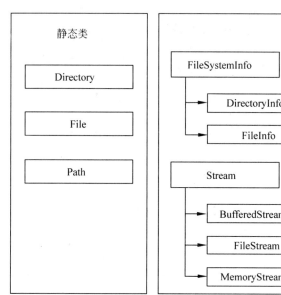
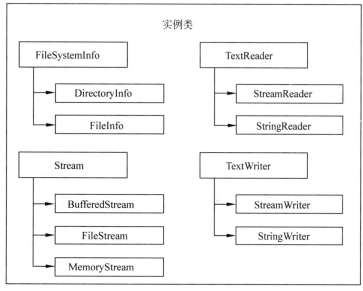

图 12-1　System.IO 命名空间类层次结构

经常使用的三种流类型如下所示：

❑ **FileStream 类**　文件流，用来操作文件。

❑ **MemoryStream 类**　内存流，用来操作内存中的数据。

❑ **BufferedStream 类**　缓存流，用来操作缓存中的数据。

这三种流类型之间类的关系如图 12-2 所示。

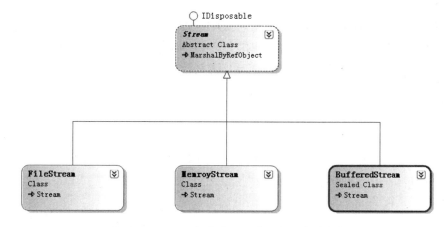

图 12-2　Stream 抽象类以及其他类的类关系图

从图 12-2 中可以看出 Stream 类为抽象类，FileStream 类、MemoryStream 类和 BufferedStream 类都继承自该类。其中 BufferedStream 类为密封类不可直接使用，因此在本节后面将详细介绍 FileStream 类和 MemoryStream 类的使用。

▌12.1.3　内存流

内存流是一个非缓冲的流，可以在内存中直接访问它里面的数据，而且内存流没有后备存储可以做临时缓冲区。

内存流由 MemoryStream 类实现，该类中包含多个可以描述内存流的特性。表 12-2 列出了 MemoryStream 类常用的属性及其说明。

表 12-2　MemoryStream 类常用属性

属 性 名 称	说　　明
CanRead	获取一个值，该值指示当前流是否支持读取
CanSeek	获取一个值，该值指示当前流是否支持查找
CanTimeOut	获取一个值，该值确定当前流是否可以超时
CanWrite	获取一个值，该值指示当前流是否支持写入
Length	获取用字节表示的流长度
Position	获取或设置当前流中的位置
Capacity	获取或设置分配给该流的字节数

除了上述属性外，MemoryStream 类中还包含用于读取流、写入流或设置流的当前位置的方法。如表 12-3 列出 MemoryStream 类常用的方法及其说明。

表 12-3　MemoryStream 类常用方法

方 法 名 称	说　　明
Read()	从当前流中读取字节块并将数据写入 buffer 中
ReadByte()	从当前流中读取一个字节
Seek()	将当前流中的位置设置为指定值
SetLength()	将当前流的长度设为指定值
Write()	使用从缓冲区读取的数据将字节块写入当前流
WriteByte()	将一个字节写入当前流中的当前位置
WriteTo()	将此内存流的整个内容写入另一个流中

【练习 1】

使用前面所给出的 MemoryStream 类属性和方法编写一个程序，实现向内存中写入两个字符串，然后将这两个字符串的内容输出，并给出内存流中占用的字节数、长度以及流的位置。

（1）在 Main()方法中对所需的变量进行声明，并初始化两个字符串。具体代码如下所示：

```
static void Main(string[] args)
{
    int count;
    byte[] byteArray;
    char[] charArray;
    UnicodeEncoding uniEncoding = new UnicodeEncoding();
    byte[] firstString = uniEncoding.GetBytes("天大地大，何处是我家");
    //字符串 1
    byte[] secondString = uniEncoding.GetBytes("\n花开花又落，一年又一年");
    //字符串 2
}
```

上述代码调用 UnicodeEncoding 类的 GetButyes()方法将包含有汉字的字符转换为 byte 数组，并分别保存到 firstString 和 secondString 中。

（2）创建一个 MemoryStream 类的实例，并将上一步定义的两个字符串写入内存中。具体代码如下：

```
//创建内存流 MemoryStream 类的实例，并指定默认的大小
using (MemoryStream memStream = new MemoryStream(100))
{
    //写入 firstString 字符串
    memStream.Write(firstString, 0, firstString.Length);
```

```
    count = 0;
    //写入 secondString 字符串
    while (count < secondString.Length)
    {
        memStream.WriteByte(secondString[count++]);
    }
}
```

写入方法 Write()有三个参数，第 1 个表示要写入字符串，第 2 个表示从字符串哪个位置开始写入，第 3 个表示写入的字节数。WriteByte()方法可以将一个字节写入到流的当前位置。

（3）调用 MemoryStream 类的 Capacity、Length 和 Position 属性输出写入的信息，代码如下所示：

```
Console.WriteLine("Capacity={0},Length={1},Position={2}\n", memStream.Capacity.
ToString(), memStream.Length.    ToString(), memStream.Position.ToString());
```

（4）在输出流中内容之前首先定位到开始之处，然后创建一个与流长度相同的 byte 数组，再将读取的内容保存到该数组，最后输出。具体代码如下所示：

```
//定位到流的开始位置
memStream.Seek(0, SeekOrigin.Begin);
//创建一个与流长度相同的 byte 数组
byteArray = new byte[memStream.Length];
//读取从 0 到 20 的数据到 byte 数组
count = memStream.Read(byteArray, 0, 20);
//是否还有内容
while (count < memStream.Length)
{
    //将 21 到末尾的数据读到 byte 数组
    byteArray[count++] = Convert.ToByte(memStream.ReadByte());
}
//转换为 char 数组
charArray = new char[uniEncoding.GetCharCount(byteArray, 0, count)];
//转换为中文
uniEncoding.GetDecoder().GetChars(byteArray, 0, count, charArray, 0);
//输出
Console.WriteLine(charArray);
```

上述代码演示了如何读取固定长度的数据和通过循环读取数据两种方式，然后将读取到的数据进行转换最后输出，运行效果如图 12-3 所示。

图 12-3　内存流示例运行效果

12.1.4　文件流

默认情况下，文件流会以同步方式打开文件，但它也支持异步操作。使用文件流可以对文件系统上的文件进行读取、写入、打开和关闭操作，并对其他文件相关的操作系统句柄进行操作，如管道、标准输入和标准输出等。

文件流由 FileStream 类实现，该类包含可以指定当前文件流是异步还是同步、是否支持查找以及获取文件流的长度等属性。表 12-4 列出了 FileStream 类常用的属性及其说明。

表 12-4　FileStream 类的常用属性

属 性 名 称	说　明
IsAsync	当前流是异步打开还是同步打开
CanRead	获取指示当前流是否支持读取的值
CanSeek	获取指示当前流是否支持查找功能的值
CanTimeOut	获取一个值，该值确定当前流是否可以超时
CanWrite	获取指示当前流是否支持写入功能的值
Length	获取用字节表示的流长度
Position	获取或设置当前流中的位置
ReadTimeout	获取或设置一个值（以毫秒为单位），该值确定流在超时前尝试读取多长时间
WriteTimeout	获取或设置一个值（以毫秒为单位），该值确定流在超时前尝试写入多长时间

FileStream 类主要用于对文件的操作，如打开、关闭、写入和读取文件等。表 12-5 列出了 FileStream 类常用的方法及其说明。

表 12-5　FileStream 类的常用方法

方 法 名 称	说　明
BeginRead()	开始异步读操作
BeginWrite()	开始异步写操作
Close()	关闭当前流并释放与之关联的所有资源（如套接字和文件句柄）
EndRead()	等待挂起的异步读取完成
EndWrite()	结束异步写操作
Seek()	设置当前流中的位置
Read()	从当前流读取字节序列，并将此流中的位置提升读取的字节数
ReadByte()	从流中读取一个字节，并将流内的位置向前推进一个字节，如果已到达流的末尾，则返回-1
Write()	向当前流中写入字节序列，并将此流中的当前位置提升写入的字节数
WriteByte()	将一个字节写入流内的当前位置，并将流内的位置向前推进一个字节

FileStream 类最常用的构造函数语法如下：

```
FileStream(String FilePath,FileMode)
```

其中 FilePath 参数用于指定要操作的文件；FileMode 参数指定打开文件的模式，它是一个 FileMode 枚举类型，成员如下所示：

❑ **Create**　用指定的名称新建一个文件，如果文件存在则覆盖文件。

❑ **CreateNew**　新建一个文件，如果文件存在会发生异常，提示文件已经存在。

❑ **Open**　打开一个已存在的文件，否则发生异常。

❑ **OpenOrCreate**　打开或指定一个文件，如果文件不存在，则用指定的名称新建一个文件并打开。

❑ **Truncate**　指定操作系统应打开现有文件。文件一旦打开，就将被截断为零字节大小。

❑ **Append**　如果指定的文件存在，则定位到文件末尾以追加方式写入。

【练习 2】

使用前面所给出的 FileStream 类的属性和方法编写一个程序，实现向文本文件 test.txt 写入一个字符串，然后将这个字符串的内容输出。

（1）用 Main()方法对程序变量进行初始化，并指定要写入的字符串内容。代码如下所示：

```
static void Main(string[] args)
{
    byte[] byteArray;
    char[] charArray;
    string filePath = "test.txt";                //指定读取和写入使用的文件名
    //要写入的字符串
    string str = " 人之初  性本善  性相近  习相远  苟不教  性乃迁  教之道  贵以专";
    //文件流FileStream类实例
    FileStream fs;
}
```

（2）下面以 FileMode.Create 方式实例化 FileStream 类，再调用 Write()方法写入内容。代码如下所示：

```
try
{
    fs = new FileStream(filePath, FileMode.Create);           //实例化
    byteArray = System.Text.Encoding.Default.GetBytes(str);
    fs.Write(byteArray, 0, byteArray.Length);                 //向文件中写入数据
    fs.Close();                                               //关闭文件流
    Console.WriteLine("写入成功…… ");
}
catch (System.IO.IOException ex)                              //抛出异常提示
{
    Console.WriteLine("发生错误，信息如下: \n{0}",ex.Message);
}
```

如上述代码所示，通过 FileStream 类的构造函数指定文件名称和打开方式。接着调用 Write()方法将指定数量的内容写入文件，该方法各个参数含义与 MemoryStream 类相同。之后调用 Close()方法关闭文件流。上述代码还对写入时的异常进行捕捉并处理。

（3）使用类似上面的过程以 FileMode.Open 方式实例化 FileStream 类，然后调用 Read()方法读取数据，之后对数据进行转换，最后输出。代码如下所示：

```
try {
    fs = new FileStream(filePath, FileMode.Open);             //实例化
    long count=fs.Length;                                     //获取流的大小
    byteArray = new byte[count];
    fs.Seek(0, SeekOrigin.Begin);                             //定位到开始处
    fs.Read(byteArray, 0, (int)count);                        //开始读取
    Decoder d = Encoding.Default.GetDecoder();
    charArray = new char[count];
    d.GetChars(byteArray, 0, byteArray.Length, charArray, 0);

    Console.WriteLine("读取成功…… \n 文件内容如下: ");
    Console.WriteLine("\n 文件内容如下: ");
    Console.WriteLine(charArray);                             //输出文件内容
}
```

```
catch (System.IO.IOException ex)                    //抛出异常提示
{
    Console.WriteLine("发生错误，信息如下：\n{0}", ex.Message);
}
```

上述代码的重点是创建 FileStream 类实例时使用 FileMode.Open 方式指定为打开文件，然后调用 Seek()方法定位到文件开始处，再读取所有内容到 byteArray 中，接下来对 byteArray 进行转换，最后输出，运行效果如图 12-4 所示。打开程序所在目录下的 test.txt 文件可以看到写入的内容，如图 12-5 所示。

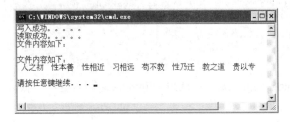
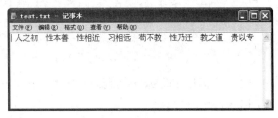

图 12-4　文件流示例运行效果　　　　　　　图 12-5　test.txt 文件内容

12.2 获取文件系统信息

通过对上一节的学习，认识了 System.IO 命名空间及其类的层次结构，同时还了解了流的分类、内存流与文件流的简单应用。

本节将学习如何使用 System.IO 命名空间下提供的实例类获取本地硬盘上的文件、目录和驱动的信息。

12.2.1 文件信息 FileInfo 类

System.IO 命名空间的 FileInfo 类提供有关文件操作的相关方法，例如创建、删除、移动和打开文件等。FileInfo 类只有在实例化的情况下才可以使用其属性和方法。

1. 属性

作为实例对象操作的类，FileInfo 类提供了很多属性来获取文件的相关信息，例如：文件大小、文件创建时间和最后一次更新时间等，如表 12-6 列出了该类的常用属性。

表 12-6　FileInfo 类的常用属性

属　　性	说　　明
Attributes	获取或设置当前 FileSystemInfo 的 FileAttributes 属性
CreationTime	获取或设置当前 FileSystemInfo 对象的创建时间
CreationTimeUtc	获取或设置当前 FileSystemInfo 对象的创建时间，其格式为通用 UTC 时间
Directory	获取父目录的实例
DirectoryName	获取表示目录的完整路径的字符串
Exists	获取指示文件是否存在的值
Extension	获取表示文件扩展名部分的字符串
FullName	获取目录或文件的完整目录
IsReadOnly	获取或设置确定当前文件是否为只读的值
LastAccessTime	获取或设置上次访问当前文件或目录的时间
LastAccessTimeUtc	获取或设置上次访问当前文件或目录的时间，其格式为通用 UTC 时间

续表

属 性	说 明
LastWriteTime	获取或设置上次写入当前文件或目录的时间
LastWriteTimeUtc	获取或设置上次写入当前文件或目录的时间，其格式为通用 UTC 时间
Length	获取当前文件的大小
Name	获取文件名

【练习3】

使用 FileInfo 类的实例属性输出 IE 浏览器运行程序的文件信息。

```
static void Main(string[] args)
{
    //指定文件路径
    String filePath = @"C:\Program Files\Internet Explorer\iexplore.exe";
    //创建 FileInfo 类实例
    FileInfo fi = new FileInfo(filePath);
    Console.WriteLine("    文件扩展名为: " + fi.Extension);
    Console.WriteLine("    文件创建时间: " + fi.CreationTime.ToLongDateString()
    + fi.CreationTime.ToLongTimeString());
    Console.WriteLine("    获取到的文件名: " + fi.Name);
    Console.WriteLine("    获取文件的大小: " + fi.Length + "字节");
    Console.WriteLine("    是否为只读文件: " + fi.IsReadOnly.ToString());
    Console.WriteLine("    目录的完整路径: " + fi.DirectoryName);
    Console.WriteLine("    文件的完整目录: " + fi.FullName);
    Console.WriteLine(" 最后一次更新时间: " + fi.LastWriteTime.ToLongDateString()
    + fi.LastWriteTime.ToLongTimeString());
    Console.WriteLine(" 最后一次查看时间: " + fi.LastAccessTime.ToLongDateString() +
    fi.LastAccessTime.ToLongTimeString());
}
```

如上述代码所示，通过 FileInfo 类的构造函数指定要获取文件的路径，然后使用该类提供的各个属性来显示文件信息，运行效果如图 12-6 所示。

图 12-6　查看文件属性

提示

如果打算多次重用某个对象，可以考虑使用 FileInfo 的实例方法，而不是 File 类的相应静态方法，因为并不总是需要安全检查。

2．方法

默认情况下，FileInfo 类将向所有用户授予对新文件的完全读写权限。另外，如果要多次重用文件对象，可以调用 FileInfo 类的实例方法，而不是 File 类的相应静态方法，因为安全检查并不是每次都需要。在表 12-7 中列出了 FileInfo 类的常用实例方法。

表 12-7　FileInfo 类的常用实例方法

方 法 名 称	说　　明
AppendText()	创建一个 StreamWriter，向 FileInfo 的此实例表示向文件追加文本
CopyTo()	将现有文件复制到新文件
Create()	创建文件
CreateText()	创建写入新文本文件的 StreamWriter 对象
Delete()	删除指定文件
Encrypt()	将某个文件加密，使得只有加密该文件的账户才能将其解密
MoveTo()	将指定文件移到新位置，并提供指定新文件名的选项
Open()	打开指定文件
OpenRead()	创建只读 FileStream 对象
OpenText()	创建使用 UTF8 编码、从现有文本文件中进行读取的 StreamReader 对象
OpenWrite()	创建写入的 FileStream 对象
Replace()	使用当前 FileInfo 对象所描述的文件替换指定文件的内容，这个过程将删除原始文件，并创建被替换文件的备份

【练习 4】

在 C 盘创建一个名为 string.txt 的文本文件，并向文件内写入四行文本。

```
string path = @"c:\string.txt";              //指定文件路径
FileInfo fi = new FileInfo(path);            //实例化 FileInfo 对象
if (!fi.Exists)                              //判断文件是否存在
{
    using (StreamWriter sw = fi.CreateText())  //创建该文件
    {
        sw.WriteLine("春天，我们播种希望；");      //写入第一行
        sw.WriteLine("夏天，我们灌溉希望；");      //写入第二行
        sw.WriteLine("秋天，我们收获希望；");      //写入第三行
        sw.WriteLine("冬天，我们珍藏希望。");      //写入第四行
    }
}
```

12.2.2　目录信息 DirectoryInfo 类

如果获取某个目录的信息需要用到 DirectoryInfo 类。与 FileInfo 类类似，DirectoryInfo 类也是需要实例化才可以调用其属性和方法，从而有效地对一个目录进行多种操作。

DirectoryInfo 类提供了四个属性用来获取目录的名称、父目录和根等，如下所示：

❑ **Exists**　判断指定路径的目录是否存在，如果存在返回 true，否则返回 false。

❑ **Name**　获取目录的名称。

❑ **Parent**　获取指定子目录的父目录名称。

❑ **Root**　获取目录的根部分。

此外，DirectoryInfo 类还从 FileSystemInfo 类继承了 9 个属性，如表 12-8 所示。

表 12-8　DirectoryInfo 类属性

属　　性	说　　明
Attributes	获取或设置当前目录的 FileAttributes
CreationTime	获取或设置当前目录的创建时间
CreationTimeUtc	获取或设置当前目录的创建时间，其格式为 UTC 时间

续表

属　　性	说　　明
Extension	获取表示文件扩展名部分的字符串
FullName	获取目录或文件的完整目录
LastAccessTime	获取或设置上次访问当前文件或目录的时间
LastAccessTimeUtc	获取或设置上次访问当前文件或目录的时间，其格式为 UTC 时间
LastWriteTime	获取或设置上次写入当前文件或目录的时间
LastWriteTimeUtc	获取或设置上次写入当前文件或目录的时间，其格式为 UTC 时间

【练习 5】

使用 DirectoryInfo 类的实例属性输出 C:\WINDOWS\system32 的目录信息。

```
static void Main(string[] args)
{
    string stringPath = @"C:\WINDOWS\system32";              //指定路径
    if (Directory.Exists(stringPath))                       //判断是否存在
    {
        DirectoryInfo di = new DirectoryInfo(stringPath);//创建DirectoryInfo类实例
        di.Attributes  =  FileAttributes.ReadOnly  |  FileAttributes.Hidden;
//更改目录属性
        Console.WriteLine("              父目录: " + di.Parent);
        Console.WriteLine("            路径根部分: " + di.Root.ToString());
        Console.WriteLine("            目录创建时间: " + di.CreationTime.ToString());
        Console.WriteLine("            目录完整名称: " + di.FullName);
        Console.WriteLine("        最后一次访问时间: "+di.LastAccessTime.ToString());
        Console.WriteLine("        最后一次修改时间: "+di.LastWriteTime.ToString());
        Console.WriteLine("DirectoryInfo 实例名称: " + di.Name);
    }
    else
    {
        Console.WriteLine("该目录不存在，请检查路径是否正确。");
    }
}
```

在上述代码中充分利用了 DirectoryInfo 类的属性。首先通过 DirectoryInfo 类的构造函数指定要获取的目录，然后使用 Attributes 属性设置目录为只读和隐藏属性，再通过 CreationTime 属性获得目录的创建时间、利用属性 LastAccessTime 获得用户最后一次访问文件的时间等。运行程序后效果如图 12-7 所示。

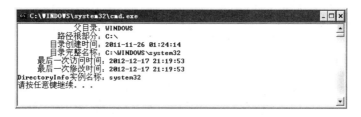

图 12-7　获取目录信息运行效果

12.2.3　驱动器信息 DriveInfo 类

DriveInfo 类可以对计算机上的驱动器进行操作。该类仅包含一个静态方法 GetDrives()，它能够检索计算机上所有逻辑驱动器的驱动器名称，并返回一个包含驱动器列表的数组。

DriveInfo 类还提供了很多与驱动器相关的实例属性，如下所示：

❑ **AvailableFreeSpace** 指示驱动器上的可用空闲空间量。

❑ **DriveFormat** 获取文件系统的名称，例如 NTFS 或 FAT32。

❑ **IsReady** 获取一个指示驱动器是否已准备好的值。

❑ **Name** 获取驱动器的名称。

❑ **RootDirectory** 获取驱动器的根目录。

❑ **TotalFreeSpace** 获取驱动器上的可用空闲空间总量。

❑ **TotalSize** 获取驱动器上存储空间的总大小。

❑ **VolumeLabel** 获取或设置驱动器的卷标。

❑ **DriveType** 获取驱动器类型，如表 12-9 给出了可选值及其含义描述。

表 12-9 DriveType 属性

值	含 义 描 述
Unknown	无法确定驱动器类型
Removable	可移动媒体驱动器，包括软盘驱动器和其他多种存储设备
Fixed	固定（不可移动）媒体驱动器，包括所有硬盘驱动器（包括可移动的硬盘驱动器）
Network	网络驱动器，包括网络上任何位置的共享驱动器
CDROM	CDROM 驱动器，不区分只读和可读写的 CDROM 驱动器
RAM	RAM 磁盘

【练习 6】

使用 DriveInfo 类遍历本地硬盘上的驱动器名称，并输出 C 驱动器的属性。

```csharp
static void Main(string[] args)
{
    DriveInfo[] driveInfos = DriveInfo.GetDrives();          //获取所有驱动器
    Console.WriteLine("本地硬盘中共有如下分区: ");
    foreach (DriveInfo info in driveInfos)
    {
        Console.Write("{0}\t",info.Name);                   //输出名称
    }
    Console.WriteLine("\n========================================\n");

    string drvName = @"C:\";                                //指定要获取属性的驱动器名称
    DriveInfo drvInfo = new DriveInfo(drvName);     //创建 DriveInfo 实例
    Console.WriteLine("【C盘信息如下】");
    Console.WriteLine("     名  称:  " + drvInfo.Name);
    Console.WriteLine("     卷  标:  " + drvInfo.VolumeLabel);
    Console.WriteLine("  驱动器类型:  " + drvInfo.DriveType);
    Console.WriteLine("文件系统类型:  " + drvInfo.DriveFormat);
    Console.WriteLine("总共空间大小: " + drvInfo.TotalSize);
    Console.WriteLine("剩余空间大小: " + drvInfo.TotalFreeSpace);

}
```

实现本实例时主要分为两步：获取驱动器列表和显示指定驱动器的详细信息。

第一步，通过调用静态方法 GetDrives()来返回一个驱动器数组，然后遍历这个数组输出每一个

驱动器名称。

第二步，首先实例化 DriveInfo 类，并在构造函数中指定驱动器名称，然后调用实例的各个属性输出信息，运行效果如图 12-8 所示。这里的大小默认是以字节为单位显示的，如果要以其他格式显示还需要进行一次转换。

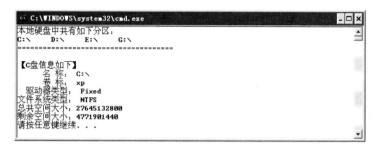

图 12-8　获取驱动器信息运行效果

12.3　操作目录

DirectoryInfo 类是一个实例类，提供的是对目录信息进行获取的属性。如果要对目录进行操作则需要调用 Directory 类，该类是一个静态类，因此调用其他方法创建、移动和枚举子目录时不用实例化。

本节不会罗列 Directory 类中所有静态方法，而是针对常用的方法进行详细介绍。

12.3.1　创建目录

创建一个目录可以调用 Directory 类的 CreateDirectory()方法，该方法语法格式如下：

```
public static DirectoryInfo CreateDirectory(string path)
```

执行后将尝试创建由 path 参数指定的目录，创建成功时返回一个表示目录的 DirectoryInfo 类实例。CreateDirectory()方法将创建 path 参数中指定的每一级目录。如果目录已经存在，则不创建直接返回表示该目录的 DirectoryInfo 类实例。

【练习7】

在 C 盘创建一个名为 MyDir 的目录，然后输出该目录的创建日期信息。

```
string Path = @"C:\MyDir";                      //指定目录的路径
if (Directory.Exists(Path))                     //判断是否已存在
{
    Console.WriteLine("指定的目录{0}已存在。", Path);
    return;
}
// 创建目录
DirectoryInfo di = Directory.CreateDirectory(Path);
//输出成功信息
Console.WriteLine("{0}目录创建成功，创建时间: {1}。",Path,Directory.GetCreation
Time(Path));
```

上述代码首先调用 Directory 类的 Exists()静态方法判断指定的路径是否已经存在。如果不存在则返回 false 继续执行，使用 CreateDirectory()方法创建 Path 指定的目录，再通过 Directory 类的 GetCreationtime()静态方法获取目录的创建时间。

在调用 CreateDirectory()方法创建目录时还可以使用相对路径。假设程序当前的运行目录是 "C:\MyDir"，那么要创建"C:\MyDir\Chapter12\doc"目录，可以使用如下形式之一。

```
Directory.CreateDirectory("Chapter12\\dic");
Directory.CreateDirectory("\\MyDir\\Chapter12\\dic");
Directory.CreateDirectory("C:\\MyDir\\Chapter12\\dic");
```

调用 DirectoryInfo 类的 Create()方法和 CreateSubdirectory()方法也可以创建目录。

12.3.2　移动和重命命名目录

移动目录是将当前的目录移动到新的位置。移动目录有两种方法：一是使用 DirectoryInfo 类的 MoveTo()方法；另一种是使用 Directory 类的 Move()方法。

Directory 类 Move()方法的语法格式如下：

```
public static void Move(string sourceDirName, string destDirName)
```

其中第一个参数 sourceDirName 表示要移动的目录路径，第二个参数 destDirName 表示目标目录路径，可以使用相对目录引用和绝对目录引用，但是这两个目录必须位于相同的逻辑驱动器。

【练习8】

假设要将 C:\MyDir\Chapter12 目录中的内容移动到 C:\source\12 目录，可以使用如下代码。

```
string stringPath = "C:\\MyDir\\Chapter12";            //要移动的目录
string stringPath1 = "C:\\Source\\12";                 //目标目录

if (Directory.Exists(stringPath))                      //判断目录是否存在
{
    Directory.Move(stringPath, stringPath1);           //开始移动
    DirectoryInfo info = new DirectoryInfo(stringPath1);
    Console.WriteLine("{0}目录创建时间: {1}。", stringPath1, Directory.GetCreation
    Time(stringPath1));

}
```

在上述代码中，首先判断要移动的目录是否存在，因为如果源目录不存在，使用 Move()方法会出现异常。另外，如果移动的目录和要移动到的目录路径根目录相同，此时 Move()方法就不再移动而是重命名目录。下面的示例代码将 C:\MyDir\Chapter12 目录重命名为 C:\MyDir\12。

```
Directory.Move("C:\\MyDir\\Chapter12", "C:\\MyDir\\12");
```

如果调用 move()方法时，出现"被移动的目录访问被拒绝的"错误，则说明没有移动那个路径的权限，或者是要移动的目录存在其他进程正在使用的文件。

12.3.3　删除目录

Directory 类的 Delete()方法可以实现删除指定的目录，有如下两种重载形式：

```
public static void Delete(string path);
public static void Delete(string path, bool recursive);
```

其中，第一个参数表示要删除的目录，当该目录不为空时，系统将会抛出异常。第二个参数为bool 类型，为 true 时将会从目录中删除所有的子目录和文件。否则会再次抛出System.IO.IOException 异常。

用重载的 Delete 方法删除目录时，当前工作目录或者当前工作目录的子目录不能被删除。另外，如果一个程序引用了一个目录或者其中的文件，该目录也不能被删除。表 12-10 列出了这些方法所能引起的异常类型及原因。

表 12-10　Directory 类引起的异常类型及原因

异 常 类 型	原　　　因
UnauthorizedAccessException	调用方没有所要求的权限
ArgumentException	参数是一个零长度字符串，仅包含空白。或者包含一个或多个无效字符
ArgumentNullException	参数为空引用
PathTooLongException	参数超出了系统定义的最大长度
IOException	参数是一个文件名
DirectoryNotFoundException	参数无效
SecurityException	调用方没有访问未委托的代码所需的权限
FileNotFoundException	未找到参数所指定的目录
NotSupportedException	参数的格式无效

【练习 9】

假设要删除 C:\MyDir\Chapter12 目录，以及其中的子目录和文件，可以使用如下代码。

```
string Path = @"C:\MyDir\Chapter12";
if (Directory.Exists(Path))
{
    Directory.Delete(Path, true);
}
```

12.3.4　遍历目录

遍历目录是指获取指定目录下的子目录和文件，可以调用 Directory 类的 GetFiles()方法和GetDirectories()方法。

1. GetFiles()方法

Directory 类的 GetFiles()方法用于获取指定目录中所有文件的名称，有三个重载的形式，如下所示：

```
public static string[] GetFiles(string path);
public static string[] GetFiles(string path, string searchPattern);
public static string[] GetFiles(string path, string searchPattern, SearchOption
searchOption);
```

其中，第一个参数表示目录名，执行后会返回该目录中所包含的所有文件。在接受两个参数的方法中第二个参数表示指定目录中要匹配的文本名，如果存在就返回所匹配文件的绝对目录，否则不返回任何信息。第三个参数用于指定搜索操作应包括所有子目录还是仅包括当前目录。

例如，下面的语句获取 "C:\windows" 目录下所有包含 exe 的文件。

```
string dir = @"C:\windows";
string[] fileName = Directory.GetFiles(dir,"*exe");
```

2. GetDirectories()方法

GetDirectories()方法用于获取指定目录中所有子目录的名称，与 GetFiles()方法一样有三个重载形式：

```
public static string[] GetDirectories(string path);
public static string[] GetDirectories(string path, string searchPattern);
public static string[] GetDirectories(string path, string searchPattern,
SearchOption searchOption);
```

各个参数的含义与 GetFiles()方法相同，这里不再介绍。下面的语句获取"C:\windows"目录下所有的子目录。

```
string dir = @"C:\windows";
string[] dirName = Directory.GetDirectories(dir);
```

【练习 10】

编写一个程序实现显示指定目录下的所有子目录名称和文件名称，具体实现代码如下：

```
private void button1_Click(object sender, EventArgs e)
{
    this.listBox1.Items.Clear();                        //清空列表
    string Path = this.label1.Text;                     //获取要遍历目录和路径

    string[] Alldir = Directory.GetDirectories(Path);   //获取所有子目录列表
    foreach (string Strdir in Alldir)                   //遍历
    {
        listBox1.Items.Add(Strdir + "\\");              //将目录添加到 listBox1
    }
    foreach (string Strfile in Directory.GetFiles(Path))   //获取所有文件列表
    {
        listBox1.Items.Add(Strfile);                    //将文件添加到 listBox1
    }
}
```

上述代码将要遍历的目录保存到 Path 变量中，然后调用 GetDirectories(Path)方法将遍历的子目录列表保存到 Alldir 变量，再遍历 Alldir 将目录添加到 listBox1 中显示。第二个 foreach 语句用于遍历 GetFiles(Path)返回的所有文件。运行效果如图 12-9 所示。

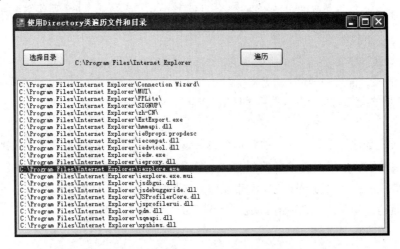

图 12-9　遍历目录和文件运行效果

12.4 操作文件

介绍过 System.IO 命名空间的 Directory 类之后，需要提到该命名空间下用于操作文件的 File 类。File 类操作方式与 Directory 类相似都是静态类，这些静态方法能实现创建、复制、删除、移动和打开文件的功能。

本节同样不会罗列 File 类中所有的静态方法，而是针对常用的方法进行详细介绍。

12.4.1 创建文件

创建一个文件可以使用 File 类的 Create() 静态方法，该静态方法的重载形式如下：

```
public static FileStream Create(string path)
public static FileStream Create(string path, int bufferSize)
public static FileStream Create(string path, int bufferSize, FileOptions
options)
public static FileStream Create(string path, int bufferSize, FileOptions options,
FileSecurity)
```

Create() 方法将创建一个新的文件，返回 FileStream 类实例。各个参数的含义如下所示：

❏ **path 参数**　表示要创建文件的目录及文件名。

❏ **bufferSize 参数**　一个整型参数，表示读取和写入文件已放入缓冲区的字节数。

❏ **options 参数**　System.IO.FileOptions 枚举值之一，表示用于创建 System.IO.FileStream 对象的附加选项。

❏ **fileSecurity 参数**　System.Security.AccessControl.FileSecurity 枚举值之一，它确定文件的访问控制和审核安全性。

【练习 11】

在程序运行目录下新建一个名为 example.txt 文件，再写入内容，之后再读取内容并输出显示。具体代码如下所示：

```
static void Main(string[] args)
{
    string path = "example.txt";
    //判断文件是否存在
    if (File.Exists(path))
    {
        Console.WriteLine("文件{0}已存在。", path);
        return;
    }
    //创建文件，并写入一个字符串
    using (FileStream fs = File.Create(path))          //调用 Create()方法创建文件
    {
        string str = "this is a example";
        byte[] byteArray = System.Text.Encoding.Default.GetBytes(str);
        fs.Write(byteArray, 0, byteArray.Length);
        fs.Close();
        Console.WriteLine("成功创建文件，并写入内容。");
    }
    //显示写入的内容
    using (StreamReader sr = File.OpenText(path))//调用 OpenText()方法打开文件
```

```
{
    Console.WriteLine("\n 文件的内容是: ");
    string s = sr.ReadToEnd();
    Console.WriteLine(s);
}
}
```

在使用 Create()创建文件时，如果文件已经存在将会被重写，并且不会产生异常。因此，上述代码为了防止文件被意外重写，首先调用 Exists()方法来确保文件不存在。Create()方法创建文件之后返回的是一个文件流，调用流的 Write()方法写入一个字符串。

上述代码中还使用了 File 类的 OpenText()静态方法，它用于打开指定的文件并返回一个读取流，调用流的 ReadToEnd()方法获取文件的所有内容。

运行后的输出结果如下：

> *成功创建文件，并写入内容。*
>
> *文件的内容是：*
> this is a example

▌12.4.2 移动和重命名文件

移动一个文件可以调用 File 类的 Move()方法，该方法语法格式如下：

```
public static void Move(string sourceFileName, string destFileName)
```

其中第一个参数 sourceFileName 表示要移动的文件名称，第二个参数 destFileName 表示目标文件名称，可以使用相对文件名称和绝对文件名称。

【练习 12】

下面的示例代码演示了如何使用 Move()方法移动文件。

```
static void Main(string[] args)
{
  string path = @"c:\temp\MyTest.txt";              //要移动的文件
  string path2 = @"c:\temp2\MyTest.txt";            //目标文件
  if (!File.Exists(path))
  {
      //如果文件不存在则创建
      using (FileStream fs = File.Create(path)) { }
  }
  // 移动文件
  File.Move(path, path2);
  Console.WriteLine("{0} 成功移动到 {1}.", path, path2);
  // 验证移动结果
  if (!File.Exists(path))
  {
      Console.WriteLine("移动成功，源文件已经不存在。");
  }
}
```

如果要移动的源文件和目标文件位于同一个目录，此时 Move()方法将实现重命名文件。另外，

Move()方法允许把文件从一个逻辑驱动器移动到另一个。下面的示例演示了重命名文件的代码：

```
File.Move(@"C:\abc.txt",@"c:\def.txt");
```

12.4.3 复制文件

File 类的 Copy()方法实现了文件的复制操作，有如下两种重载形式：

```
public static void Copy(string sourceFileName, string destFileName)
public static void Copy(string sourceFileName, string destFileName, bool
overwrite)
```

其中，参数 sourceFileName 和 destFileName 的含义与 Move()方法相同；overwrite 参数用于指定是否覆盖目标文件，为 true 时表示覆盖，否则为 false。

【练习 13】

假设要将"C:\source\chapter12\program.cs"文件复制到"C:\workspace"目录并重命名为"main.cs"，可以使用如下代码。

```
string sourceFile = @"C:\source\chapter12\program.cs";
string targetFile = @"C:\workspace\main.cs";
File.Copy(sourceFile, targetFile);
```

12.4.4 删除文件

File 类的 Delete()方法可以实现删除指定的文件，其语法形式如下：

```
public static void Delete(string path)
```

参数 path 表示要删除的文件名称。

【练习 14】

创建一个程序，在删除文件之前首先对文件的内容进行备份，然后再删除。代码如下所示：

```
static void Main(string[] args)
{
  string path = @"c:\def.txt";                //要删除的文件
  string path2 = path + "temp";               //备份文件
  //如果备份文件存在则删除
  if(File.Exists(path2)) File.Delete(path2);
  //创建要删除文件的备份文件
  File.Copy(path, path2);
  Console.WriteLine("{0} 文件已经备份到 {1}.", path, path2);
  //删除原始文件
  File.Delete(path);
  Console.WriteLine("{0} 文件已经删除.", path);
}
```

12.5 读取和写入文件

以上两节详细介绍了使用 Directory 类和 File 类对目录与文件的详细操作。本节将重点对文件内容的读取和写入操作时用到的类和知识进行讲解。

对于文件的读写,在.NET Framework 中经常用到的类是 StreamReader 类和 StreamWriter 类, 其中前者专门用于读取文件,后者专门用于写入文件。

12.5.1 读取文件

StreamReader 类提供了读取文件的功能,该类不仅可以读取文件,还可以处理任何流信息。 StreamReader 旨在以一种特定的编码从字节流中按字符或者按行读取,甚至一次性读取所有内容。

StreamReader 类的方法不是静态方法,所以要使用该类读取文件首先要实例化。在实例化时 提供要读取文件的路径,然后再调用该类的方法读取文件数据。

StreamReader 类常用构造函数的形式如下:

```
//为 String 指定的文件名初始化流
public StreamReader(string path)
//用 Encoding 指定的编码来初始化 String 读取流
public StreamReader(string path, System.Text.Encoding encoding)
```

StreamReader 默认采用 UTF-8 作为读取编码,而不是当前系统的 ANSI 编码。因为,UTF-8 可以正确处理 Unicode 字符并提供一个一致的结果。此外,也可以通过第 2 个参数 encoding 指定 其他编码。

StreamReader 类中常用的读取方法如下所示:

❑ **Read()方法** 读取输入流中的下一个字符或下一组字符,没有可用时,则返回-1。

❑ **ReadLine()方法** 从当前流中读取一行字符并将数据作为字符串返回,如果到达了文件的末 尾,则为空引用。

❑ **ReadToEnd()方法** 读取从文件的当前位置到文件结尾的字符串。如果当前位置为文件头, 则读取整个文件。

❑ **Close()方法** 关闭读取流并释放资源,在读取完成后调用。

❑ **Peek()方法** 返回文件的下一个字符,但并不使用它。如果没有可用的字符或者文件不支持 查找,则返回-1。

【练习 15】

编写一个程序实现允许用户选择一个文本文件,然后将文件的内容显示到窗体上。

(1)新建一个窗体,添加 OpenFileDialog、Button 和 Label 控件,设置 Button 的文本为"选 择文件"。

(2)进入"选择文件"按钮的 Click 事件,编写代码实现弹出选择文件对话框,并显示选中的 文件。

```
private void button2_Click(object sender, EventArgs e)
{
    this.openFileDialog1.Filter = "文本文件(*.txt)|*.txt|所有文件(*.*)|*.*";
                                                    //设置文件类型
    DialogResult r = openFileDialog1.ShowDialog();        //弹出显示
    if (r == DialogResult.OK)
    {
        this.label1.Text = openFileDialog1.FileName;      //显示选中文件
    }
}
```

(3)再添加一个名为"显示内容"的 Button 控件,在 Click 事件中实现使用 StreamReader 类 读取选中的文件,并将内容显示到 TextBox 控件上。代码如下所示:

```
private void button1_Click(object sender, EventArgs e)
{
```

```
    string path = this.label1.Text;                    //获取文件路径
    if (File.Exists(path))                              //判断文件是否存在
    {
        StreamReader reader = new StreamReader(path, System.Text.Encoding.
        Default);
        while (!reader.EndOfStream)                     //是否读取完成
        {
            //逐行读取并显示
            this.textBox1.Text += reader.ReadLine() + "\r\n";
        }
        reader.Close();                                 //关闭流
    }
}
```

（4）运行程序。单击【选择文件】按钮选择一个 txt 文件，再单击【显示内容】按钮查看效果，如图 12-10 所示。

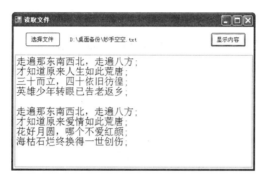

图 12-10　读取文件内容效果

12.5.2　写入文件

要在一个文件中保存信息，前提是必须具有文件的写入权限。.NET Framework 中 StreamWriter 类可以以流的方式用一种特定的编码向文件中写入字符。

StreamWriter 类的一般使用步骤：先实例化一个 StreamWriter 对象，然后调用它的方法将字符流写入文件中，最后调用 Close() 方法保存写入的字符并释放资源。

如下给出了第 1 步实例化 StreamWriter 对象时常用的构造函数形式。

```
//用 UTF-8 编码为指定的 Stream 流作初始化
public StreamWriter(Stream stream)
//使用默认编码为 String 指定的文件作流初始化
public StreamWriter(string path)
//用指定的 Encoding 编码来初始化 Stream 流
public StreamWriter(Stream stream, System.Text.Encoding encoding)
//使用指定 Encoding 编码为 String 指定的文件作流初始化，Boolean 标识是否向文件中追加内容
public StreamWriter(string path, bool append, System.Text.Encoding encoding)
```

提示

在实例化 StreamWriter 对象时，如果指定的文件不存在，构造函数则会自动创建一个新文件。存在时，可选择是改写还是追加内容。

下面是 StreamWriter 类最常用的方法。

❑ **Write()方法**　将字符串写入文件。

❑ **WriteLine()方法** 向文件写入一行字符串，也就是说在文件中写入字符串并换行。

❑ **Flush()方法** 清理当前编写器的所有缓冲区，并将缓冲区数据写入文件。

❑ **Close()方法** 关闭写入流并释放资源，应在写入完成后调用以防止数据丢失。

如下列出了 StreamWriter 类中常用的属性。

❑ **AutoFlush 属性** 获取或设置一个值，该值指示 StreamWriter 是否在每次调用 StreamWriter.Write 之后，将其缓冲区刷新到基础流。

❑ **BaseStream 属性** 获取同后备存储区连接的基础流。

❑ **Encoding 属性** 获取将输出写入到其中的 Encoding。

❑ **FormatProvider 属性** 获取控制格式设置的对象。

❑ **NewLine 属性** 获取或设置由当前 TextWriter 使用的行结束符字符串。

【练习 16】

以练习 15 为基础编写一个程序实现允许用户选择一个文本文件，将 TextBox 中的内容写入到文件。

（1）创建一个与练习 15 相同的窗体。

（2）根据练习 15 为"选择文件"按钮添加相同的实现代码。

（3）在"写入内容"按钮的 Click 事件中实现将用户在 TextBox 中输入的内容写入文件。代码如下所示。

```csharp
private void button1_Click(object sender, EventArgs e)
{
    string filepath = this.label1.Text;                    //获取要写入的文件名
    //以打开方式创建 FileStream 类实例
    FileStream fs = new FileStream(filepath, System.IO.FileMode.Open);
    //使用默认编码创建 StreamWriter 类的实例
    StreamWriter bw = new StreamWriter(fs, System.Text.Encoding.Default);
    //写入文件
    bw.Write(this.textBox1.Text);
    bw.Write("\r\n");                                       //写入换行符
    bw.Close();                                             //关闭流
    MessageBox.Show("写入文件成功！");                        //提示成功
}
```

在上述代码中，首先初始化一个 StreamWriter 类对象 bw，然后调用 StreamWriter 类中的 Write() 方法向文件中写入数据，最后调用 StreamWriter 类的 Close() 方法关闭文件。

如图 12-11 所示为写入文件成功之后的运行效果。如图 12-12 所示为打开写入的文件查看内容的效果。

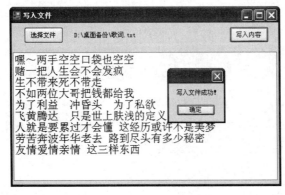

图 12-11 写入文件运行效果

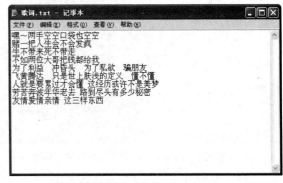

图 12-12 打开写入的文件查看内容

读写二进制文件

StreamReader 类和 StreamWriter 类适用于读写顺序文件，如果要读写二进制文件则需要使用 BinaryWriter 类和 BinaryReader 类。

BinaryWriter 类实现二进制文件的写入操作，BinaryReader 类实现二进制文件的读取操作。这两个类的使用与 StreamWriter 和 StreamReader 的使用类似。首先创建类对象，然后调用类中的方法对文件进行读写，最后关闭文件。表 12-11 和表 12-12 分别列举了这两个类常用的方法。

表 12-11 BinaryWriter 类的常用方法

方 法 名 称	描　述
Close()	关闭当前文件
Write()	将值写入当前流
Seek()	设置当前流中的位置
Flush()	清理当前编写器的所有缓冲区，使所有缓冲数据写入基础设备

表 12-12 BinaryReader 类的常用方法

方 法 名 称	描　述
Close()	关闭当前流及文件
PeekChar()	返回下一个可用字符，不提升字符或字节的位置
Read()	从文件中读取字符并提升字符位置
ReadBoolean()	从文件中读取 Bool 值并提升一个字节的位置
ReadByte()、ReadBytes()	从当前文件中读取一个或多个字节，并使文件的位置提升一个或多个字节
ReadChar()、ReadChars()	从文件中读取一个或多个字符，并根据使用的编码和从文件中读取的特定字符来提升文件当前位置
ReadDecimal()	从文件中读取十进制数值，并使文件的当前位置提升十六个字节
ReadDouble()	从文件中读取八字节浮点值，并使文件当前位置提升八个字节
ReadInt16()、 ReadInt32()、ReadInt64()	分别从文件中读取 2、4、8 字节有符号整数，并使文件得当前位置分别提升 2、4、8 个字节
ReadSByte()	从文件中读取一个由符号字节，并使文件的当前位置提升一个字节
ReadSingle()	从文件中读取 4 字节浮点值，并使文件的当前位置提升四个字节
ReadString()	从当前流中读取一个字符串。字符串有长度前缀，一次 7 位地被编码为整数
ReadUInt16()、ReadUInt32()、ReadUInt64()	分别从文件中读取 2、4、8 字节无符号整数，并使文件的当前位置分别提升 2、4、8 个字节

【练习 17】

使用 StreamReader 类和 StreamWriter 类编写一个程序，实现向用户选择的文件写入二进制数据，并可以读取显示。

（1）根据练习 15 创建一个窗体，并添加选择文件和显示文件的代码。

（2）在【写入文件】按钮的 Click 事件中编写代码将 TextBox 中输入的内容以二进制形式写入到文件。

```
private void button3_Click(object sender, EventArgs e)
{
    string fileName = label1.Text;
    FileStream fs = new FileStream(fileName, FileMode.Create);
    BinaryWriter writer = new BinaryWriter(fs);
```

```
        writer.Write(DateTime.Now.Ticks);
        writer.Write(textBox1.Text);                      //写入字符串
        writer.Write(true);
        MessageBox.Show("写入文件成功");
        writer.Close();
        fs.Close();
    }
```

（3）在【显示内容】按钮的 Click 事件中编写代码将二进制数据读取并显示到 TextBox 中。

```
private void button1_Click(object sender, EventArgs e)
 {
        string fileName = label1.Text;
        string strData = "";
        FileStream fs = new FileStream(fileName, FileMode.Open, FileAccess.Read);
        BinaryReader reader = new BinaryReader(fs);
        long l = reader.ReadInt64();                       //读取数据
        strData = reader.ReadString();                     //读取字符串
        textBox1.Text = strData;
        fs.Close();
        reader.Close();
    }
```

如图 12-13 所示为使用本程序将内容写入二进制文件的效果。由于记事本无法处理二进制，所以打开查看时将看到乱码效果，如图 12-14 所示。

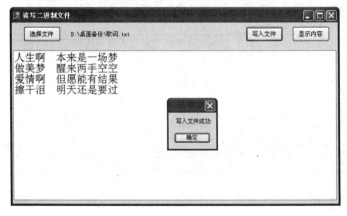

图 12-13　读取内容效果

图 12-14　记事本打开效果

12.7　实例应用：磁盘文件扫描系统

12.7.1　实例目标

现在磁盘容量越来越大，随着时间的增长，查找文件变得十分困难。虽然系统提供了文件搜索的功能，但是作为程序开发人员使用自己的程序是一件非常自豪的事情。通过对本课的学习，了解了 C# 中 System.IO 命名空间下与文件、目录和驱动有关的类，并掌握了它们的应用。

本节将综合这些知识实现一个在磁盘上查找指定类型文件的系统，主要功能如下：

（1）选择要查找的驱动器以及文件类型。

（2）显示正在扫描的文件以及当前符合条件的文件。

（3）对扫描过程的控制，如开始、暂停和结束。

（4）能够从扫描结果中选择一个文件查看详细信息。

12.7.2　技术分析

为了实现上节所述的各项分析功能，在实现时主要用到如下技术。

（1）通过 DriveInfo 类获取驱动器列表。

（2）通过一个字符数组指定可扫描的文件类型。

（3）通过 Directory 类获取指定目录下的所有文件和目录，并递归查找。

（4）如果当前查找到的文件与选择的文件类型匹配，则添加到结果列表。

（5）通过线程实现查找过程的控制。

（6）创建一个新窗体，通过 FileInfo 类查看文件的详细信息。

12.7.3　实现步骤

创建一个基于 C# 窗体应用程序，然后根据下面的步骤实现各个功能。

（1）根据图 12-15 所示的效果在窗体中添加控件，并进行布局和属性设置。

（2）创建查看文件详情使用的窗体，效果如图 12-16 所示。

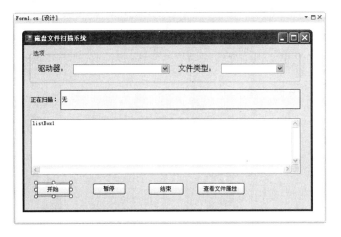

图 12-15　主界面窗体设计效果

图 12-16　查看详情窗体效果

（3）在主窗体中添加对文件和线程命名空间的引用。

```
using System.IO;
using System.Threading;
```

（4）对默认的构造函数进行修改，添加对线程的处理。

```
public Form1()
{
    InitializeComponent();
    Form1.CheckForIllegalCrossThreadCalls = false;        //允许线程忽略检查
}
```

（5）对程序所用的变量进行初始化，代码如下所示。

```csharp
Thread search_thread = null;                    //线程
string file_extend = string.Empty;              //文件类型
ToolTip tool_showinfo = new ToolTip();          //提示信息
```

（6）进入主窗体的 Load 事件编写代码，使窗体加载完成后对驱动器列表和类型列表进行初始化。代码如下所示：

```csharp
private void Form1_Load(object sender, EventArgs e)
{
    //获取所有驱动器
    DriveInfo[] Drives = DriveInfo.GetDrives();
    if (Drives.Length > 0)                          //判断是否为空
        cmb_drives.Items.AddRange(Drives);          //添加到驱动器列表
    if (cmb_drives.Items.Count != 0)                //如果不为空，默认选择第1个
    {
        cmb_drives.SelectedIndex = 0;
    }
    //指定允许扫描的文件类型
    string[] extend = new string[] { ".txt", ".doc", ".mp3", ".jpg", ".bmp",
    ".gif", ".rmvb" };
    cmb_extension.DropDownStyle = ComboBoxStyle.DropDownList;
    cmb_extension.Items.AddRange(extend);           //添加到类型列表
    cmb_extension.SelectedIndex = 0;                //默认选择第1个
}
```

（7）进入【开始】按钮的 Click 事件，在这里实现创建线程并启动扫描过程。代码如下所示：

```csharp
private void btn_start_Click(object sender, EventArgs e)
{
    if (search_thread == null)              //如果线程不可用则创建
        search_thread = new Thread(new ThreadStart(startsearch));
    //如果线程已停止则创建
    if (search_thread.ThreadState == ThreadState.Stopped)
    {
        search_thread = null;
        search_thread = new Thread(new ThreadStart(startsearch));
    }
    //如果线程未激活则启动
    if (!search_thread.IsAlive)
        search_thread.Start();
}
```

（8）search_thread 线程在实例化时使用的是 startsearch 参数，该参数实际上是一个方法。如下所示为 startsearch() 方法的实现代码。

```csharp
void startsearch()                      //线程的委托方法
{
    //清空结果列表
    listBox1.Items.Clear();
    //调用扫描方法并传递驱动器名称
```

```
            ScanFiles(cmb_drives.SelectedItem.ToString());
    }
```

（9）创建 ScanFiles()方法实现核心在指定驱动器查找指定类型文件的功能。具体代码如下所示：

```
void ScanFiles(string filepath)                            //扫描方法
{
    if (filepath.Trim().Length > 0)                        //判断路径是否为空
    {
        try
        {
            //获取目录下所有的子目录和文件
            string[] filecollect = Directory.GetFileSystemEntries(filepath);
            foreach (string file in filecollect)           //遍历文件
            {
                if (Directory.Exists(file))                //如果当前遍历的目录
                    ScanFiles(file);                       //递归遍历
                else
                {
                    lab_showfile.Text = file;              //显示当前正在判断的文件
                    if (file.EndsWith(file_extend))        //判断类型是否符合
                    {
                        listBox1.Items.Add(file);          //添加到结果列表
                    }
                }
            }
        }
        catch (Exception ex)                               //异常处理
        {
            ex.ToString();
        }
    }
}
```

上述代码的运行流程是通过调用 Directory 类的 GetFileSystemEntries()静态方法获取指定路径下的所有子目录和文件，然后对子目录再进行遍历，对文件则判断类型是否匹配，匹配则添加到结果列表。

（10）对【暂停】按钮添加代码实现搜索过程的暂停和继续。具体代码如下所示：

```
private void btn_pause_Click(object sender, EventArgs e)
{
    if (search_thread == null) return;          //如果线程为空则返回
    Button btn = sender as Button;
    if (btn == null) return;
    //判断是否处于运行状态
    if (search_thread.ThreadState == ThreadState.Running)
    {
        search_thread.Suspend();                //暂停
        btn.Text = "继续";
```

```
    }
    else if (search_thread.ThreadState == ThreadState.Suspended)
    {
        search_thread.Resume();            //继续
        btn.Text = "暂停";
    }
}
```

（11）对【结束】按钮添加代码实现终止线程的调用和执行，具体代码如下所示：

```
private void btn_abort_Click(object sender, EventArgs e)
{
    if (search_thread != null)            //如果线程不为空则继续
    {
        try
        {    //判断线程的当前状态
            if (search_thread.ThreadState == ThreadState.Suspended)
            {
                search_thread.Resume();
                while (search_thread.ThreadState != ThreadState.Running)
                {}
            }
            search_thread.Abort();            //终止线程
            search_thread.Join();
            search_thread = null;            //线程设置为空
        }
        catch (Exception ex)
        {
            ex.ToString();
        }
    }
}
```

（12）为选择文件类型的下拉列表添加选择事件的代码，具体如下所示：

```
private void cmb_extension_SelectedIndexChanged(object sender, EventArgs e)
{
    ComboBox cmb = sender as ComboBox;
    if (cmb != null && cmb.SelectedIndex >= 0)            //如果不为空
    {
        file_extend = cmb.SelectedItem.ToString();    //更新选择的类型
    }
}
```

（13）接下来为窗体的 FormClosing 事件编写代码，在这里对前面创建的线程进行清理，释放系统资源。

```
private void Form1_FormClosing(object sender, FormClosingEventArgs e)
{
    if (search_thread != null)            //如果退出时线程不为空
    {
```

```
        try
        {                                           //判断线程状态
            if (search_thread.ThreadState == ThreadState.Suspended)
            {
                search_thread.Resume();
                while (search_thread.ThreadState != ThreadState.Running)
                {                   }
            }
            search_thread.Abort();                  //结束
            search_thread.Join();
            search_thread = null;                   //清空
        }
        catch (Exception ex)                        //异常处理
        {
            ex.ToString();
        }
    }
}
```

（14）为显示结果的列表添加 SelectedIndexChanged 事件代码，它在单击选择某一项时触发，此时显示选中文件的完整路径，代码如下所示：

```
private void listBox1_SelectedIndexChanged(object sender, EventArgs e)
{
    ListBox lb = sender as ListBox;
    if (lb != null
        && lb.SelectedIndex != -1)
    {
        tool_showinfo.SetToolTip(lb, lb.SelectedItem.ToString());
    }
}
```

（15）最后为显示文件详细信息的按钮添加代码。在这里需要判断是否多选或者没有选择。

```
Form2 frm;
private void button1_Click(object sender, EventArgs e)
{
    if (listBox1.SelectedItems.Count > 1)
    {
        MessageBox.Show("一次只能查看一个文件的信息。","提示");
        return;
    }
    if (listBox1.SelectedItems.Count ==0)
    {
        MessageBox.Show("请选择一个要查看信息的文件。","提示");
        return;
    }
    string s = listBox1.SelectedItem.ToString();                //获取选择的文件
    frm = new Form2(s);                                         //创建详细窗体
```

```
    frm.ShowDialog();                                          //显示窗体
}
```

上述代码保证一次能且只能查看一个文件的详细属性，其中 Form2 表示显示详细信息的窗体。

（16）修改文件详情窗体的构造函数，添加一个字符串类型的参数表示要查看的文件名。代码如下所示：

```
public string FileName=string.Empty;
public Form2(string filename)
{
    FileName = filename;
    InitializeComponent();
}
```

（17）在 Load 事件中读取文件并显示详细信息，如创建时间、大小及是否为只读等。代码如下所示：

```
private void Form2_Load(object sender, EventArgs e)
{
    lblFile.Text = FileName;                  //显示文件名
    FileInfo info = new FileInfo(FileName);       //创建 FileInfo 类
    lblFileInfo.Text = "    文件创建时间: " + info.CreationTime.ToString() + "\n";
    lblFileInfo.Text += "最后一次访问时间: " + info.LastAccessTime.ToString() + "\n";
    lblFileInfo.Text += "最后一次修改时间: " + info.LastWriteTime.ToString() + "\n";
    lblFileInfo.Text += "        文件名称: " + info.Name + "\n";
    lblFileInfo.Text += "    文件完整路径为: " + info.FullName + "\n";
    lblFileInfo.Text += "      文件根目录为: " + info.DirectoryName + "\n";
    lblFileInfo.Text += "     文件扩展名为: " + info.Extension + "\n";
    lblFileInfo.Text += "      其文件大小为: " + info.Length / 1024 + "KB\n";
    lblFileInfo.Text += "其文件是否为只读: " + info.IsReadOnly;
}
```

（18）经过前面多个步骤为两个窗体编写的代码，系统就制作完成了。运行程序，单击【开始】按钮查看效果如图 12-17 所示。

（19）如果不选择文件直接单击【查看文件属性】按钮将看到图 12-18 所示效果。如图 12-19 所示为选择文件后的效果。

图 12-17　扫描文件运行效果

图 12-18　未选择时查看文件属性运行效果

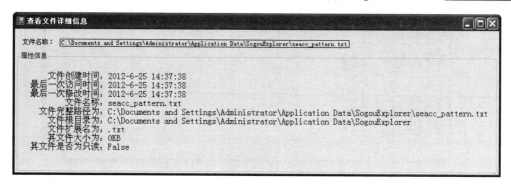

图 12-19　查看文件详细信息运行效果

12.8 拓展训练 ───────○

1. 列表形式显示驱动器信息

根据本课学习的知识，读取本地磁盘将驱动器的信息以列表形式显示出来。要求显示的列包括
驱动器名称、驱动器根目录、驱动器磁盘格式、驱动器类型、驱动器卷标、总容量大小、剩余容量
大小以及可用空闲容量大小，最终运行效果如图 12-20 所示。

驱动器名称	驱动器根目录	驱动器磁盘格式	驱动器类型	驱动器卷标	总容量大小	剩余容量大小	可用空闲容量大小
C	C:\	NTFS	本地磁盘		9538M	1495M	1495M
D	D:\	FAT32	本地磁盘		9529M	1567M	1567M
E	E:\	FAT32	本地磁盘	FLASH	9529M	596M	596M
F	F:\	FAT32	本地磁盘		9576M	6446M	6446M
G	G:\	NTFS	本地磁盘	Program	14001M	130M	130M
H	H:\	NTFS	本地磁盘	Study	20002M	617M	617M
I	I:\	NTFS	本地磁盘	Soft	20002M	830M	830M
J	J:\	NTFS	本地磁盘	Happy	22309M	461M	461M
K	K:\		CD驱动器				
L	L:\		可移动磁盘				
M	M:\		可移动磁盘				
N	N:\		可移动磁盘				
O	O:\		可移动磁盘				

图 12-20　列表显示驱动器信息

2. 操作文件和目录

根据本课所学习的 C#对文件和目录操作的知识，完成如下练习。

（1）在程序根目录下新建 document/doc 目录。

（2）将 C:\work\train.txt 复制到 doc 目录下。

（3）将 train.txt 重命名为 test.txt。

（4）向 test.txt 文件的末尾追加一行，并输出写入的字节数。

（5）使用按行读取函数输出 test.txt 文件的内容。

（6）显示 test.txt 文件的大小、创建时间和上次修改时间。

3. 简单记事本

根据本课介绍的对文件的读取与写入操作实现一个简单的记事本。功能包括新建文件、打开文
件和保存文件，最终运行效果如图 12-21 所示。

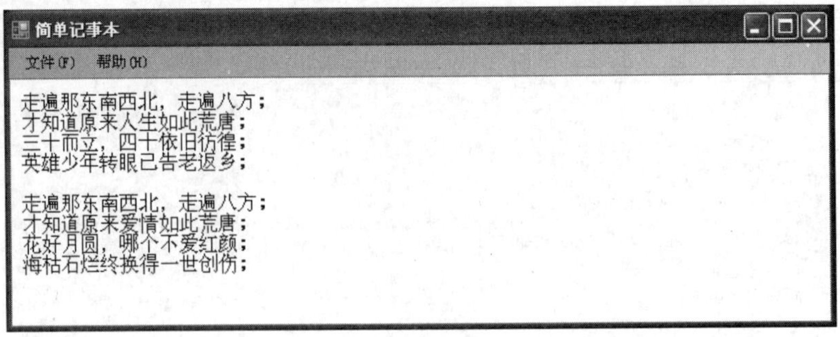

图 12-21　简单记事本运行效果

12.9　课后练习

一、填空题

1. 判断一个文件是否存在，可以使用 File 类中的_____方法。

2. 下面空白处填写判断目录"E:\C#\2010"是否存在的代码。

```
string stringPath = @" E:\C#\2010";
if (._____;)
{ Console.WriteLine("目录已存在");}
```

3. Stream 类的派生类_____封装了对文件进行操作的方法和属性。

4. 使用打开模式创建一个到"C:\test.txt"文件的流，代码是_____。

5. FileInfo 是一个文件操作实例类，它的_____属性表示文件的扩展名。

6. 假设要将"D:\www\doc\test\12"目录重命名为"D:\www\doc\test\ch12"，应该使用代码_____。

7. 假设要从一个二进制文件中读取一个 Bool 值应该使用_____方法。

8. 如果要获取某个磁盘的可用空间应该使用_____属性。

二、选择题

1. _____类提供了实现创建和移动文件的实例方法。

    A. File

    B. FileInfo

    C. FileStream

    D. Files

2. C#中对于文件的操作位于_____命名空间。

    A. system.text.in

    B. system.file

    C. system.web.file

    D. system.io

3. 要实现删除一个文件的功能，下面哪个静态类可以实现？_____

    A. Directory

    B. DirectoryInfo

    C. File

    D. FileInfo

4. 使用 Directory 类的 Delete()方法时引发了 ArgumentNullException 异常，引起此异常的原因为
_____。

    A. 参数超出了系统定义的最大长度

    B. 参数是一个文件名

    C. 参数为空引用

    D. 参数无效

5. 下面选项中，_____选项的说法是错误的。

    A. StreamWriter 类、StreamReader 类和 Directory 类都在命名空间 System.IO 目录下

    B. StreamWriter 类使用 UTF8Encoding 进行实例编码

    C. StreamWriter 和 StreamReader 类主要用来写入和读取二进制文件

    D. BinaryWriter 和 BinaryReader 类主要用来写入和读取二进制文件

6. 下面_____是使用 System.IO 命名空间类的 Move()方法错误代码。

    A. Directory.Move("E:\\C#","E:\\.NET\\C#");

    B. Directpry.Move("E:\\C#","C:\\C#");

    C. Directory.Move("E:\\C#","E:\\File");

    D. File.Move("E:\\C#\\2006\\2006.txt","C:\\2006.txt");

7. 要获取所有的子目录可以使用 Directory 类中的_____方法。

    A. GetDirectories()

    B. Exists()

    C. GetFiles()

    D. Delete()

三、简答题

1. 简单说明 System.IO 命名空间有哪些常用的类及其作用。

2. 简述 DirectoryInfo 类中常用的方法。

3. 简述 FileInfo 类中常用的方法。

4. 简述操作文件的 File 类和 FileInfo 类的相同及不同点。

5. 要删除一个文件有哪几种实现方式?

6. 举例说明一个普通文件的读取与写入过程。

7. 举例说明一个二进制文件的读取与写入过程。

第 13 课
数据库访问技术——
ADO.NET

无论是前两课介绍的 Windows 基本控件和高级控件的示例，还是最前面介绍的 C#的基础知识相关的示例都没有实现对数据库操作，它们仅仅通过集合或其他对象模拟实现了数据的查看、修改或删除操作，而并不是与数据库关联的。本课将详细介绍与数据库相关的访问技术——ADO.NET 相关的知识，包括 ADO.NET 的基本对象。如何使用 SQL Server 数据库对象对数据进行操作以及高级的数据显示控件 DataGridView 和 TreeView。

通过对本课的学习，读者可以掌握 ADO.NET 的 5 个常用对象，也可以熟悉常用的数据显示控件 DataGridView 控件和 TreeView 控件，还可以使用这些 SQL Server 数据库的对象对数据控件的内容进行简单的操作。

本课学习目标：

❑ 了解 ADO.NET 的特点和两个组件

❑ 掌握.NET Framework 数据提供程序和核心类

❑ 掌握 SqlConnection 对象的常用属性、方法以及如何连接数据库

❑ 掌握 SqlCommand 对象的常用属性、方法和使用步骤

❑ 掌握如何使用 SqlDataReader 对象读取数据

❑ 熟悉 DataSet 对象的结构模型和工作原理

❑ 掌握如何使用 SqlDataAdapter 对象填充 DataSet 对象

❑ 熟悉 DataTable 和 DataView 对象的常用属性和方法

❑ 掌握动态创建 DataTable 对象的主要步骤

❑ 熟悉 DataGridView 和 TreeView 控件的常用属性和事件

❑ 掌握如何使用 DataGridView 控件显示数据

❑ 掌握如何使用 TreeView 控件显示树形菜单

13.1 ADO.NET 概述

ADO.NET 技术是一组向.NET Framework 程序员公开数据访问服务的类，它为创建分布式数据共享应用程序提供了一组丰富的组件。ADO.NET 提供了对关系数据、XML 和应用程序数据的访问，因此它是.NET Framework 中不可缺少的一部分，下面将简单介绍与 ADO.NET 相关的知识。

13.1.1 ADO.NET 概述

ADO.NET 是一组用于和数据源进行交互的面向对象类库。通常情况下，数据源是数据库，但它同样也能够是文本文件、Excel 表格或者 XML 文件。它支持多种开发需求，包括创建由应用程序、工具、语言或 Internet Explorer 浏览器使用的前端数据库客户端和中间层业务对象。

ADO.NET 有多个特点，其主要特点如下：

（1）ADO.NET 通过数据处理将数据访问分解为多个可以单独使用或一前一后使用的不连续组件，它包含用于连接到数据库、执行命令和检索结果的.NET Framework 数据提供程序。

（2）ADO.NET 类位于 System.Data.dll 中，并与 System.Xml.dll 中的 XML 集成。

（3）ADO.NET 向编写托管代码的开发人员提供类似于 ActiveX 数据对象向本机组件对象模型开发人员提供的功能。

（4）ADO.NET 在.NET Framework 中提供最直接的数据访问方法。

13.1.2 ADO.NET 结构

ADO.NET 提供了用于访问和操作数据的两个组件：.NET Framework 数据提供程序和 DataSet。

.NET Framework 数据提供程序是专门为数据操作以及快速、只进、只读访问数据而设计的组件。如 Connection 对象提供到数据源的连接，Command 对象可以访问用于返回数据、修改数据、运行存储过程以及发送或检索参数信息的数据库命令以及 DataReader 可以从数据源提供高性能的数据流。

DataSet 是专门为独立于任何数据源的数据访问而设计的，它可以用于多种不同的数据源、用于 XML 数据或者用于管理程序本地的数据。如图 13-1 阐释了.NET Framework 数据提供程序和 DataSet 之间的关系。

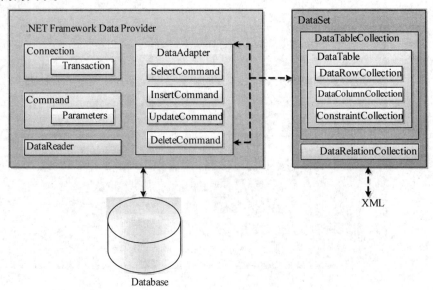

图 13-1　.NET Framework 数据提供程序和 DataSet 之间的关系

13.1.3 .NET Framework 数据提供程序

.NET Framework 数据提供程序用于连接到数据库、执行命令和检索结果，这些结果将被直接处理，放置在 DataSet 中以便根据需要向用户公开、与多个源中的数据组合，或在层之间进行远程处理。

.NET Framework 数据提供程序是轻量级的，它在数据源的代码之间创建最小层的分层，并不在降低功能性的情况下提高性能。如表 13-1 列出了.NET Framework 中所包含的数据提供程序。提供对 Microsoft SQL Server 中数据的访问，使用 System.Data.SqlClient 命名空间。

表 13-1　.NET Framework 的数据提供程序

.NET Framework 数据提供程序	说　　明
.NET Framework 用于 SQL Server 的数据提供程序	提供对 Microsoft SQL Server 中数据的访问，使用 System.Data.SqlClient 命名空间
.NET Framework 用于 OLE DB 的数据提供程序	提供对 OLE DB 公开的数据源中数据的访问，使用 System.Data.OleDb 命名空间
.NET Framework 用于 ODBC 的数据提供程序	提供对使用 ODBC 公开的数据源中数据的访问，使用 System.Data.Odbc 命名空间
.NET Framework 用于 Oracle 的数据提供程序	适合 Oracle 公开的数据源，使用 System.Data.Oracle 命名空间

.NET Framework 数据提供程序包含 4 个核心对象，这些对象各自有不同的功能，如表 13-2 对它们进行了说明。

表 13-2　.NET Framework 的数据提供程序的核心对象

对 象 名 称	说　　明
Connection	建立与特定数据源的连接。所有 Connection 对象的基类为 DbConnection 类
Command	对数据源执行命令，公开 Parameters 并且可以在 Transaction 范围内从 Connection 执行。所有 Command 对象的基类为 DbCommand 类
DataReader	从数据源中读取只进且只读的数据流。所有 DataReader 对象的基类为 DbDataReader 类
DataAdapter	使用数据源填充 DataSet 并解析更新。所有 DataAdapter 对象的基类为 DbDataAdapter 类

除了表 13-2 中所介绍的核心对象外，.NET Framework 数据提供程序还包含其他常用的对象，如 Exception、Parameters、Transaction、CommandBuilder 和 ConnectionStringBuilder 对象等。

注意

开发人员具体使用哪种应用程序则取决于它们所使用的协议或者数据库，然而无论使用什么样的应用程序，开发人员都将使用相似的对象与数据源进行交互。本书以 Microsoft SQL Server 2008 数据库为例详细介绍如何对数据进行交互。

13.2 SqlConnection 对象

SqlConnection 对象用于创建一个 Microsoft SQL Server 数据源连接，它表示 ADO.NET 与数据库的惟一会话。对于 C/S（客户端/服务器）数据库系统，它等效于到服务器的网络连接。SqlConnection 对象既不支持 Execute()方法，也不能直接向数据库发送 SQL 命令，它通过与 SqlCommand 和 SqlDataAdapter 对象一起使用。

13.2.1 SqlConnection 对象的常用属性和方法

SqlConnection 对象表示 Microsoft SQL Server 数据库的一个打开的连接，该对象无法被继承，但是该对象中可以包含多个属性、方法和事件。如表 13-3 对常用属性进行了说明。

表 13-3 SqlConnection 对象的常用属性

属 性 名 称	说　明
ConnectionString	获取或设置用于打开 Microsoft SQL Server 数据库的字符串
ConnectionTimeout	获取在尝试建立连接终止并生成错误之前所等待的时间
Database	获取当前数据库连接打开后要使用的数据库名称
DataSource	获取要连接的 Microsoft SQL Server 实例名称
ServerVersion	获取包含客户端连接的 Microsoft SQL Server 实例的版本的字符串

除了常用属性外，SqlConnection 还包括多个方法，但是最常用的方法有 Close()、Dispose() 和 Open()。它们的具体说明如下：

❑ **Close()**　关闭与数据库的连接，这是关闭任何打开连接的首选方法。

❑ **Dispose()**　释放由 Component 占用的资源。

❑ **Open()**　使用 ConnectionString 所指定的属性设置打开数据库连接。

13.2.2 SqlConnection 对象的使用

对数据库中的数据进行操作的第一步是创建与数据库的连接，下面通过 SqlConnection 对象完成如何创建与数据库的连接。创建连接包括四个步骤如下所示：

（1）定义连接数据库的字符串。

（2）创建 SqlConnection 对象的实例对象。

（3）调用 Open()方法打开数据库连接操作。

（4）调用 Close()方法关闭数据库连接操作。

1. 定义连接字符串

不同的数据库连接字符串的形式不同，以 SQL Server 身份验证定义连接 Microsoft SQL Server 数据库的语法形式如下：

```
Data Source = 服务器名;Initial Catalog = 数据库名;User ID = 用户名;Pwd = 密码
```

例如用户连接本机的 master 数据库，以 Windows 身份验证连接数据库。其连接字符串可以使用以下表示：

```
string connectionString = "Data Source = .;Initial Catalog = master; User ID = sa";
```

上述代码中使用 "." 代替了计算机名称和 IP 地址，用户也可以直接设置 IP 地址。另外 Pwd 项也可以写成 Password，如果该项为空则省略。

开发人员定义连接字符串时由于内容较多可能会写错，这时可以通过 Visual Studio 的服务器资源管理器获取连接字符串。主要步骤如下：

（1）在 Visual Studio 中选择菜单中的【视图】|【服务器资源管理器】选项，快捷键为 Ctrl+Alt+S。

（2）在【服务器资源管理器】中右击【数据连接】选择【添加连接】选项，弹出【添加连接】的对话框。

（3）在【添加连接】的对话框中，输入服务器名，选择身份验证，然后选择要连接的数据库，最后单击【确定】按钮。

（4）选择新添加的连接，单击鼠标右键。在【属性】窗格中找到连接的字符串，对该字符串进行复制就可以了。

2．创建 SqlConnection 对象的实例对象

创建 SqlConnection 对象时通过关键字 new 来创建，其创建形式有两种：一种是直接调用无参的构造函数，然后通过 ConnectionString 属性来指定连接字符串；另外一种是直接将定义的连接字符串传入实例化对象。这两种形式的代码如下所示：

```
SqlConnection conn = new SqlConnection();
conn.ConnectionString = "Data Source = .;Initial Catalog = pubs; User ID = sa ";
//第二种方式
SqlConnection conn = new SqlConnection("Data Source=.;Initial Catalog=pubs;User ID=sa ");
```

3．打开连接操作

创建数据库对象完成后可以打开数据库连接操作，代码如下所示：

```
conn.Open();
```

4．关闭连接操作

操作完成后调用 Close()方法关闭数据库连接，但是调用 Close()方法关闭连接之前通常会调用 Dispose()方法释放资源文件。

【练习 1】

本次练习主要使用 SqlConnection 对象完成对数据库的连接，连接完成时显示数据库信息，否则显示连接生成错误之前的等待时间，主要步骤如下。

（1）添加新的窗体，从【工具箱】中拖动 Label 控件到窗体的合适位置，然后分别设置窗体和 Label 控件的相关属性。

（2）为窗体添加 Load 事件，该事件中的代码完成连接数据库操作。具体代码如下：

```
private void Form1_Load(object sender, EventArgs e)
{
    string connectionString = "Data Source=.;Initial Catalog=master;User ID=sa;
     Password=123456";
    SqlConnection connection = new SqlConnection(connectionString);
    //创建 Connection 对象
    try
    {
        connection.Open();           //打开数据库连接
        lblInfo.Text = "数据库实例名称: " + connection.DataSource + "\n 网络数据包
    大小:" + connection.PacketSize + "\n 要使用的数据库名称:" + connection.Database;
        connection.Dispose();        //释放资源
        connection.Close();          //关闭数据库连接
    }
    catch (Exception)
    {
        lblInfo.Text = "连接等待时间: " + connection.ConnectionTimeout;
    }
}
```

（3）运行本示例的窗体查看效果，其具体代码不再显示。

13.3 SqlCommand 对象

使用 SqlConnection 对象创建连接完成后需要使用 SqlCommand 对象用于执行操作数据库的命令，下面将简单介绍与 SqlCommand 对象相关的知识。

13.3.1 SqlCommand 对象的属性和方法

SqlCommand 对象表示要对 Microsoft SQL Server 数据库执行的一个 Transact-SQL 语句或存储过程，该类无法被继承。

SqlCommand 类中包含多个属性和方法，通过这些属性和方法可以获取详细信息，且能够执行不同的操作。如表 13-4 对 SqlCommand 对象的常用属性进行了说明。

表 13-4 SqlCommand 对象的常用属性

属性名称	说明
CommandText	获取或设置要对数据源执行的 Transact-SQL 语句或存储过程
CommandTimeout	获取或设置在终止执行命令的尝试并生成错误之前的等待时间
CommandType	获取或设置一个值，该值指示如何解释 CommandText 属性。它的值包括 Text（默认值）、TableDirect（表名称）和 StoredProcedure（存储过程名称）
Connection	获取或设置 SqlCommand 的此实例使用的 SqlConnection
Transaction	获取或设置将在其中执行 SqlCommand 的 SqlTransaction
UpdatedRowSource	获取或设置命令结果在由 DbDataAdapter 的 Update()方法使用时如何应用于 DataRow

创建 SqlCommand 对象时有四种构造函数，这四种构造函数的形式如下：

❑ **SqlCommand()** 直接初始化 SqlCommand 对象的实例。

❑ **SqlCommand(string cmdText)** 用查询文本初始化该对象的实例，cmdText 表示查询的文本。

❑ **SqlCommand(string cmdText, SqlConnection connection)** 初始化具有查询文本和 SqlConnection 的 SqlCommand 对象的实例。

❑ **SqlCommand(string cmdText, SqlConnection connection, SqlTransaction transaction)** 使用查询文本、SqlConnection 以及 SqlTransaction 初始化 SqlCommand 对象的实例。

如果直接创建 SqlCommand 对象的实例，还需要指定其他属性。

```
SqlCommand command = new SqlCommand();
command.CommandType = CommandType.Text;
command.CommandText = "select count(*) from MyGoodFriend";
command.Connection = connection;
```

SqlCommand 对象用于执行 Transact-SQL 语句或存储过程时常用的方法有四个：ExecuteNonQuery(0、ExecuteScalar()、ExecuteReader()和 ExecuteXmlReader()。这些方法的具体说明如下：

❑ **ExecuteNonQuery()** 对连接执行 Transact-SQL 语句并返回受影响的行数。

❑ **ExecuteScalar()** 执行查询并返回查询所返回的结果集中的第一行的第一列，忽略其他列或行。

❑ **ExecuteReader()** 读取数据，生成一个 SqlDataReader 对象并返回。

❑ **ExecuteXmlReader()** 读取数据，生成一个 XmlReader 对象并返回。

13.3.2 SqlCommand 对象的使用

SqlCommand 对象的使用离不开 SqlConnection 对象，所以使用该对象之前一定确保

SqlConnection 对象连接成功。SqlCommand 对象的主要使用步骤如下：

（1）使用 SqlConnection 对象创建数据库连接。

（2）定义要执行的 Transact-SQL 语句。

（3）创建 SqlCommand 的实例对象。

（4）执行 Transact-SQL 语句。

（5）关闭数据库连接。

【练习2】

本次练习在窗体加载时直接实现删除数据库中某条数据记录的功能，然后删除成功或失败后弹出提示。其主要步骤如下：

（1）添加新的窗体，然后设置窗体的 Name 属性、Text 属性和 StartPosition 属性等。

（2）为窗体添加 Load 事件，该 Load 事件完成删除单条记录的功能。具体代码如下：

```
private void frmPartCommand_Load(object sender, EventArgs e)
{
    string connectionString = "Data Source=.;Initial Catalog=master;User ID=sa;
    Password=123456";
    SqlConnection connection = new SqlConnection(connectionString);//创建
    Connection 对象
    try
    {
        connection.Open();              //打开数据库连接
        string sql = "DELETE FROM [tb_Config] where Code=1";
        SqlCommand command = new SqlCommand(sql, connection);
        int result = command.ExecuteNonQuery();
        if (result > 0)
            MessageBox.Show("恭喜您，删除完成！", "删除提示", MessageBoxButtons.OK,
            MessageBoxIcon.Information);
    else
        MessageBox.Show("很抱歉，删除失败！", "删除提示", MessageBoxButtons.OK,
        MessageBoxIcon.Information);
        connection.Dispose();           //释放资源
        connection.Close();             //关闭数据库连接
    }
    catch (Exception)
    {
        MessageBox.Show("对不起，连接数据库失败！");
    }
}
```

上述代码中，首先通过定义字符串创建 SqlConnection 的实例对象 connection，接着调用 Open() 方法打开数据库连接，然后声明删除表中主键字段 Code 值为1的数据列语句。直接通过声明的 SQL 语句和 connection 创建 SqlCommand 对象，接着调用 ExecuteNonQuery() 方法执行 SQL 语句，判断执行的结果并且根据结果输出不同的内容。

（3）运行本示例的窗体查看效果，开发人员也可以打开 Microsoft SQL Server 数据库找到数据库的相关表确定是否删除，具体的效果不再显示。

13.4 SqlDataReader 对象

SqlCommand 对象的 ExecuteReader() 方法返回一个 SqlDataReader 对象，该对象可以从数据库中检索只读的数据，使用该对象对数据库进行操作非常快。

13.4.1 SqlDataReader 对象的属性和方法

SqlDataReader 对象每次会从查询结果中读取一行数据到内存中，与 SqlConnection 对象和 SqlCommand 对象一样，该对象也无法被继承。SqlDataReader 对象中包含多个属性，如表 13-5 对常用的属性进行了说明。

表 13-5 SqlDataReader 对象的常用属性

属 性 名 称	说　　明
FieldCount	获取当前行中的列数
HasRows	获取一个值，该值指示 SqlDataReader 对象是否包含一行或多行
IsClosed	检索一个布尔值，该值指示是否已关闭指定的 SqlDataReader 实例
RecordsAffected	获取执行 Transact-SQL 语句所更改、插入或删除的行数
VisibleFieldCount	获取 SqlDataReader 中未隐藏的字段的数目

SqlDataReader 对象包含多个方法，但是最常用的方法有 Read()、Close() 和 IsDBNull()。这些方法的具体说明如下：

❑ **Read()** 表示前进到下一个记录，如果读取记录返回 True，否则返回 False。

❑ **Close()** 表示关闭 SqlDataReader 对象。

❑ **IsDBNull()** 获取一个值，用于指示列中是否包含不存在的或缺少的值。

读取数据库完成后需要获取某一列的数据，但是很多情况下，开发人员并不能保证不重要的某列数据都存在，如果某些数据为 NULL 时直接读取则会提示用户出错，这时可以通过 DBNull 对象的 Value 属性来判断。主要代码如下：

```
if(read["st_brithday"] == DBNull.Value)
{
    // st_brithday 列为 null 值
}
```

13.4.2 SqlDataReader 对象的使用

使用 SqlDataReader 对象的主要步骤如下所示：

（1）创建 SqlConnection 对象和 SqlCommand 对象。

（2）调用 SqlCommand 对象的 ExecuteReader() 方法创建 DataReader 对象。

（3）使用 SqlDataReader 对象的 Read() 方法逐行读取数据。

（4）读取当前行的某列数据。

（5）调用 SqlDataReader 对象的 Close() 方法关闭该对象。

（6）关闭 SqlConnection 对象。

【练习3】

本次练习从后台的数据库中读取所有的电影类型，然后将类型名称显示到 ComboBox 控件的列表项中。主要步骤如下所示：

（1）添加新窗体，然后设置该窗体的 Name 属性、Text 属性、StartPosition 属性和 MaximumBox 属性等。

（2）从【工具箱】中分别拖动 Label 控件、ComboBox 控件、RichTextBox 控件、TextBox 控件以及 DateTimePicker 控件到窗体中，这些控件表示不同的电影资料，然后分别设置这些控件的相关属性，如 Name 属性和 Text 属性。

（3）窗体加载时显示电影的所有类型，为窗体的 Load 事件添加代码。

```
private void frmPartDataReader_Load(object sender, EventArgs e)
{
    cboMovieType.DataSource = GetMovieType();        //获取电影类型
    cboMovieType.DisplayMember = "mtName";
    cboMovieType.ValueMember = "mtId";
}
```

上述代码中首先通过调用 GetMovieType()方法获取后台数据库中所有的电影类型，然后分别通过 ComboBox 控件的 DisplayMember 属性和 ValueMember 属性设置向用户显示的字段和用户选中时需要获取的 Value 值。

（4）GetMovieType()方法分别通过 SqlConnection、SqlCommand 和 SqlDataReader 三个对象完成读取数据操作，该方法返回 ArrayList 集合对象。具体代码如下：

```
public static ArrayList GetMovieType()
{
    ArrayList al = new ArrayList();
    string connectionString = "Data Source=.;Initial Catalog=ViewControl;User
     ID=sa; Password=123456";
    SqlConnection connection = new SqlConnection(connectionString);
     //创建 Connection 对象
    try
    {
        connection.Open();          //打开数据库连接
        string sql = "SELECT * FROM [Three_MovieType]";
        SqlCommand command = new SqlCommand(sql, connection);
        using (SqlDataReader dr = command.ExecuteReader())
                                            //创建 SqlDataReader 对象
        {
            while (dr.Read())                        //循环读取数据
            {
                MovieType mt = new MovieType();
                mt.MtId = Convert.ToInt32(dr["mtId"]);     //电影 ID
                mt.MtName = dr["mtName"].ToString();        //电影名称
                mt.MtDesc = dr["mtDesc"].ToString();        //电影剧情介绍
                mt.MtCreateTime = Convert.ToDateTime(dr["mtCreateTime"]);
                    //添加该类型的时间
                al.Add(mt);
            }
        }
        connection.Dispose();                         //释放资源
        connection.Close();                           //关闭数据库连接
    }
```

```
            catch (Exception)
            {
                MessageBox.Show("对不起，连接数据库失败！");
            }
            return al;
        }
```

上述代码中分别创建 **SqlConnection** 和 **SqlCommand** 的实例对象 connection 和 command，创建完成后调用 command 对象的 ExecuteReader()方法创建 SqlDataReader 的实例对象 dr。然后调用该对象的 **Read()**方法循环读取数据，读取完成后将读取的 MovieType 对象添加到集合对象 al 中，最后返回该对象。

（5）运行本示例的窗体查看效果，其最终运行效果如图 13-2 所示。

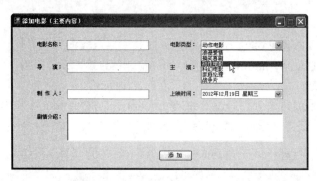

图 13-2　SqlDataReader 对象示例

> **试一试**
>
> 练习 3 中仅仅显示了窗体中显示电影类型的效果，在第（4）步中涉及到 MovieType 对象。该对象是一个实体类，包含电影类型的基本信息，读者可以亲自动手试一试，也可以在该练习的基础上实现其他的效果。

13.5　数据集相关对象：DataSet 和 Sql DataAdapter

上一节已经通过 SqlDataReader 对象读取了数据，但是 SqlDataReader 对象必须是数据库保持连接，如果开发人员需要实现读取后台成百上千条数据显示的效果，或者数据库突然断开时使用 SqlDataReader 就显得比较单一。下面将介绍两个主要对象：DataSet 对象和 SqlDataAdapter 对象。

13.5.1　DataSet 对象

DataSet 对象通常会被称为数据集对象，该对象对于支持 ADO.NET 中的断开连接的分布式数据方案起到了至关重要的作用。DataSet 对象是数据驻留在内存中的表示形式，不管数据源是什么，它都可以提供一致的关系编程模型。

1．DataSet 结构模型

DataSet 对象可以用于多种不同的数据源，也可以用于 XML 数据，还可以用于管理应用程序本地的数据。该对象中包含相关的表、约束和表之间关系在内的整个数据集，如图 13-3 显示了该对象的模型图。

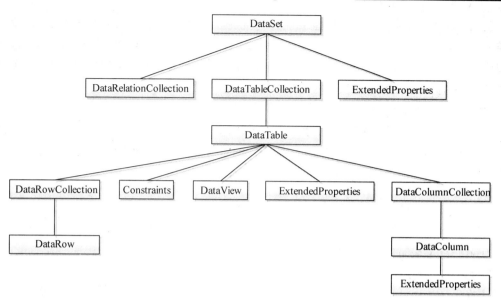

图 13-3　DataSet 对象的模型图

DataSet 对象中的方法和对象与关系数据库模型中的方法和对象一致,以下对表 13-3 中的常见对象进行了说明。

（1）DataRelationCollection

DataSet 对象在 DataRelationCollection 对象中包含关系,通过关系可以从 DataSet 中的一个表导航至另一个表。关系由 DataRelation 对象表示,它使一个 DataTable 中的行与另一个 DataTable 中的行相关联,DataRelation 标识 DataSet 中两个表的匹配列。

（2）DataTableCollection

DataSet 包含由 DataTable 对象表示的零个或多个表的集合,DataTableCollection 包含 DataSet 中的所有 DataTable 对象,这些对象由数据行和数据列以及有关 DataTable 对象中的数据的主键、外键、约束和关系信息组成。

（3）ExtendedProperties

DataSet、Datatable 和 DataColumn 全部具有 ExtendedProperties 属性,该属性是一个 PropertyCollection,可以加入自定义信息,例如用于生成结果集的 SELECT 语句或生成数据的时间。ExtendedProperties 集合与 DataSet 的架构信息一起持久化。

（4）DataView

DataView 创建存储在 DataTable 中数据的不同视图,通过使用 DataView 用户可以使用不同的排序顺序公开表中的数据,并且可以按行状态或基于筛选器表达来筛选数据。

2. DataSet 工作原理

DataSet 对象的作用是在数据库断开连接的情况下临时存放数据,如图 13-4 为该对象的工作原理。

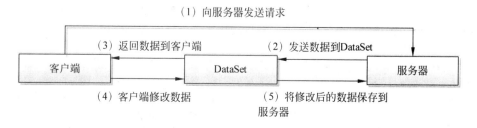

图 13-4　DataSet 对象工作原理

从图 13-4 中可以看出，当应用程序需要一些数据时会向服务器发出请求要求获取数据，服务器将获取到的数据发送到 DataSet 对象中，接着该对象会把接收到的数据返回到客户端。客户端用户可以修改数据集中的数据，修改完成后会重新将修改到 DataSet 对象中的数据发送到服务器端，服务器端接收 DataSet 对象中修改的数据。

3. DataSet 对象的创建

创建 DataSet 对象需要使用 new 关键字，其创建方式有两种：一种是直接创建；另一种是直接将创建数据集的名称传入。如果使用第一种方法创建则数据集的名称默认为 NewDataSet。如下通过两种方式创建 DataSet 对象，代码如下：

```
DataSet ds = new DataSet();                    //直接创建
DataSet ds = new DataSet("Customer");          //通过数据集名称创建
```

4. DataSet 对象可以进行的操作

DataSet 主要执行以下操作：

（1）应用程序中将数据缓存在本地以便可以对数据进行处理。如果只需要读取查询结果，则 SqlDataReader 是更好的选择。

（2）在层间或从 XML Web Services 对数据进行远程处理。

（3）与数据进行动态交互，例如绑定到 Windows 窗体控件或组合并关联来自多个源的数据。

（4）对数据执行大量的处理，而不需要与数据源保持打开的连接，从而将该连接释放给其他客户端使用。

13.5.2　SqlDataAdapter 对象

SqlDataAdapter 对象也叫适配器对象，它是 DataSet 和 Microsoft SQL Server 之间的桥接器，用于检索和保存数据，该对象不能被继承。

SqlDataAdapter 对象最常用的属性有 InsertCommand、SelectCommand、DeleteCommand 和 UpdateCommand，表 13-6 对这些属性进行了说明。

表 13-6　SqlDataAdapter 对象的常用属性

属 性 名 称	说　　明
InsertCommand	获取或设置一个 Transact-SQL 语句或存储过程，以便在数据源中插入新记录
DeleteCommand	获取或设置一个 Transact-SQL 语句或存储过程，以从数据集删除记录
SelectCommand	获取或设置一个 Transact-SQL 语句或存储过程，用于在数据源中选择记录
UpdateCommand	获取或设置一个 Transact-SQL 语句或存储过程，用于更新数据源中的记录

除了属性外，SqlDataAdapter 对象中也包含多个方法，但是是常用的方法是 Fill() 和 Update()。Fill() 方法用来填充 DataSet 或 DataTable 对象；Update() 方法为 DataSet 对象中每个已插入、已更新或已删除的行调用相应的 INSERT、UPDATE 或 DELETE 语句。

SqlDataAdapter 对象与 SqlConnection 和 SqlCommand 对象一起使用，这样方便在连接到 Microsoft SQL Server 数据库时提高性能。例如在声明的方法中传递一个已初始化的 DataSet 对象、一个连接数据库字符串和一个查询字符串，该方法使用 SqlCommand、SqlConnection 和 SqlDataAdapter 对象从数据库中选择记录，并且用选定的行填充 DataSet 对象。代码如下：

```
private static DataSet SelectRows(DataSet dataset, string connectionString,
string queryString)
{
    using (SqlConnection connection = new SqlConnection(connectionString))
    {
```

```
        SqlDataAdapter adapter = new SqlDataAdapter();
        adapter.SelectCommand = new SqlCommand(queryString, connection);
        adapter.Fill(dataset);
        return dataset;
    }
}
```

13.5.3 DataTable 对象

DataTable 对象是 ADO.NET 核心库中的主要对象之一,该对象在 System.Data 命名空间中定义,它表示内存驻留数据的单个表。从图 13-3 中可以看出,它包含由 DataColumnCollection 表示的列集合以及由 ConstraintCollection 表示的约束集合,这两个集合共同定义表的架构。DataTable 还包含 DataRowCollection 表示的行的集合,而 DataRowCollection 则包含表中的数据。

DataTable 对象中包含多个属性,如 Columns 属性可以获取表中列的集合,Rows 属性可以获取表中行的集合,如表 13-7 列出了 DataTable 对象的常用属性。

表 13-7　DataTable 对象的常用属性

属 性 名 称	说　　明
Columns	获取属于表的所有列的集合
Rows	获取属于表的所有行的集合
DefaultView	获取或能包括筛选视图或游标位置的表的自定义视图
HasError	获取一个值,该值指示表所属的 DataSet 的任何表的任何行中是否有错误
MinimumCapacity	获取或设置表最初的起始大小
TableName	获取或设置 DataTable 的名称

DataTable 对象中包含多个方法,通过调用这些方法可以方便用户对数据进行清除、复制或查询等多个操作。最常用的方法如下所示:

❑ **Clear()**　清除所有数据的 DataTable。

❑ **Copy()**　复制 DataTable 的结构和数据。

❑ **NewRow()**　创建与表具有相同架构的新 DataRow 对象。

DataTable 可以通过其他对象的属性获取,也可以通过代码动态创建。如下为创建该对象的一般步骤。

(1)创建 DataTable 的实例对象。

(2)通过创建 DataColumn 对象来构建表结构。

(3)将创建好的表结构添加到 DataTable 对象中。

(4)调用 NewRow()方法创建 DataRow 对象。

(5)向 DataRow 对象中添加多条数据记录。

(6)将数据插入到 DataTable 对象中。

如下代码遵循上面的步骤动态创建了一个 DataTable 对象。

```
DataTable dt = new DataTable("childTable");
DataColumn column = new DataColumn("ChildID", typeof(System.Int32));
                                    //添加第一列数据
column.AutoIncrement = true;
column.Caption = "ID";
column.ReadOnly = true;
column.Unique = true;
dt.Columns.Add(column);
```

```
//省略添加其他列数据
DataRow row;                                    //创建 DataRow 对象
for (int i = 0; i <= 4; i++)                     //循环添加数据
{
    row = dt.NewRow();                          //调用 NewRow()方法返回 DataRow 对象
    row["childID"] = i;
    row["ChildItem"] = "Item " + i;
    row["ParentID"] = 0;
    dt.Rows.Add(row);
}
```

开发人员可以通过 SqlDataAdapter 对象的 Fill()方法将数据添加到 DataSet 对象中，也可以通过 DataTableCollection 对象的 Add()方法将 DataTable 的数据添加到 DataSet 对象中。主要代码如下：

```
DataSet ds = new DataSet();
ds.Tables.Add(dt);
```

注意

访问 DataTable 对象时按条件是区分大小写的，如果分别将 DataTable 命名为"mydt"和"MyDt"，则用户搜索其中一个表的字符串是被认为区分大小写的，但是如果其中一个表不存在则会认为搜索字符串不区分大小写。

13.5.4 DataView 对象

DataView 表示用于排序、筛选、搜索、编辑和导航的 DataTable 的可绑定数据的自定义列。它最主要的功能是允许在 Windows 窗体和 Web 窗体上进行数据绑定，另外也可以自定义 DataView 表示 DataTable 中数据的子集。

DataView 对象包含多个属性，如 RowFilter 可以用来筛选数据，Sort 属性可以对数据排序，表 13-8 列出了几种常用的属性。

表 13-8 DataView 对象的常用属性

属性名称	说　　明
RowFilter	获取或设置用于筛选在 DataView 中查看哪些行的表达式
Sort	获取或设置 DataView 的一个或多个排序列以及排序顺序
Count	在应用 RowFilter 和 RowStateFilter 之后，获取 DataView 中记录的数量
Item	从指定的表获取一行数据
Table	获取或设置源 DataTable
AllowDelete	获取或设置一个值，该值指示是否允许删除
AllowEdit	获取或设置一个值，该值指示是否允许编辑
AllowNew	获取或设置一个值，该值指示是否可以使用 AddNew()方法添加新行

DataView 对象常用的方法有 3 个，AddNew()方法表示将新行添加到 DataView 对象中。Close()方法表示关闭 DataView。Delete()方法用来删除指定索引位置的行。

13.5.5 SqlDataAdapter 对象填充 DataSet 对象

前面已经介绍过 DataSet 对象、SqlDataAdapter 对象以及 DataTable 和 DataView 对象，下面主要利用前面的知识完成一个简单的示例，该示例演示如何使用 SqlDataAdapter 对象填充 DataSet 对象。其主要步骤如下：

（1）创建数据库连接对象 SqlConnection。

（2）创建执行数据库查询数据的 Transact-SQL 语句。

（3）利用 Transact-SQL 语句和 SqlConnection 对象创建 SqlDataAdapter 对象。

（4）调用 SqlDataAdapter 对象的 Fill() 方法填充数据集。

（5）如果已经打开数据库连接，则必须关闭 SqlConnection 对象的连接。

【练习 4】

在本次练习中，根据用户选择的电影类型向 ListBox 控件中显示电影列表，并且显示时根据电影 ID 进行降序排列，实现的主要步骤如下。

（1）添加新的窗体，接着设置该窗体的 Name 属性、MaximumBox 属性、StartPosition 属性和 Text 属性等。

（2）从【工具箱】中拖动两个 Label 控件、一个 ComboBox 控件和一个 ListBox 控件到窗体上，然后分别设置这些控件的相关属性。

（3）窗体加载时在 Load 事件中添加相关代码，这些代码完成后从后台数据库读取电影类型内容并将类型名称加载到 ComboBox 控件中，具体代码不再显示。

（4）为 ComboBox 控件添加 SelectedIndexChanged 事件，该实现根据电影类型 ID 加载该类型下的电影列表。主要代码如下：

```csharp
private void cboMovieType_SelectedIndexChanged(object sender, EventArgs e)
{
    DataSet ds = new DataSet();
    string connectionString = "Data Source=.;Initial Catalog=ViewControl;User
     ID=sa; Password=123456";
    SqlConnection connection = new SqlConnection(connectionString);
     //创建 Connection 对象
    connection.Open();                              //打开数据库连接
    string sql = string.Format("SELECT * FROM [Three_Movie] where movie
     TypeId={0}", Convert.ToInt32(types));
    SqlDataAdapter sda = new SqlDataAdapter(sql, connection);
     //创建 SqlDataAdapter 对象
    sda.Fill(ds);                                   //向 DataSet 对象中填充数据
    DataView dv = ds.Tables[0].DefaultView;         //获取视图对象
    dv.Sort = "mid desc";                           //降序排列
    listBox1.DataSource = ds.Tables[0];             //动态绑定数据
    listBox1.DisplayMember = "name";                //设置要显示的内容
    connection.Close();                             //关闭数据库连接
}
```

上述代码中首先声明 SqlConnection 的实例对象，接着通过声明的 SQL 语句和 connection 对象创建 SqlDataAdapter 的实例对象，然后调用该对象的 Fill() 向 DataSet 对象中填充数据。Sort 属性指定按 mrd 列进行降序排列

（5）运行本示例的窗体选择电影类型查看效果，最终效果如图 13-5 所示。

图 13-5 示例运行效果

13.5.6　SqlDataReader 对象与 DataSet 对象的区别

前几节已经分别通过案例演示了 SqlDataReader 对象和 DataSet 对象的使用，SqlDataReader 对象和 DataSet 对象都可以用来读取后台数据库的数据，但是它们有什么区别呢？如表 13-9 列出了这两个对象的主要区别。

表 13-9　SqlDataReader 和 DataSet 的主要区别

	SqlDataReader	DataSet
数据库连接	必须与数据库进行连接，读表时，只能向前读取，读取完成后由用户决定是否断开连接	可以不和数据库连接，把表全部读到 Sql 中的缓冲池，并断开和数据库的连接
处理数据的速度	读取和处理数据的速度较快	读取和处理数据的速度较慢
更新数据库	只能读取数据，不能对数据库中数据更新	对数据集中的数据更新后，可以把数据库中的数据更新
是否支持分页和排序功能	不支持	支持
内存占用	占用内存较少	占用内存较多

开发人员在考虑应用程序是使用 SqlDataReader 还是 Dataset 时，首先应该考虑应用程序所需的功能类型。SqlDataReader 和 DataSet 对象都有各自的适用场合，以下为 DataSet 对象的适用场合。

（1）如果用户想把数据缓存在本地，供程序使用。

（2）想要在断开数据库连接的情况下仍然能够使用数据。

（3）想要为控件指定数据源或都实现分页和排序功能。

如果不需要 DataSet 所提供的功能则可以通过使用 SqlDataReader 以只进、只读的方式返回数据，从而提高应用程序的性能。

13.6　网格视图控件：DataGridView 控件

Windows 窗体中提供了一种功能强大的列表显示控件：DataGridView 控件。该控件提供一种强大而灵活的以表格形式显示数据的方式，可以对显示的数据进行查看、删除、修改和排序等。

13.6.1　DataGridView 控件的常用属性和事件

DataGridView 控件可以被称为数据网格控件或网格视图控件，它提供了用来显示数据的可自定义表。开发人员可以使用 DataGridView 控件显示少量数据的只读视图，也可以对其进行缩放以显示大数据集的可编辑视图。

DataGridView 控件属于复杂的数据绑定控件，也是窗体中最常用的数据绑定控件，使用该控件可以显示一个或多个表的数据。DataGridView 控件提供了大量的属性、方法和事件，使用它们可以用来对该控件的外观和行为进行自定义，如表 13-10 列出了该控件的常用属性。

表 13-10 DataGridView 控件的常用属性

属 性 名 称	说 明
AllowUserToAddRows	获取或设置一个值，该值指示是否向用户显示添加行的选项。默认值为 True
AllowUserToDeleteRows	获取或设置一个值，该值指示是否允许用户从 DataGridView 中删除行。默认值为 True
AllowUserToOrderColumns	获取或设置一个值,该值指示是否允许通过手动对列重新定位。默认值为 False
AllowUserToResizeColumns	获取或设置一个值，该值指示是否可以调整列的大小。默认值为 True
ColumnCount	获取或设置 DataGridView 中显示的列数
Columns	获取或设置一个值，该值指示是否显示列标题行
DataSource	获取或设置 DataGridView 所显示数据的数据源
DataMember	获取或设置数据源中 DataGridView 显示其数据的列表或表的名称
Item	获取或设置位于指定行和指定列交叉点处的单元格
NewRowIndex	获取新记录所在行的索引
RowCount	获取或设置 DataGridView 中显示的行数
Rows	获取一个集合，该集合包含 DataGridView 控件中的所有行
SelectedRows	获取用户选定的行的集合
SelectedColumns	获取用户选定的列的集合

将数据绑定到 DataGridView 控件只需要设置 DataSource 属性即可,如果绑定到包含多个列表或表的数据源时需要将 DataMember 属性设置为指定要绑定到列表或表的字符串即可。DataGridView 控件支持标准 Windows 窗体数据模型，即 DataSource 属性的数据源可以有多种。以主要实例如下所示：

（1）任何实现 IList 接口的类型，包括一维数组。

（2）任何实现 IListSource 接口的类，例如 DataTable 和 DataSet 对象。

（3）任何实现 IBindingList 接口的类，例如 BindingList<T>类。

（4）任何实现 IBindingListView 接口的类，例如 BindingSource 类。

DataGridView 控件包含多个事件，通过这些事件可以达到不同的目的和效果。该控件最常用的事件有 CellContentClick 事件和 CellContentDoubleClick 事件。它们的具体说明如下：

❑ **CellContentClick** 单元格中的内容被单击时会引发该事件。

❑ **CellContentDoubleClick** 用户双击单元格的内容时会引发该事件。

13.6.2 在设计器中的操作 DataGridView 控件

开发人员可以完全通过编写代码的方式完成对 DataGridView 控件进行操作，当然最简单的方法是在属性窗格中对控件进行设置，还有一种方法就是在设计器中进行设置。但是在实际开发中，往往会将这两种方法结合起来，下面将介绍几种比较常见的操作。

1．添加、删除和编辑列

从【工具箱】中拖动 DataGridView 控件到窗体中，然后单击该控件右上角的智能标志符号会显示 DataGridView 控件的显示，效果如图 13-6 所示。

图 13-6 DataGridView 控件的智能标志

从图 13-6 中可以得出以下结论。

（1）单击图中【添加列】和【编辑列】选项可以实现向 DataGridView 控件中添加和编辑列的效果，该效果相当于在【属性】窗口中设置 Columns 属性。单击【编辑列】或【添加列】选项时，在弹出的对话框中单击【删除】按钮实现删除列的效果。

（2）单击【启用添加】、【启用编辑】、【启用删除】和【启用列表重新排序】选项前的复选框实现选中和未选中效果，这些效果相当于在【属性】窗口中分别设置 AllowUserToAddRows 和 AllowUserToDeleteRows 属性等。

（3）单击选择数据源后的下拉框可以设置数据源，该效果相当于在【属性】窗体中设置 DataSource 属性或都在后台通过编码设置 DataSource 属性。

2．更改列的类型

开发人员在将控件绑定到数据源时，可能会需要更改某些自动生成的列的类型。这时可以单击图 13-6 中的【编辑列】选项，在弹出的对话框中选择一列，然后在列属性网格中将 ColumnType 属性设置为新的列类型。ColumnType 属性仅仅用于设计时，它指示的类表示列类型，并不是类中定义的实际属性。

3．隐藏列

有时用户希望在 Windows 窗体 DataGridView 控件中仅仅显示有用的某些列，例如用户可能希望向具有管理凭据的用户显示雇员工资列，而对其他用户隐藏该列。

单击图 13-6 中的【添加列】或【编辑列】选项在弹出的对话框中选择一列，然后在列属性网格中，将 Visible 属性设置 False。

4．冻结列

用户在查看 Windows 窗体 DataGridView 控件中显示的数据时，有时需要频繁参考一列或若干列。例如显示包含多列的用户信息时需要始终显示用户姓名而使其他在列可视区域以外滚动会很有用。如果要实现这种效果可以冻结控件中的列，冻结一列后其左侧的所有列也被冻结，冻结的列保持不动，而其他列可以滚动。

单击图 13-6 中的【添加列】或【编辑列】选项，在弹出的对话框中选择一列，然后在列属性网格中，将 Frozen 属性设置为 True。

5．隔行分色效果

DataGridView 控件中的数据通常会以类似账目的格式进行显示，当显示的数据有多行时可以实现隔行分色的效果，这种效果可以方便用户判断每一行中有哪些单元格。DataGridView 控件可以为交替行指定完整的样式，除了背景颜色之外，还可以使用诸如前景颜色和字体等样式特性来区分交替行。

DataGridView 控件实现隔行分色效果的主要步骤如下所示：

（1）选中 DataGridView 控件并在【属性】窗格中找到 AlternatingRowsDefaultCellStyle 属性。

（2）单击 AlternatingRowsDefaultCellStyle 属性旁的省略号按钮弹出【CellStyle 生成器】对话框。

（3）在弹出的对话框中通过设置属性定义样式，再使用【预览】确认选择。这样用户所指定的样式将用于控件中显示的每一个交替行。

13.6.3　DataGridView 控件的使用

开发人员可以通过 DataGridView 控件的相关属性设置或获取某行某列的值，以下两种方式的代码演示了如何获取 DataGridView 控件中第 i 行第 j 列的值。

```
dgvTieList[j, i].Value.ToString();
dgvTieList.Rows[i].Cells[j].Value.ToString();
```

如下通过代码将第 1 列的值全部设置为只读的：

```
dgvTieList.Columns[0].ReadOnly = true;
```

前两节已经介绍过了 DataGridView 控件的属性、事件以及如何在设计器中设置 DataGridView 控件。本节将通过一个简单的示例介绍如何使用 DataGridView 控件。

【练习 5】

在本次练习中，使用 DataGridView 控件显示客户的详细信息，然后用户可以在 DataGridView 控件中添加和修改客户信息。主要步骤如下：

（1）添加新的窗体，接着设置该窗体的 Name 属性、MaximumBox 属性、StartPosition 属性和 Text 属性等。

（2）从【工具箱】中拖动 DataGridView 控件和 Button 控件到窗体中，然后单击 GridView 控件右边的智能标志添加列，弹出的对话框如图 13-7 所示。在图 13-7 中输入名称和页眉文本，其中页眉文本表示向用户显示的列名。

（3）添加列完成后可以对列进行编辑，选中要编辑的列在右侧找到 DataPropertyName 属性，将该属性的值设置为后台数据库中相对应的字段名。设置完成后该字段可以自动绑定动态读取的数据，其效果如图 13-8 所示。

图 13-7　【添加列】对话框

图 13-8　【编辑列】对话框设置属性

（4）为窗体添加 Load 事件，该 Load 事件中的代码实现读取后台数据库中所有的客户。具体代码如下：

```
DataSet ds = new DataSet();                    //声明并创建 DataSet
SqlDataAdapter sda;                            //声明 SqlDataAdapter 对象
private void frmPartDataGridView_Load(object sender, EventArgs e)
{
    string connectionString = "Data Source=.;Initial Catalog=ViewControl;User
     ID=sa; Password=123456";
    SqlConnection connection = new SqlConnection(connectionString);
                                               //创建 Connection 对象
    try
    {
        string sql = "SELECT * FROM [Three_Customer]";
        sda = new SqlDataAdapter(sql, connection);
```

```
            sda.Fill(ds);
            dataGridView1.DataSource = ds.Tables[0];        //绑定数据源
        }
        catch (Exception)
        {
            MessageBox.Show("对不起，连接数据库失败！");
        }
    }
```

上述代码首先分别声明 DataSet 和 SqlDataAdapter 的对象，然后对 DataSet 对象进行初始化。Load 事件代码中调用 SqlDataAdapterFill()方法将读取的数据填充到 DataSet 对象中，然后通过 DataGridView 控件的 DataSource 属性绑定数据源，这里指定数据源的类型为一个 DataTable 表。

（5）由于 DataGridView 控件窗口中 AllowUserToAddRows 属性的值默认为 True，所以用户可以直接在该控件中添加数据。另外用户也可以更改已经存在的数据，为 Button 控件添加 Click 事件，该事件代码主要通过 SqlCommandBuilder 对象和 Update()方法实现更新功能。具体代码如下：

```
private void btnSubmit_Click(object sender, EventArgs e)
{
    DialogResult dr = MessageBox.Show("确定要将修改的数据保存到数据库吗？", "修改提
        示", MessageBoxButtons.OKCancel, MessageBoxIcon.Question);
    if (dr == DialogResult.OK)
    {
        SqlCommandBuilder sb = new SqlCommandBuilder(sda);
        sda.Update(ds);
        MessageBox.Show("修改成功", "成功提示");
    }
}
```

上述代码中首先判断用户是否确定修改数据，如果确定修改后台数据库中的数据，首先创建 SqlCommandBuilder 对象，向该对象中传入 SqlDataAdapter 对象，然后调用 SqlDataAdapter 对象的 Update()方法更改数据，最后弹出提示。

（6）运行本示例的窗体查看效果，双击要修改的内容修改原来客户的信息，其效果如图 13-9 所示。用户也可以双击行空白处添加新客户，其效果如图 13-10 所示。

图 13-9　修改客户信息时的效果

图 13-10　添加客户

（7）用户修改内容完成后单击【提交内容】按钮弹出【修改提示】对话框，效果如图 13-11 所示。单击图 13-11 中的【确定】按钮，会将信息保存到数据库，开发人员可以打开数据库查看是否添加成功，添加完成的效果如图 13-12 所示。

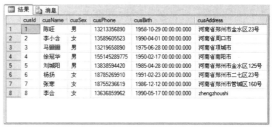

图 13-11　【修改提示】对话框　　　　　　图 13-12　后台数据库添加后效果

注意

SqlCommandBuilder 对象只能用来操作单个表,也就是说开发人员在创建 SqlDataAdapter 对象时,使用的 SQL 语句只能从一个表里查询数据,而不能进行联合查询。

13.7　树形菜单控件：TreeView

用户打开某个文件夹时会发现许多文件都是有层次的进行分类的,如我的电脑通常将磁盘分为 C 盘、D 盘、E 盘和 F 盘,这些磁盘下包含多个文件夹,而每个文件夹下还可以包含多个目录和文件,这样可以实现一个树形菜单的效果。C#也提供了一个常用的树形菜单控件：TreeView 控件。

13.7.1　TreeView 控件的常用属性和事件

Windows 窗体的 TreeView 控件可以为用户显示节点层次结构,例如目录或文件目录。它的效果就像 Windows 操作系统的 Windows 资源管理器功能的左窗格中显示文件和文件夹一样。

TreeView 控件包含多个常用属性,如将 CheckBoxes 属性的值设置为 True 可以显示在节点旁边带有复选框的树视图.表 13-11 对 TreeView 控件的常用属性进行了说明。

表 13-11　TreeView 控件的常用属性

属 性 名 称	说　　　明
CheckBoxes	获取或设置一个值,用以指示是否在树视图控件中的树节点旁显示复选框。默认值为 False
FullRowSelect	获取或设置一个值,用以指示选择突出显示是否跨越树视图控件的整个宽度。默认值为 False
ImageList	获取或设置包含树节点所使用的 Image 对象的 ImageList
ImageIndex	获取或设置树节点显示的默认图像的图像列表索引值
ImageKey	获取或设置 TreeView 控件中的每个节点在处于未选定状态时的默认图像的键
ItemHeight	获取或设置树视图控件中每个节点的高度
Nodes	获取分配给树视图控件的树节点集合
PathSeparator	获取或设置树节点路径所使用的分隔符串
ShowLines	获取或设置一个值,用以指示是否在树视图控件中的树节点之间绘制连线。默认值为 True
ShowNodeToolTips	获取或设置一个值,该值指示当鼠标指针悬停在 TreeNode 上时显示的工具提示。默认值为 False
SelectedImageIndex	获取或设置当树节点选定时所显示的图像的图像列表索引值
SelectedNode	获取或设置当前在树视图控件中选定的树节点

Windows 窗体 TreeView 控件可以在每个节点旁显示图标,图标紧挨着节点文本的左侧,如果

要显示这些图标，则必须使树视图与 ImageList 控件相关联。开发人员可以在【属性】窗格中设置，也可以通过编写代码设置。

```
treeView1.ImageList = imageList1;
```

另外也可以设置节点的 ImageIndex 和 SelectedImageIndex 属性，ImageIndex 属性确定正常和展开状态下的节点显示的图像，SelectedImageIndex 属性确定选定状态下的节点显示的图像。

```
treeView1.SelectedNode.ImageIndex = 0;
treeView1.SelectedNode.SelectedImageIndex = 1;
```

TreeView 控件可以包含多个子节点，用户可以按展开或折叠的方式显示父节点所包含的子节点的节点。常见的节点类型有三种，如下所示：

❑ **根节点**　没有父节点，但具有一个或多个子节点的节点。

❑ **父节点**　具有一个子节点，且有一个或多个子节点的节点。

❑ **叶节点**　没有子节点的节点。

表 13-11 中 TreeView 控件的 SelectedNode 属性返回 TreeNode 的节点对象，该对象有多个属性，通过这些属性可以获取常用的信息，如表 13-12 列出了常见的属性。

表 13-12　TreeNode 对象的常见属性

属 性 名 称	说　　明
Checked	获取或设置一个值，用以指示树节点是否处于选中状态
FirstNode	获取树节点集合中的第一个树节点
Index	获取树节点在树节点集合中的位置
Level	节点在树形菜单中的层级，从零开始
Name	获取或设置树节点的名称
NextNode	获取下一个同级树节点
Nodes	获取分配给当前树节点的 TreeNode 对象的集合
Parent	获取当前树节点的父树节点
PrevNode	获取上一个同级树节点
Text	获取或设置在树节点标签中显示的文本

如下要获取用户当前选中节点的文本，代码如下：

```
treeView1.SelectedNode.Text
```

与大多数控件一样，TreeView 控件也包括多个事件，通过这些事件可以实现不同的效果，如 Click 事件、DragDrop 事件和 AfterSelect 事件。但是该控件常用的事件并不多，最常用的事件如下所示：

❑ **AfterSelect 事件**　在更改选中节点的内容后会引发该事件。

❑ **AfterExpand 事件**　在节点展开之后会引发该事件。

▌13.7.2　TreeView 的使用

上一节已经简单介绍过 TreeView 控件的常用属性和事件，本节将 TreeView 控件、ListView 控件与目录相关的 Directory 类结合起来，实现显示一个树形菜单的效果。实现的主要步骤如下：

（1）添加新的窗体，接着设置该控件的 StartPosition 属性、Text 属性、Name 属性和 MaximumBox 属性等。

（2）从【工具箱】中分别拖动 TreeView 控件、ListView 控件和两个 ImageList 控件到窗体中，然后分别设置这些控件的相关属性，如 ImageList 控件设置 Images 属性添加多张图片。

（3）为窗体添加 Load 事件，该事件的代码实现加载我的电脑下的所有磁盘文件。具体代码如下：

```csharp
private void frmPartTreeView_Load(object sender, EventArgs e)
{
    treeView1.ImageList = imageList1;              //指定图片列表
    TreeNode gen = new TreeNode();                 //创建 TreeNode 对象
    gen = treeView1.Nodes.Add("我的电脑");          //添加根目录
    string[] dirs = Directory.GetLogicalDrives();  //获取根目录下的所有磁盘文件
    foreach (string dir in dirs)                   //遍历磁盘文件
    {
        TreeNode nod = gen.Nodes.Add(dir);
        nod.Tag = dir;
        nod.ImageIndex = 1;
        nod.Nodes.Add("loading...");
    }
}
```

上述代码中首先设置 TreeView 控件的 ImageList 属性，接着通过创建 TreeNode 对象添加根目录，然后调用 GetLogicalDrives()方法获取根目录下的所有磁盘文件，最后通过 foreach 语句遍历所有磁盘文件。在 foreach 语句中，首先创建 TreeNode 对象，然后设置该对象的 Tag 属性和 ImageIndex 属性，最后通过 Add()方法添加节点。

（4）用户单击展开某个磁盘下的文件时会引发 TreeView 控件的 AfterExpand 事件，该事件加载显示某个磁盘下的文件，或某个磁盘文件下的目录。具体代码如下：

```csharp
private void treeView1_AfterExpand(object sender, TreeViewEventArgs e)
{
    if (e.Node.Parent != null)                    //父级目录是否为空
    {
        e.Node.Nodes.Clear();                     //清除子目录
        try
        {
            string[] dirs = Directory.GetDirectories(e.Node.Tag.ToString());
                                                  //获取所有文件
            foreach (string dir in dirs)          //遍历所有文件
            {
                string d = dir.Substring(dir.LastIndexOf("\\") + 1);//截取文件名
                TreeNode node = e.Node.Nodes.Add(d);  //添加文件
                node.Tag = dir;
                node.ImageIndex = 2;
                node.SelectedImageIndex = 2;
                node.Nodes.Add("loading...");
            }
        }
        catch (Exception ex)
        {
            MessageBox.Show(ex.Message);
        }
    }
}
```

上述代码中首先判断用户选中的文件的父级目录是否为空，如果不为空才进行操作。首先调用 Clear()方法清除子目录，接着在 Try 语句中调用 Directory 对象的 GetDirectories()方法获取选中内容的所有文件，然后通过 foreach 语句遍历所有文件。在 foreach 语句分别设置 Tag、ImageIndex 和 SelectedImageIndex 属性，然后通过 Add()方法向 TreeView 控件中添加文件。

（5）为 TreeView 控件添加 AfterSelect 事件，节点内容发生改变时就会引发该事件，该事件的代码完成后显示某个文件下的所有后缀名为 jpg 的图片。具体代码如下：

```csharp
private void treeView1_AfterSelect(object sender, TreeViewEventArgs e)
{
    imageList2.Images.Clear();                          //清除 ImageList 控件中的图片
    if (e.Node.Parent != null)                          //如果父级存在
    {
        listView1.Items.Clear();                        //清除 ListView 控件中的内容
        try
        {
            string path = e.Node.Tag.ToString();        //获取目录路径
            string[] files=Directory.GetFiles(path,"*.jpg");//获取目录下的所有 JPG 文件
            for (int i = 0; i < files.Length; i++)      //遍历所有的图片文件
            {
                imageList2.Images.Add(Image.FromFile(files[i]));
                int start = files[0].LastIndexOf("\\");
                string fn = files[i].Substring(start,files[i].Length-1-start);
                listView1.Items.Add(fn, i);
            }
        }
        catch (Exception ex)
        {
            MessageBox.Show(ex.Message);
        }
    }
}
```

上述代码中首先清除 ImageList 控件中的图片，然后通过 Partent 属性判断父级目录是否为空，如果不为空则通过代码显示图片文件。首先通过 Clear()方法清除 ListView 控件中的所有内容，接着通过 Tag 属性获取选中的文件路径，Directory 对象的 GetFiles()方法获取目录下所有的 JPG 文件，然后通过 for 语句遍历这些文件。

（6）运行本示例的窗体单击节点查看效果，其最终运行效果如图 13-13 所示。

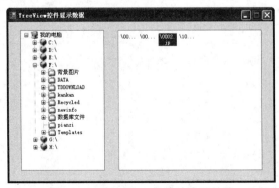

图 13-13　TreeView 控件的使用效果

13.8 实例应用：显示论坛数据列表

13.8.1 实例目标

论坛的出现是互联网发展越来越快的重要标志之一，用户通过论坛可以随意的发表自己的看法、见解和意见。大多数的论坛都是以 B/S 架构的形式出现的，本节实例应用通过使用三层框架模拟实现一个 C/S 架构的论坛。实现的主要目标如下所示：

（1）完成菜单栏和状态条内容的设置。

（2）动态加载帖子的类型。

（3）动态显示所有帖子内容，并且能够对帖子进行删除操作，能够查看不同帖子类型的帖子列表。

13.8.2 技术分析

实现本实例应用的目标需要使用到多个技术，其中主要技术如下：

（1）使用 MenuStrip 控件和 StatusStrip 控件完成菜单栏和状态条功能。

（2）使用 ADO.NET 技术中的相关对象完成操作数据的功能。

（3）使用 ContextMenuStrip 控件加载显示右侧的基本菜单。

（4）使用相关属性（如 DataSource 属性）动态绑定显示数据。

13.8.3 实现步骤

本节实例应用通过三层框架来搭建，三层主要是指数据访问层、业务逻辑层和用户界面层。它们的具体说明如下：

（1）数据访问层　负责与数据库打交道，处理与后台数据库相关的数据。

（2）业务逻辑层　负责逻辑部分的处理，主要针对问题进行操作。

（3）用户界面层　也叫表示层或表现层，它为客户提供用户交互的应用服务图形界面，帮助用户理解和高效地定位应用服务，向用户呈现业务逻辑层处理后传递的数据。

除了三层之外，还需要使用一个非常重要的类：SQLHelper 类。该类提供了 Microsoft SQL Server 数据库相关方面的软件开发，封装了常用的获取数据的方法。另外，开发人员还可以将所有的相关类放置到一个项目下。

1. 搭建三层框架

三层框架的搭建步骤如下所示：

（1）单击【文件】|【新建项目】选项弹出【新建项目】对话框，在弹出的对话框左侧选择【其他项目类型】选项下的【Visual Studio 解决方案】选项，输入名称后可以添加新的解决方案。

（2）选中新添加的解决方案后右击，然后选择【添加】|【新建项目】选项，在弹出的【添加新项目】对话框中选择类库，然后输入添加的类库名称 DBUtility，该项目主要存放不同的帮助类，效果如图 13-14 所示。

（3）重新选中解决方案，然后分别添加名称为 Model、BLL 和 DAL 的类库，它们分别表示实体模型、业务逻辑层和数据访问层。

（4）选中解决方案后添加名称为 UI 的 Windows 窗体应用程序。

图 13-14　添加新的项目

（5）为不同的项目之间添加引用，为 DAL 添加对 DBUtility 和 Model 层的引用，为 BLL 添加对 DAL 和 Model 层的引用，为 UI 添加对 BLL 和 Model 层的引用，最后选中 UI 单击右键将其设置为启动项目。例如为 DAL 层添加对 DBUtility 和 Model 层的引用时，首先选中 DAL 单击右键选择【添加引用】选项，在弹出的对话框中选择要添加的引用，效果如图 13-15 所示，选择完成后单击【确定】按钮即可。

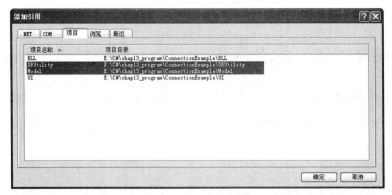

图 13-15　添加引用效果

（6）整个三层框架搭建完成后的效果如图 13-16 所示，开发人员可以在不同的项目层中添加代码。

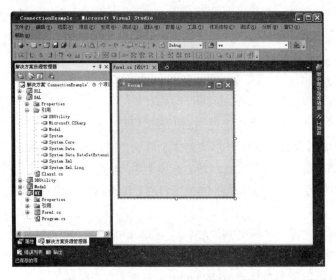

图 13-16　搭建三层框架完成的效果

（7）分别向不同的项目中添加类，完成对各个阶段的实现代码。

2．SQLHelper 类

选中 DButility 项目，然后在该项目中添加 SQLHelper 类，该类主要包含全局的连接数据库字符串变量和 3 个方法，它们分别是 ExecuteNonQuery()、ExecuteData()和 PrepareCommand()方法。ExecuteNonQuery()方法的具体代码如下：

```
public static readonly string connectionString = "Data Source=WMM\\MSSQLS
ERVER0;Initial Catalog= ViewControl;User ID=sa; Pwd=123456";
public static int ExecuteNonQuery(string cmdText)    //执行增加、删除和修改语句
{
    using (SqlConnection con = new SqlConnection(connectionString))
    {
        using (SqlCommand cmd = new SqlCommand(cmdText, con))
        {
            con.Open();
            int val = cmd.ExecuteNonQuery();
            return val;
        }
    }
}
```

上述代码中 ExecuteNonQuery()方法用来执行添加、修改和删除的语句，在该方法中首先创建 SqlConnection 的实例对象，然后创建 SqlCommand 对象，调用 Open()方法打开数据库连接后调用 SqlCommand 对象的 ExecuteNonQuery()方法执行 SQL 语句，最后将受影响的结果返回。

ExecuteDataSet()方法返回一个 DataSet 对象，该对象的数据可以包含多条，主要用来查询数据。

```
public static DataSet ExecuteDataSet(string cmdtext)
{
    using (SqlConnection con = new SqlConnection(connectionString))
    {
        SqlDataAdapter adapter = new SqlDataAdapter();
        using (SqlCommand cmd = new SqlCommand())
        {
            DataSet ds = new DataSet();
            PrepareCommand(con, cmd, CommandType.Text, cmdtext, null);
            adapter.SelectCommand = cmd;
            adapter.Fill(ds);
            return ds;
        }
    }
}
```

上述代码中首先创建 SqlConnection 对象，接着创建 SqlDataAdapter 对象和 SqlCommand 对象，然后创建 DataSet 对象，PrepareCommand()方法主要用来创建并设置 SqlCommand，调用 SqlDataAdapter 的 Fill()方法填充数据集后将结果返回。

PrepareCommand()方法用来创建 SqlCommand 对象，该方法传入多个参数，然后在该方法中分别通过多个属性进行赋值。具体代码如下：

```
private static void PrepareCommand(SqlConnection con, SqlCommand cmd, Command
Type cmdType, string cmdText, SqlParameter[] cmdParms)
{
    if (con.State != ConnectionState.Open)
        con.Open();
    cmd.Connection = con;
    cmd.CommandType = cmdType;
    cmd.CommandText = cmdText;
    if (cmdParms != null)
        foreach (SqlParameter para in cmdParms)
            cmd.Parameters.Add(para);
}
```

3. 具体实现

UI 窗体应用程序实现向用户展示数据的效果，其实现的主要步骤如下：

（1）将窗体应用程序生成的 Form1 窗体更改为 frmParent 窗体，接着通过设置 IsMdiContainer 属性的值将该窗体设置为父窗体，然后设置该窗体的 Text 属性、Icon 属性和 WindowState 属性等。

（2）从【工具箱】中分别拖动 MenuStrip 控件和 StatusStrip 控件到窗体中，接着向两个控件中添加菜单项，然后设置它们的相关属性，窗体的最终设计效果如图 13-17 所示。

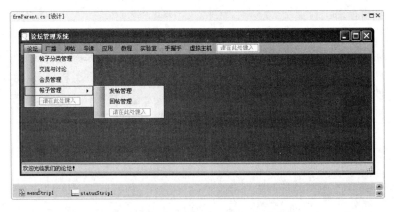

图 13-17　父窗体的设计效果图

（3）用户单击图 13-17 中的【发帖管理】选项时弹出子窗体，该窗体显示所有发帖列表。为该选项添加 Click 事件，其具体代码如下：

```
private void tsmiFa_Click(object sender, EventArgs e)
{
    frmOper faOper = new frmOper();
    faOper.MdiParent = this;
    faOper.Show();
}
```

（4）添加名称为 frmOper 的新窗体，该窗体显示用户的所有发帖数量列表。从【工具箱】中分别拖动一个 Label 控件、ComboBox 控件和 DataGridView 控件到窗体中，具体效果不再显示。

（5）为窗体添加 Load 事件，该 Load 事件记载显示所有的贴子类型列表，以及列表类型为 6 的所有帖子。主要具体代码如下：

```
private void frmOper_Load(object sender, EventArgs e)
```

```
    {
        cboTieType.DataSource = TieTypeBLL.GetTypeList();    //显示加载帖子类型
        cboTieType.DisplayMember = "ttName";
        cboTieType.ValueMember = "ttId";
        dgvTieList.DataSource = FaTieBLL.FaTieListById(6);   //绑定 DataGridView 控件
    }
```

上述代码中 ComboBox 控件的 DataSource 数据源调用业务逻辑层 TieTypeBLL 的 GetTypeList()方法。

（6）业务逻辑层中 GetTypeList()方法调用后台数据访问层 TieTypeDAL 的 GetTypeList()方法。这两个方法的具体代码如下：

```
public static DataTable GetTypeList()                         //业务访问层
{
    return TieTypeDAL.GetTypeList();
}
public static DataTable GetTypeList()                         //数据逻辑层
{
    string sql = "SELECT * from [Three_TieType]";
    return SQLHelper.ExecuteDataSet(sql).Tables[0];
}
```

（7）用户选择某个帖子类型时加载该类型下的所有帖子，为 ComboBox 控件添加 SelectedIndexChanged 控件。主要代码如下：

```
private void cboTieType_SelectedIndexChanged(object sender, EventArgs e)
{
    int valueid = Convert.ToInt32(cboTieType.SelectedValue);//获取选中的类型 ID
    dgvTieList.DataSource = FaTieBLL.FaTieListById(valueid);//显示数据
}
```

（8）用户单击数据列表右键，然后选择删除时会删除所选中的内容。为删除选项添加 Click 事件，其具体代码如下：

```
private void tsmiDelete_Click(object sender, EventArgs e)
{
    int selcount = dgvTieList.SelectedRows.Count;      //获取选中的内容的数量
    if (selcount <= 0)
        MessageBox.Show("您还没有选择您要删除的行！");
    else
    {
        DialogResult dr = MessageBox.Show("您确定要删除选择的数据吗？删除后不能恢复！
        ", "删除提示", MessageBoxButtons.OKCancel, MessageBoxIcon.Question);
        if (dr == DialogResult.OK)
        {
            string values = "";
            for (int i = selcount - 1; i >= 0; i--)
                values += dgvTieList.SelectedRows[i].Cells[0].Value.ToString()+",";
            values = values.Trim(',');
            int delresult = FaTieBLL.DeleteTieById(values);
```

```
            if (delresult <= 0)
                MessageBox.Show("删除数据失败，请重新删除！");
            else
                MessageBox.Show("删除成功！");
                dgvTieList.DataSource = FaTieBLL.FaTieListById(Convert.ToInt32(cbo
                TieType.SelectedValue));
        }
    }
}
```

上述代码中首先通过 DataGridView 控件的 SelectedRows 获取所有选中的行，接着通过 Count 属性获取选中行的总数量，如果选中的项不为空则弹出是否删除的提示。如果确定删除，在 for 语句中循环获取用户选择的数据的主键 ID，然后调用业务逻辑层的方法删除数据，删除完成后重新绑定 DataGridView 控件中的数据。

（9）运行本示例的窗体单击【论坛】|【帖子管理】|【发帖管理】选项查看效果，效果如图 13-18 所示。用户可以选择一项或多项进行删除，删除时的提示效果如图 13-19 所示。单击【确定】按钮确定删除，单击【取消】按钮不进行删除，删除成功或不成功都会弹出提示。

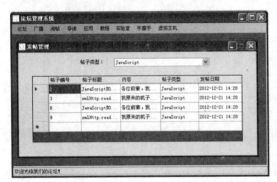 

图 13-18　帖子列表效果图　　　　　　　　　　图 13-19　删除帖子的效果

13.9 拓展训练

1. 使用 ADO.NET 对象保存 DataGridView 控件更改的数据

添加新的窗体，在窗体中添加 DataGridView 控件，该控件用来向用户展示数据列表，然后添加两个 Button 控件，它们分别用来修改数据和关闭窗体。用户可以修改 DataGridView 控件展示的数据，但是不能直接通过该控件进行添加，修改完成后单击按钮保存修改信息，其效果如图 13-20 所示。

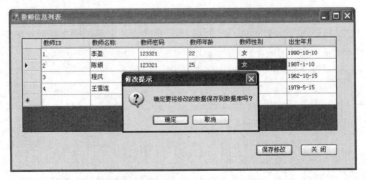

图 13-20　拓展训练 1 显示效果

2．TreeView 控件的基本使用

开发人员可以使用 TreeView 控件与其他控件展示一个树形菜单的效果。要求用户选中父节点时可以显示当前父节点下的所有子节点，并且可以添加和修改任意的子节点。如果选中的节点没有子节点则可以删除，否则弹出提示不能删除。

13.10 课后练习

一、填空题

1．ADO.NET 提供了用于访问和操作数据的两个组件，它们分别是.NET Framework 数据提供程序和

_____。

2．_____对象表示数据库 Microsoft SQL Server 的一个连接。

3．SqlConnection 对象的_____方法可以释放 Component 所占用的资源。

4．下面主要代码的横线处的应该填写_____。

```
using(SqlDataReader reader = command.ExecuteReader())
{
    while(reader_____){
    //省略读取的详细内容
    }
}
```

5．SqlDataAdapter 对象更改 DataGridView 控件中的数据完成后，需要更新后台数据库中的内容，这时需要调用 SqlDataAdapter 对象的_____方法。

6．TreeView 控件的_____属性用来设置树节点路径所使用的分隔符中。

7．SqlDataReader 对象的_____属性可以用来获取当前行中的列数。

二、选择题

1．.NET Framework 数据提供程序的核心对象不包括_____。

A．Connection

B．DataAdapter

C．DataSetl

D．DataReader

2．如果开发人员要打开 Microsoft SQL Server 的数据库连接，选项_____是正确的。

A．

```
string connectionString = "Data Source = .;Initial Catalog = master; User ID = sa";
SqlConnection connection = new SqlConnection(connectionString);
```

B．

```
SqlConnection connection = new SqlConnection("Data Source = .");
```

C．

```
SqlConnection connection = new SqlConnection();
connection.ConnectionString = "Data Source = . ";
```

D．

```
string connectionString = "Data Source = .; User ID = sa; Password=123";
SqlConnection connection = new SqlConnection(connectionString);
```

3. 下面关于 SqlDataReader 和 DataSet 的说法正确的是_____。

    A. 使用 SqlDataReader 对象的地方不能使用 DataSet 对象，但是使用 DataSet 的地方可以使用 SqlDataReader 对象替换

    B. 使用 DataSet 对象的地方不能使用 SqlDataReader 对象，但是使用 SqlDataReader 对象的地方可以使用 DataSet 替换

    C. SqlDataReader 对象可以更改后台数据库中的数据，而 DataSet 对象不能对数据库的数据更新

    D. DataSet 对象可以更改后台数据库中的数据，而 SqlDataReader 对象不能对后台数据库的数据进行更新

4. 下面代码完成根据 ID 删除用户的功能，其中横线处应该填写_____。

```
string connectionString = "Data Source=.;Initial Catalog=master;User ID=sa;
Password=123456";
SqlConnection connection = new SqlConnection(connectionString);
connection.Open()
string sql = "DELETE FROM [UserInfo] where uid=3";
SqlCommand command = new SqlCommand(sql, connection);
int result = command._____;
connection.Close();
```

    A. ExecuteXmlReader()

    B. ExecuteReader()

    C. ExecuteNonQuery()

    D. ExecuteScalar()

5. 关于 SqlCommand 对象的使用步骤，下面选项_____是正确的。

（1）创建 SqlCommand 的实例对象。

（2）定义要执行的 Transact-SQL 语句。

（3）使用 SqlConnection 对象创建数据库连接。

（4）关闭数据库连接。

（5）执行 Transact-SQL 语句。

    A. （3）、（2）、（1）、（4）、（5）

    B. （3）、（2）、（1）、（5）、（4）

    C. （2）、（3）、（4）、（5）、（1）

    D. （2）、（3）、（1）、（5）、（4）

6. 下面关于 TreeView 控件的说法中，选项_____的说法是错误的。

    A. TreeView 控件的 Remove()方法和 RemoveAt()都可以删除指定的节点

    B. TreeView 控件的 SelectedNode 属性返回 TreeNode 的节点对象

    C. TreeView 控件的 Nodes 属性返回 TreeNodeCollections 集合对象

    D. TreeView 控件的 Index 方法表示获取节点在树形菜单中的层级，从 0 开始

三、简单题

1. 说出常见的.NET Framework 的数据提供程序和基本对象。

2. 列举 SqlDataReader 对象和 DataSet 对象的异同点。

3. 说明使用 SqlDataAdapter 对象填充和修改 DataSet 对象时所用的方法。

4. 请说出 SqlDataReader 对象的使用步骤。

5. 列举 DataGridView 控件和 TreeView 控件的常用属性和事件。

6. 请说出搭建三层框架的主要步骤。

第 14 课
使用 GDI+进行绘图

　　使用 Visual Studio 2010 开发 Windows 应用程序时需要经常使用图形或图像来更加形象、直观地分析数据。.NET Framework 提供了一种专门绘制线条和形状、呈现文本或显示操作图像的相关技术——GDI+。本课将详细介绍如何在 C#中使用 GDI+技术绘制图形和图像，如直线、圆弧和多边形等，另外，还将介绍与绘图相关的对象，如创建画布对象 Graphics。

　　通过对本课的学习，读者可以很清晰地了解 GDI+的相关知识，也可以了解 Graphics、Pen 和 Brush 等相关绘图对象的使用，还可以熟练地使用相关对象绘制图形和图像等。

本课学习目标：

❑ 熟悉 GDI+的概念、新增功能和常用命名空间

❑ 掌握如何使用 Graphics 对象

❑ 掌握 Pen 对象的构造函数、属性以及如何使用

❑ 掌握 Brush 对象的 5 个派生类的具体使用

❑ 掌握如何使用 Font 对象和 Color 对象设置字体

❑ 掌握如何使用 GDI+绘制基本图形，如矩形、多边形、扇形和椭圆等

❑ 掌握如何使用 GDI+的相关对象绘制文本

❑ 掌握 GDI+如何对图像的操作

14.1 图形绘制概述

"图形"是指在屏幕上显示的任何文本、图形或图标，开发人员可以将图形放在 PictureBox 控件中，以便在窗体上显示出来，也可以在窗体上或其他控件上绘制图形，如直线、矩形和圆形等。下面将详细介绍与图形绘制相关的知识，包括 GDI+、画布、画刷以及画笔对象等。

14.1.1 GDI 和 GDI+

GDI（Graphics Device Interface，GDI）是图形设备接口，其主要任务是负责系统与绘图程序之间的信息交换，处理所有 Windows 程序的图形输出。GDI 的出现使程序员无须要关心硬件设备及设备驱动，就可以将应用程序的输出转化为硬件设备上的输出，实现了程序开发者与硬件设备的隔离，大大方便了开发工作。

GDI 具有多个特点，其主要特点如下：

（1）不允许程序直接访问物理显示硬件，通过称为"设备环境"的抽象接口间接访问显示硬件。

（2）程序需要与显示硬件（如显示器和打印机）进行通信时必须首先获得与特定窗口相关联的设备环境。

（3）用户无须关心具体的物理设备类型。

（4）Windows 参考设备环境的数据结构完成数据的输出。

GDI+是 Windows XP 中的一个子系统，它主要负责在显示屏幕和打开设备输出有关信息，它是一组通过 C++类实现的应用程序编程接口。GDI+使应用程序开发人员在输出屏幕和打印机信息时无须考虑具体显示设备的细节，只需要调用 GDI+库输出的类的一些方法即可完成图形操作，真正的绘图工作交给特定的设备驱动程序来完成。

GDI+为开发者提供了一组实现与各种设备（例如显示器、打印机以及其他具有图形化能力的设备）进行交互的库函数，其实质在于能够代替开发人员实现与显示器或其他显示设备进行交互。

1．GDI+的新增功能

GDI+是 GDI 的继承者，出于兼容性考虑，Windows XP 仍然支持以前版本的 GDI，但是在开发新的应用程序时，开发人员为了满足图形输出的需要应该使用 GDI+，因为 GDI+对以前的 Windows 版本中 GDI 进行了优化，并添加了许多新的功能。其主要功能如下：

（1）渐变的画刷

GDI+允许用户创建一个沿路径或直线渐变的画刷来填充外形（shapes）、路径（paths）和区域（regions）。同样地，渐变画刷也可以画直线、曲线和路径，当开发人员使用线形画刷填充外形时，颜色就能够沿外形逐渐变化。

（2）基数样条函数

GDI 不支持基数样条函数，而 GDI+支持。基数样条是一组单个曲线按照一定的顺序连接而成的一条较大曲线。样条是由一系列点指定，并通过每一个指定的点。由于基数样条平滑地穿过每一个点（不出现尖角），因而它比直线连接创建的路径更加精确。

（3）持久路径对象

GDI+中的路径属于设备描述表(DC)，画完后路径就会被破坏。在 GDI+中，绘图工作由 Graphics 对象来完成，开发人员可以创建几个与该对象分开的路径对象，绘图操作时路径对象不被破坏，这样就可以多次使用同一个路径对象画路径了。

（4）变形和矩阵对象

GDI+提供了矩阵对象，它使编写图形的旋转、平移和缩放代码变得非常容易。一个矩阵对象总是和一个图形变换相联系起来。例如，路径对象的 Transform() 方法的一个参数能够接受矩阵对象的地址，每次路径绘制时能够根据变换矩阵绘制。

（5）可伸缩区域

在 GDI 中 Regions 存储在设备坐标中，对 Regions 惟一可进行图形变换的操作就是对区域进行平移。而 GDI+ 在区域方面进行了改进，它用世界坐标存储区域，允许对区域进行任何图形变换，而图形变换以变换矩阵存储。

（6）混合

GDI+ 支持 Alpha Blending，它利用 alpha 融合，相关人员可以指定填充颜色的透明度，透明颜色与背景色相互融合，填充色越透明则背景色显示越清晰。

（7）多种图像格式支持

图像在图形界面程序中占有举足轻重的地位，GDI+ 除了支持 BMP 等 GDI 支持的图形格式外，还支持 JPEG、GIF、PNG 以及 TIFF 等图像格式。相关人员可以直接在程序中使用这些图片文件，而无须考虑它们所用的压缩算法。

（8）其他

除了上述新增功能外，GDI+ 还将支持其他技术，如重新着色、颜色校正、元数据和图形容器等，这些功能并不常用。

2．GDI+ 的命名空间

GDI+ 主要由二维矢量图形、图像处理和版式三部分组成，它也为各种字体、字号和样式来显示文本这种复杂任务提供了大量的支持。GDI+ 存在于 System.Drawing.dll 程序集中，如表 14-1 对 GDI+ 基类的主要命名空间进行了说明。

表 14-1　GDI+ 基类的主要命名空间

命 名 空 间	说　　明
System.Drawing	提供了对 GDI+ 基本图形功能的访问
System.Drawing.Drawing2D	提供了高级的二维和矢量图形功能
System.Drawing.Imaging	提供了高级 GDI+ 图像处理功能
System.Drawing.Pringting	把打印机或打印预览窗口作为输出设备时使用的类
System.Drawing.Design	一些预定义的对话框、属性表和其他用户界面元素，与在设计期间扩展用户界面相关
System.Drawing.Text	提供了高级 GDI+ 字体和排版功能

14.1.2　画布 Graphics 对象

System.Drawing 相关命名空间下提供了对基本图形功能的访问，主要包括 Graphics 对象、Bitmap 对象、Brush 对象和 Color 对象等。

Graphics 对象是 GDI+ 的核心，它提供将对象绘制到显示设备的方法，是可以用来创建图形图像的对象。Graphics 对象也叫画布或画板对象，它有三种基本类型的绘图界面。

（1）Windows 和屏幕上的控件。

（2）要发送给打印机的页面。

（3）内存中的位图和图像。

1．Graphics 对象的创建

处理图形的第一步是创建 Graphics 对象，Graphics 类没有定义构造函数，因此无法使用 new 关键字来创建 Graphics 对象。在 .NET Framework 中，创建该对象有三种方式：

（1）在窗体或控件的 Paint 事件中直接引用 Graphics 对象。

这种方式创建 Graphics 对象非常简单，直接为窗体或控件添加 Paint 事件，然后在该事件中通过参数 e 来获取 Graphics 对象。窗体的 Paint 事件代码如下：

```
private void Form1_Paint(object sender, PaintEventArgs e)
{
    Graphics g = e.Graphics;
}
```

（2）调用某个控件或窗体的 CreateGraphics()方法来获取对 Graphics 对象的引用。

利用某个控件或窗体的 CreateGraphics()方法来获取 Graphics 对象的引用，该对象表示该控件或窗体的绘图图面。例如，下面代码用来获取 Button 控件 btnShow 的 Graphics 对象。

```
Graphics g = btnShow.CreateGraphics();
```

（3）由从 Image 继承的任何对象创建 Graphics 对象。

这种创建方式是调用 Graphics 对象的 FromImage()方法，然后提供要创建 Graphics 对象的 Image 变量名称，该名称可以 Image 类型或其派生类型。

例如，为 sg_icon 图像创建类型为 Bitmap 的对象 myBitmap，并调用 Graphics 对象的 Bitmap()方法获取该图像的 Graphics 对象，并保存到变量 g 中。代码如下：

```
Bitmap myBitmap = new Bitmap(@"F:\sg_icon.png");
Graphics g = Graphics.FromImage(myBitmap);
```

2．Graphics 对象的属性

Graphics 对象的属性有多个，开发人员可以通过这些属性设置与绘图相关的内容，如表 14-2 列出了常见属性。

表 14-2　Graphics 对象的常见属性

属 性 名 称	说　明
Clip	获取或设置 Region，该对象限定此 Graphics 的绘图区域
ClipBounds	获取一个 RectangleF 结构，该结构限定此 Graphics 的剪辑区域
DpiX	获取 Graphics 的水平分辨率
DpiY	获取 Graphics 的垂直分辨率
IsClipEmpty	获取一个值，该值指示 Graphics 的剪辑区域是否为空
IsVisibleClipEmpty	获取一个值，该值指示 Graphics 的可见剪辑区域是否为空
PixelOffsetMode	获取或设置一个值，该值指定在呈现此 Graphics 的过程中像素如何偏移
SmoothingMode	获取或设置 Graphics 的呈现质量
Transform	获取或设置 Graphics 的几何世界变换的副本

3．Graphics 对象的方法

除了属性外，Graphics 对象中也包含多个方法，通过这些方法开发人员可以绘制不同的图形，如直线、矩形、圆形和图像等，也可以对图形图像进行填充，如表 14-3 列出了常见的方法。

表 14-3　Graphics 对象的常见方法

方 法 名 称	说　明
Clear()	清除整个绘图画面并以指定背景色填充
DrawArc()	用于绘制一条弧线，它表示由一对坐标、宽度和高度指定的椭圆部分
DrawBezier()	用于绘制由 4 个 Point 结构定义的贝塞尔样条
DrawBeziers()	用 Point 结构数组绘制一系列贝塞尔样条
DrawEllipse()	绘制一个由边框定义的椭圆

方 法 名 称	说　　明
DrawImage()	在指定位置并且按原始大小绘制指定的 Image
DrawLine()	该方法用于绘制一条连接由坐标对指定两个点的线条
DrawPath()	该方法绘制一系列相互连接的直线和曲线
DrawPie()	绘制一个扇形，其形状由一个坐标对、宽度、高度以及两条射线所指定的椭圆定义
FillPath()	该方法用于填充 GraphicsPath 的内部
FillRectangle	该方法用于填充由一对坐标、一个宽度和一个高度指定的矩形内部
FormImage()	用于从指定的 Image 创建新的 Graphics 对象
FillPie()	填充一个扇形的内部

如下代码在窗体的 Paint 事件中调用 DrawLine()方法绘制了一条简单的直线：

```
private void Form1_Paint(object sender, PaintEventArgs e)
{
    Graphics g = e.Graphics;
    g.DrawLine(new Pen(Color.Red), 10, 10, 60, 60);
}
```

4．与 Graphics 对象一起使用的主体对象

创建图形图像时最重要的是创建 Graphics 对象，然后才可以使用 GDI+绘制线条和形状、呈现文本或显示与操作图像。与 Graphics 对象一起使用的主体对象如下：

❑ **Pen 对象**　用于绘制线条、勾勒形状轮廓或呈现其他几何表示形式。

❑ **Brush 对象**　用于填充图形区域，如实心形状、图像或文本。

❑ **Font 对象**　提供有关在呈现文本时要使用什么形状的说明。

❑ **Color 结构**　该结构表示显示的不同颜色。

14.1.3　画笔 Pen 对象

画笔是最简单的一种绘图工具，同时也是最重要的一种绘图对象。.NET Framework 中提供了 Pen 对象表示画笔，该对象可以用来绘制不同的线条，如直线和曲线。

1．Pen 对象的构造函数

使用 new 关键字创建画笔时有多种方法，这取决于 Pen 对象的构造函数。该对象有 4 个构造函数，其具体说明如下：

❑ **public Pen(Brush brush)**　使用画刷创建画笔，参数 brush 指定画笔所使用的刷。

❑ **public Pen(Color color)**　使用颜色创建画笔，参数 color 指定画笔所使用的颜色。

❑ **public Pen(Brush brush,float width)**　使用画刷创建画笔，参数 width 指定画笔的宽度。

❑ **public Pen(Color color,float width)**　使用颜色创建画笔，参数 width 指定画笔的宽度。

如下代码分别使用不同的函数创建画笔：

```
Pen colorpen = new Pen(Color.Yellow);
Pen colorpenwidth = new Pen(Color.Yellow, 5);
Pen brushpen = new Pen(new SolidBrush(Color.Red));
Pen brushpenwidth = new Pen(new SolidBrush(Color.Red), 3);
```

2．Pen 对象的属性

Pen 对象包含多个属性和方法，利用该对象的相关属性可以设置画笔的颜色、画线样式、画线起点以及终点样式等，如表 14-4 对该对象的常用属性进行了说明。

表 14-4　Pen 对象的常见属性

属 性 名 称	说　　明
Alignment	获取或设置此 Pen 的对齐方式，默认值为 Center
Brush	获取或设置 Brush，用于确定此 Pen 的特性
Color	获取或设置此 Pen 对象的颜色
DashCap	获取或设置用在短划线终点的线帽样式，这些短划线构成通过此 Pen 绘制的虚线
DashOffset	获取或设置直线的起点到短划线图案起始处的距离
DashStyle	获取或设置用于通过此 Pen 绘制的虚线的样式
DashPattern	获取或设置自定义的短划线和空白区域的数组
EndCap	获取或设置要在通过此 Pen 绘制的直线终点使用的线帽样式
PenType	获取用此 Pen 绘制的直线的样式
StartCap	获取或设置在通过此 Pen 绘制的直线起点使用的线帽样式
Width	获取或设置此 Pen 的宽度，以用于绘图的 Graphics 对象为单位

Pen 对象的 Alignment 属性可以获取或设置该对象的对齐方式，即设置如何绘制线宽。其属性值为 System.Drawing.Drawing2D 命名空间下的枚举类型 PenAlignmeng 的值之一，该枚举类型的值为 5 个。说明如下所示：

❑ **Center**　指定 Pen 对象以理论的线条为中心。

❑ **Inset**　指定 Pen 定位于理论的线条内。

❑ **Outset**　指定 Pen 定位于理论的线条外。

❑ **Left**　指定 Pen 定位于理论的线条的左侧。

❑ **Right**　指定 Pen 定位于理论的线条的右侧。

如下代码通过指定 Alignment 属性绘制了一个简单的矩形：

```
Pen p = new Pen(Color.Black, 3);
p.Alignment = System.Drawing.Drawing2D.PenAlignment.Inset;
g.DrawRectangle(p, 3, 3, 50, 35);
```

Pen 对象的 DashStyle 属性可以设置线条的样式，该属性的值有 6 个。它们分别是 Dash（划线段组成的直线）、DashDot（由重复的划线点图案构成的直线）、DashDotDot（由重复的划线点图案构成的直线）、Dot（由点构成的直线）和 Solid（实线）。除此之外，还有一个特殊的属性值 Custom，它用来表示用户自定义的线样式。相关人员在指定 DashPattern 属性时会自动将 DashStyle 属性值设置为 Custom。

例如，首先创建 Pen 对象，然后指定 DashStyle 属性和 DashPattern 属性的值，最后通过 DrawRectangle()方法绘制矩形。具体代码如下：

```
Pen p = new Pen(Color.Black);           //创建画笔对象
p.DashStyle = DashStyle.Custom;         //指定线条样式为用户自定义
float[] f = { 15, 5, 10, 5 };           //声明数组
p.DashPattern = f;                      //指定 DashPattern 属性
g.DrawRectangle(p, 10, 10, 80, 100);    //绘制矩形
```

14.1.4　画刷 Brush 对象

在绘制图形时画笔绘制图形区域的边界，而画刷则负责填充其内部区域，C#中使用 Brush 对象来表示画刷。Brush 是可以与 Graphics 对象一起使用来创建实心形状和呈现文本的对象，使用该对

象可以填充各种图形形状，如矩形、椭圆、扇形、多边形以及封闭路径等。

由于 Brush 对象是一个抽象基类，所以该对象不能进行实例化。如果要创建该对象，则必须使用从 Brush 派生出的类，如表 14-5 对这些派生类进行了说明。

表 14-5　Brush 对象的派生类

Brush 派生类	说　　明
SolidBrush	画刷的最简单形式，它用纯色进行绘制
HatchBrush	类似于 SolidBrush，但是可以利用该类从大量预设的图案中选择绘制时要使用的图案，而不是纯色
TextureBrush	使用纹理（如图像）进行绘制
LinearGradientBrush	使用沿渐变混合的两种颜色进行绘制
PathGradientBrush	基于开发人员定义的唯一路径，使用复杂的混合色渐变进行绘制

如下两种方式都可以创建 Brush 对象：

```
Brush brush = new HatchBrush(HatchStyle.BackwardDiagonal, Color.Red);
HatchBrush brush = new HatchBrush(HatchStyle.BackwardDiagonal, Color.Red);
```

1．SolidBrush 对象

SolidBrush 对象用于定义单色画刷，该对象的构造函数需要传递一个 Color 类型的参数。语法形式如下：

```
public SolidBrush(Color color)
```

【练习 1】

本次练习主要演示 SolidBrush 对象的使用，当用户单击工具栏中的按钮时绘制一个椭圆。实现的具体步骤如下：

（1）添加新的窗体应用程序，将 Form1 窗体重新命名为 FrmBrush，接着设置窗体的相关属性。

（2）从【工具箱】中拖动 ToolStrip 控件到窗体中，然后分别添加名称为"SolidBrush 对象"、"HatchBrush 对象"、"TextureBrush 对象"、"LinearGradientBrush 对象"以及"PathGradientBrush 对象"的子项，然后分别设置这些子项的相关属性。

（3）向窗体中添加 PictureBox 控件，然后设置该控件的 Name 属性和 Size 属性。

（4）为名称"SolidBrush 对象"的子项添加 Click 事件，该事件完成向 PictureBox 控件中绘制椭圆的效果。具体代码如下：

```
private void tsmiSolidBrush_Click(object sender, EventArgs e)
{
    Graphics g = pictureBox1.CreateGraphics();          //创建 Graphics 对象
    g.Clear(Color.LightYellow);                         //指定填充的背景颜色
    SolidBrush brush1 = new SolidBrush(Color.Green);    //创建 SolidBrush 对象
    g.FillEllipse(brush1, 80, 30, 480, 230);            //绘制椭圆
}
```

上述代码中首先通过调用 PictureBox 控件的 CreateGraphics()方法来创建 Graphics 对象，接着调用 Clear()方法指定绘图画布 PictureBox 控件的背景颜色，然后创建 SolidBrush 对象，最后通过 FillEllipse()方法向画布中绘制椭圆。

（5）运行窗体单击工具栏中的选项进行测试，最终效果如图 14-1 所示。

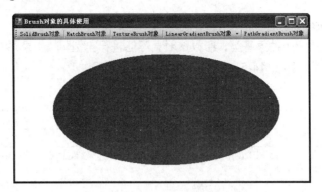

图 14-1　SolidBrush 对象的使用

2．HatchBrush 对象

HatchBrush 对象可以从大量预设的图案中选择绘制时要使用的图案，而不是纯色。该对象的语法形式如下：

```
public HatchBrush(HatchStyle hatchstyle,ForeColor foreColor)
public HatchBrush(HatchStyle hatchstyle,ForeColor foreColor,BackColor backColor)
```

上述语法形式中 hatchstyle 用于指定画刷的填充图案，其值是枚举类型 HatchBrush 的值之一；foreColor 用来指定前景色（定义线条的颜色）；backColor 用来指定背景色（定义各线条之间间隙的颜色）。

【练习 2】

在练习 1 的窗体基础上添加代码完成对 HatchBrush 对象的代码操作，为名称是"HatchBrush对象"的子项添加 Click 事件。具体代码如下：

```
private void tsmiHatchBrush_Click(object sender, EventArgs e)
{
    Graphics g = pictureBox1.CreateGraphics();          //创建 Graphics 对象
    g.Clear(Color.LightYellow);                         //指定绘画面的填充
    HatchBrush aHatchBrush = new HatchBrush(HatchStyle.DottedGrid, Color.Red,
     Color.DeepSkyBlue);
    g.FillRectangle(aHatchBrush, 80, 30, 480, 230);
}
```

上述代码中首先创建 Graphics 对象并且指定画布的填充背景色，然后创建 HatchBrush 对象，在该对象的构造函数中设置填充的图案、前景色和背景色，最后通过 FillRectangle()方法绘制一个矩形。

重新运行 FrmBrush 窗体，然后单击工具栏中【HatchBrush 对象】选项测试效果，最终效果如图 14-2 所示。

图 14-2　HatchBrush 对象的使用

3. TextureBrush 对象

HatchBrush 对象主要绘制比较简单的图案，而 TextureBrush 对象可以用来绘制一些比较复杂的图案。TextureBrush 对象也叫纹理画刷，它可以使用图像作为图案来填充形状或文本。该对象有 8 个构造函数，但是最常用的只有一种。其语法形式如下：

```
public TextureBrush(Image bitmap)
```

【练习3】

重新扩展前两个练习，实现对 TextureBrush 对象的使用，为名称是"TextureBrush 对象"的子项添加 Click 事件，该事件将图片作为填充样式。具体代码如下：

```
private void tsmiTextureBrush_Click(object sender, EventArgs e)
{
    Graphics g = pictureBox1.CreateGraphics();              //创建 Graphics 对象
    g.Clear(Color.LightYellow);                            //设置画布背景色
    TextureBrush tb = new TextureBrush(Image.FromFile(@"F:newpic.jpg"));
     //设置填充图片
    Rectangle rect = new Rectangle(120, 20, 400, 260);
    g.FillPie(tb, rect, 160, 260);
}
```

重新运行窗体单击【TextureBrush 对象】选项进行测试，最终效果如图 14-3 所示。

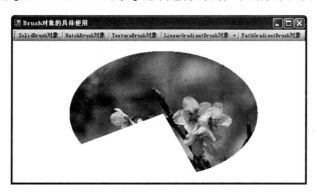

图 14-3　TextureBrush 对象的使用

4. LinearGradientBrush 对象

LinearGradientBrush 对象也可以叫作渐变对象，使用该对象来定义图形的线性渐变。一般情况下，线性渐变是指在一个区域内使用两种颜色进行过渡，渐变的方向可以是水平、垂直或对角方向。该对象有 8 个构造函数，其中常用的构造函数语法形式如下：

```
public LinearGradientBrush(Point point1, Point point2, Color color1, Color color2)
public LinearGradientBrush(Rectangle rect, Color color1, Color color2, Linear
GradientMode mode)
public LinearGradientBrush(Rectangle rect, Color color1, Color color2,float angle)
```

上述语法中包含多个参数，它们的具体说明如下：

❑ **point1 和 point2**　分别用来指定渐变矩形区域的左上角点和右下角点的坐标。

❑ **color1 和 color2**　分别用来指定渐变的起始颜色和终止颜色。

❑ **rect**　用来指定渐变区域的大小和位置。

❑ **angle**　指定渐变的方向与 X 轴的角度，取值为正时表示沿顺时针方向。

❑ **mode**　指定渐变的方向，渐变方向决定了渐变的起点和终点。其属性值是枚举类型

LinearGradientMode 的值之一。该枚举的值为 4 个，具体说明如下：

➤ **BackwardDiagonal** 指定从右上角到左下角的渐变，即起始点是右上角，终止点是左下角。

➤ **ForwardDiagonal** 指定从左上角到右下角的渐变。

➤ **Horizontal** 水平方向（即从左到右）的渐变。

➤ **Vertical** 垂直方向（即从上到下）的渐变。

【练习 4】

继续在前面的窗体上进行扩展，完成 LinearGradientBrush 对象的使用。其主要步骤如下：

（1）在窗体的合适位置添加 Panel 控件和 4 个 RadioButton 控件，RadioButton 控件放置在 Panel 控件内，它们分别表示 LinearGradientMode 枚举类型的 4 个属性值，然后分别设置它们的 Name 属性和 Text 属性等。

（2）为窗体添加 Load 事件，在该事件中将 Panel 控件设置为隐藏，并且设置其背景色。具体代码如下：

```
private void Form1_Load(object sender, EventArgs e)
{
    panel1.Visible = false;
    panel1.BackColor = Color.LightYellow;
}
```

（3）用户单击【LinearGradientBrush 对象】选项时绘制颜色从 AliceBlue 到 Blue 的过渡。具体代码如下：

```
private void tsmiLinearGradientBrush_ButtonClick(object sender, EventArgs e)
{
    panel1.Visible = true;                    //显示 Panel 控件
    LinearGradient();                         //绘制颜色过渡
}
LinearGradientMode mode = LinearGradientMode.Vertical;
public void LinearGradient()
{
    Rectangle rect = new Rectangle(160, 50, 280, 220); //创建 Rectangle 对象
    Graphics g = pictureBox1.CreateGraphics();          //创建 Graphics 对象
    g.Clear(Color.LightYellow);                         //背景色
    LinearGradientBrush lgb = new LinearGradientBrush(rect, Color.AliceBlue,
    Color.Blue, mode);
    g.FillPie(lgb, rect, 360, 360);                     //绘制椭圆
}
```

上述代码中首先通过 Visible 属性设置显示 Panel 控件，然后调用 LinearGradient() 方法绘制过渡颜色。在 LinearGradient() 方法中创建 Rectangle 和 Graphics 对象完成后，通过 new 关键字创建 LinearGradientBrush 对象，最后调用 FillPie() 方法绘制椭圆。

（4）分别为 4 个 RadioButton 控件添加相同的 CheckedChanged 事件，在该事件代码中判断用户选中的值，然后设置 LinearGradientMode 枚举的值，最后调用 LinearGradient() 方法重新绘制图形。具体代码如下：

```
private void rbVertical_CheckedChanged(object sender, EventArgs e)
{
    if (rbBackwardDiagonal.Checked)
```

```
      mode = LinearGradientMode.BackwardDiagonal;
   else if (rbForwardDiagonaln.Checked)
      mode = LinearGradientMode.ForwardDiagonal;
   else if (rbHorizontal.Checked)
      mode = LinearGradientMode.Horizontal;
   else
      mode = LinearGradientMode.Vertical;
   LinearGradient();
}
```

（5）重新运行示例窗体，单击【LinearGradientBrush 对象】选项进行测试，运行效果如图 14-4 所示。

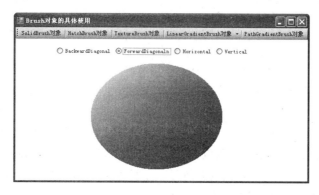

图 14-4　LinearGradientBrush 对象的使用

5. PathGradientBrush 对象

使用画刷绘制渐变图形时除了可以使用 LinearGradientBrush 对象外，还可以使用 PathGradientBrush 对象。LinearGradientBrush 对象用线性渐变封装了 Brush 对象，而 PathGradientBrush 对象则通过路径渐变封装 Brush 对象，它支持更多复杂的底纹和着色选项。

PathGradientBrush 对象的构造语法形式如下：

```
public PathGradientBrush(GraphicsPath path)
```

上述语法中通过 GraphicsPath 对象来定义路径，然后将它作为参数定义 PathGradientBrush 的填充区域。

【练习 5】

为 FrmBrush 窗体中，工具栏名称项为【PathGradientBrush 对象】添加 Click 事件，该事件中的代码完成分别绘制三角形和五角形的功能。具体代码如下：

```
private void tsmiPathGradientBrush_Click(object sender, EventArgs e)
{
    Graphics g = pictureBox1.CreateGraphics();
    g.Clear(Color.LightYellow);
    //绘制三角形
    GraphicsPath gp = new GraphicsPath();
    gp.AddLine(70, 0, 140, 70);
    gp.AddLine(140, 70, 0, 70);
    PathGradientBrush brush1 = new PathGradientBrush(gp);
    brush1.CenterColor = Color.White;
```

```
        Color[] colors1 = { Color.Black, Color.DarkGreen };
        brush1.SurroundColors = colors1;
        g.TranslateTransform(120, 50);
        g.FillPath(brush1, gp);
        //绘制五角形
        Point[] ps = { new Point(95, 0), new Point(125, 60), new Point(195, 60), new
         Point(130, 95), new Point(195, 160), new Point(90, 120), new Point(0, 160),
         new Point(60, 95), new Point(0, 60), new Point(70, 60) };
        GraphicsPath path = new GraphicsPath();
        path.AddLines(ps);
        PathGradientBrush brush2 = new PathGradientBrush(path);
        brush2.CenterColor = Color.Red;
        Color[] colors2 = { Color.Black, Color.Lime, Color.Blue, Color.White, Color.
         Black, Color.Lime, Color.Blue, Color.White, Color.Black, Color.Lime };
        brush2.SurroundColors = colors2;
        g.TranslateTransform(220, 50);
        g.FillPath(brush2, path);
    }
```

上述代码中首先创建 Graphics 对象，然后在绘制三角形时首先创建 GraphicsPath 对象，接着调用 AddLine()方法追加线段，然后分别设置 CenterColor 属性和 SurroundColors 属性，最后调用 FillPath()方法完成三角形的绘制。在绘制五角形时分别通过 Point 和 Color 对象的数组设置坐标点和颜色，TranslateTransform()方法更改坐标原点。

重新运行示例代码单击内容选项进行测试，其运行效果如图 14-5 所示。

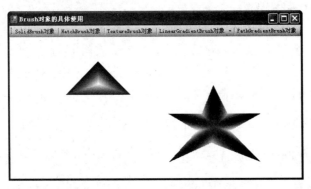

图 14-5 PathGradientBrush 对象的使用

14.1.5 字体 Font 对象

字体是文字显示和打印时的外观显示，它包括文字样式、风格和大小等属性。文字可以通过选用不同的字体来丰富文字的外在表现力，C#中通过 Font 对象来设置字体。

创建 Font 对象时需要使用 new 关键字，该对象的构造函数有 13 种。其中常用的几种说明如下：

❑ **public Font(Font prototype,FontStyle newStyle)** 使用指定的字体和大小创建字体。

❑ **public Font(string familyName,float emSize)** 使用指定的字体名称和大小创建字体。

❑ **public Font(FontFamily family,float emSize)** 使用指定的字体和大小创建字体。

❑ **public Font(FontFamily family,float emSize,FontStyle style)** 使用指定的字体、大小和样式创建字体。

❑ **public Font(string familyName,float emSize,GraphicsUnit unit)**　*使用指定字体的名称、大小和单位创建字体。*

文字样式（familyName 或 FontFamily）是文本书写和显示时表现出的特定模式，如汉字包括宋体、楷体、黑体和隶书等。FontStyle 属性指定字体风格，其值是枚举类型 FontStyle 的属性值之一。FontStyle 的属性值有 5 个：Bold（加粗）、Italic（倾斜）、Regular（普通文本）、Strikeout（中间有下划线通过的文本）和 Underline（加下划线）。

如下代码通过三种方式创建了 Font 对象：

```
FontFamily family = new FontFamily("宋体");
Font font1 = new Font(family, 14);              //方式一
Font font2 = new Font("宋体", 12);              //方式二
Font font3 = new Font("隶书", 20, FontStyle.Bold);   //方式三
```

14.1.6　颜色 Color 结构

C# 中使用 Color 结构来表示颜色，在前面的练习中部分示例已经使用过该结构。Color 结构表示一种 ARGB 颜色，它由 4 个分量值（alpha、红色、绿色和蓝色）组成。

1．Color 结构的静态属性

Color 结构中提供了多种与颜色相关的静态属性，如蓝色 Blue、红色 Red、灰色 Gray、天蓝色 SkyBlue 等。静态属性都是用来表示系统定义的颜色，其具体说明相关人员可以参考资料，这里不再过多解释。

2．Color 结构的实例属性

实例属性是指将 Color 结构使用 new 实例化对象后可以调用的属性，Color 结构的常用实例属性有 9 个，具体说明如表 14-6 所示。

表 14-6　Color 结构的实例属性

属 性 名 称	说　　明
A	获取 Color 结构的 alpha 分量值
B	获取 Color 结构的蓝色分量值
R	获取 Color 结构的红色分量值
G	获取 Color 结构的绿色分量值
Name	获取颜色的名称
IsEmpty	获取一个值，该值表示 Color 结构是否被初始化
IsKnownColor	获取一个值，该值指定 Color 结构是否为预定义的颜色
IsNamedColor	获取一个值，该值指定 Color 结构是命名颜色还是 KnownColor 枚举的成员
IsSystemColor	获取一个值，该值指定 Color 结构是否为系统颜色

3．Color 结构的方法

Color 结构包含多个方法，常用的方法有 3 个。具体说明如下：

❑ **FromArgb()**　*使用 4 个 8 位 ARGB 分量值创建新的颜色。*

❑ **FromKnownColor()**　*使用指定的预定义颜色创建颜色。*

❑ **FormName()**　*使用预定义颜色的指定名称创建颜色。*

例如首先通过 FromArgb() 方法创建 Color 结构的实例，然后分别获取相关属性的分量值，最后弹出提示。代码如下：

```
Color color = Color.FromArgb(200, 105, 100, 95);
string yanse = "alpha: " + color.A + "Red: " + color.R + "Green: " + color.G +
```

```
"Blue: " + color.B;
MessageBox.Show(yanse, "弹出提示", MessageBoxButtons.OK, MessageBoxIcon.
Information);
```

▌14.1.7　与绘图相关的坐标结构

使用 GDI+绘制图形时所有的图形都是基于二维平面，并且使用点、矩形和区域等内容来描述这些图形。默认坐标系的原点是左上角，度量单位是像素，并且 X 轴指向右边，Y 轴指向下边，如图 14-6 为二维平面的坐标系。

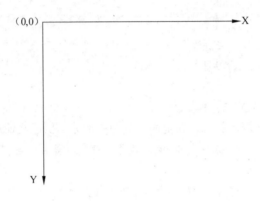

图 14-6　二维平面坐标系

GDI+中包含多个与坐标相关的结构来描述二维平面上的点或区域，如 Point、PointF、Size、SizeF、Rectangle 和 RectangleF。

1．Point 和 PointF 结构

Point 和 Pointf 结构都表示在二维平面中定义点的有序对，Point 结构存储两个整数值，而 PointF 结构可以存储两个浮点数值。

创建该 Point 结构时有四种方法。其语法形式如下：

```
public Point()
public Point(int dw)
public Point(int x, int y)
public Point(Size sz)
```

创建 PointF 结构时只有两种形式，如下所示：

```
public PointF()
public PointF(float x, float y)
```

例如，创建坐标点为（100,200）的 Point 结构，接着创建 PointF 结构，然后指定坐标属性。代码如下：

```
Point p = new Point(100, 200);          //创建 Point 结构
PointF f = new PointF();                //创建 PointF 结构
f.X = 200;                              //设置坐标属性
f.Y = 105;
```

2．Rectangle 和 RectangleF 结构

Rectangle 和 RectangleF 结构表示一个矩形，它们有三种相似的创建形式。以 Rectangle 结构为例，创建的语法如下：

```
public Rectangle()
```

```
public Rectangle(Point point, Size sz)
public Rectangle(int x, int y, int width, int height)
```

上述语法中包含多个参数，其中 point 表示矩形区域的左上角；sz 表示矩形的宽度和高度；x 和 y 分别表示矩形区域左上角的 x 和 y 坐标；width 和 height 分别表示矩形的宽度和高度。

如下代码分别创建了 Rectangle 和 RectangleF 结构的示例：

```
Rectangle rect = new Rectangle(50, 50, 300, 100);        //创建 Rectangle 结构
Point point = new Point(30, 10);
Size size = new Size(300, 100);
RectangleF rectf = new RectangleF(point, size);          //创建 RectangleF 结构
```

3．Size 和 SizeF 结构

Size 和 SizeF 结构都用来存储一个有序对，表示矩形的宽度和高度。Size 结构存储两个整数值，而 SizeF 结构用来存储两个浮点数值。

14.2 绘制基本图形

前面已经详细介绍了绘制图形图像时常用的对象。本节将详细介绍如何调用相关对象的方法简单绘制不同的图形，如直线、圆弧和多边形等。

14.2.1　绘制直线

调用 Graphics 对象的 DrawLine()方法和 DrawLines()方法可以实现绘制一条连接的直线，DrawLine()方法和 DrawLines()方法都包含多个重载方法。DrawLine()方法的常用重载形式如下所示：

```
public void DrawLine(Pen pen, Point pt1, Point pt2)
public void DrawLine(Pen pen, float x1, float y1, float x2, float y2)
```

上述两种语法形式中，pen 表示 Pen 对象，它主要用来确定颜色、宽度和样式；pt1 表示绘制直线时要连接的第一个点；pt2 表示绘制直线时要连接的第二个点；x1 和 y1 分别表示第一个点的横坐标和纵坐标；x2 和 y2 分别表示第二个点的横坐标和纵坐标。

【练习 6】

如下代码绘制了一条宽度为 5 的红色直线。

```
private void FrmDraw_Paint(object sender, PaintEventArgs e)
{
    Graphics g = e.Graphics;                    //创建 Graphics 对象
    Pen pen = new Pen(Color.Red,5);             //创建 Pen 对象
    g.DrawLine(pen, 10, 20, 300, 100);          //绘制直线
}
```

DrawLines()方法绘制连接一组 Point 结构的线段，在数组中前两个点指定第一条线，每个附加点指定一个线段的终结点，该线段的起始点是前一条线段的结束点。其语法形式如下所示：

```
public void DrawLines(Pen pen, Point[] points)
```

【练习 7】

例如下面的代码通过 DrawLines 属性绘制了一系列的线段。

```
private void FrmDraw_Paint(object sender, PaintEventArgs e)
{
    SolidBrush sb = new SolidBrush(Color.Yellow);
    Pen pen = new Pen(sb, 3);
    Point[] points = { new Point(10, 10), new Point(200, 10), new Point(150, 50),
     new Point(10, 10) };
    g.DrawLines(pen, points);
}
```

上述代码中首先创建一个纯色的画刷对象 sb，接着将 sb 对象作为参数创建 Pen 对象，然后定义一系列的 Point 结构，最后通过 Graphics 对象的 DrawLines()方法绘制图形。细心的用户可以发现，上述窗体代码运行的效果是一个三角形。

14.2.2　绘制矩形

调用 Graphics 对象的 DrawRectangle()方法或 DrawRectangles()方法可以绘制矩形，它们的具体说明如下：

1. DrawRectangle()方法

DrawRectangle()方法绘制由坐标对、宽度和高度指定的矩形，该方法有 3 种重载形式。它们的语法形式如下：

```
pubic void DrawRectangle(Pen pen, Rectangle rect)
public void DrawRectangle(Pen pen, float x, float y, float width, float height)
public void DrawRectangle(Pen pen, int x, int y, int width, int height)
```

【练习 8】

例如，在窗体的 Paint 事件中添加代码，在事件代码中主要通过调用 DrawRectangle()方法创建一个边框宽度为 5，颜色为蓝色的矩形。代码如下：

```
private void FrmDraw_Paint(object sender, PaintEventArgs e)
{
    Graphics g = e.Graphics;
    Pen pen = new Pen(Color.Blue, 5);
    g.DrawRectangle(pen, 10, 10, 300, 100);
}
```

2. DrawRectangles()方法

DrawRectangles()方法可以绘制指定的多个矩形，其常用语法形式如下：

```
public void DrawRectangles(Pen pen, Rectangle[] rects)
```

DrawRectangle()方法和 DrawRectangles()方法所绘制的矩形没有任何的填充颜色，如果用户想要绘制的矩形内部有填充颜色，则需要使用 Graphics 对象的 FillRectangle()方法或 FillRectangles()方法。

【练习 9】

例如，本次练习绘制两个带有线条边框并且带有填充颜色的矩形，来增强读者对 Graphics 对象相关方法的理解。具体代码如下：

```
private void FrmDraw_Paint(object sender, PaintEventArgs e)
{
    Graphics g = e.Graphics;
    Pen pen = new Pen(Color.Red, 2);
    Rectangle[] rects={ new Rectangle(10,10,300,100),new Rectangle(50,70,300,300) };
    g.DrawRectangles(pen, rects);
    SolidBrush sb = new SolidBrush(Color.LightBlue);
    g.FillRectangle(sb, rects[0]);
    sb = new SolidBrush(Color.DarkGray);
    g.FillRectangle(sb, rects[1]);
}
```

上述代码中首先创建 Graphics 和 Pen 的实例对象，接着创建 Rectangle 结构的数组，然后调用 DrawRectangle()方法绘制带有边框的矩形，然后创建 SolidBrush 对象的实例，最后调用两个 FillRectangle()方法分别填充不同的矩形。

▌14.2.3　绘制椭圆

绘制椭圆时需要调用 Graphics 对象的 DrawEllipse()方法，如果需要向椭圆内部填充图案可以使用 FillEllipse()方法。

DrawEllipse()方法有四个重载方法，但是常用的只有两个。它们的语法形式如下：

```
public void DrawEllipse(Pen pen, Rectangle rect)
public void DrawEllipse(Pen pen, int x, int y, int width, int height)
```

上述语法中第一行代码表示绘制边界 Rectangle 结构指定的椭圆，第二行代码表示绘制一个由边框定义的椭圆，该边框由矩形的左上角坐标、高度和宽度指定。

FillEllipse()方法也有四个重载方法，但是常用的只有两个。它们的语法形式如下：

```
public void FillEllipse(Brush brush, Rectangle rect)
public void FillEllipse(Brush brush, int x, int y, int width, int height)
```

上述语法中第一行表示填充 Rectangle 结构指定的边框所定义的椭圆的内部；第二行表示填充边框所定义的椭圆的内部，该边框由一对坐标、一个宽度和一个高度指定。

【练习 10】

例如，分别通过 DrawEllipse()方法和 FillEllipse()方法绘制椭圆。实现的主要步骤如下：

（1）添加新的窗体，然后设置窗体的 Name 属性、Text 属性、MaximumBox 属性和 StartPosition 属性等。

（2）为窗体添加 Load 事件，在 Load 事件中添加代码，这些代码完成椭圆的功能。具体代码如下：

```
private void FrmDrawEllipse_Paint(object sender, PaintEventArgs e)
{
Graphics g = e.Graphics;                          //创建 Graphics 对象
    g.Clear(Color.LightYellow);                   //重新设置背景色
    Pen pen = new Pen(Color.DarkRed, 3);          //创建 Pen 对象
    Rectangle[] rects={ new Rectangle(30,50,250,150), new Rectangle(60,120,260,260)};
    g.DrawEllipse(pen, rects[0]);                 //绘制椭圆
    TextureBrush tb = new TextureBrush(new Bitmap(@"lvyou.jpg"));
```

```
        g.TranslateTransform(250, -100);
        g.FillEllipse(tb, rects[1]);}                    //绘制带有填充图案的椭圆
    }
```

上述代码中首先创建 Graphics 对象和 Pen 对象，接着声明 Rectangle 结构的数组，然后调用 DrawEllipse()方法绘制一个带有深红色边框的椭圆。创建 TextureBrush 的实例对象，然后调用 TranslateTransform()方法更改坐标系统原点，最后调用 FillEllipse()方法绘制带有填充图案的椭圆。

（3）运行本次练习的窗体进行测试，其最终效果如图 14-7 所示。

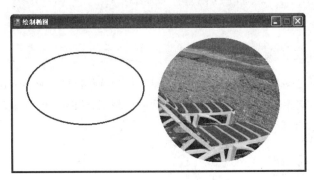

图 14-7　绘制椭圆的运行效果

14.2.4　绘制扇形

绘制扇形时需要使用 Graphics 对象的 DrawPie()方法或 FillPie()方法，DrawPie()方法绘制一个扇形，其形状由一个坐标对、宽度、高度以及两条射线所指定的椭圆定义，FillPie()方法是指填充由一对坐标、一个宽度、一个高度以及两条射线指定的椭圆所定义的扇形区的内部。

DrawPie()方法的重载方法有四种，最常用的两种语法形式如下：

```
public void DrawPie(Pen pen, Rectqangle rect, float startAngle, float sweepAngle)
public void DrawPie(Pen pen, float x, float y, float width, float height, float startAngle, float sweepAngle)
```

上述代码中包含多个参数，其中 pen 表示 Pen 对象，用来确定线条的颜色、宽度和样式；rect 表示 Rectangle 结构，表示定义扇形时所属的边框；startAngle 表示从 x 轴到扇形的第一条边沿顺时针方向度量的角（以度为单位）；sweepAngle 表示从 startAngle 参数到扇形的第二条边沿顺时针方向度量的角（以度为单位）；x 和 y 分别定义扇形所属椭圆的边框的左上角的 x 坐标和 y 坐标；width 和 height 分别是边框的宽度和高度，该边框定义扇形所属的椭圆。

　如果将参数 sweepAngle 的值设置为大于 360 或小于-360，则将其分别视为 360 或-360。

【练习 11】

本节示例使用 DrawPie()方法和 FillPie()方法绘制扇形，将多个扇形组合在一起时可以看作是一个饼状的图形。实现的主要步骤如下：

（1）添加新的窗体，然后设置该窗体的 Name 属性、Text 属性、MaximumBox 属性和 StartPosition 属性等。

（2）为窗体添加 Paint 事件，在该事件代码中通过 FillPie()方法绘制一个随机颜色所填充的扇形。主要代码如下：

```
private void FrmDrawPie_Paint(object sender, PaintEventArgs e)
{
```

```
Graphics g = e.Graphics;
g.Clear(Color.LightYellow);
Random random = new Random();
SolidBrush sb = new SolidBrush(Color.FromArgb(random.Next(0, 255), random.
 Next(0, 255), random.Next(0, 255), random.Next(0, 255)));
g.FillPie(sb, 20, 60, 220, 150, 120, 270);
}
```

（3）继续向 Paint 事件中添加代码，完成绘制饼图的效果。具体代码如下：

```
Rectangle rect = new Rectangle(new Point(280, 60), new Size(300, 200));
int[] values = { 8, 6, 4, 2, 1, 3, 5, 7, 9 };
int sum = 0;
foreach (int value in values)
    sum += value;
Color c = Color.Empty;
float startAngle = 0.0f;
float sweepAngle = 0.0f;
for (int i = 0; i < values.Length; i++)
{
    sweepAngle = values[i] / (float)sum * 360;
    c = Color.FromArgb(random.Next(0, 255), random.Next(0, 255), random.Next(0,
    255), random.Next(0, 255));
    g.DrawPie(new Pen(c), rect, startAngle, sweepAngle);
    c = Color.FromArgb(random.Next(0, 255), random.Next(0, 255), random.Next(0,
    255), random.Next(0, 255));
    g.FillPie(new SolidBrush(c), rect, startAngle, sweepAngle);
    startAngle += values[i] / (float)sum * 360;
}
```

上述代码中首先创建 Rectangle 对象，接着声明 int 类型的数组变量 values，然后分别声明 Color 结构和 float 类型的变量，最后通过 for 语句遍历数组 values 中的内容实现绘图。在 for 语句中，先后调用 DrawPie()方法和 FillPie()方法绘制图形，然后分别为 startAngle 和 sweetAngle 变量赋值。

（4）运行本示例的窗体进行测试，其运行效果如图 14-8 所示。

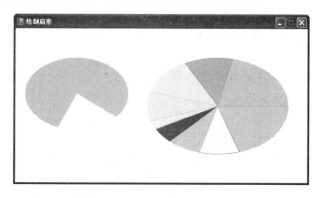

图 14-8　绘制椭圆和扇形效果

14.2.5　绘制圆弧

绘制圆弧时需要调用 Graphics 对象的 DrawArc()方法，该方法主要用来绘制一条弧线。

DrawArc()方法有四种重载形式，但是常用的只有两种。第一种常用的语法形式如下：

```
public void DrawArc(Pen pen, Rectangle rect, float startAngle, float sweepAngle)
```

上述语法形式中 pen 表示 Pen 对象，它确定线条的颜色、宽度和样式；rect 表示 Rectangle 定义的椭圆边界；startAngle 表示从 x 轴到弧线的起始点沿顺时针方向度量的角；sweepAngle 表示从 startAngle 参数到弧线的结束点沿顺时针方向度量的角。

第二种常用语法形式如下：

```
public void DrawArc(Pen pen, int x, int y, int width, int height, float startAngle,
float sweepAngle)
```

上述语法中 pen、startAngle 和 sweepAngle 参数的含义与上一个语法形式的参数含义一样，x 和 y 分别表示椭圆边框的左上角 x 和 y 坐标；width 和 height 则分别表示椭圆边框的宽度和高度。

例如下面代码分别通过这两种语法形式绘制了两个圆弧：

```
Graphics g = e.Graphics;
g.DrawArc(new Pen(Color.Blue, 2), new Rectangle(50, 50, 300, 150), 60, 270);
g.DrawArc(new Pen(Color.Black, 3), 20, 20, 400, 200, 90, 270);
```

14.2.6　绘制多边形

调用 Graphics 对象的 DrawPolygon()方法或 FillPolygon()方法都可以绘制多边形。DrawPolygon()方法可以绘制由一组 Point 结构定义的多边形。其两种语法形式如下：

```
public void DrawPolygon(Pen pen, Point[] points)
public void DrawPolygon(Pen pen, PointF[] points)
```

上述语法中参数 pen 表示 Pen 对象，参数 points 表示 Point 或 PointF 结构数组，这些结构表示多边形的各个顶点。

FillPolygon()方法填充 Point 或 PointF 结构指定的点数组所定义的多边形的内部，有四种重载方式。Point 结构常用的两种重载方式语法如下：

```
public void FillPolygon(Brush brush, Point[] points)
public void FillPolygon(Brush brush, Point[] points, FillMode fillMode)
```

上述两种形式中 brush 表示确定填充特性的 Brush 对象；points 表示 Point 结构数组，这些结构表示要填充的多边形的顶点；fillMode 确定填充样式的 FillMode 枚举的成员。FillMode 的枚举值为以下两个：

❑ **Alternate**　指定交替填充的模式。
❑ **Winding**　指定环绕填充模式。

【练习 12】

例如，用户运行窗体时在窗体上分别显示无填充和内部被多色填充的多边形。其主要步骤如下：

（1）添加新的窗体，接着设置该窗体的 Name 属性、Text 属性、MaximumBox 属性和 StartPosition 属性等。

（2）为窗体添加 Paing 事件，该事件中的代码完成对多边形的绘制。具体代码如下：

```
private void FrmDrawPolygon_Paint(object sender, PaintEventArgs e)
{
    Graphics g = e.Graphics;                    //获取 Graphics 对象
    g.Clear(Color.LightYellow);                 //清除画面以浅黄色进行填充
```

```
        Point[] p = { new Point(150, 50), new Point(200, 50), new Point(270, 200),
         new Point(80, 200) };
        g.DrawPolygon(new Pen(Color.HotPink, 6), p);      //绘制空心多边形
        Point[] ps = { new Point(425, 40), new Point(600, 100), new Point(620, 135),
         new Point(515, 230), new Point(375, 250), new Point(345, 80) };
        GraphicsPath path = new GraphicsPath();
        path.AddLines(ps);
        Color[] color = { Color.Green, Color.Yellow, Color.Red, Color.Blue, Color.
         White ,Color.Orange};
        PathGradientBrush pathbrush = new PathGradientBrush(path); //创建画刷对象
        pathbrush.CenterColor = Color.Gold;                 //设置中心色彩
        pathbrush.SurroundColors = color;                   //设置与path路径相对应的数组
        g.FillPolygon(pathbrush, ps);                       //绘制内部被填充的多边形
    }
```

上述代码中声明两个 Point 结构数组分别填充空心多边形和多颜色的多边形，DrawPolygon()方法绘制空心多边形。创建表示一系列相互连接的直线和曲线的 GraphicsPath 对象，然后将该对象作为参数创建 PathGradientBrush 对象 pathbrush，接着设置 pathbrush 对象的 CenterColor 对象和 SurroundColors 属性，最后调用 FillPolygon()方法绘制多边形。

（3）运行本示例的窗体查看效果，最终效果如图 14-9 所示。

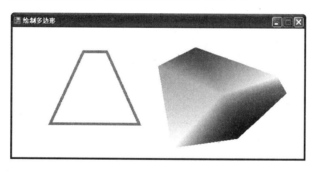

图 14-9　绘制多边形的效果

14.3 绘制文本

使用 Graphics 对象的相关方法除了绘制基本图形外，还可以绘制文本，也可以使用 Font 和 Color 指定文本的字体样式和颜色。绘制文本时需要调用 Graphics 对象的 DrawString()方法，该方法有 6 个重载方法。常用的重载形式如下：

```
public void DrawString(string s, Font font, Brush brush, PointF point)
public void DrawString(string s, Font font, Brush brush, float x, float y)
```

上述语法形式中，参数 s 表示要绘制的字符串；font 表示 Font 对象，它定义字符串的文本格式；brush 表示 Brush 对象，该对象确定所绘制文本的颜色和纹理；point 表示 PointF 结构，它指定所绘制文本的左上角；x 和 y 分别表示所绘制文本的左上角的 x 坐标和 y 坐标。

【练习13】

在现实生活中，无论中小型企业还是大型企业，公章的使用都是非常普遍的，本次练习将 Font 对象、Color 结构和 Graphics 对象的 DrawString()方法等内容结合起来绘制一个公章。公章主要包含一个圆形、一个五角星、名称为"专用章"的字符串以及企业的名称。实现的主要步骤如下：

（1）添加新的窗体，然后设置窗体的 Text 属性、MaximumBox 属性和 StartPosition 属性等。

（2）为窗体添加 Paint 事件，该事件中的代码完成绘制整个公章的功能。首先声明绘制公章时一系列的变量，然后完成绘制圆的功能。代码如下：

```csharp
Font font = new Font("Arial", 12, FontStyle.Bold);          //定义字符串的字体样式
private void FrmDrawText_Paint(object sender, PaintEventArgs e)
{
    Graphics g = e.Graphics;                                //创建画布
    int circleDiameter = 200;                               //记录圆的直径
    int penWidth = 4;                                       //设置圆画笔的粗细
    Rectangle rect = new Rectangle(220, 20, 192, 192);      //设置圆的绘制区域
    g.SmoothingMode = SmoothingMode.AntiAlias;              //消除绘制图形的锯齿
    g.Clear(Color.LightYellow);                            //以白色清空 panel1 控件的背景
    Pen myPen = new Pen(Color.Red, penWidth);              //设置画笔的颜色
    g.DrawEllipse(myPen, rect);                             //绘制圆
}
```

上述代码中首先声明 Font 对象的全局变量 font，该对象定义字符串的字体样式。在 Pain 事件中分别通过 Graphics 对象和 Rectangle 对象，然后设置 Graphics 对象的 SmoothingMode 属性和 Clear() 方法，最后调用 DrawEllipse() 方法绘制圆。

（3）继续向 Paint 事件中添加代码，完成绘制五角星的效果。代码如下：

```csharp
Font starFont = new Font("Arial", 30, FontStyle.Regular);  //设置星号的字体样式
string star = "★";
SizeF sizef = new SizeF(rect.Width, rect.Width);           //实例化 SizeF 类
sizef = g.MeasureString(star, starFont);                   //对指定字符串进行测量
PointF pf = new PointF((rect.Width / 0.47F) + penWidth - sizef.Width / 0.47F,
rect.Height / 1.2F - sizef.Width / 1.2F);
g.DrawString(star, starFont, myPen.Brush, pf);
```

（4）继续添加代码，调用 DrawString() 方法添加字符串"公用章"，然后设置文本字体的样式和显示位置。代码如下：

```csharp
sizef = g.MeasureString("专用章", font);                    //对指定字符串进行测量
g.DrawString("专用章", font, myPen.Brush, new PointF((rect.Width / 0.47F) + pen
Width-sizef.Width/0.47F,rect.Height/1.6F+sizef.Height*2));//绘制文字
```

（5）最后一步继续向 Paint 事件中添加如下代码：

```csharp
string tempStr = "郑州××机构特有公章";
int len = tempStr.Length;
float angle = 180 + (180 - len * 20) / 2;                  //设置文字的旋转角度
for (int i = 0; i < len; i++)                              //将文字以指定的弧度进行绘制
{
    g.TranslateTransform((circleDiameter + penWidth / 2) / 0.64F, (circle
     Diameter + penWidth / 2) / 1.7F);
    g.RotateTransform(angle);                              //将指定的旋转用于 Graphics 类的变换矩阵
    Brush myBrush = Brushes.Red;                           //定义画
    g.DrawString(tempStr.Substring(i, 1), font, myBrush, 60, 0);//显示旋转文字
    g.ResetTransform();                                    //将 Graphics 类的全局变换矩阵重置为单位矩阵
    angle += 20;                                           //设置下一个文字的角度
```

```
    }
```

上述代码中首先声明字符串变量，接着获取该字符串的长度，通过 for 语句循环绘制指定的文本。在 for 语句中，TranslateTransform()方法表示将指定的平移更改坐标系统的原点，RotateTransform()方法表示将指定的旋转用于变换矩阵，DrawString()方法绘制文本。

（6）运行本示例的窗体进行测试，其绘制公章的最终效果如图 14-10 所示。

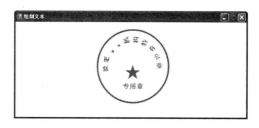

图 14-10　绘制公章效果

14.4　图像操作

使用 GDI+除了可以绘制文本和图形外，相关人员还可以使用 GDI+在应用程序中呈现以文件形式存在的图像，下面将介绍如何使用 GDI+的相关知识对图像进行操作。

11.4.1　绘制图像

绘制图像时的主要步骤如下所示：

（1）创建 Image 基类（如 Bitmap）的一个新对象。

（2）创建 Graphics 对象。

（3）调用 Graphics 对象的 DrawImage()方法绘制图像。

Graphics 对象的 DrawImage()方法包含 16 种重载形式，但是常用的并不多。绘制图像时的基本语法形式如下：

```
public void DrawImage(Image image,Point point)
```

上述语法中参数 image 表示要绘制的 Image 对象；参数 point 是 Point 结构，它表示所绘制图像的左上角的位置，即开发人员打算将图像贴到点的位置。

例如下面代码演示了如何绘制一个基本的图像：

```
private void button1_Click(object sender, EventArgs e)
{
    Bitmap image = new Bitmap(@":img1.jpg");
    g.DrawImage(image, new Point(0, 0));
}
```

11.4.2　剪切和缩放图像

Graphics 对象的 DrawImage()方法中包含可用于裁切和缩放图像的源矩形参数和目标矩形参数。实现图像缩放效果时 DrawImage()方法常用的形式有多种，主要使用的如下：

```
public void DrawImage(Image image, int x, int y)
```

```
public void DrawImage(Image image, Rectangle rect)
public void DrawImage(Image image, Point point)          //与绘制图像的效果一样
```

上述语法中第一行表示由坐标对指定的位置使用图像的原始物理大小绘制指定的图像，其中 x 和 y 分别表示所绘制图像的左上角的 x 坐标和 y 坐标；第二行表示在指定位置并且按指定大小绘制指定的 Image 对象。

实现图像剪切时 DrawImage()方法的语法形式如下：

```
public void DrawImage(Image image, Rectangle destRect, Rectangle srcRect,
GraphicsUnit srcUnit)
```

上述语法表示在指定位置并且按指定大小绘制指定的 Image 的指定部分。其中参数 image 表示 Image 对象；参数 destRect 表示 Rectangle 结构，在指定所绘制图像的位置和大小，将图像进行缩放以适合该矩形；srcRect 表示指定 image 对象中要绘制的部分；srcUnit 指定 srcRect 参数所用的度量单位，它的值是枚举类型 GraphicsUnit 的枚举值之一。

【练习 14】

例如，分别通过代码完成图像的缩放和剪切效果。具体步骤如下：

（1）添加新的窗体，然后设置窗体的 Text 属性、Name 属性和 StartPosition 属性等。

（2）为窗体添加 Paint 事件，该事件完成对图像的缩放和剪切操作。具体代码如下：

```
private void FrmDrawImage_Paint(object sender, PaintEventArgs e)
{
    Graphics g = e.Graphics;                        //获取 Graphics 对象
    g.Clear(Color.LightYellow);                     //设置背景颜色
    Bitmap image = new Bitmap(@"img0.jpg");         //创建 Bitmap 对象
    g.DrawImage(image, 20, 20);                     //绘制缩放图像
    g.DrawImage(image, new Rectangle(20, 200, 130, 130));   //绘制指定的缩放图像
    int width = image.Width;
    int height = image.Height;
    RectangleF destinationRect = new RectangleF(170, 20, 1.3f * width, 1.3f *
     height);
    RectangleF sourceRect = new RectangleF(0, 0, 0.75f * width, 0.75f * height);
    g.DrawImage(image, destinationRect, sourceRect, GraphicsUnit.Pixel);
}
```

上述代码中分别调用三个 DrawImage()方法完成对图像的操作，在第 3 个 DrawImage()方法中目标矩形的宽度和高度都比原始图像大 30%，源矩形的宽度和高度均被剪切为原始尺寸的 75%。

（3）运行本示例的窗体进行测试，最终效果如图 14-11 所示。

图 14-11　剪切和缩放图像效果

11.4.3　旋转、反射和扭曲图像

在 DrawImage()方法中通过指定原始图像的左上角、右上角和左下角的目标点可旋转、反射和扭曲图像，这三个目标点确定将原始图像映射为平行四边形的仿射变换。其常用语法如下：

```
public void DrawImage(Image image, Point[] point)
public void DrawImage(Image image, PointF[] point)
```

上述语法扭转、反射和扭曲图像时旋转的效果如图 14-12 所示。

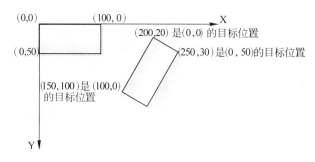

图 14-12　旋转、反射和扭曲图像效果图

【练习 15】

例如，通过一个简单示例演示对图像的旋转、反射和扭曲操作，最终显示原始图像和旋转后的图像。主要步骤如下：

（1）添加新的窗体，然后设置 Text 属性、MaximumBox 属性和 StartPosition 属性等。

（2）为窗体添加 Paint 事件，该代码完成绘制原始图像和旋转的功能。其具体代码如下所示：

```
private void FrmXuanZhuanImage_Paint(object sender, PaintEventArgs e)
{
    Graphics g = e.Graphics;                          //获取 Graphics 对象
    g.Clear(Color.LightYellow);                       //设置背景色
    Bitmap image = new Bitmap(@"apple.jpg");          //创建 Bitmap 对象
    Point[] destinationPoints = { new Point(450, 20), new Point(550, 100), new
     Point(350, 150) };
    g.DrawImage(image,new Rectangle(50,20,200,200));  //绘制原始图像
    g.DrawImage(image, destinationPoints);            //旋转、反射和扭曲图像
}
```

上述代码中首先获取 Graphics 对象，接着重新设置绘图时的背景色，然后声明 Point 结构的指针，最后分别调用 DrawImage()方法的不同形式绘制原始图像和旋转图像。

（3）运行本示例的代码查看效果，其最终效果如图 14-13 所示。

图 14-13　旋转、反射和扭曲图像

14.5 实例应用：GDI+绘制柱形分析图

14.5.1 实例目标

前面已经详细介绍了如何使用 GDI+绘制简单的图形和图像，网络的发展使图表（如折线图、饼图和柱形图等）技术越来越越受到欢迎，图表能够清晰地反映出在某一个时间段商品的销售情况、某个员工的出勤率、网站的访问量或股票的升降趋势等。

年末接近时各个店铺或网站需要统计这一年来每个月商品的销售情况，查看每个月销售的商品在这一年中所占的比例。本节将使用 GDI+的相关知识绘制一个简单的柱形分析图，其最终的目标效果如图 14-14 所示。

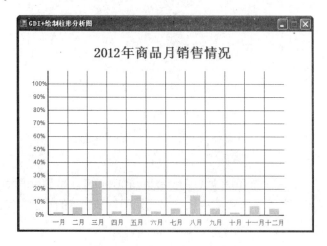

图 14-14　实例目标运行效果

14.5.2 技术分析

从图 14-14 中可以看出，绘制柱形图时需要使用以下技术。

（1）Graphics 对象的 Clear()方法以指定的颜色对背景进行填充。

（2）Graphics 对象的 DrawString()方法绘制相关文本。

（3）Graphics 对象的 DrawRectan()方法绘制由坐标对、宽度和高度指定的矩形。

（4）Graphics 对象的 DrawLine()方法绘制一条连接由坐标对指定的两个点的线条。

（5）Graphics 对象的 FillRectangle()方法填充一个指定矩形的内部。

14.5.3 实现步骤

（1）添加新的窗体，然后设置该窗体的 MaximumBox 属性、Text 属性和 StartPosition 属性等。

（2）为窗体添加 Paint 事件，在事件中添加代码首先绘制区域和文本。主要代码如下：

```
private void FrmExample_Paint(object sender, PaintEventArgs e)
{
    Graphics g = e.Graphics;                    //获取 Graphics 对象
    g.Clear(Color.White);                       //清空图片背景色
    g.FillRectangle(Brushes.FloralWhite, 0, 0, 600, 400);
```

```
Font font1 = new Font("宋体", 20, FontStyle.Bold);
Brush brush1 = new SolidBrush(Color.Blue);
g.DrawString("" + 2012 + "年商品月销售情况", font1, brush1, new PointF(150, 30));
}
```

（3）继续向 Paint 事件中添加代码绘制纵向线条，代码如下：

```
Pen mypen = new Pen(brush, 1);
int x = 100;
for (int i = 0; i < 11; i++)
{
    g.DrawLine(mypen, x, 80, x, 366);                //绘制线条
    x = x + 40;
}
Pen mypen1 = new Pen(Color.Blue, 2);
g.DrawLine(mypen1, x - 480, 80, x - 480, 366);        //绘制最左侧的线条
```

（4）添加绘制横向线条的代码，如下所示：

```
int y = 106;
 for (int i = 0; i < 10; i++)
 {
    g.DrawLine(mypen, 60, y, 540, y);
    y = y + 26;
 }
 g.DrawLine(mypen1, 60, y, 540, y);
```

（5）重新扩展 Paint 事件的代码，调用 DrawString()方法分别绘制 X 轴和 Y 轴的文本内容。其代码如下：

```
Font font = new Font("Arial", 9, FontStyle.Regular);
String[] n ={"一月","二月","三月","四月","五月","六月","七月","八月","九月","十月","十一月","十二月"};
x = 60;
for (int i = 0; i < 12; i++)
{
    g.DrawString(n[i].ToString(), font, Brushes.Red, x, 374);
    x = x + 40;     //设置文字内容及输出位置
}
String[] m = {"100%","90%","80%","70%","60%","50%"," 40%","30%", "20%", "10%", "0%"};
y = 98;
for (int i = 0; i < 11; i++)
{
    g.DrawString(m[i].ToString(), font, Brushes.Red, 25, y);
    y = y + 26;     //设置文字内容及输出位置
}
```

（6）声明一个 int 类型的数组，该数组中的数组分别对应每个月份商品的销售量，然后计算每个月商品在本年中的销售比例。代码如下：

```
int[] monthnum = { 348, 909, 3503, 505, 2010, 507, 785, 2006, 690, 350, 1000, 700 };
int totalnum = 0;
```

```
foreach (int num in monthnum)
    totalnum += num;
int[] Count = new int[12];
for (int j = 0; j < 12; j++)
    Count[j] = Convert.ToInt32(monthnum[j]) * 100 / totalnum;
```

（7）根据第（6）步中的操作开始绘制柱形图，代码如下：

```
x = 70;
for (int i = 0; i < 12; i++)
{
    SolidBrush mybrush = new SolidBrush(Color.LightGreen);
    g.FillRectangle(mybrush, x, 366 - Count[i] * 26 / 10, 20, Count[i] * 26 / 10);
    x = x + 40;
}
```

试一试

本节的实例主要通过静态的内容实现，没有直接和数据库打交道。第 6 步中商品的销售量可以从数据库中读取，然后再进行计算赋值，感兴趣的读者可以亲自动手操作一下。

14.6 拓展训练

1. 调用 Graphics 对象的相关方法绘制图形

在应用程序中添加新的窗体，然后在该窗体的 Paint 事件中分别添加代码，这些代码完成绘制基本图形（矩形、椭圆、扇形、圆弧和多边形）的功能（注意：这些图形内部不需要填充图案）。

2. Brush 对象的使用

由于 Brush 对象是一个抽象类，因此不能直接实例化，该类的派生类有 5 个。在应用程序中添加 5 个窗体，使用 Brush 对象的 5 个派生类实现绘制图形的效果（注意：绘制图形时需要调用对其进行颜色填充）。

14.7 课后练习

一、填空题

1. 命名空间_____提供了对 GDI+基本图形功能的访问。

2. Pen 对象 Alignment 属性的默认值为_____。

3. Brush 对象的派生类分别是 SolidBrush、HatchBrush、_____、LinearGradientBrush 和 PathGradientBrush。

4. _____结构表示一种 ARGB 颜色，它由 4 个分量值组成。

5. 向图形内部填充图案时需要使用_____对象。

6. Graphics 对象的_____属性可以设置其呈现质量。

二、选择题

1. 关于 GDI+说法的选项中，_____选项是不正确的。

    A. GDI+是 GDI 的的升级版本，与 GDI 相比它增加了许多新的功能

    B. GDI+是 Windows XP 的一个子系统，它是一组通过 C++类实现的应用程序编程接口

    C. GDI+主要负责系统与绘图程序之间的信息交换，处理所有 Windows 程序的图形输出

    D. GDI+的实质在于能够代替开发人员实现与显示器或其他显示设备进行交互

2. 用户绘制一个简单的圆弧时需要调用 Graphics 对象的_____方法。

    A. FillPie()

    B. DrawPie()

    C. FillArc()

    D. DrawArc()

3. 下面关于图像完整缩放的代码，选项_____是不正确的。

    A.

```
Graphics g = e.Graphics;
Bitmap image = new Bitmap(@"D:picture.jpg");
g.DrawImage(image, new Point(20, 20));
```

    B.

```
Graphics g = e.Graphics;
Bitmap image = new Bitmap(@"D:picture.jpg");
g.DrawImage(image, 20, 20);
```

    C.

```
Graphics g = e.Graphics;
Bitmap image = new Bitmap(@"D:picture.jpg");
Point[] destinationPoints = { new Point(200, 20), new Point(110, 100), new
Point(250, 30) };
g.DrawImage(image, destinationPoints);
```

    D.

```
Graphics g = e.Graphics;
Bitmap image = new Bitmap(@"D:picture.jpg");
g.DrawImage(image, 30.5F, 80.9F);
```

4. 关于 Font 对象的说法，选项_____是正确的的。

    A. 如果用户想要对某段文本实现倾斜的效果，需要将 Font 对象 FontStyle 属性的值设置为 Strikeout

    B. Font 对象中将 FontStyle 的属性值设置为 Bold 表示将文本加粗

    C. Font 对象的构造函数有 30 个，因此使用 new 创建 Font 对象时有 30 个方法

    D. Font 对象是一个基类，因此创建该对象时不能使用 new 关键字

三、简单题

1. 请说出至少 4 条 GDI+技术新增加的功能。

2. 分别说明 Pen 对象和 Brush 对象的使用方法。

3. 请说出获取 Graphics 对象时的三种方法。

4. 绘制矩形、直线和多边形时需要调用 Graphics 对象的哪些方法?

5. 请说出 DrawImage()方法常用重载方法的操作。

第 15 课
仓库管理系统

 仓储在企业的整个供应链中起着至关重要的作用,如果不能保证正确的进货和库存控制及发货,将会导致管理费用的增加,服务质量难以得到保证,从而影响企业的竞争力。传统简单、静态的仓储管理已无法保证企业各种资源的高效利用。如今的仓库作业和库存控制作业已经十分复杂化多样化,仅靠人工记忆和手工录入,不但费时费力,而且容易出错,给企业带来巨大损失。

 为此本书的最后一课使用 C#和 SQL Server 数据库开发一款仓库管理系统。使用该系统可以提高企业的竞争力,实时精确、全方位掌控仓库的数据,大幅提高商务智能和工作效率。

本课学习目标:

❏ 了解开发仓库管理系统的需求
❏ 熟悉仓库管理系统的数据库设计
❏ 掌握三层框架的搭建以及入口的使用
❏ 掌握调用业务逻辑层实现功能的方法
❏ 掌握如何判断管理员登录及显示主界面
❏ 掌握设备查看、增加、更新、删除和查询功能的实现
❏ 熟悉各种库存操作的实现步骤
❏ 熟悉采购计划的实现

15.1 系统概述

在开发一个系统之前需要分析许多问题，遵循许多原则和步骤，以确保系统进度的可控性和质量的预估性。本课创建的仓库管理系统同样要考虑许多问题，首先需要对系统有一个明确的需求分析，确定在该系统中要实现哪些功能，并为这些功能定制界面。

15.1.1 需求分析

库存管理是企业物流系统的重要环节。库存的主要作用和功能是在物料的供需之间建立有效的缓冲区，以减轻物料的供需矛盾。但保持库存又具有一定的损失，包括：库存物资的采购费用；库存系统的运行和存储费用；订货费用或货物生产调整费用；库存损耗与资金占用。科学合理的库存管理，不仅可以促进销售，提高劳动生产率，而且可以降低产品成本，增加经济效益，反之则可能加剧供需矛盾，或造成大量的资金积压，影响企业效益，造成重大的经济损失。

库存管理的特点信息处理量比较大，所管理的物品种类繁多，而且入库单、出库单、盘点单等单据的发生量特别大，关联信息多，查询和统计的方式各不相同。因此在管理上实现起来有一定的困难。在管理过程中经常出现信息的重复传递，单据、报表的种类繁多，各个部门管理规格不统一等问题。

在本系统的设计过程中，为了克服这些困难，满足计算机管理的需要，采取了下面的一些原则：

❑ 统一各种原始单据的格式，统一账目和报表形式。

❑ 删除不必要的管理冗余，实现管理规范化、科学化。

❑ 程序代码标准化，软件统一化，确保软件的可维护性和应用性。

❑ 界面尽量简单化，做到实用、方便，尽量满足企业要求。

❑ 建立操作日志，系统自动记录所进行的各种操作。

仓库管理系统要满足来自四方面的需求，这四方面的需求分别来自生产部门、销售部门、仓库、经理。生产部门填写入库单，接收不合格的入库单；销售部门填写出库单，接收不合格的出库单，仓库检查入库单和出库单填写的形式是否符合要求，产品实际入库和出库数量，并根据库存数量制订物料供给计划。可进行库存数据的随机查询，经理根据报表制订库存计划，但不对中间过程进行管理。该系统中对不同种类的商品库存都设有最低库存量，当某一产品的库存低于某一数据时，会有报警提示。

通过分析公司库存管理系统将包含 4 个功能模块，即：入库管理模块、出库模块、系统分析模块、查询系统模块。对于每一个功能模块，都包含了数据增加、修改、删除、帮助等功能。

15.1.2 功能分析

在系统的初步调查的基础上，明确了公司存在的主要问题和建立管理信息系统的初步设想，建设公司管理信息系统需要进一步对建设管理信息系统的目标、范围等因素进行分析研究。

通过库存管理的应用，可以帮助企业对库存进行有效管理，确保库存处于经济合理的水平、降低库存成本、提高库存周转率。准确及时的库存信息可以使相关业务部门及时准确地了解库存情况，并做出科学决策，促进业务水平提高。库存管理提供包括库存报表、报警系统、查询等基本功能库存管理。

本系统主要完成仓库的物资进行入库，对生产的物资根据出库单进行出库并反映到库存中。使用该系统企业能够及时准确地掌握库存物资现货资源情况和可供量情况，并可以对物资进行库存量分析，达到科学的储备物资。

如图 15-1 显示了最终本系统的功能模块设计图。

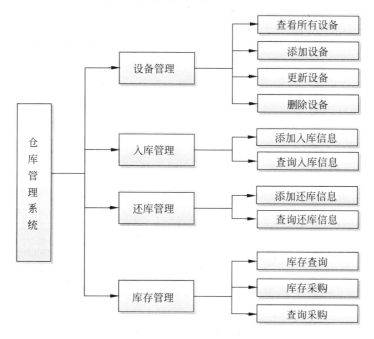

图 15-1　系统功能模块设计图

15.2 数据库设计

数据库是整个系统的核心，它的设计直接关系着系统执行的效率和系统的稳定性。数据库应该充分了解客户各方面的需求，一个好的数据库设计可以增强系统的安全性和效率。

根据超市会员管理系统的总体架构为该系统设计 7 个数据库表。本系统采用的是 SQL Server 2008 数据库，建立一个名为 Storage 的实例数据库，下面将详细介绍包含表的信息。

1．采购计划表

采购计划表主要保存了设备申请采购时所需的信息，像采购设备的编号、数量、供应商及价格等，如表 15-1 列出了该表所有字段的详细信息。

表 15-1　buyTable 表字段信息

字　　段	数　据　类　型	是　否　为　空
设备编号	int	否
现有库存	int	否
购买数量	int	否
供应商	varchar(50)	否
价格	float	否
制作表	varchar(50)	否
备注	varchar(500)	否
报表时间	datetime	否

2．设备库存表

设备库存表保存了仓库中每个设备的当前库存量，具体字段如表 15-2 所示。

表 15-2　drivestorage 表字段信息

字　　段	数 据 类 型	是 否 为 空
设备编号	int	否
现有库存	int	否

3. 设备表

设备表中保存的是仓库中每个设备的名称，以及为其分配的编号，这是仓库的基础表。如表 15-3 列出了该表所有字段的详细信息。

表 15-3　facilitynum 表字段信息

字　　段	数 据 类 型	是 否 为 空
设备编号	int	否
设备名称	varchar(50)	否

4. 设备入库表

设备入库表中保存的是采购的设备进入仓库时登录的信息，包含设备编号、入库日期、供应端和采购员等。如表 15-4 列出了该表所有字段的详细信息。

表 15-4　storage_In 表字段信息

字　　段	数 据 类 型	是 否 为 空
设备编号	int	否
入库日期	datetime	否
供应商	varchar(50)	是
供应商电话	varchar(50)	是
数量	int	否
价格	float	是
采购员	varchar(50)	是

5. 设备出库表

当有需要使用设备时，必须从仓库记录出库信息，包括设备编号、出库日期、经办人等。如表 15-5 列出了该表所有字段的详细信息。

表 15-5　storage_Out 表字段信息

字　　段	数 据 类 型	是 否 为 空
设备编号	int	否
出库日期	datetime	否
使用部门	varchar(50)	是
数量	int	否
经办人	varchar(50)	是
备注	varchar(500)	是

6. 设备归还表

在设备使用之后必须归还到仓库，以方便再次使用。设备归还表保存了归还时记录的信息，包含设备编号、还库日期以及经办人等，如表 15-6 列出了该表所有字段的详细信息。

表 15-6　storage_Return 表字段信息

字　　段	数 据 类 型	是 否 为 空
设备编号	int	否
还库日期	datetime	否

续表

字　段	数 据 类 型	是 否 为 空
数量	int	否
经办人	varchar(50)	是
归还部门	varchar(500)	是

7. 用户表

用户表中保存的是具有操作仓库管理系统权限的用户名、用户密码和所在分组，如表 15-7 列出了该表所有字段的详细信息。

表 15-7　Users 表字段信息

字　段	数 据 类 型	是 否 为 空
username	varchar(50)	否
password	varchar(50)	否
groupid	int	否
userid	int	否

15.3　准备工作

本节内容之前，首先分析了仓库管理系统产生的背景，实现哪些功能，功能如何划分等，然后设计了系统所需的数据表。接下来开始实现系统，实现的第一步是为整个系统创建一个项目，并搭建系统的运行环境。

15.3.1　搭建项目

仓库管理系统主要在三层框架的基础上实现所有的功能。三层框架主要是指数据访问层、业务逻辑层和表示层。本系统项目的创建和搭建过程如下：

（1）选择【文件】|【新建】|【项目】命令打开【新建项目】对话框，选择 Windows 下的【Windows 窗体应用程序】类型创建一个基于 Windows 应用程序的解决方案命名为 storageSystem，如图 15-2 所示。

图 15-2　添加项目解决方案

（2）在【解决方案资源管理器】窗格中右击解决方案名称选择【添加】|【新建项目】选项弹出【添加新项目】对话框。在这里选择【类库】类型，设置名称为 Model，如图 15-3 所示。

图 15-3　添加类库

（3）重复第二步依次添加名称为 DAL 和 BLL 的类库。

到此，在当前的解决方案中共包含了 4 个项目，其中除了 storageSystem 是窗体程序类型项目外，其他都是类库项目。另外 storageSystem 也是整个解决方案的启动项目，整个解决方案的效果如图 15-4 所示。

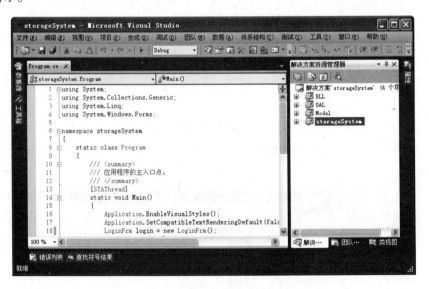

图 15-4　搭建项目完成后的效果

15.3.2　添加引用

由于系统采用了分层设计，因此当需要访问当前层外的数据时必须建立到外部层的引用。在 Visual Studio 2010 中添加引用的方法非常简单，例如以 BLL 项目的引用为例。

在【解决方案资源管理器】窗格中展开 BLL 项目，然后右击【引用】节点，选择【添加引用】命令，如图 15-5 所示。从弹出【添加引用】对话框的【项目】选项卡中选择要引用的项目，这里需要引用 DAL 和 Model 两个项目，效果如图 15-6 所示。最后单击【确定】按钮完成引用。

图 15-5　选择【添加引用】命令

图 15-6　选择引用的项目

按照 BLL 项目添加引用的方法为其他项目添加引用，具体关系如下：

❑ DAL 项目需要引用 Model 项目。

❑ storageSystem 项目需要引用 BLL 和 Model 项目。

❑ Model 项目是最基础的项目，无任何引用。

15.3.3　程序入口

一个系统中有许多窗体，那么系统执行时首先执行哪个窗体呢？这时需要定义程序主入口的文件。

在本系统中定义主入口窗体需要在 storageSystem 下的 Program.cs 文件中配置，修改该文件使用登录窗体作为主入口，登录成功后进入系统的主界面。具体代码如下：

```
/// <summary>
/// 应用程序的主入口点。
/// </summary>
[STAThread]
static void Main()
{
    Application.EnableVisualStyles();
    Application.SetCompatibleTextRenderingDefault(false);
    LoginFrm login = new LoginFrm();                //创建登录窗体
    login.ShowDialog();                             //显示登录窗体
    if (LoginFrm.lfstate == true)                   //如果登录成功
    {
        Application.Run(new MainFrm(LoginFrm.s));    //显示主窗体
    }
}
```

上述代码中，首先运行登录窗体的界面，当用户名和密码确认无误后进入该系统的主界面。if 语句判断是否单击登录成功，如果满足该条件则运行系统的主界面。

15.3.4　公共模块

在许多系统构建中不免有许多功能的实现需要用到公共部分。我们可以将公共的代码提取出来封装到公共模块。使用公共模块不但实现了代码的重用，还提高了程序的性能和代码的可读性。

在本系统中公共模块的代码被分散到每个层，下面以对设备的操作为例简单介绍各层的公共代码。

1. 配置数据库连接

在 StorageSystem 项目中添加一个类型为"应用程序配置文件"的文件。在该文件中配置程序与 SQL Server 实例数据库 storage 的连接信息，像连接地址、登录用户和密码等。示例代码如下：

```xml
<?xml version="1.0" encoding="utf-8" ?>
<configuration>
    <connectionStrings>
        <add name="connstr" connectionString="server=.;database=storage;uid=
        sa;pwd=123456"/>
    </connectionStrings>
</configuration>
```

2. 模型层

模型层位于 Model 项目中，是其他项目的基础。模型层的代码通常都很简单，只需要根据数据表建立相应的实体类即可。设备表 facilitynum 的实体类为 FacilityNum，保存在 FacilityNum.cs 文件中，包含的内容如下所示：

```csharp
namespace Model
{
    public class FacilityNum
    {
        public int EquipmentId { get; set; }           //设备编号
        public string EquipmentName { get; set; }      //设备名称
    }
}
```

3. 数据访问层

数据访问层位于 DAL 项目中，其中，封装了对数据库建立连接、执行查询语句、获取一行结果、执行增删改语句以及调用存储过程的代码。在这里使用的是开源的 DBHelper 类，具体代码就不再给出。

4. 业务逻辑层

数据访问接口层通过接口定义了可以对数据进行哪些操作。根据前面的功能分析我们知道，在系统中对图书分类的操作包括查看分类列表、增加分类、修改和删除分类信息。

业务逻辑层需要将调用数据访问层和模型层，并定义可以对数据进行哪些操作。根据前面的功能分析我们知道，在系统中对设备的操作包括查看设备列表、增加设备、修改和删除设备。

业务逻辑层将直接供最终的应用程序调用，它们位于 BLL 项目中。如下所示为设备的业务逻辑层实现代码：

```csharp
namespace BLL
{
    public class FacilityNumServices
    {
        DBHelper db = new DBHelper();              //实例化数据访问类
        /// <summary>
        /// 查询所有设备信息
        /// </summary>
```

```
/// <returns>所有设备集合</returns>
public List<FacilityNum> SelectAllFacilityNum()
{
    List<FacilityNum> list = new List<FacilityNum>();
    string sql = "select * from FacilityNum";
    DataSet ds = db.ExcuteQuery(sql);
    foreach (DataRow dr in ds.Tables[0].Rows)
    {
        FacilityNum fn = new FacilityNum
        {
            EquipmentId= Convert.ToInt32(dr["设备号"]),
            EquipmentName=dr["设备名称"].ToString()
        };
        list.Add(fn);
    }
    return list;
}
public DataSet GetAllFacilityNum()
{
    string sql = "select * from FacilityNum";
    return db.ExcuteQuery(sql);
}
/// <summary>
/// 新增设备
/// </summary>
/// <param name="b">设备实体</param>
/// <returns>受影响的行数</returns>
public int InsertFacilityNum(FacilityNum fn)
{
    try
    {
        string sql = "insert into FacilityNum values (@EquipmentId,
        @EquipmentName)";
        SqlParameter[] sps = new SqlParameter[] {
        new SqlParameter("@EquipmentId",fn.EquipmentId),
        new SqlParameter("@EquipmentName",fn.EquipmentName)
        };
        return db.ExecuteNonQuery(CommandType.Text, sql, sps);
    }
    catch (Exception ex)
    {
        throw ex;
    }
}
/// <summary>
/// 修改设备
/// </summary>
```

```csharp
/// <param name="b">设备实体</param>
/// <returns>受影响的行数</returns>
public int UpdateFacilityNum(FacilityNum fn)
{
    try
    {
        string sql = "update FacilityNum set 设备名称=@EquipmentName where
            设备号=@EquipmentId";
        SqlParameter[] sps = new SqlParameter[] {
        new SqlParameter("@EquipmentName",fn.EquipmentName),
        new SqlParameter("@EquipmentId",fn.EquipmentId)
        };
        return db.ExecuteNonQuery(CommandType.Text, sql, sps);
    }
    catch (Exception ex)
    {
        throw ex;
    }
}
/// <summary>
/// 删除设备
/// </summary>
/// <param name="b">设备实体</param>
/// <returns>受影响的行数</returns>
public int DeleteFacilityNum(FacilityNum fn)
{
    try
    {
        string sql = "delete FacilityNum where 设备号=@id";
        SqlParameter[] sps = new SqlParameter[] {
            new SqlParameter("@id",fn.EquipmentId)
        };
        return db.ExecuteNonQuery(CommandType.Text, sql, sps);
    }
    catch (Exception)
    {
        throw new Exception("删除出现错误。");
    }
}
}
}
```

▌15.3.5　主界面

　　管理员登录成功后会进入系统的主界面，主界面的设计效果如图 15-7 所示。开发人员可以根据效果图添加相应的控件。

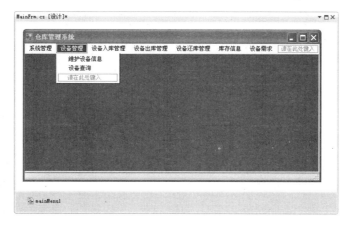

图 15-7　主界面的设计效果

如图 15-7 所示，系统主界面在 MainFrm.cs 文件中实现，它是一个 MDI 父窗体。在主界面中主要包括两个组件，一个是用于选择的菜单，一个是显示当前信息的状态栏。

主界面的主要实现步骤如下：

（1）在后台文件中添加对 BLL 层和 Model 的引用。

```
using BLL;
using Model;
```

（2）修改默认的窗体构造函数，添加一个表示管理员的参数，并进行初始化。

```
Users user;
public MainFrm(Users u)
{
    InitializeComponent();
    user = u;
}
```

（3）为主界面窗体添加 Load 事件代码，实现加载时在状态栏显示当前用户名及系统时间，同时根据用户的级别控制菜单项的可用与不可用。

```
private void MainFrm_Load(object sender, EventArgs e)
{
    this.statusBar1.Text =string.Format("欢迎使用本系统,当前用户: {0}{1} 今天是:{2}",
    user.UserName,new string(' ',10), DateTime.Now.ToLongDateString());
    if (user.GroupId.Trim() == "1")          //经理级
    {
        this.menuItem2.Enabled = true;
        this.menuItem3.Enabled = true;
        this.menuItem4.Enabled = true;
        this.menuItem15.Enabled = false;
        this.menuItem20.Enabled = true;
        this.menuItem6.Enabled = false;
        this.menuItem7.Enabled = true;
        this.menuItem9.Enabled = false;
        this.menuItem10.Enabled = true;
        this.menuItem12.Enabled = false;
```

```
            this.menuItem13.Enabled = true;
            this.menuItem21.Enabled = true;
            this.menuItem17.Enabled = true;
            this.menuItem18.Enabled = true;
        }
        else
        {
            if (user.GroupId.Trim() == "2")              //仓库管理员级别
            {
                //省略类似代码
            }
            else                                         //普通用户级
            {
                //省略类似代码
            }
        }
    }
```

（4）在主界面的菜单中每单击一个菜单项都会打开一个相应的操作界面。如下所示为"维护设备信息"菜单项的单击事件代码：

```
private void menuItem15_Click(object sender, EventArgs e)
{
    if (this.checkExist("FaclityNumFrm") == true)        //判断是否已经打开
    {
        return;
    }
    FaclityNumFrm newFrm = new FaclityNumFrm();           //如果没有则创建
    newFrm.MdiParent = this;
    newFrm.Show();                                        //显示窗体
}
```

（5）为了避免同一个操作界面多次出现，在打开窗体调用了 checkExist()方法。该方法将遍历当前 MDI 父窗体的所有子窗体，如果找到相同的窗体名称则激活，否则返回 false。

```
private bool checkExist(string childFrmName)             //验证子窗体是否存在
{
    foreach (Form childFrm in this.MdiChildren)          //遍历子窗体
    {
        if (childFrm.Name == childFrmName)               //判断名称是否相同
        {
            if (childFrm.WindowState == FormWindowState.Minimized)
                childFrm.WindowState = FormWindowState.Normal;
            childFrm.Activate();                         //激活窗体
            return true;
        }
    }
    return false;
}
```

15.4　登录模块

登录模块主要实现管理员的登录功能。根据在 Program.cs 中定义的程序入口得知，用于实现登录的窗体名是 LoginFrm。在项目中添加该窗体，并设置一张背景图片，将 FormBorderStyle 属性设置为 None 不显示窗体边框，将 StartPosition 属性设置为 CenterScreen 使窗体居中显示。然后再添加用于显示登录的标签、文本框和按钮，最终设计效果如图 15-8 所示。

图 15-8　登录界面设计效果

实现登录功能的主要步骤如下：

（1）使用 using 引用 BLL 和 Model 层。

（2）使用如下代码声明三个变量。

```
public static bool lfstate = false;      //表示是否登录成功
public static Users s;                    //表示登录成功后的管理员实例
UserServices us = new UserServices();    //表示管理员操作类
```

（3）在登录时首先要判断输入的"用户名"和"密码"是否为空。如果不为空，则调用管理员操作类验证该用户是否存在，并根据返回结果给出提示。如下所示为"登录"按钮单击事件中的实现代码：

```
private void sure_button_Click(object sender, EventArgs e)
{
    if (txt_name.Text == "")              //用户名不能为空
    {
        MessageBox.Show("请输入用户名", "操作提示", MessageBoxButtons.OK,
        MessageBoxIcon.Information);
        return;
    }
    if (txt_pwd.Text == "")               //密码不能为空
    {
        MessageBox.Show("请输入密码", "操作提示", MessageBoxButtons.OK,
        MessageBoxIcon.Information);
        return;
    }
    Users ai = new Users();               //创建一个管理员类
    ai.UserName = txt_name.Text;          //为用户名赋值
    ai.Password = txt_pwd.Text;           //为密码赋值
    //执行查询，验证登录账号密码
    Users msg = us.SelectUser(ai);        //执行验证
    if (msg != null)                      //如果不为空，则说明验证成功
    {
        s = msg;                          //将当前用户赋值给 s
        MessageBox.Show("登录成功", "操作提示", MessageBoxButtons.OK,
        MessageBoxIcon.Information);
        lfstate = true;                   //将登录标识设置为 true 表示成功
        this.Close();                     //关闭当前窗体
        return;
```

```
    }
    else                            //验证失败
    {
        txt_name.Text = "";
        txt_pwd.Text = "";
        MessageBox.Show("用户名或密码错误", "操作提示", MessageBoxButtons.OK,
        MessageBoxIcon.Information);
    }
}
```

上述代码的重点是调用管理员类的 SelectUser()方法验证用户是否存在，该方法位于 BLL 层的 UserServices 类中。验证成功之后 SelectUser()方法返回表示管理员的实例，之后弹出提示信息，设置 Ifstate 为 true 再关闭登录窗体，进入主界面。

（4）运行项目将会进入登录界面，输入用户名和密码再单击"登录"按钮进行验证。如图 15-9 所示为失败时运行效果。如图 15-10 所示为成功时运行效果。

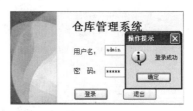

图 15-9　登录失败效果　　　　　　　图 15-10　登录成功效果

15.5　设备管理

设备管理是整个仓库管理系统中最基础的内容，针对它的操作主要包括增加、更新、删除和查询。本节详细介绍这些操作的实现。

15.5.1　维护设备信息

维护设备信息包含了对设备的增加、更新和删除操作，其对应的是 facilitynum 数据表。

在 storageSystem 项目中新建一个 Forms 目录，向该目录添加一个名为 FaclityNumFrm 的窗体表示维护设备信息窗体。如图 15-11 所示为维护设备信息窗体的最终布局效果。

图 15-11　维护设备信息的窗体布局效果

下面介绍主要的实现代码：

（1）首先进入后台文件使用 using 引用 BLL 和 Model 层，并创建一个操作设备的业务逻辑类实例 fns。

```
FacilityNumServices fns = new FacilityNumServices();
```

（2）在图 15-11 所示的左侧是一个 DataGridView 控件，当窗体加载完成时会在该控件中显示所有的设备列表。

```
private void FaclityNum_Load(object sender, EventArgs e)
{
    DataBinding();                                          //绑定
}
private void DataBinding()                                 //绑定
{
    List<FacilityNum> list = new List<FacilityNum>();       //创建一个列表
    list=fns.SelectAllFacilityNum();                        //调用 BLL 层获取列表
    this.dataGridView1.DataSource = list;                   //将列表绑定到 DataGridView 控件
    this.dataGridView1.Columns[0].HeaderText = "设备编号";  //更改列名
    this.dataGridView1.Columns[1].HeaderText = "设备名称";
    dataGridView1.SelectionMode = DataGridViewSelectionMode.FullRowSelect;
}
```

上述代码在自定义的 DataBinding()方法中实现获取列表并绑定操作。其中调用的 SelectAllFacilityNum()方法是业务逻辑层的代码。

（3）当在设备列表中选中一行时在右侧的文本框中会显示具体信息以方便修改。这需要为 DataGridView 添加 CellClick 事件，并判断单击是否有效。具体代码如下所示：

```
private void dataGridView1_CellClick(object sender, DataGridViewCell Event Args e)
{
    if (e.RowIndex != -1 && !dataGridView1.Rows[e.RowIndex].IsNewRow)
    {
        textNum.Text = dataGridView1.Rows[e.RowIndex].Cells[0].Value.ToString();
        textName.Text = dataGridView1.Rows[e.RowIndex].Cells[1].Value.ToString();
    }
}
```

（4）现在运行系统，从登录界面进入主窗体，然后选择"维护设备信息"菜单项将可以在打开的窗体中查看设备列表，如图 15-12 所示。在列表中选择一行的效果如图 15-13 所示。

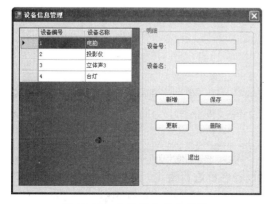

图 15-12　查看设备列表效果

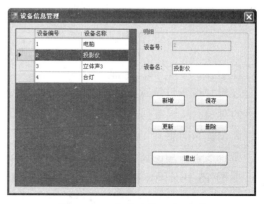

图 15-13　查看选择一行效果

（5）接下来实现设备的增加。在"新增"按钮的单击事件中编写实现代码，如下所示。

```csharp
private void send_button_Click(object sender, EventArgs e)
{
    FacilityNum fn = new FacilityNum();                    //创建一个设备实例
    fn.EquipmentId = Convert.ToInt32(textNum.Text);        //指定设备编号
    fn.EquipmentName = textName.Text;                      //指定设备名称
    if (fns.InsertFacilityNum(fn) > 0)                     //调用 BLL 层的添加方法
    {
        MessageBox.Show("添加成功。", "提示");
        textNum.Enabled = false;
        DataBinding();                                     //重新加载
    }
}
```

上述代码主要是通过调用设备业务逻辑层 FacilityNumServices 类的 InsertFacilityNum()方法实现增加功能，该方法的代码见 15.3.4 节。插入成功之后调用 DataBinding()方法重新加载一次新的设备列表。

（6）根据"保存"按钮的实现代码为"更新"按钮添加调用业务逻辑层中 UpdateFacilityNum()方法实现更新功能。

（7）根据"保存"按钮的实现代码为"删除"按钮添加调用业务逻辑层中 DeleteFacilityNum()方法实现删除功能。

（8）运行系统之后打开维护设备信息窗体，先单击"新增"按钮再输入设备信息之后单击"保存"按钮进行添加，运行效果如图 15-14 所示。也可以选择一个设备，再单击"更新"按钮进行更新，运行效果如图 15-15 所示。同时也可以删除选择的设备。

图 15-14　添加设备效果

图 15-15　更新设备效果

15.5.2　查询设备

在维护设备信息时虽然提供了设备列表，但是该窗体的主要作用是添加、修改和删除。当设备很多的时候，从设备列表中查找将非常不方便，而且不能模糊查找。为此，我们创建一个窗体来完成查询设备的功能。

查询设备使用的窗体位于 selFacilityNumFrm.cs 文件，其具体布局效果如图 15-16 所示。

如图 15-16 所示，在这里既可以按设备编号或者设备名称进行查询，也可以同时使用两者条件。在未设置任何查询条件时默认会显示所有的设备。在窗体的 Load 事件中编写实现代码，如下所示：

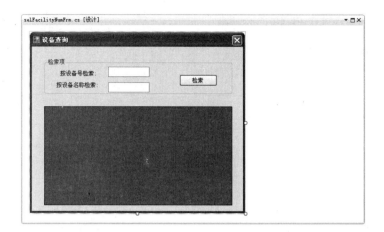

图 15-16　设备查询布局效果

```
FacilityNumServices fns = new FacilityNumServices();      //创建业务逻辑类
DataSet ds;                                               //创建一个结果集
private void selFacilityNumFrm_Load(object sender, EventArgs e)
{
    DataBinding();
}
```

如上述代码所示，同样是调用 DataBinding()方法实现加载和绑定，但是这里绑定时获取的数据源是 DataSet 类型。因为 DataSet 中的 DataTable 可以直接对数据进行过滤，而不需要每次都查询数据库。

```
private void DataBinding()   //绑定
{
    ds = fns.GetAllFacilityNum();
    this.dataGridView1.DataSource = ds.Tables[0];
    this.dataGridView1.Columns[0].HeaderText = "设备编号";
    this.dataGridView1.Columns[1].HeaderText = "设备名称";
    dataGridView1.SelectionMode = DataGridViewSelectionMode.FullRowSelect;
}
```

下面来看一下"检索"按钮的实现代码，如下所示：

```
private void sel_button_Click(object sender, EventArgs e)
{
    string condition = "";
    if (this.textNum.Text.Trim() != "")                  //设置表的过滤条件
    {
        condition += "设备号 =" + textNum.Text.Trim();
        if (this.textName.Text.Trim() != "")
        {
            condition += "and 设备名称 like '%" + textName.Text.Trim() + "%" + "'";
        }
    }
    else
```

```
    {
        if (this.textName.Text.Trim() != "")                    //按名称查找
        {
            condition += "设备名称 like '%" + textName.Text.Trim() + "%'";
        }
        else
        {
            MessageBox.Show("请输入查询条件");
            return;
        }
    }
    ds.Tables[0].DefaultView.RowFilter = condition;              //应用过滤条件
    this.dataGridView1.DataSource = ds.Tables[0].DefaultView;    //设置数据源
    if (this.dataGridView1.RowCount == 1)           //判断检索条件是否与记录匹配
    {
        MessageBox.Show("对不起,出库数据中没有与您检索条件相匹配的记录!");
        return;
    }
}
```

上述代码根据两个文本框的内容是否为空来设置查询的条件，然后将条件赋给 DataTable 的 RowFilter 属性，再绑定符合条件的结果集。

如图 15-17 所示为窗体运行之后显示所有设备的效果，如图 15-18 所示为查找设备名称中包含"仪"的效果。

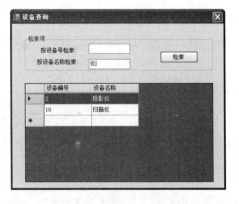

图 15-17　查找所有设备　　　　　　　图 15-18　按名称查找设备

15.6 库存操作

对仓库管理系统来说，最重要的应该是对仓库中设备的去向和库存情况进行操控。这就包括设备采购后的入库登记、使用时的出库登记，以及使用后的归还登记。本节将详细介绍库存操作的实现。

15.6.1　设备入库

所谓设备入库是指当有新的未注册的物品在存放到仓库之前进行的登记。在登记时需要记录物品的编号、供应商、数量及价格等信息，以方便日后查询。

设备入库是由 StorageInFrm.cs 文件实现，窗体的具体布局效果如图 15-19 所示。

图 15-19　设备入库窗体效果

与设备入库有关的业务逻辑类是 StorageInServices，它的 SelectAllStorageIn()方法用于获取所有的入库信息。然后在 DataBinding()方法中调用 SelectAllStorageIn()方法获取信息并绑定到 DataGridView 显示。

```
private void DataBinding()                              //绑定设备入库信息
{
    List<StorageIn> list = new List<StorageIn>(); //创建一个列表
    list = sis.SelectAllStorageIn();                    //创建 BLL 层方法获取列表
    this.dataGridView1.DataSource = list;               //绑定列表
    this.dataGridView1.Columns[0].HeaderText = "设备编号";
    this.dataGridView1.Columns[1].HeaderText = "入库日期";
    this.dataGridView1.Columns[2].HeaderText = "供应商";
    this.dataGridView1.Columns[3].HeaderText = "联系电话";
    this.dataGridView1.Columns[4].HeaderText = "数量";
    this.dataGridView1.Columns[5].HeaderText = "价格";
    this.dataGridView1.Columns[6].HeaderText = "采购员";
    dataGridView1.SelectionMode = DataGridViewSelectionMode.FullRowSelect;
}
```

下面重点编写保存入库信息的代码，在这里需要处理的条件比较多。最终代码如下所示：

```
private void send_button_Click(object sender, EventArgs e)
{
    if (this.textNum2.Text.Trim() == "" || this.textAmount.Text.Trim() ==
    "")//检查不能为空的字段
    {
        MessageBox.Show("设备号,数量不能为空!");
        return;
    }
    else
    {
        int result = sis.FindEquipmentById(this.textNum2.Text.ToString());
        //判断设备是否存在
        if (result != 1)
        {
            MessageBox.Show("没有该设备!", "提示", MessageBoxButtons.OK);
```

```
                return;
            }
            else
            {
                StorageIn si = new StorageIn();
                si.EquipmentId = Convert.ToInt32(textNum2.Text);
                si.EmpName = textMan.Text;
                si.CreateDate = Convert.ToDateTime(dptDate.Text);
                si.Amount = Convert.ToInt32(textAmount.Text);
                si.Price = (float)Convert.ToDouble(textCost.Text);
                si.Suppliers = textSupply.Text;
                si.TelPhone = textPho.Text;
                if (sis.InsertStorageIn(si) > 0)
                {
                    sis.UpdateStorage(si.EquipmentId, si.Amount);  //更新库存数量
                    MessageBox.Show("添加成功。", "提示");
                    textNum2.Enabled = false;
                    DataBinding();                                 //重新绑定
                }
            }
        }
    }
```

上述代码首先判断必填的设备编号和数量是否为空，如果不为空再判断输入的设备编号是否存在。如果存在则创建一个表示入库实体的类 si，再逐一进行赋值，之后调用业务逻辑层的 InsertStorageIn()方法将 si 保存到数据库。然后调用 UpdateStorage()方法更新库存信息，最后重新绑定。

如下所示为业务逻辑层中查找设备编号是否存在的代码：

```
public int FindEquipmentById(string id)
{
    string sql = String.Format("select * from facilityNum where 设备号={0}", id);
    DataSet ds = db.GetDataSet(CommandType.Text, sql); ;
    if (ds.Tables[0].Rows.Count > 0)
    {
        return 1;
    }
    return -1;
}
```

如下所示为业务逻辑层中插入设备入库信息的代码：

```
public int InsertStorageIn(StorageIn si)
{
    try
    {
        string sql= "insert intostorage_In values(@para1,@para2,@para3,@para4,
        @para5, @para6, @para7)";
        SqlParameter[] sps = new SqlParameter[] {
        new SqlParameter("@para1",si.EquipmentId),
        new SqlParameter("@para2",si.CreateDate),
        new SqlParameter("@para3",si.Suppliers),
        new SqlParameter("@para4",si.TelPhone),
```

```
        new SqlParameter("@para5",si.Amount),
        new SqlParameter("@para6",si.Price),
        new SqlParameter("@para7",si.EmpName)
        };
        return db.ExecuteNonQuery(CommandType.Text, sql, sps);
    }
    catch (Exception ex)
    {
        throw ex;
    }
}
```

在设备入库时如果已经存在该设备则只需增加入库数量即可，如果是第一次入库还需要记录设备编号。如下所示为业务逻辑层中更新设备库存信息的代码：

```
public int UpdateStorage(int id, int Number)
{
    DataSet ds;
    string sql = string.Format("select * from drivestorage where 设备号={0}",id);
    ds = db.GetDataSet(CommandType.Text,sql);
    if (ds.Tables[0].Rows.Count != 1)              //如果是第一次入库则执行插入
    {
        sql = "INSERT INTO drivestorage VALUES(@id,@Number)";
    }
    else {                                          //否则根据编号更新库存量
        sql = "UPDATE drivestorage SET 现有库存量 = 现有库存量+@Number WHERE 设备号
        =@id";
    }
    SqlParameter[] sps = new SqlParameter[]{
        new SqlParameter("@id",id),
        new SqlParameter("@Number",Number)
        };
    return db.ExecuteNonQuery(CommandType.Text, sql, sps);
}
```

运行系统从主界面中通过菜单打开设备入库窗体，先单击“新增”按钮创建一个新入库记录，再输入设备信息之后单击“保存”按钮进行入库登记。如图 15-20 所示为设备号为空的保存效果，如图 15-21 所示为入库成功后的效果。

图 15-20　设备号为空效果

图 15-21　入库成功效果

除了基础设备提供了查询操作之后，也可以对入库信息进行查询。入库信息的查询由 selStorageInFrm 窗体实现，布局效果如图 15-22 所示。具体的实现与查询设备类似，这里就不再给出详细代码，运行效果如图 15-23 所示。

图 15-22　入库信息查询布局效果　　　　图 15-23　入库信息查询运行效果

15.6.2　设备出库

设备出库与设备入库是相反的操作，出库时设备库存数量减少，而且需要登记设备的使用部门、使用数量、经办人和出库日期等信息。

设备出库是由 StorageOutFrm.cs 文件实现，窗体的具体布局效果如图 15-24 所示。

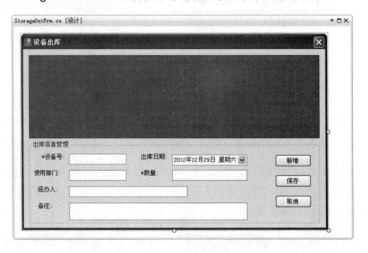

图 15-24　设备出库窗体布局效果

与设备出库有关的业务逻辑类是 StorageOutServices，它的 SelectAllStorageOut()方法用于获取所有的出库信息。然后在 DataBinding()方法中调用 SelectAllStorageOut()方法获取信息并绑定到 DataGridView 显示。

设备出库信息的保存与入库类似，这里就不再给出实现代码，仅介绍一下实现思路。

（1）首先判断必填的设备号和数量是否为空，不为空才能继续。

（2）调用 BLL 层的 FindEquipmentById()方法查找输入的设备号是否存在，不存在则返回。FindEquipmentById()方法的实现代码如下：

```
public DriveStorage FindEquipmentById(string id)
{
    string sql = String.Format("select * from drivestorage where 设备号={0}", id) ;
    DataSet ds = db.GetDataSet(CommandType.Text, sql); ;
    if (ds.Tables[0].Rows.Count > 0)
    {
        DriveStorage dss = new DriveStorage();
        dss.EquipmentId= Convert.ToInt32(ds.Tables[0].Rows[0][0]);
        dss.Stock = Convert.ToInt32(ds.Tables[0].Rows[0][1]);
        return dss;
    }
    return null;
}
```

（3）判断设备的库存数量是否大于出库的数量，否则不能继续。

（4）创建一个表示出库的 StorageOut 实例，再调用 BLL 层的 InsertStorageOut()方法进行保存。InsertStorageOut()方法的实现代码如下：

```
public int InsertStorageOut(StorageOut so)
{
    try
    {
        string sql = "insert into storage_Out values(@para1,@para2,@para3,
        @para4,@para5,@para6)";
        SqlParameter[] sps = new SqlParameter[] {
        new SqlParameter("@para1",so.EquipmentId),
        new SqlParameter("@para2",so.Amount),
        new SqlParameter("@para3",so.DeptName),
        new SqlParameter("@para4",so.Amount),
        new SqlParameter("@para5",so.SellName),
        new SqlParameter("@para6",so.Memo)
        };
        return db.ExecuteNonQuery(CommandType.Text, sql, sps);
    }
    catch (Exception ex)
    {
        throw ex;
    }
}
```

（5）保存成功之后调用 BLL 层的 UpdateStorage()方法在库存表中将设备的数量减少。UpdateStorage()方法的实现代码如下：

```
public int UpdateStorage(int id, int Number)
{
    string sql = "UPDATE  drivestorage  SET  现有库存量 = 现有库存量-@Number WHERE
    设备号=@id";
    SqlParameter[] sps = new SqlParameter[]{
        new SqlParameter("@id",id),
        new SqlParameter("@Number",Number)
    };
```

```
        return db.ExecuteNonQuery(CommandType.Text, sql, sps);
    }
```

（6）重新绑定显示最新的出库信息列表。

如图 15-25 所示为成功添加出库信息之后的效果。

图 15-25 设备出库成功效果

出库信息的查询由 selStorageOutFrm 窗体实现，布局效果如图 15-26 所示。具体的实现与查询设备类似，这里就不再给出详细代码，运行效果如图 15-27 所示。

图 15-26 出库信息查询布局效果

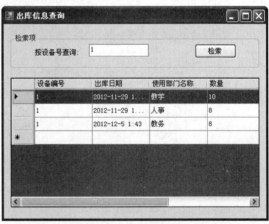

图 15-27 出库信息查询运行效果

15.6.3 设备归还

在出库的设备使用完毕之后必须归还到仓库中。因此，可以将归还看作是出库的逆操作，即需要提供归还设备的名称、归还时的部门、归还日期以及经办人等，同时还要对库存数量进行增加。

设备归还是由 StorageReturnFrm.cs 文件实现，窗体的具体布局效果如图 15-28 所示。

设 备 归 还 与 入 库 和 出 库 具 有 类 似 的 执 行 流 程，与 其 有 关 的 业 务 逻 辑 类 是 StorageReturnServices，它的 SelectAllStorageReturn()方法用于获取所有的出库信息，然后在 DataBinding()方法中调用 SelectAllStorageReturn()方法获取信息并绑定到 DataGridView 显示。

设备归还信息的保存与入库类似，这里就不再给出实现代码，仅介绍一下用到的业务逻辑层方法。

- **FindEquipmentById()** 根据编号查找是否存在该设备，如果存在返回表示该设备的实体，否则返回空。
- **InsertStorageReturn()** 将传递的出库信息实体参数保存到数据库中。
- **UpdateStorage()** 根据编号在库存表中更新指定设备的库存数量。

如图 15-29 所示为成功添加设备归还信息之后的效果。

图 15-28　设备归还窗体布局效果　　　　图 15-29　设备归还运行效果

设备归还信息的查询由 selStorageReturnFrm 窗体实现，布局效果如图 15-30 所示。具体的实现与查询设备类似，这里就不再给出详细代码，运行效果如图 15-31 所示。

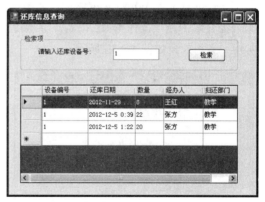

图 15-30　设备归还信息查询布局效果　　　图 15-31　设备归还信息查询运行效果

15.6.4　查询库存

在整个仓库管理系统中设备的入库、出库和归还都将影响库存信息，而且设备的库存数量不能直接修改。因此系统中仅提供了一个查询库存信息的功能，可以查看所有库存，或者按设备编号查询。

查询设备库存是由 selDriverStorageFrm.cs 文件实现，窗体的具体布局效果如图 15-32 所示。

与查询设备库存有关的业务逻辑类是 DriveStorageServices，它的 GetAllDriveStorage()方法用于获取所有库存信息，然后在 DataBinding()方法中调用 GetAllDriveStorage()方法获取信息并绑定到 DataGridView 显示。具体的实现与查询设备类似，这里就不再给出详细代码，运行效果如图 15-33 所示。

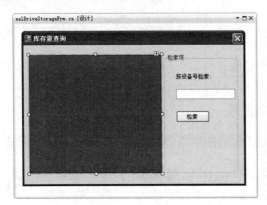

图 15-32　查询设备库存布局效果

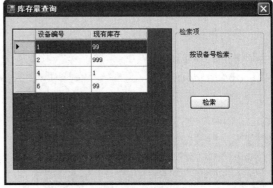

图 15-33　查询设备库存运行效果

15.7 采购计划

随着时间的增长，设备在使用的过程中可能会出现丢失、损坏和报废的情况，从而导致设备的库存数量越来越少。

为了保证正常的使用，这时就需要购买相应的设备。设备在购买之前必须填写采购计划报表，并记录采购的设备编号、设备的供应商、价格以及申报时间等。

创建一个名为 buyFrm 的窗体实现采购功能，并根据 buyTable 数据表设计相应的输入框。然后在业务逻辑层创建一个 BuyTableServices 类封装对采购增加和查询的实现。

如图 15-34 所示为 buyFrm 窗体运行后增加采购计划的运行效果。

与前面介绍的库存操作类似，采购计划也提供了查询功能。采购计划的查询由 selBuyTableFrm 窗体实现，运行效果如图 15-35 所示。

图 15-34　增加采购计划运行效果

图 15-35　查询采购计划运行效果

至此，关于仓库管理系统的实现就都已经介绍完毕。限于篇幅关系，在本课中仅针对仓库管理系统中的重要功能和代码进行了讲解，没有罗列所有实现代码，读者可以参考随书光盘提供的源代码。

习题答案

第 1 课　C#基础入门

一、填空题
1. C#
2. dynamic
3. 公共语言运行时
4. System.Text
5. 程序集清单

二、选择题
1. B
2. C
3. D
4. A

第 2 课　C#基础语法入门

一、填空题
1. 15
2. const
3. 引用类型
4. Convert
5. -420
6. 拆箱
7. ToDouble()
8. 显式类型转换

二、选择题
1. B
2. C
3. D
4. C
5. A
6. B
7. B

第 3 课　控制语句

一、填空题
1. if　else if 语句

2. return 语句
3. 异常处理
4. "林峰"
5. 循环条件

二、选择题
1. C
2. D
3. B
4. A
5. C
6. C

第 4 课　数组

一、填空题
1. 逗号
2. Clear()
3. 3 7 9 1 4 6 10 2 8 5
4. 75 69 89 72 0 86 93 88 84 77
5. 锯齿数组

二、选择题
1. C
2. B
3. B
4. D
5. A
6. B

第 5 课　类

一、填空题
1. 属性
2. 静态类
3. 引用类型
4. set 访问器
5. 析构函数

二、选择题

1. B
2. D
3. A
4. D
5. C
6. C

第 6 课　类的高级应用

一、填空题

1. 继承
2. 重写
3. virtual
4. class B:A
5. override
6. abstract

二、选择题

1. D
2. D
3. C
4. A
5. B
6. B

第 7 课　枚举、结构和接口

一、填空题

1. 枚举
2. 0
3. Member3
4. GetValues()
5. interface
6. 属性

二、选择题

1. D
2. A
3. B
4. D
5. A
6. A

第 8 课　C#内置类编程

一、填空题

1. ni hao

2. CompareTo()

3. Remove()

4. StringBuilder sb = new String Builder ("good");

5. Equals()

6. DateTime.Now

7. DateTime.DaysInMonth(2018, 2)

8. [^0-9]

9. IsMatch

二、选择题

1. D
2. C
3. A
4. D
5. B
6. D
7. B
8. D

第 9 课　集合

一、填空题

1. IEnumerable 接口
2. GetEnumerator
3. 字典
4. 堆栈
5. 队列
6. 从小到大
7. T

二、选择题

1. D
2. C
3. B
4. A
5. C
6. A

第 10 课　Windows 窗体控件

一、填空题

1. AutoSize
2. Normal
3. CheckedListBox
4. CustomerFormat

5. Clear()

6. Unchecked

二、选择题

1. C

2. B

3. D

4. A

5. D

6. B

7. B

第 11 课　Windows 控件的高级应用

一、填空题

1. IsMdiContainer

2. ColorDialog

3. FolderBrowserDialog

4. SelectedPath

5. ShowDialog()

6. ContextMenuStrip

7. HorizontalStackWithOverflow

二、选择题

1. A

2. D

3. C

4. B

5. D

6. A

第 12 课　文件和目录处理

一、填空题

1. Exists

2. Directory.Exists(stringPath)

3. FileStream

4. FileStream fs = new FileStream (@"C:\test.txt ", FileMode.Open);

5. Extension

6. Directory.Move(@"D:\www\doc\test\12", @" D:\www\doc\test\ch12");

7. ReadBoolean()

8. TotalFreeSpace

二、选择题

1. B

2. D

3. C

4. C

5. C

6. B

7. A

第 13 课　数据库访问技术——ADO.NET

一、填空题

1. DataSet

2. SqlConnection

3. Dispose()

4. Read()

5. Update()

6. PathSeparator

7. FieldCount

二、选择题

1. C

2. A

3. D

4. C

5. B

6. D

第 14 课　使用 GDI+进行绘图

一、填空题

1. Systern.Draning

2. Center

3. TextureBrush

4. Color

5. Brush

6. SmoothingMode

二、选择题

1. C

2. D

3. C

4. B

质检5